材料科学与工程专业
本科系列教材

塑性成形先进技术

SUXING CHENGXING XIANJIN JISHU

主编 王梦寒

重庆大学出版社

内容提要

本书系统介绍了塑性成形领域的先进技术，重点阐述了超塑性成形、粉末锻造成形、金属粉末注射成型、液态模锻成形、摆动辗压成形、特种轧制成形、径向锻造、多向模锻、旋压成形、无模多点成形、数字化渐进成形、软模成形、高能率成形、高强钢板热成形以及板材塑性连接成形等新工艺的定义、原理和关键技术。本书结合国内外研究进展，介绍了各技术的特点，并融入典型工程案例，帮助读者理解其工业应用价值。

本书注重理论与实践的结合，内容涵盖基础理论，又涉及前沿技术，适合材料成型及控制工程、机械工程、材料加工工程等专业的本科生和研究生作为教材使用，也可供相关领域科研人员与工程技术人员参考。

图书在版编目(CIP)数据

塑性成形先进技术 / 王梦寒主编. -- 重庆：
重庆大学出版社，2025.5. --（材料科学与工程专业本
科系列教材）. -- ISBN 978-7-5689-5220-0

Ⅰ. TB301.1

中国国家版本馆 CIP 数据核字第 2025R18T52 号

塑性成形先进技术

主　编　王梦寒
策划编辑：范　琪
责任编辑：杨育彪　　版式设计：范　琪
责任校对：王　倩　　责任印制：张　策

*

重庆大学出版社出版发行
出版人：陈晓阳
社址：重庆市沙坪坝区大学城西路 21 号
邮编：401331
电话：(023) 88617190　88617185（中小学）
传真：(023) 88617186　88617166
网址：http://www.cqup.com.cn
邮箱：fxk@cqup.com.cn（营销中心）
全国新华书店经销
重庆巍承印务有限公司印刷

*

开本：787mm×1092mm　1/16　印张：17.25　字数：443 千
2025 年 5 月第 1 版　　2025 年 5 月第 1 次印刷
ISBN 978-7-5689-5220-0　定价：59.00 元

前言
Foreword

··○

　　塑性加工是现代制造业的重要组成部分,塑性加工技术是提升一个国家制造业核心竞争力的重要手段,也是制造国家重大装备的重要需求,在航空、航天、汽车、高铁、核电和高端机床等重大装备研制中,塑性加工技术具有不可替代的地位。随着现代制造业的发展,塑性加工技术朝着高性能、低成本、短周期、近净成形等方向发展,塑性加工新技术和新方法也不断涌现,如高强钢板热成形、多点成形、高能率成形、金属粉末注射成型、多向模锻、径向锻造、液态模锻和超塑性成形等。

　　塑性加工技术已经有 3 000 多年的历史。传统的塑性加工主要分为体积成形和板料成形两大类。体积成形主要包括锻造、挤压、轧制、拉拔等工艺;板料成形主要有冲孔、落料、切断等冲裁工艺,以及拉深、弯曲、翻边等成形工艺。随着现代装备制造业的需求和新材料、新技术的不断出现,传统的塑性加工技术也不断进行了创新和改进,涌现出了许多"新、奇、特"的塑性加工新方法、新技术。学习和掌握这些塑性成形新工艺、新方法、新技术,对提升产品成形制造质量,进而提升我国装备制造业的水平具有重要意义。

　　本书主编自 2002 起开始从事塑性加工领域的科学研究和教学工作,在总结了 20 多年的塑性加工新技术课堂教学及科学研究成果后编写了《塑性成形新技术》讲义,该讲义的主体内容已经在本科课堂教学中使用了 8 届以上。编者在优化和完善课堂讲义基础上,参考了各类有关技术资料、手册和国家标准,最终编写了本书。本书力求将典型的塑性加工新技术汇集在一起,便于读者系统地学习和了解塑性加工新技术、新方法。本书在编写中还兼顾了塑性加工领域最前沿的技术和最新成果,并以工程案例的形式及时将塑性加工新技术的最新成果引入书中,内容建设上融入了思政元素,力求在分享知识的同时,能更深层次领会塑性加工领域先辈们的科学家精神、工匠精神和人文精神等。

　　本书由重庆大学王梦寒主编,参加编写的有重庆理工大学王阳阳(第 11 章),兰州理工大学贾智(第 5 章),西南石油大学向东(第 6 章),其他章节均由王梦寒编写。

　　本书是重庆大学材料科学与工程学院教材建设项目。本书在编写过程中得到了塑性加工领域专家们的支持和指导,也得到了余春丽、彭异、黄馨阅、危康、涂顺利、杨永超等的大力协助,在此一并表示衷心感谢。

　　本书涉及的塑性加工技术种类繁多,因编者水平有限,疏漏及不当之处敬请读者不吝指正!

编　者

2025 年 1 月

目录
Contents

绪论

在现代制造业中,塑性成形技术作为材料加工的重要手段,一直扮演者不可或缺的角色。随着科技的飞速发展和工业需求的日益复杂,传统的塑性成形工艺已经难以满足现代工业对高精度、高性能、短周期、低成本金属制件成形制造的要求。因此,塑性成形技术不断向智能化、精密化、高效化和绿色化方向发展,涌现出了一系列先进技术和工艺。这些技术不仅在航空、航天、核电、汽车制造、医疗器械、电子信息等领域得到了广泛应用,还推动了整个制造业的转型升级。

塑性成形技术是利用材料在塑性状态下的变形能力,通过外力作用使其发生永久的塑性变形,从而获得所需要形状和性能的零件的成形技术。传统的塑性成形方法主要包括体积成形和板料成形两大类。体积成形的主要成形方法有锻造、挤压、轧制和拉拔,板料成形的主要成形方法有冲裁、拉深、翻边、收口、扩口、胀形等。这些传统的塑性成形技术虽然发展得相当成熟,但在面对复杂形状零件、大型尺寸零件、高精度要求零件,以及难变形材料成形制造时,往往存在局限性。例如,传统锻造工艺难以实现复杂内腔结构高性能零件的塑性成形,也无法实现类似三通阀体类锻造的成形制造;传统的冲压成形工艺受设备限制,难以实现大尺寸产品的整体成形,在成形高强度板料时也容易出现开裂等问题。此外,随着低碳经济的发展和环保保护需求的增强,传统的塑性成形工艺中高能耗、高污染的问题也亟待解决。在这种背景下,塑性成形先进技术应运而生,这些塑性成形新技术通过改变传统塑性成形的材料状态,变形材料和模具的接触状态,以及设备状态等,不仅减少原材料消耗、提高生产效率和产品质量稳定,而且有效地改善和控制金属性能,突破传统塑性成形技术的瓶颈,为制造业的可持续发展提供了新的动力。

本书系统地介绍了典型塑性成形先进技术的基本原理、理论基础、工艺特点以及典型工程应用等。全书分为超塑性成形技术、体积成形新技术、板料成形新技术三大模块共15章。第1章为超塑性成形,主要介绍超塑性的定义、发展、分类以及典型的超塑性成形工艺,主要有超塑性气胀成形、无模拉拔成形,以及超塑性成形及扩散连接技术。第2章至第8章为体积成形领域的新技术,粉末锻造成形、金属粉末注射成型、液态模锻成形、摆动辗压成形、特种轧制成形(包括辊锻、楔横轧、环件轧制)、径向锻造和多向模锻等。第9章至第15章为板料成形的新技术,主要有旋压成形、无模多点成形、数字化渐进成形、软模成形(充液拉深、液压胀形、橡胶成形)、高能率成形(爆炸成形、电液成形、电磁成形、喷丸成形、激光热应力成形、激光冲击成形)、高强钢板热成形、板材塑性连接成形等。

本书旨在帮助读者系统地了解和掌握塑性成形先进技术的典型方法、工艺原理、工艺特点与适用范围等。通过工程案例介绍,读者能够根据实际工程需要选择合适的塑性成形技术,并设计合理的工艺方案;通过理解塑性成形先进技术的起源及应用,潜移默化地引导学生学习解决复杂工程问题的思维意识,培养学生的创新思维和研究能力。

本书中所介绍的塑性成形新技术和新方法,具有省力、提高材料塑性变形能力、提高材料成形精度,以及实现材料—产品—工艺一体化设计及制造等特点。为此,掌握塑性成形新技术和新方法,是工程技术人员突破高端制造业关键构件"卡脖子"环节的关键路径,是现代制造业实现绿色制造的重要支撑技术。

为了更好地学习本书,建议读者在理论学习的同时,能结合工程应用案例进行问题分析和成形过程数值模拟,加深对知识的理解和掌握。塑性成形先进技术涉及材料科学、力学、机械工程、化学、电学等多个学科领域,建议读者拓展相关学科知识,提高综合应用能力。希望本书能为读者系统学习和了解塑性成形领域新技术和新方法提供重要参考,也祝愿读者通过本书的学习,能在塑性成形技术领域取得更多的创新成果,进而为我国制造业的发展贡献更大的力量。

第1章
超塑性成形 ⚬

1.1 金属超塑性及其成形特点

1.1.1 金属超塑性概述

塑性是指材料在外力作用下产生永久变形而不被破坏的能力,伸长率 δ 是表征金属材料塑性变形能力的重要指标。通常,常温下铁基金属材料的伸长率一般不超过40%,非铁基金属材料的伸长率也不超过60%,即使在高温条件下,金属材料的伸长率也很难超过100%。

金属材料的超塑性是指在特定的条件下(温度、应变速率、晶粒尺寸等),材料出现较大伸长率的现象,即超塑性是指材料在一定的内部(组织)条件(如晶粒形状及尺寸、相变)和外部(环境)条件(如温度、应变速率等)下,呈现出异常低的流变抗力、异常高的流变性能(如大的伸长率)的现象。

材料是否发生超塑性变形,其认定方法有所不同。最常用的方法是以材料拉伸试验试样的伸长率作为判定依据,对于普通黑色金属材料,若其伸长率超过100%,通常就认定该材料发生了超塑性变形。应变速率敏感性指数 m 也是判定材料是否发生超塑性变形的一个判据,若该材料的应变速率敏感性指数 $m>0.3$,则认为该材料发生了超塑性变形。此外,还可以通过材料抗颈缩能力的强弱来判定材料能否发生超塑性变形。

超塑性是材料在特定条件下的一种暂时状态,任何金属和合金在特定的条件下,如内部组织条件、特定温度和特定的变形速度下都可能存在超塑性变形的特性。当超塑性存在的条件消失后,又可恢复其原有的性能。实际上,有的超塑性材料的伸长率可达到1 000%以上,甚至更高。纳米铜拉伸试样在特定的条件下进行拉伸变形,当其伸长率超过5 100%时仍能均匀变形。

通常情况下,也会用一些具体的数值来评价材料是否具备超塑性。具体来说,达到下述指标之一的都可称作材料具有超塑性。

①有色金属的伸长率达到200%以上,黑色金属的伸长率达到100%以上,脆性金属在特定条件下的塑性超过原有塑性的几倍等。

②当材料的应变速率敏感性指数 $m \geqslant 0.3$。

③当金属晶界滑移的应变量达到总应变量的30%以上。

总之,金属的超塑性是某些金属或合金在一定条件下所表现出的超过正常塑性变形能力的异常塑性行为。

1.1.2　金属超塑性的发展概况

金属超塑性的发展是从观察某些金属超乎寻常的塑性变形现象开始的,现在已经扩展到研究其力学性能、变形机理和工程应用等方面。

超塑性现象最早的相关报道是 1920 年,当时的研究者在对冷轧后的 Zn-Al-Cu(4% Zn,7% Cu)三元共晶合金铝板进行慢速弯曲时,发现该材料被弯成 180°(与板面重合)仍未出现裂纹,材料在外力作用下发生的塑性变形表现出了和普通晶体材料(如纯铝)大不相同的特性。当时的研究者推断,这种对变形速度有密切依赖关系的异常现象,可能是因为加工过程中产生了非晶质。1945 年,苏联科学家对 Zn-Al 共析合金高温拉伸试验中出现的大伸长率现象进行了系统的研究,并提出了"超塑性"的概念。进入 20 世纪 60 年代,各国学者在超塑性材料学、力学、机理、成形工艺学等方面进行了大量的研究,并初步形成了比较完整的理论体系。1964 年,美国学者贝可芬对超塑性的力学特性进行了分析研究,通过对 Zn-Al 共析合金进行系统研究,引入了与变形应力有关的应变速率敏感性指数 m 值,给出了应力与应变速率的关系式,并把式中的 m 值与超塑性现象对应起来,提出了测定 m 值的方法。超塑性材料用于生产实际是在 1968 年,代表材料为 Zn-22% Al 共析合金,该合金通过超塑性成形制成了小轿车上盖、汽车车门内板等产品。20 世纪 80 年代,超塑性研究已经遍及材料加工、力学、机械等许多学科,金属超塑性特性已在工业生产领域中获得了应用。一些超塑性的 Zn 合金、Al 合金、Ti 合金等正以其优异的变形性能和材质均匀等特点,在工艺品制造、仪器仪表壳罩件、复杂形状构件和航空、航天部门的零构件生产中崭露头角。

目前,国内参加超塑性研究的单位有 100 多家,超塑性更加广泛深入地被应用到航空、航天、机械工业等领域。在中国的超塑性研究领域,已形成了开发和应用以铝合金、钛合金、铜合金为代表的结构合金超塑性材料的热潮。钛合金超塑性成形的产品在航空、航天、仪表、电子、轻工、机械和铁道等工业部门得到了有效的应用。

超塑性既是一门科学,也是一种工艺技术。利用它可以在小吨位设备上实现形状复杂、其他塑性加工工艺难以或不能加工的零件的精密成形。

1.1.3　金属超塑性的成形特点

与常规的塑性成形工艺相比,金属材料在超塑性状态下的宏观变形特点可以归纳为大变形、小应力、无缩颈、易成形四个方面。

1)大变形

大变形是指材料在拉伸试验中的伸长率可达百分之几百甚至是百分之几千,发生了较大的变形。Pb-Sn 共析合金的伸长率最高可达 5 500%,铝青铜的伸长率最高可达 8 000%,代表了金属材料的最高伸长率。利用超塑性可以使材料的成形性能大大改善,从而可以用于成形一些形状复杂或传统成形工艺难以一次成形的零部件。在海洋科学领域应用广泛的声呐浮子,其壁厚范围是 0.5 ~ 2 mm,利用超塑性成形工艺可以对其进行一次成形,产品成形精度较高,壁厚的均匀性较好。

2)小应力

超塑性状态下,金属表现出异常低的流动应力,其变形抗力很小,可以低到 10 MPa 的量级,便于实现像吹塑成形一样的低压力成形,而且基本上没有加工硬化行为。超塑性模锻的总压力只相当于普通模锻的几分之一到几十分之一,因此,可在吨位小的设备上模锻出较大的锻件。由于材料超塑性变形具有类似黏性或半黏性流动的特点,在理想超塑性状态下,其流变应力是一个近乎稳定的值,在超塑性变形过程中变形抗力很小,在最佳超塑性变形条件下,超塑性流变应力通常是常规变形时应力的几分之一甚至几十分之一。例如,在最佳超塑性变形条件下,Zn-22% Al 的最大流动应力仅为 2 MPa 左右;钛合金材料的金属板材在超塑性成形时,其流动应力也只有几十兆帕甚至几兆帕。超塑性材料通常是速度敏感材料,在相同的温度下,变形速度的改变将明显地影响材料的流动应力,流动应力 σ 会随着应变速率 $\dot{\varepsilon}$ 增加而增大。

3)无缩颈

金属超塑性成形类似于黏性物质的流动,对应变速率较敏感,通常没有应变硬化效应。普通材料在拉伸变形的过程中,当应变达到临界值时会产生缩颈,由于在缩颈处发生了应力集中,因此此处材料会过早断裂,拉断后的样品具有明显的宏观缩颈;断口部位尚有相当尺寸的截面,但与均匀过渡变形部位的截面尺寸相差很大,因此变形梯度是很大的,影响部件整体性能。材料发生超塑性变形时,由于材料发生流变现象,且流变应力往往较小,使得材料在变形中几乎没有应变硬化效应发生,但对变形速率敏感,有所谓的"应变速率硬化效应",即当应变速度增加时,材料会强化。因此,超塑性材料变形时,虽有初期缩颈形成,但由于缩颈部位变形速度增加而发生局部强化,于是其余未强化部分继续变形,若再形成缩颈,同样由于缩颈部位变形速度的增加而局部强化,这样便使缩颈传播开去,结果获得了巨大的宏观均匀的变形。因此可以说,超塑性的无缩颈是宏观变形的结果,并非真的没有缩颈,最终断裂时,断口部位的截面尺寸与均匀变形部位相差很小,整个试样的变形梯度缓慢而均匀。例如,典型超塑性合金 Zn-22% Al,其超塑性拉伸试样的最终断口部位可细如发丝,即断面收缩率 ψ 几乎达到100%。因此超塑性材料的变形具有宏观"无缩颈"的特点,而这种无缩颈的均匀变形必然会导致很小的断口截面。通常情况下,脆性材料拉伸变形也是无缩颈的断裂,但在这种情况下,截面断口很大,ψ 几乎为零。一般塑性材料其断面收缩率 ψ 小于60%。

4)易成形

由于超塑性具有如上大变形、小应力、无缩颈等几个特点,而且变形过程中基本上没有或只有很小的应变硬化现象,所以超塑性合金易于压力加工,流动性和填充性极好,有"金属饴"之称。对于许多形状复杂、难以成形的材料(如某些钛合金),其塑性成形成为可能。可以进行模锻成形、板材拉深成形、板材和管材的气胀成形,无模拉伸成形等。钛板的超塑性成形正是利用这些特点,可成形出弯曲半径 r 小到材料厚度 t 的零件,若用冷成形或普通热成形方法是无法实现的。超塑性成形加工可获得尺寸精密、形状复杂、晶粒组织均匀细小的薄壁制件,其力学性能均匀一致,机械加工余量小,甚至不需切削加工即可使用。可以说,超塑性成形是实现少或无切削加工和精密成形的新途径。

超塑性成形的上述四个特点是超塑性状态下材料的宏观变形特点。研究发现,对于某些材料,其微观组织特征主要表现可能有:假如变形开始时为非等轴晶粒,那么在最初的百分之几十的变形量之后将获得近等轴晶条件;经历百分之几百或几千的变形后,晶粒依然主要是等轴的;初始的直界面(晶界或相界)发生弯曲,有时出现球形外观,此为"圆弧形"现象;存在应变增强的晶粒长大,特别是在低的应变速率下;界面处出现条纹带;大范围的晶界迁移和晶界滑移;单个晶粒或晶粒群存在相当大的相对转动;超塑性流变过程发生相当大的位错活动;某些系合金在超塑性变形过程中发生"原位"连续再结晶。

1.2 超塑性的分类

在超塑性研究初期,超塑性现象往往局限于 Mg-33Al、Al-33Cu 共晶合金、Zn-22Al 共析合金等少数低熔点的有色金属,这些材料都是在晶粒微细的情况下才表现出超塑性。随着更多金属及合金实现了超塑性,它们并不要求微细晶粒,也不要求恒温,在一定条件下通过同素异型转变、周期性相变、再结晶过程等也可以得到很大的伸长率。根据实现超塑性的条件和变形特点的不同,金属材料的超塑性类型主要有微细晶粒超塑性、相变超塑性及短暂超塑性等,其中应用最为广泛的是微细晶粒超塑性。

1.2.1 微细晶粒超塑性

微细晶粒超塑性又称为恒温超塑性、组织超塑性或结构超塑性,大多数超塑性特性多属于此类,是目前研究和应用最多的一类金属超塑性类型。微细晶粒超塑性需要同时满足组织条件、温度条件和速度条件。

微细晶粒超塑性的第一个实现条件是要求材料具有均匀的微细等轴晶粒,晶粒尺寸通常应小于 $10~\mu m$,并且材料在超塑性温度下变形时晶粒尺寸不易长大,即所谓热稳定性好。应当指出的是,有些材料即使初始组织具有微细晶粒、超细晶粒和纳米晶粒尺寸,如果热稳定性差,在变形过程中晶粒迅速长大的话,仍不能获得良好的超塑性。微细晶粒超塑性除对材料的晶粒组织有一定要求外,还对其应变速率和变形温度也很敏感,只有在一定的变形速率和变形温度范围内才能表现出较好的超塑性。

微晶超塑性的第二个实现条件是要求变形温度 $T > 0.5T_m$(T_m 为材料的熔点温度),并且在变形时温度要保持恒定。

微晶超塑性的第三个实现条件是应变速率 $\dot{\varepsilon}$ 比较低,一般要求应变速率 $\dot{\varepsilon} = 10^{-4} \sim 10^{-1}~s^{-1}$。

一般来说,晶粒越细小越有利于超塑性变形,但有些材料如钛合金及某些金属间化合物,其晶粒尺寸达到几十微米时仍具有超塑性。与之相反,对于某些纳米晶材料,尽管有纳米晶粒存在,但由于其特殊原因,仍然得不到很高的伸长率。

微细晶粒超塑性获取微细晶粒的途径主要有以下三种:

①冶金学方法。通过添加一些能够促使早期形核、组织弥散,并在变形过程中稳定晶粒的微量元素实现晶粒细化。

②压力加工方法。采用冷、温、热三种不同温度下的轧制或锻造,通过大变形、再结晶等实现晶粒细化。

③热处理方法。可以通过反复淬火、形变热处理、球化退火等方法获得微细晶粒。

1.2.2 相变超塑性

相变超塑性也叫变温超塑性或动态超塑性。相变超塑性是指具有相变或同素异构转变的金属及合金,在一定的温度范围内和一定的循环负荷条件作用下,经过多次循环相变或同素异形转变,获得的超塑性。其基本原理为:材料在外载荷作用下,在相变温度附近循环加热与冷却,诱发材料的组织结构反复的循环相变或同素异型转变而获得大的延伸率。这类超塑性不要求材料有超细晶粒组织,但是要求材料具有固态相变或同素异构转变。

相变超塑性的第一个条件是金属及合金具有固态结构转变能力,第二个条件是受到应力作用,第三个条件是在相变温度上下循环加热和冷却,诱发它产生反复的结构变化,使原子发生剧烈运动而出现超塑性。

相变超塑性的必要条件是具有固态相变的特性,并在外载荷作用下,在相变温度上下循环加热与冷却,这样就能诱发产生反复的组织结构变化,使金属原子发生剧烈运动而呈现超塑性。例如,对碳素钢和低合金钢施加一定的载荷作用,同时在 A_1、A_3 温度线上下一定范围内施加反复的加热和冷却,每循环一次材料将发生两次 α 相与 γ 相间的转变,材料的塑性性能可以得到二次跳跃式的均匀延伸,通过这样多次的循环即可得到积累的大延伸率。又如,共析钢在温度为 538～815 ℃经过 21 次热循环,可以得到 $\delta = 490\%$ 的延伸率;其变形特点为:初期时,每一次循环的变形量($\Delta\varepsilon/N$)比较小,而在一定次数之后,例如几十次之后,每一次循环可以逐步加大变形,到断裂时,可以累积为大延伸。

具有相变的金属材料,不但在扩散相变过程中具有很大的塑性,并且在淬火过程中组织会由奥氏体向马氏体转变,在无扩散的脆性转变($\alpha \rightarrow \gamma$)中,也具有相当程度的超塑性。同样,在淬火后有大量残余奥氏体组织的状态下,回火时残余奥氏体向马氏体单相转变过程中也可以获得异常高的塑性。另外,如果在马氏体开始转变点(M_s)以上的一定温度区间进行加工变形,可以促使奥氏体向马氏体逐渐转变,在转变过程中也可以获得异常高的伸长率。塑性的大小与相转变量的多少有关,相转变量的多少又与变形温度及变形速度等有关,这种过程称为"相变诱发塑性",即所谓的"TRIP"现象。Fe-Ni 合金、Fe-Mn-C 合金等都具有这种特性。

相变超塑性的影响因素主要有:材质 M,作用应力 σ,最高加热温度 T_{max} 与最低加热温度 T_{min} 的差值、即热循环温度幅度 $\Delta T = T_{max} - T_{min}$,热循环速度 $\Delta T/t$,以及循环的次数 N 等。由于相变超塑性是在相变温度上下进行反复的升温与降温而产生的,因此热循环幅度 ΔT、热循环速度 $\Delta T/t$ 与循环次数 N 是影响相变超塑性的最重要的参数。

相变超塑性不同于微晶组织超塑性,它不要求材料进行晶粒的超细化、等轴化和稳定化的预先处理,这是其有利的一面。但相变超塑性必须给予动态热循环作用,这就构成了操作上的一大缺点,因此较难应用于超塑性成形加工,其工业应用主要是在焊接和热处理方面。例如,利用金属在反复加热和冷却的过程中原子发生剧烈运动,具有很强的扩散能力,将两块具有相变或同素异构转变的金属相互接触,施加一个很小的负荷,在经过一定的温度循环次数后,最终可使这两块金属完全黏合。钢与钢、铸铁与铸铁、钢与铸铁都可以利用这种方法进行焊接。至于成形方面,目前主要是用于变形方式很简单的场合,如镦粗、弯曲等。有人曾用铸铁材料通过相变超塑性进行弯曲,经 50 次温度循环后可弯至 45°而不断裂。

目前有关相变超塑性的研究不如微晶组织超塑性那样广泛和深入,对其规律性尚无统一的认识,因此,后续的有关论述都是针对微细晶粒超塑性进行的。

1.2.3　其他超塑性

某些不具备固态相变但是晶体结构各向异性明显的材料,经过反复加热、冷却也能获得较大的伸长率。研究发现,普通非超塑性材料在一定条件下"快速变形"时,也能表现出超塑性。例如标距为 25 mm 的热轧低碳钢棒快速加热到 $\alpha+\gamma$ 两相区,保温 5 ~ 10 s 并快速拉伸,其伸长率可达到 100% ~ 300%。这种在短暂时间内产生的超塑性被称为短暂超塑性或临时超塑性。短暂超塑性是在再结晶及组织转变时的极不稳定的显微组织状态下生成等轴超细晶粒,并在晶粒长大之前的短暂时间内快速施加外力才能显示出的超塑性。从本质上说,短暂性超塑性是微细晶粒超塑性的一种,控制微细等轴晶粒出现的时机是实现短暂性超塑性的关键。

有些材料在消除应力的退火过程中,由于应力作用下积累在材料内部的能量释放,在这个过程中材料得到超塑性,这种超塑性称为退火超塑性。如,Al-5%Si 及 Al-4%Cu 合金,在熔解度曲线上下施以循环加热可以得到超塑性。根据 Johnson 试验,在具有异向性热膨胀的材料如 U、Zr 等合金,加热时可能会有超塑性,这种超塑性称为异向超塑性。

材料在高的应变速率条件下变形时呈现的超塑性称为高应变速率超塑性。高应变速率超塑性与金属在高应变速率下变形时产生的动态再结晶有关,高应变速率超塑性对金属在高速率加工成形具有重要意义。

电致超塑性是材料在电场或电流作用下所表现出的超塑性现象。当高密度电流通过正在塑性变形的金属时,因电流而产生的大量定向漂移电子会对金属中的位错施加一个额外的力,帮助位错越过它前进中的障碍,从而降低变形抗力、提高变形能力,使金属产生超塑性。例如,7475 铝合金在沿拉伸方向施加脉冲电流时,在 480 ℃时能获得 $\delta=710\%$ 的拉伸伸长率,其温度比常规超塑性变形温度降低 50 ℃,其应变速率敏感性指数 m 值也比无电流作用时明显提高。研究表明,金属材料电致超塑性的根本原因是电流或电场对物质迁移的影响,包括空位、位错、间隙原子等。

1.3 超塑性的力学特征

1.3.1 应力-应变曲线

超塑性实际上是材料在特定条件下的一种特殊状态。超塑性合金在拉伸时会呈现很高的流动稳定性,基本没有加工硬化现象。拉伸试样经过长时间的均匀变形,其截面不断变小,最终拉成细颈而断裂。

超塑性变形与普通塑性变形在变形力学特征方面有着本质的差别。在超塑性变形时,由于没有加工硬化,其条件应力-应变曲线如图 1-1 所示,当条件应力 σ_0 达到最大值后,其数值会随着变形程度的增加而下降,而变形量则可能达到很大的数值。如果换算成真实应力-应变曲线,则如图 1-2 所示,此时,真实应力几乎不随着变形程度的增加而变化。在整个变形过程中,表现出低应力水平、无缩颈的大延伸现象。

莫里松曾对 Pb-Sn 共晶合金室温拉伸进行详细研究后指出,拉伸的最大载荷与第一个缩颈的发展相对应,称为第一类不稳定性,也称为超塑性稳定流动的开始。合金经长时间的均匀稳定变形后,因载荷急速下降导致颈缩的最后失稳,这称为第二类不稳定性。试样经过大变形量的变形后,往往会在拉伸试样上出现多处缩颈,在连续的变形中它们会时隐时现,最后在一个稳定扩展的颈缩上导致试样的最终断裂。有学者对 Pb-Sn 共晶合金室温拉伸中试样的宏观变形进行过仔细的观察,发现在试样表面的不同位置上不断出现微小颈缩,同时又被抑制,如此反复,经过长时间大变形以后明显地出现三处较大的缩颈,最后在其中一处发生缩颈的扩展而导致试样的断裂。

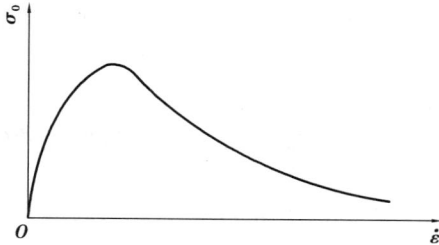

图 1-1 超塑性材料的条件应力-应变曲线

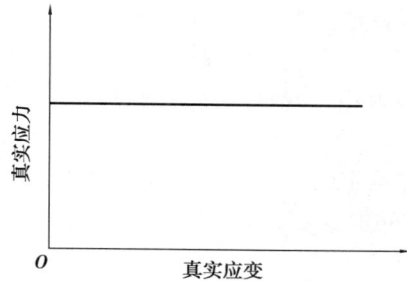

图 1-2 超塑性材料的真实应力-应变曲线

超塑性拉伸时载荷与每毫米伸长量之间的关系曲线如图 1-3(a)所示。

图 1-3(a)曲线分布特性表现为:拉伸初始时刻,拉力很快升高到极值点,然后出现扩散性失稳,曲线开始下降,这是因为拉伸试样某局部因失稳发生集中变形,该处局部变形抗力增大,阻止了此局部变形继续发展。因此,下一个失稳位置将出现在另外的变形抗力较弱的截面上。整个拉伸过程是一个缩颈位置不断转移和交替的过程。材料应变速率敏感性指数 m 值越大、应变速率敏感性越强,这种缩颈不断转移和交替过程延续时间越长,变形量越大,因此超塑性拉伸曲线在峰值以后有很长的连续曲线。

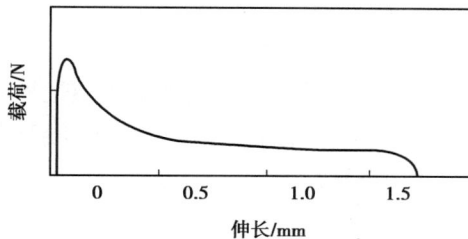

(a)室温拉伸的载荷-伸长曲线

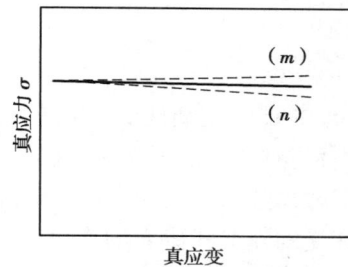

(b)真实应力-应变曲线

图 1-3 Pb-Sn 共晶合金室温拉伸

拉伸时材料的真实应变速率为:

$$\dot\varepsilon = \frac{d\varepsilon}{dt} = \frac{V}{l} \tag{1-1}$$

由式(1-1)可知,随着拉伸过程的进行,坯料长度不断增加,应变速率不断降低,横截面不断变小,故流变应力也随之降低,从而导致拉伸力降低。

将图 1-3(a)的曲线转换成真应力(σ)-真应变(ε)的关系曲线,如图 1-3(b)所示。由图 1-3(b)可以看出,该线几乎为直线,有时略有上倾或下倾趋势。其中,若真应力-真应变曲线不平行于横坐标而向上抬起,如图 1-3(b)中的 m 线,则表明在变形中发生了应变硬化,这是晶粒粗化引起的;若曲线呈下降趋势,如图 1-3(b)中的 n 线,则表明在变形中发生了应变软化,这可能是动态再结晶所致。

1.3.2　应力与应变速率的关系

超塑性成形过程中一定要控制好变形速度,使其尽量保持恒定。要防止温度波动或炉内局部温度过高,若炉内温度过高,可能会引起晶粒急速长大,使最终缩颈过早产生,从而发生第二类不稳定性。材料在发生塑性变形时,流动应力 σ 对应变速率 $\dot{\varepsilon}$、变形温度 T 和晶粒尺寸 d 很敏感,其基本关系表示如下:

$$\sigma = f(\dot{\varepsilon}、T、d) \tag{1-2}$$

在给定的应变下进行普通的塑性变形时,任何金属或合金的流动应力都是加工硬化指数(n)和外加应变速率($\dot{\varepsilon}$)的函数,即

$$\sigma = K\dot{\varepsilon}^m \varepsilon^n \tag{1-3}$$

在超塑性拉伸中,一般不会出现加工硬化,即材料硬化指数 $n=0$,所以式(1-3)应为:

$$\sigma = K\dot{\varepsilon}^m \tag{1-4}$$

式(1-4)中,K 为材料系数,它与变形温度、显微组织和结构缺陷等有关;m 为流动应力对应变速率的敏感性指数。

式(1-4)是由贝可芬提出的,它是表征材料超塑性变形的流动应力与应变速率之间关系的基本方程式,也是表征超塑性变形行为的基本方程,又称为超塑性流变方程或 Backofen 方程。将式(1-4)取对数,则得:

$$\lg \sigma = \lg K + m\lg \dot{\varepsilon} \tag{1-5}$$

微分并整理后,得:

$$m = \frac{\mathrm{d}\lg \sigma}{\mathrm{d}\lg \dot{\varepsilon}} \tag{1-6}$$

式(1-6)中 m 为超塑性变形的重要参数,称为流动应力对应变速率的敏感性指数,也称为应变速率硬化指数,表征了材料抵抗局部收缩或产生均匀拉伸变形的能力,m 值越大,金属抵抗缩颈的能力越强,其伸长率越大,维持变形的均匀性越强。

材料在受到外加载荷 F 的作用进行拉伸变形时有:

$$\sigma = \frac{F}{A} \tag{1-7}$$

$$\dot{\varepsilon} = \frac{\mathrm{d}\varepsilon}{\mathrm{d}t} = \frac{1}{L}\frac{\mathrm{d}L}{\mathrm{d}t} = -\frac{1}{A}\frac{\mathrm{d}A}{\mathrm{d}t} \tag{1-8}$$

式中,F 为载荷,A 为试样截面积,ε 为应变,L 为试样标距长度,t 为时间。将式(1-7)和式(1-8)代入式(1-4)中,可得:

$$-\frac{\mathrm{d}A}{\mathrm{d}t} = \left(\frac{F}{K}\right)^{\frac{1}{m}} A^{\frac{m-1}{m}} \tag{1-9}$$

式(1-9)中的负数表示拉伸时试样截面在减小,该式也说明拉伸试样的截面收缩率与 $A^{\frac{m-1}{m}}$ 按比例减小。

当 $m=1$ 时,式(1-9)为:

$$-\frac{\mathrm{d}A}{\mathrm{d}t} = \frac{F}{K}$$

即在拉伸力作用下,材料将以恒定速率在整个截面上进行和 A 无关的塑性流动,拉伸变形不

受试样截面大小的影响,其应力与应变速率成正比关系。

将式(1-4)中 K 用黏性系数 η 代替,且 $m=1$,则如式(1-10)。

$$\sigma = \eta \dot{\varepsilon} \qquad\qquad (1-10)$$

式(1-10)正是牛顿黏性流动具有的特性,即当 $m=1$ 时材料在外力作用下流动时将遵循牛顿流体的流动特性。

m 对塑性流动有重要影响。金属材料的 m 在 $0<m<1.0$ 的范围内。当 $m<0.3$ 时,通常属于一般的塑性材料,在 0.3 以上时,属于超塑性材料,即对于普通金属,$m=0.02 \sim 0.2$,对于超塑性金属,$m=0.3 \sim 1$。

当 $0<m<1$ 时,超塑性流动与试样截面 A 是相关的,它会随试样截面 A 的变化而变化。这时 m 值越小,试样上局部不均匀截面处变小的速度越快,最后出现缩颈并导致试样断裂。m 值越小,这种效应就越大。也就是说,较小的试样截面将会以较快的速率减小,从而产生缩颈,发生断裂。

当 m 增大并向 1.0 接近时,截面减小速率和 A 的依赖关系渐渐减弱。如图 1-4 所示,纵坐标 d 代表局部截面变化速度、横坐标 A 代表试样截面。

由图 1-4 可知,对于应变速率敏感性指数 $m=1/4$ 的材料,其截面变小的速度要比 $m=1/2$ 和 $m=3/4$ 的快很多。因此,m 值越大,试样局部截面变小的速度越慢,而且能呈现出稳定的均匀延伸。

根据上述分析可知,m 值的大小标志着材料超塑性能力的高低。因此,m 值也就表征抗缩颈扩展的能力,但不是抵抗缩颈的产生。

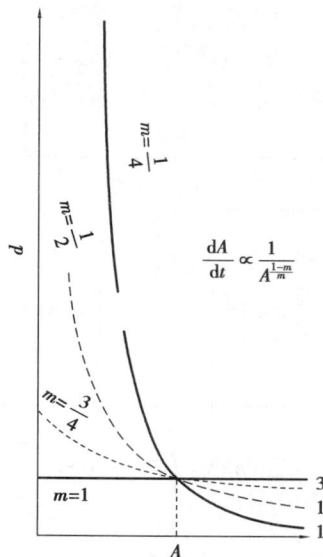

图 1-4 不同 m 值时截面变化
速度与 A 值的关系

m 值的物理意义在于,当试样拉伸变形区(标距内)的某一局部产生颈缩时,其应变速率增加,当材料 m 值较大时,为使颈缩扩展就需要更大的应力,从而使变形向其他地方转移,因而拉伸试样呈现近似均匀的伸长变形。

实际上,在超塑性拉伸变形中试样表面是不均匀的,会同时出现几个缩颈。莫里松指出,在一个缩颈占优势之前,其他缩颈扩展速度很慢,从而获得异常高的伸长率。因此,具有高 m 值的材料在拉伸中会呈现高伸长率。

试样在拉伸时,还应该考虑试样几何尺寸上的初始不均匀特性和标距的长短。对此,莫里松提出,试样截面越大、标距越短,拉伸后伸长率越高。在相同的加工条件下,大截面积试样可以得到较小的初始不均匀;较短的标距可以使不均匀截面的应变均值增加。

m 值还与材料的显微组织有关,显微组织在变形中是变化的,因此 m 值在拉伸过程中也是变化的。通常,m 值随材料显微组织的变化而减小,其减小程度取决于拉伸中晶粒粗化的程度和 m 值对晶粒度的敏感程度。此外,在恒定的十字头速度下拉伸时,应变速率是随着应变量的增加而降低的,这样的结果也会引起 m 值的变化。

m 值的测量是超塑性研究中的一项重要工作。为此,测量应准确,测量方法应简单。目前,在超塑性研究工作中最为通用的 m 值确定方法是由贝可芬提出的拉伸速度突变法,此外还有最大载荷法、载荷外推法、速度突变瞬时载荷法、斜率法、变截面试样拉伸法及速度松弛法等一些其他的测量方法。

1.3.3 m 值与伸长率的关系

通过前述可知,m 值可以表征超塑性变形能力的强弱,伸长率 δ 则是表征材料的最大变形能力。因此,研究者们对 m 值与伸长率 δ 之间的关系进行了研究。研究发现,m 值与伸长率 δ 之间确实有一定的对应关系,有一些实验表明,某些合金虽然有高的 m 值,但伸长率 δ 却不高;相反,低 m 值的材料,其伸长率不一定不高。其原因是,影响两个参数的因素很多,很难通过一定关系式就完全概括所有影响因素。

因此,苏联学者卡依勃舍夫指出,m 值至多只表示获得高塑性的可能性,而不是塑性的绝对值。研究者关于 m 值与伸长率 δ 关系方面的部分研究结果汇总见表 1-1。

表 1-1　m 值与伸长率 δ 的关系

关系式	符号意义	适用范围
$\delta=\left[\left(\dfrac{1-\beta^{\frac{1}{m}}}{1-\alpha^{\frac{1}{m}}}\right)^{m}-1\right]\times100\%$	α——试样原始不均匀度,即试样标距内 $A_{0\min}/A_{0\max}$ 截面比值; β——试样上任意点的瞬时不均匀度,即 $A_{\min}/A_{\max}$,α、β 分别代表试样表面缺陷和与缩颈扩展形式有关的系数	对光滑试样: $\alpha=0.99$ $\beta=0.5$
$\delta=bm^2\left(\dfrac{d_0}{l_0}\right)\times100\%$	b——材料常数; d_0——试样原始直径; l_0——试样原始标距长度	$\dfrac{d_0}{l_0}$ 为 $0.1\sim0.5$
$\delta=\exp\left(\dfrac{2m}{1-m}-1\right)\times100\%$	—	—
$\delta=\left[C\dot{\varepsilon}(m-m_0)-1\right]\times100\%$	C——材料常数	—
$\delta=\left\{\left[\dfrac{m}{\alpha(0)}\right]^{m}\times e^{n}-1\right\}\times100\%$	α——材料常数; n——应变硬化指数	—

需要指出的是,表中各种关系式可能只适用于某一种或几种合金材料,目前还没有普遍适用的公式。

1.3.4 超塑性变形时组织的变化

任何塑性变形都会引起材料的组织和性能的变化,超塑性变形也不例外。许多研究资料表明,超塑性变形时,晶粒会发生长大,但等轴度基本不变。晶粒的长大与变形程度、应变速率和变形温度有关,通常,晶粒的大小随着应变速率的降低而增大,但在最佳超塑性比应变速率范围内晶粒随应变速率的降低而增大并不明显;再者,变形程度越大,晶粒长大越显著。

晶粒长大的真正原因尚不明晰,普遍认为:超塑性变形是在持续高温下发生的,且变形使晶格缺陷、空位和位错的浓度、密度增加,从而大大促进了合金中的扩散过程,结果使晶粒长大。但在某些试验中也发现有晶粒细化的相反现象。例如,HPb59-1 黄铜在 620 ℃ 下进行压缩变形,结果表明,变形后的晶粒比变形前的细小,而且随着压缩变形程度的增加,晶粒细化越显著。

金属在超塑性变形时,如果应变速率低,则晶粒除长大外,还可能沿拉伸方向被拉长。例如,Zn-Al合金在 $\dot{\varepsilon}=2.5\times10^{-5}\mathrm{s}^{-1}$ 下拉伸时,当 $\delta=50\%$ 时,晶粒出现拉长现象,当 $\delta=200\%$ 时,晶粒长短轴的平均比可达1.3。但在最佳的应变速率区域范围内,晶粒则仍基本保持等轴状。低速变形时晶粒被拉长,主要是扩散蠕变所致,也可能与滑移沿某一单一晶面进行有关。

大量研究资料表明,在最大超塑性应变速率区域范围内,不形成织构,也没发现有晶内位错或仅有个别位错,在试样抛光表面上不出现滑移线,说明没有位错运动。但如提高应变速率,则位错数量会增加,个别地方(如晶界处)还会看到位错的塞积。如果应变速率更高(实际上已超出超塑性变形范围)时,则亦会形成亚结构。

大量的金相资料表明,许多合金在超塑性拉伸变形时会产生空洞。空洞不仅与变形程度和应变速率有关,还与变形温度、晶粒尺寸和相的性质有关。在HPb59-1黄铜超塑性变形中,发现在相同变形条件下,细晶组织比粗晶组织更易产生空洞。在研究Zn-Al共析合金空洞形成时,发现空洞随应变速率的升高而增多,并观察到空洞沿拉伸变形方向被拉长。至于变形温度的影响,不同的合金,表现不一。

另外,并不是所有合金在超塑性变形时,都会形成空洞;而且,对于超塑性拉伸变形时能产生空洞的合金,在同样的变形程度和应变速率下做压缩试验时,却不产生空洞。

关于空洞形成的原因,有的认为是空位在变形期间向晶界处汇集的结果,也有的认为是超塑性变形时晶界滑移未能充分协调所致。

综上所述,超塑性变形时晶粒虽有不同程度的长大,但基本上保持等轴状;变形后的微观组织中几乎看不到位错,也没有晶内滑移的痕迹,不形成亚结构;有显著的晶界滑移痕迹,在许多情况下晶界或相界处形成空洞等。

1.3.5　超塑性变形对力学性能的影响

超塑性变形后由于合金仍保持均匀细小的等轴晶组织,不产生各向异性,且具有较高的抗应力腐蚀性能。Ti-6Al-4V钛合金整体涡轮盘超塑性等温模锻的锻后测试表明,锻件各部位的显微组织均为均匀细小等轴晶组织,不同部位和不同取向的室温拉伸性能也相当接近。对于耐热材料,为提高其在高温下的抗蠕变性能,在超塑性成形后,还可以通过热处理使晶粒粗化,以达到所需的晶粒度。

超塑性成形时,零件内部不存在弹性畸变能,变形后没有残余应力。对超塑性变形后的Zn-Al共析在室温下进行低速的压缩试验,发现其硬度随压缩率的增加而降低,即存在所谓的加工软化现象。对高铬高镍超塑性不锈钢进行超塑性成形后,形成微细的双相混合组织,显示出很高的抗疲劳强度。

1.4　超塑性的变形机理

在超塑性变形时,尽管金属具有超细晶粒组织,但其流动应力很小,这与通常的晶粒度对变形抗力影响的概念相反,而且流动应力对应变速率很敏感;此外超塑性变形时组织变化的一些特征用普通塑性变形机理也是难以解释的。

关于超塑性变形机理,还处于研究探讨阶段,尚无统一的认识。有研究认为,在超塑性变形过程中,起支配作用的变形机理是晶界滑移;也有研究认为,扩散蠕变机理的作用很大;还有研究认为,在超塑性变形过程中,伴随有动态回复和动态再结晶。超塑性变形过程中,晶粒的大小和形状都没有显著的变化,大量的变形来自晶间滑移,但同时,晶间滑移不可能作为独立的变形机理,还必须有其他的变形机理来相互协调配合。扩散蠕变机理是在应力场的作用下原子(或空位)发生定向转移,引起物质的迁移和晶体的塑性变形;但若此过程单独进行,必然会引起晶粒沿外力方向伸长,而这与超塑性变形中晶粒仍基本保持等轴状也是相互矛盾的。动态再结晶虽然能解释超塑性变形中等轴晶粒的形成,但是,在通常的热塑性变形过程中亦有发生再结晶,却不能获得像超塑性变形那样的大伸长率、低流动应力和表现出对应变速率的高敏感性。所有这些都说明,没有哪一个理论能够完美地解释各种金属材料中所发生的超塑性变形现象。事实上,超塑性变形机理比常规塑性变形机理更为复杂,它包括晶界的滑移和晶粒的转动、扩散蠕变、位错的运动、在特殊情况下还有再结晶等,不可能是单一的变形机理,而是几个机理的综合作用;而且,在不同情况下,可能由不同的机理起着主导作用。

超塑性流变可以是晶粒内沿晶面产生的滑移,也可以是沿晶界(相界)产生的晶界滑动(相界滑移),它们都与位错及点缺陷(空位或者间隙原子)的存在、产生和运动有着密切的关系。晶界(或相界)间除滑动外,还有迁移运动,后者表现为晶粒的大小和形状的改变。晶界(或相界)的结构介于非晶态和晶态结构之间,所以晶界滑动的性质是准黏滞性的。

目前对组织超塑性的机理已经提出了多种模型。不同的材料在不同的实验条件下可能有不同的机理,以下介绍一些有代表性的超塑性变形机理。

1.4.1　扩散蠕变机理

空位-迁移过程即为空位蠕变过程,是指空位在应力梯度的作用下引起的迁移,也就是原子的迁移(扩散)。金属的蠕变变形规律就是用这种原子的扩散来解释的。超塑性变形与蠕变变形也有许多相似之处,特别是在应变速度对应力和晶粒长大的关系上,两者几乎是相同的。因此有人认为,在低应力下所引起的空位扩散,不仅可以解释蠕变变形的机理,而且还可以用来解释超塑性变形的机理。

由阿希贝(Ashby)和弗拉尔(Verrall)提出的晶界滑动和扩散蠕变联合机理(简称 A-V 机理)被认为能较好地解释超塑性变形过程。该理论认为,在晶界滑移的同时伴随有扩散蠕变,对晶界滑移起调节作用的是原子的扩散迁移。图 1-5 是一个平面内晶内扩散蠕变和晶界滑移联合作用的模型。当一组晶粒在拉应力作用下时,由于晶界滑移和原子扩散(包括晶界扩散和晶内扩散),一方面使晶粒由起始状态演变成图中所示的中间状态,从而使晶界面积和系统的自由能增加;另一方面,随着中间状态向最终状态转变。如图 1-5 所示,晶界面积逐渐减小,外部给予的能量消耗在晶界面积的变化过程中,横向晶粒相互靠近、接触,纵向晶粒彼此分离、拉开,但所有晶粒仍保持等轴原样,只是发生了"转动"换位。

扩散蠕变机理的研究理论认为,高温低应力下位错密度很小,位错的能动性也差,因而位错运动不可能成为超塑性变形的主要形式。但是超塑性变形时,材料内部存在着大量的过饱和空位,因而连续变形可以由空位在外加应力场中作定向运动来实现,而空位运动导致原子向相反方向的扩散迁移。图 1-6 给出了扩散蠕变的两种模型,即晶内扩散模型和晶界扩散模型。

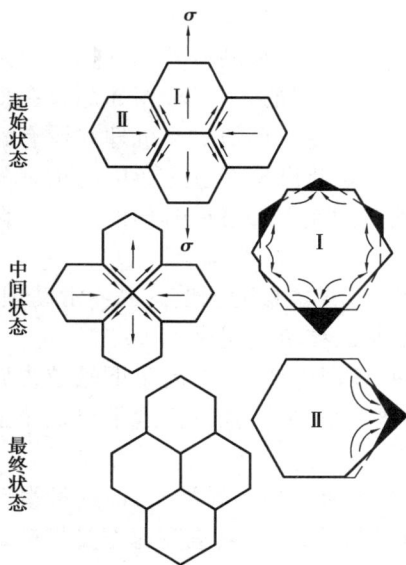

图1-5 晶界滑动和扩散蠕变联合机理模型

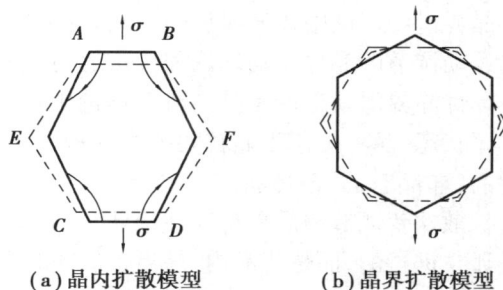

(a)晶内扩散模型　　　　(b)晶界扩散模型

图1-6 扩散蠕变模型

图1-6(a)的晶内扩散模型又称为 Nabarro-Herring 模型。该模型的研究者认为,在外加拉应力 σ 的作用下,在横向晶界 AB 和 CD 形成空位比在侧向 AEC 和 BFD 形成空位在能量上更有利,因而横向晶界的空位浓度高,侧向晶界的空位浓度低,导致横向晶界的空位穿过晶粒内部向纵向晶界流动。由于外力 σ 持续作用,横向晶界的空位不断流向侧向晶界,而原子则反向流动,结果晶粒被拉长、变窄。

图1-6(b)所示的晶界扩散模型又称为 Coble 模型。该模型的相关研究表明,在晶界附近形成空位的自由能和在该处运动的激活能明显比晶粒内部低,因此应该考虑空位和原子在晶粒边界附近沿着相反的方向运动。

一般情况下,晶界扩散和晶内扩散过程都是存在的。当其他条件相同时,在细晶粒材料的超塑性变形中晶界扩散所起的作用比较大。

扩散蠕变理论的最大困难在于,按照此理论 $\dot{\varepsilon}$ 与 σ 成正比,即 $m=1$,这与实验现象是不符的。扩散蠕变理论的另一困难是,它不能解释晶粒在变形中的等轴性,因此按照这一理论的变形模式,晶粒会被拉长。可见,扩散蠕变理论既不能完全说明超塑性变形的基本物理过程,也解释不了它的主要力学特征。

1.4.2 晶界滑动机理

超细晶粒材料的晶界具有异乎寻常大的总面积,不考虑晶界运动在超塑性流变过程中的作用,就无法解释结构超塑性。实际上大多数有关超塑性变形机理的假设都不能回避晶界运动的作用。晶界运动一般分为滑动和移动(迁移)两种,前者为晶粒沿晶界的滑移,后者可以看作相邻晶粒间的相互侵蚀而产生的晶界迁移。在实际变形中,晶界的运动往往不是分得很明确的滑动和移动,而是两者混在一起。特别是高温变形时,这两种过程交替进行,会引起晶界的变形、晶粒的长大,甚至形成裂纹。晶界移动(迁移)与变形过程中发生的动态再结晶现象密切相关。这种动态再结晶不断消除变形所产生的硬化,使材料的延展性不断得到恢复(动态恢复),因此它是超塑性变形能够获得大伸长率的一个基本条件。在超塑性成形中,扩散蠕变必然要产生晶界移动,而这种移动又通常是晶界滑动的伴生现象。

晶界滑动曾被看作唯一能够解释变形过程中保持晶粒等轴性和晶粒转动的机理。两相合金中,晶粒转动通常是由晶界滑动阻力和相界阻力的差异引起的。此外,相邻晶粒在变形过程中的调整差异也会引起转动。但是承认晶界滑动是超塑性变形的主要机理并没有解决所有的问题,因为晶界滑动的微观过程尚未完全弄清楚,而且此机理在总变形中的贡献只占一定的比例。有研究认为,该比例一般不超过60%,而其余的变形势必由其他的适应或调节过程来完成。

晶界滑动理论中比较典型的理论有:黏性晶界滑动理论、扩散蠕变调节的晶界滑动理论、位错运动调节的晶界滑动理论和位错运动调节的晶界滑动-晶粒转动理论。

黏性晶界滑动理论是晶界滑动理论中最简单的一种,该理论认为,在高温下晶粒边界趋于无序状态,晶界类似于晶粒间的黏性液体夹层。晶粒越细小,金属就越接近于组织完全无规则的(非晶态的)液体状态。

扩散蠕变调节的晶界滑动理论认为,超塑性变形的主要形式是晶界滑动,但这种滑动并不是孤立进行的,而是与晶内、晶界扩散同时发生或协调进行的,因而其应变速率受扩散蠕变过程所调节或控制。

1.4.3　动态再结晶机理

晶界移动(迁移)与再结晶现象密切相关。这种再结晶可使内部有畸变的晶粒变为无畸变的晶粒,从而消除其预先存在的应变硬化。在高温变形时,这种再结晶过程是一个动态的、连续的恢复过程,即一面产生应变硬化,一面产生再结晶恢复(软化)。实验表明,再结晶过程的进行情况,受应变速率影响。应变速率过小,再结晶过程进行比较充分,晶粒容易长大。应变速率过大,再结晶受到抑制,变形硬化不能充分消除,应力集中得不到及时松弛,材料内部易过早地出现空洞和裂纹。合理的变形速率是保证动态再结晶适度进行,获得大伸长率的必要条件。

关于晶界迁移(与晶界扩散过程有关)或动态再结晶过程对应变速率的贡献,Gifkins 和 Snowden 认为,在超塑性变形时,再结晶是被抑制的。但更多的人则认为,这一过程在超塑性变形时确实存在,要不然就无法解释超塑性变形时的动态应力松弛,也无法解释变形过程中发生的晶界迁移和晶粒长大等现象。然而承认这一过程在超塑性变形中起重要作用的人,并不都把动态再结晶看作一种超塑性变形的机理,有的只是把它看作一种在高温下与变形同时发生的过程。例如 A. C. Тихонов 就认为,在一定条件下,可以把超塑性看作同时发生变形与再结晶的结果。

就超塑性变形理论的现状而言,虽然众说纷纭,但通过几十年特别是最近二十多年的努力探索,至少在下面两个问题的定性看法上,多数人已基本趋于一致:

①超塑性变形主要是一种包括晶界滑动和晶界迁移在内的晶界行为,是多种机制综合作用的结果。

②在 S 形曲线的Ⅱ区,变形以晶界滑动为主,这种晶界滑动既受空位扩散机制的调节,又受位错运动的调节;随着应变速率的降低(在Ⅰ、Ⅱ区的过渡带和Ⅰ区),空位扩散机制的作用增强;随着应变速率的提高(在Ⅰ、Ⅱ区的过渡带和Ⅲ区),位错运动机制的作用增强。

如前所述,超塑性变形是一个复杂的变形过程。各种结构超塑性材料虽有其共性,但每种材料都有其区别于其他种材料的特性,这些特性一方面由其内部组织结构状态所决定,另一方面又受外部变形条件的制约。任何试图创造一种比较完备的理论来定量地、统一地描述各种结构超塑性行为是难以实现的。

1.5 超塑性成形的典型工艺

超塑性成形方法包括超塑性体积成形、超塑性板料成形、超塑性复合成形和脆性材料的超塑性成形加工等。

超塑性体积成形包括超塑性模锻成形、超塑性挤压成形、无模拉伸成形等。其中,超塑性模锻和超塑性挤压因其可以成形复杂金属零件,应用最为广泛。无模拉伸成形主要用于成形管材、棒材或线材等型材类产品。

超塑性板料成形的典型工艺有超塑性气胀成形和超塑性拉深成形。

超塑性复合成形主要包括超塑性胀形与热压的复合成形、超塑性拉深与胀形的复合、超塑性挤压与超塑性压接的复合、超塑性胀形与压接复合的超塑成形/扩散连接技术等。

脆性材料的超塑性成形加工主要包括铸铁材料的超塑性成形、陶瓷材料的超塑性成形以及金属间化合物材料的超塑性成形。

本书主要介绍超塑性气胀成形、超塑性拉深成形、超塑性模锻成形、超塑性挤压成形、无模拉伸成形和超塑成形扩散连接技术的基本原理及典型应用。

1.5.1 超塑性气胀成形

超塑性气胀成形是利用材料的超塑变形能力,在一定的温度下通过气体压力来实现板(管)材胀形的一种成形工艺方法。超塑性气胀成形以气体作为加压介质,借助超塑性材料低流动应力和高达百分之数百的伸长率等优势,用来成形钛合金、铝合金、锌合金等复杂形状产品,现已在航空航天制造业、机电工业、工艺美术品加工工业等领域得到广泛应用,是迄今为止应用最早、最广的一类超塑性成形技术。

超塑性气胀成形与玻璃或塑料的"吹塑"成形工艺相似,该成形方法能充分地利用金属超塑性特性,主要用于生产薄壁壳体零件,诸如仪表壳、管路板、美术浮雕等最适合用此法生产。图 1-7(a)是采用吹塑成形得到的钛合金球形卫星燃料箱壳,该球形壳壁厚为 0.71 ~ 1.5 mm。图 1-7(b)是超塑性气胀吹塑 5083 铝合金得到的墙面装饰浮雕。图 1-7(c)是超塑性气胀成形得到的 5A06 板材零件。

(a)钛合金球形
卫星燃料箱壳

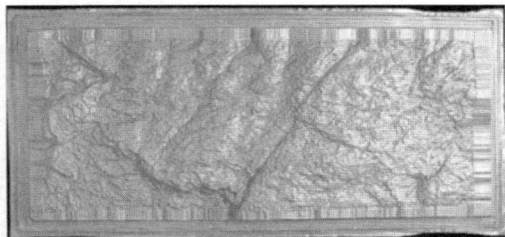

(b)铝合金美术浮雕

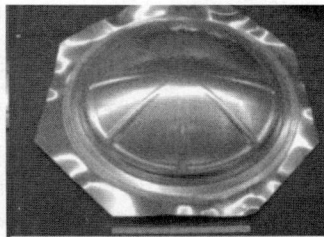

(c)铝合金零件

图 1-7 超塑性成形的典型产品图例

1）超塑性气胀成形原理

超塑性气胀成形的基本原理示意图如图1-8所示。成形前，先将被加热到超塑性温度的金属板材夹紧在模具上，并在其一侧形成一个封闭的压力空间，板材在气体压力作用下产生超塑性变形，并逐步与模具型腔表面贴合，直至成形与模具型面相同的零件。

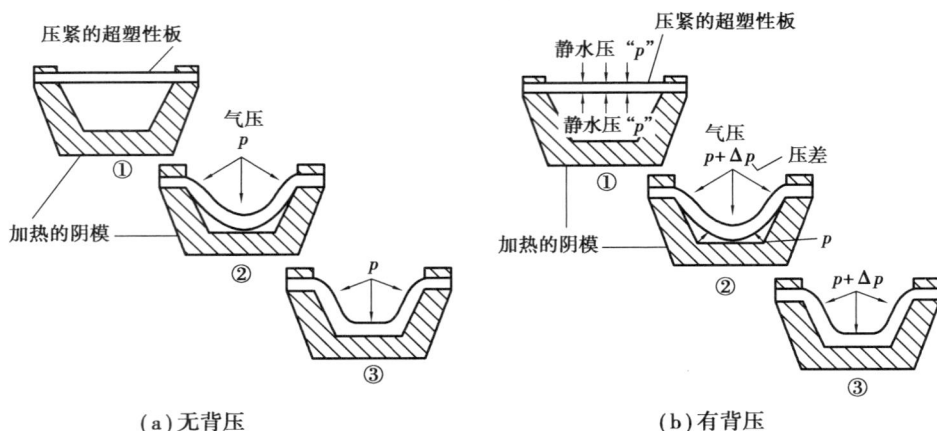

图 1-8　超塑性气胀成形的基本原理示意图

超塑性气胀成形过程分为三个阶段，即自由气胀成形阶段、贴模成形阶段和最后校正成形。第一步是自由气胀成形阶段，变形金属板材在小压力的气体压力作用下缓慢地自由凸起，材料与模具并未发生接触，材料主要发生自由胀形。第二步为贴模成形阶段，在此阶段，部分材料开始和模具贴合，已贴模部分的板料因摩擦而停止变形，而其余材料继续发生形变，完成贴模成形。第三步是最后校正成形阶段，材料变形结束，板材与模具紧密贴合，并对细微的凹凸部分及小圆角等进行最后的精确贴模。在整个气胀成形中，需要保证接口处的密封性和压力的恒定，通过多孔进气、出气控制，可以保证内部压强控制的精确性。同时，需要保证整个模具的温度稳定。

在超塑性气胀成形的不同阶段，其成形压力和成形速度的选用不同。自由胀形阶段，须采用较小的气体压力，慢速成形；当板材开始与模具慢慢贴合时，成形件的大轮廓和较大的圆角初步成形，由于摩擦阻力的作用，已经与模具型面贴合的板材几乎不再变形，此时宜采用较小的气体压力，若能进行一段时间的保压将更有利于成形。如果气胀成形件的微细部位有凸台、凹沟、小圆角或花纹等需进行校正成形，校正阶段变形量不大，但为使金属板坯与模具型面充分贴合，则应给予较大的压力。

2）超塑性气胀成形的主要方法

超塑性气胀成形只需要一个凸模或一个凹模。凹模成形通常底部较薄、筒部较厚；凸模成形恰恰相反，底厚筒薄，可根据制品要求选择不同成形方法。常见的气胀成形方法有正胀形、正反胀形、凸模辅助胀形，以及凸模背压吹塑成形等。

金属板材超塑性正胀形的成形过程示意图如图1-9所示。金属板材超塑性正胀形的主要特点是设备简单，但材料成形通常底部较薄、凹模入口处较厚，材料厚度分布不均匀。

为了改善板料正胀形后凹模入口较厚的情况，提出了正反胀形技术，其成形过程示意图如图1-10所示。正反胀形过程可以有效改善凹模入口处的板料变形情况，但要注意成形第一阶段的鼓包不应过大。

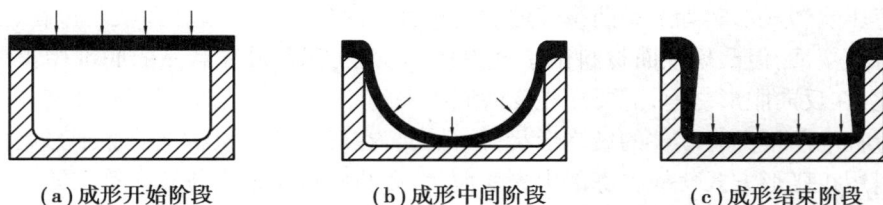

（a）成形开始阶段 （b）成形中间阶段 （c）成形结束阶段

图 1-9 金属板材超塑性正胀形的成形过程示意图

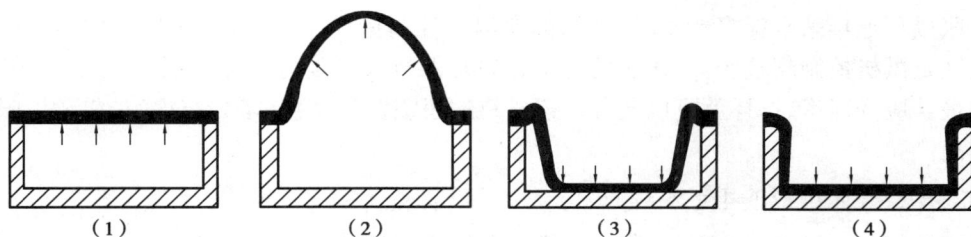

（1） （2） （3） （4）

图 1-10 金属板材超塑性正反胀形的成形过程示意图

在实际生产过程中,不论是正胀形还是正反胀形,板料成形件的凹模入口处侧壁厚度都比底角厚很多,材料底部明显薄得多。为使侧壁材料更好地补偿底角板料的变薄,又提出了凸模辅助胀形工艺,其示意图如图 1-11 所示。

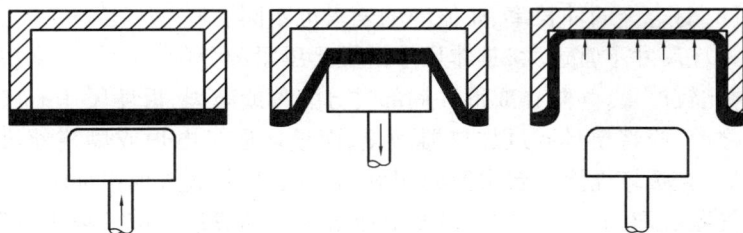

图 1-11 凸模辅助胀形的成形过程示意图

凸模辅助胀形的变形特点:在变形的第一阶段,辅助凸模将材料拉入凹模,此时变形集中于侧壁,使壁部变薄,底部或底角由于与凸模表面发生摩擦作用,使该处材料基本不变形;当凸模进入一定深度以后,凸模退出凹模,然后用气压进行胀形,开始第二阶段变形,第二阶段的变形主要是依靠底部变薄实现的,该方法有效提高了板料成形件壁厚的均匀性。

为进一步改善材料气胀成形时厚度分布的均匀性,又进一步提出了凸模背压吹塑成形方法,其示意图如图 1-12 所示。

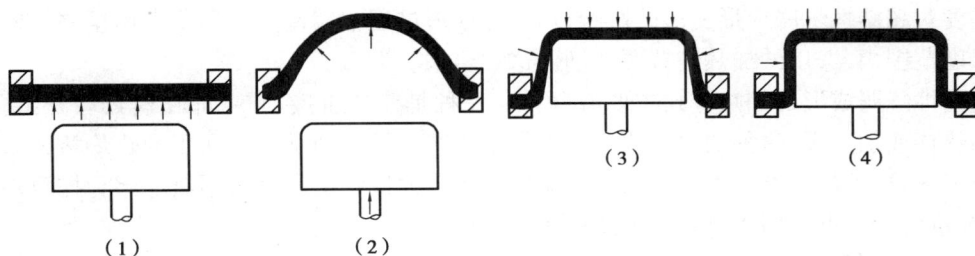

（1） （2） （3） （4）

图 1-12 金属板材凸模背压吹塑成形

凸模背压吹塑成形实际上是凸模辅助吹塑过程的改进。在凸模辅助吹塑过程,虽然侧壁材料得到有效变薄,但凸模顶面材料由于摩擦作用没能变薄,最终制品的底部中央厚度仍然较大。为此,在反向胀形之前,需要预先变薄底中央的厚度,即在凸模对面施加背压力。凸模背压吹塑过程的凸模具有零件的最终形状,并且安装在可移动的机构上。胀形过程的第一阶段是把毛料用正胀形方式使板料底部中央变薄,然后凸模进到适当位置。第二阶段的变形是气压从反向吹向凸模,材料首先与凸模顶面和圆角部分接触,此接触部分停止变薄,继续变薄位置仅发生在侧壁,这个过程能够得到比前面介绍的方法更均匀的厚度。

气胀成形近年来有很多新发展,如局部变温法控制壁厚、气压法测成形高度等。但最重要的发展是微机控制超塑胀形,该法的基本思想是保持极点处应变速率恒定,总保持在 m 值最高的最佳应变速率,这样就可以充分发挥材料的超塑性能,使壁厚分布均匀,成形极限尽量得到提高。

3)超塑性气胀成形的工艺流程

超塑性气胀成形工艺流程包括备料、模具和板坯的预热、压紧密封、充气成形、泄压放气、开模取件、切边、强化、表面处理等。

在备料之前,应对已进行超细化处理的板坯进行检验,以便确定合金板材能否进行超塑性气胀成形加工。在一般情况下,只要合金的晶粒尺寸在 10 μm 以内,伸长率在 500% 以上,m 值大于 0.4 ~ 0.5,这类合金就可以超塑性气胀成形。实际生产中,由于零件形状、变形量以及对变薄要求不同,对合金的伸长率、m 值等的要求也不同。

凹模成形时板坯尺寸不宜过大,具体尺寸由模具压紧部分的外形尺寸来决定。凸模成形时,由于板坯变薄比较严重,为防止成形件局部过分变薄或破裂,板坯尺寸不宜太小。

在气压成形之前,应将模具通过加热器预热,而板坯通过电炉或烘箱预热。当模具整体达到超塑性温度后,在板坯上涂一层很薄的润滑剂,然后将其放入模中加压,并密封好。

按照超塑性气胀成形的三个不同阶段及对成形压力和成形速度的要求,调节气瓶出口气体压力和流量,以便充气成形。当气胀成形的三个阶段都完成以后,便可卸压放气,然后开模取件,但开模后要待成形件冷却到一定程度方可小心取件。成形件应放在平整通风的地方继续冷却,成形件的强度较低,为此还应进行强化处理。

4)超塑性气胀成形装置

根据前述成形原理可知,超塑性气胀成形装置应包括加热装置、供气系统、压紧密封装置及气胀成形模具四个部分,装置示意图如图 1-13 所示。

(1)加热装置

温度对超塑性气胀成形变形的影响显著,在成形过程中应使变形温度自始至终控制在超塑性温度范围内,选用的加热装置要能确保这一要求。

超塑性气胀成形的加热方式主要有两种。一种是模具直接加热,即在模具上开出孔,孔内放加热棒或加热圈,这种加热方式用于大批量生产。另一种是采用通用的热垫板或充气加热垫板传热,这种加热方式用于小批量多品种生产。大批量生产时采用热电偶和控温装置控温,小批量生产时可采用铂电阻作为测温元件进行控温。

(2)供气系统

超塑性气胀成形需要有一个供气的动力系统,根据成形零件的复杂程度、金属板料种类、板材厚度以及生产批量的不同,可采用不同的工作压力和成形速度及相应的供气系统。

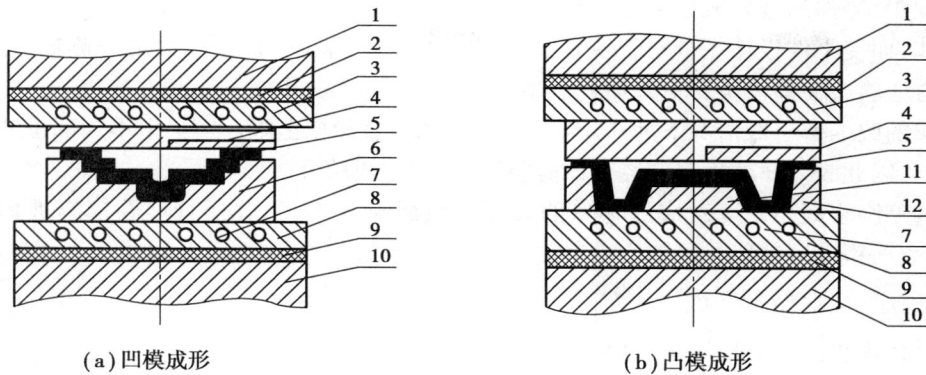

（a）凹模成形　　　　　　　　　　　（b）凸模成形

图1-13　超塑性气胀成形装置示意图

1—上垫板;2—隔热板;3—上加热板;4—通气板;5—工件;6—凹模;7—加热器;
8—下加热板;9—隔热板;10—下垫板;11—凸模;12—模框

超塑性气胀成形时的工作压力一般只需100~160 MPa,最终校正压力为245~294 MPa。小批量生产采用瓶装氮气即可满足生产要求,大批量生产时可以采用空压机作为动力源。

成形速度不仅决定了生产率,且影响着成形件的壁厚均匀性,这是超塑性气胀成形的关键。成形速度主要取决于气体的压力和流量,工作时应根据需要通过调节器对气体的压力和流量进行调节。

（3）压紧密封装置

压紧密封装置就是为平衡气体压力和压紧金属板坯所用的法兰边,它起到密封的作用。压紧力一般是由压机供给,也可用螺钉压紧装置或用液压压紧装置。在压机上进行气胀成形时,设备的工作压力是通过压板和模套(或凹模)将被加热的板坯压紧,并使热态下变软的板坯产生塑性变形,从而实现压紧密封。

（4）气胀成形模具

对于超塑性气胀成形模具的设计,应首先考虑选择成形方法、模具材料、模具圆角、模具斜度、排气、收缩率和模具表面的粗糙度等。

凸模成形可以得到内表面尺寸精度高,内部形状清晰的工件,但其底部往往较厚,边缘较薄,材料利用率也较低,工件脱模比较困难,但凸模加工较为容易。凹模成形可以得到外表面尺寸精度高,外部形状清晰的工件,但其底部薄,边缘厚;此法成形材料利用率高,成形后脱模容易;凹模加工较为困难。

由于超塑性气胀成形压力较低,所以对模具强度要求不高。只要在超塑性温度下模具有一定强度和硬度、抗氧化性、不易燃性便可,如钢、铜合金、铝合金、铸铁、水泥、陶瓷材料、石膏等,均可充当气胀成形的模具材料。

气胀成形模具上的圆角对成形力、成形速度、零件质量等有很大影响。如果圆角过小,会使零件局部部位变薄,在实际成形工作中常因圆角过小而使成形失败。因此,在设计模具圆角时应充分考虑成形工艺的要求。

为了能使气胀成形零件很好地脱模,在产品形状允许的情况下应给出一定的脱模斜度。气胀成形的脱模斜度一般为5°~9°,凸模成形应取上限,凹模成形可取下限。

在超塑性气胀成形的最后成形部位应开出 $\phi0.5 \sim \phi3.0$ 的排气孔(或配合面)。因为在成形过程中,零件的最后成形部分会因"憋气"而充不满,为此应使这一部分气体通过排气孔排出模体,而使零件板坯完全贴于模具型腔表面。如果一侧充气加压,而另一侧抽气成形,这种成形方法将会使零件板材更好地充满型腔,获得更好的效果。

金属的收缩率一般情况下为 0.3% ~0.4%,凹模成形取上限。模具上不同部位的收缩也不尽相同,因此收缩率的确定应经过试验验证,或经修模验证。

模具型腔表面粗糙度对成形零件的表面质量影响较大,为此模具型腔都应进行抛光加工,使其表面粗糙度数值尽可能小一些。

5)超塑性气胀成形的优势

①结构简单。只需要一个凸模或一个凹模。

②成形压力低,无冲击负荷,因此对模具材料要求不高,模具成本低,制造周期短。

③胀形零件结构设计的自由度大。超塑胀形能一次成形出很复杂的零件,可使工序、工装数量大幅减少,降低工时和工装费用,并且给零件结构设计带来方便。

④成形设备吨位小。超塑性气胀成形的成形压力小,所需设备吨位低,投资少。

⑤制件精度高。超塑性气胀成形时板坯的充填性能极好,可以成形出尺寸精度和形状精度高的制件。

但是,由于气胀成形过程中板坯表面积的增加是通过减小板材厚度实现的,可能出现成形件局部过薄甚至破裂。为此,气胀成形件壁厚均匀性控制成为工艺设计的关键,为提高气胀成形件的壁厚均匀性,通常可通过采用以下方法进行改善:

①采用不均匀加热方法,使易变薄的部位先处于较低的温度,然后产生变形。

②充分利用摩擦条件,使板料易变薄的部位先与模具上的活动部分接触,以增加摩擦,减小变形。

③采用反复成形,即先反向自由胀形,再反向加压使坯料与模具贴靠;也可以在非超塑性状态下制作预成形件,再超塑成形。

④采用变厚度坯料进行气胀成形等。

1.5.2　超塑性拉深成形

超塑性拉深的成形方式与冷拉深基本相同,区别是超塑性拉深时坯料处于超塑性状态,坯料塑性提高,抗力下降,法兰圈起皱的情况能得到很大改善,但此时筒壁处金属的抗力也很低,受摩擦阻力等因素的影响相对增加,造成壁部受力大凸缘受力小,使得板坯仅在筒壁变薄,而凸缘上根本不变形,从而影响了变形程度的提高。为此,应采取措施促进凸缘部分金属的塑性流动或增加筒壁部分金属的变形抗力。下面介绍两种可以实现超塑性的拉深方法。

1)径向辅助压力超塑性拉深

径向辅助压力超塑性拉深也称为附加应力法超塑性拉深,其成形原理示意图如图1-14所示。径向辅助压力是高压油产生的,拉深时高压油对凸缘上坯料法兰周边施加径向辅助压力,该压力把材料推向中心,这时凸模的主要作用是引导材料流入凹模,拉深筒壁(凹模)不全部承担成形力,故材料不易破裂。通常,只要径向辅助的油压足够大,就可以避免筒壁的破裂问题。但径向辅助压力要用高压油施加,难以应用于高温状态;而且这种装置要长时间在高压下使用高压油,密封和油的变质问题不易解决,故实用性较差。

2)金属超塑性差温拉深

差温拉深的原理是使毛坯的凸缘部分处在超塑性温度下变形,而对于凸模接触部分(筒壁)的材料进行冷却,使其接近于常温状态,强度较高,从而大大改善超塑性材料的拉深性能。由于拉深过程中凸缘与筒壁间具有巨大的温度差,所以被称为差温拉深。

在可控速度的液压机上进行超塑性差温拉深的装置示意图如图 1-15 所示。凹模 4 和压边圈 3 内分别由安装在内部的加热器加热,温度可调,可以使坯料的凸缘部分处于最佳的超塑性状态;凸模 2 内部和凹模 4 的型腔内部可通水冷却,使处于两者之间的筒壁部分的坯料的温度较低,从而满足超塑性拉深的要求。

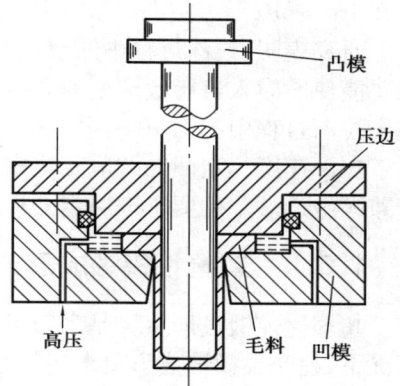

图 1-14 径向辅助压力的
拉深成形原理示意图

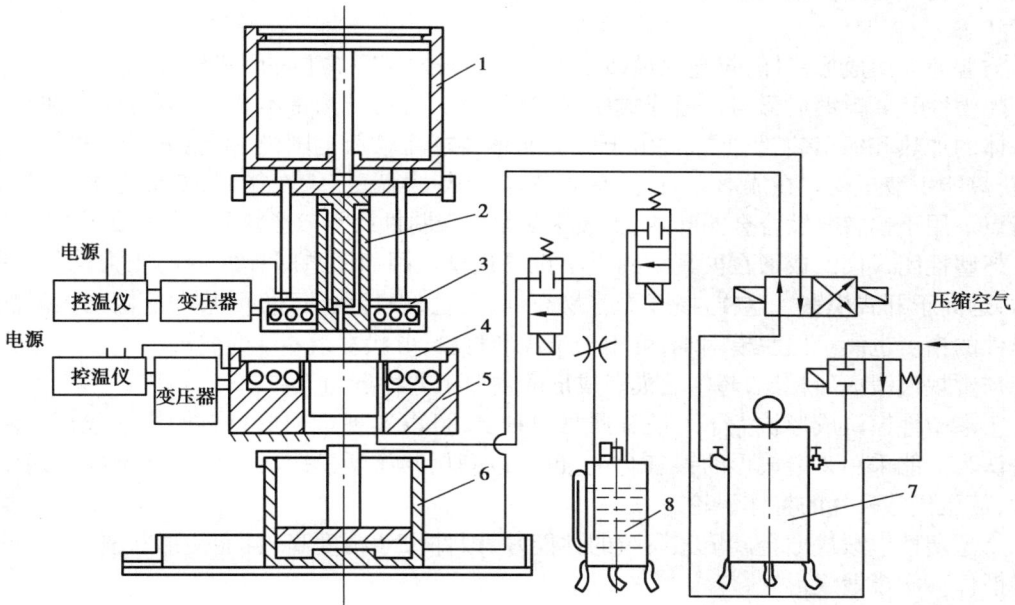

图 1-15 超塑性差温拉深装置示意图

1—压力气缸;2—拉深凸模;3—压边圈;4—凹模;5—凹模座;6—顶件气缸;7—压气瓶;8—储水罐

超塑性差温拉深的板料一般应具有稳定的微细等轴晶粒组织,能在一定的成形温度和成形速度下进行超塑性变形。

超塑性差温拉深的特点是将拉深件凸缘材料置于超塑性温度范围内,同时使筒壁部分处于冷却状态。超塑性差温拉深的应变速率可远远大于超塑性单向拉伸或者双向拉伸(即超塑性胀形)的应变速率,这主要是由于前者的应力状态较后者有利。前者可认为是一拉两压的应力状态,而后者为一拉(单相拉伸)应力状态,或者两拉(胀形)应力状态,相对来说,前者静水压力较大,这有利于应变速率的提高。从现有资料来看,超塑性差温拉深的等效应变速率

都在 $10^{-2} \sim 10^{-1} \mathrm{s}^{-1}$ 左右,比之超塑性拉深和胀形的应变速率要高 $1 \sim 2$ 个数量级。

研究表明,拉深过程中凹模入口等效应变速率最大并保持不变,向外侧逐渐缩小,因此,只要能使凹模入口等效应变速率接近超塑性应变速率的上限,即能使整个凸缘的应变速率在整个拉深过程中都为 $10^{-2} \sim 10^{-1} \mathrm{s}^{-1}$。

拉深速度决定凸缘的应变速率,所以拉深速度应根据超塑性变形对应变速率的要求,同时兼顾生产效率的要求来决定凸模的速度。

1.5.3 超塑性模锻成形

超塑性模锻成形主要是利用了材料在超塑性条件下流变抗力低、流动性好等特点。一般情况下,超塑性模锻成形要求坯料在成形过程中保持恒温,即将模具和变形坯料加热到相同温度,因此它也属于等温成形的范畴。与普通模锻成形相比,其模具结构基本相同,但模具上需要增加加热和保温装置。

高温合金和钛合金等材料的超塑性模锻成形工艺过程如下:首先将合金在接近正常再结晶温度下进行挤压、轧制或锻造等热变形,以获得超细的晶粒组织;然后在超塑性温度下,在预热的模具中通过模锻成形获得所需形状的锻件;最后对锻件进行热处理,以恢复合金的高强度状态。

与普通模锻成形一样,超塑性模锻成形也分为开式模锻成形和闭式模锻成形。

超塑性开式模锻成形与普通开式模锻成形比较,模具结构基本相同,但需要增加与模具为一体的加热和保温装置。同时,由于应变速率要求在较低范围内,不能采用锤和热模锻压力机,只能液压机。在成形方面,具有充模好、变形力低、组织性能好、变形道次少、弹复小的特点。用于铝、镁、钛合金的叶片、翼板等薄腹板带肋件或类似形状复杂零件的模锻。

超塑性闭式模锻成形在模具结构上不设飞边槽。因而锻造时模腔内的压力也就是静水压力,远高于开式模锻。这样,模腔更容易充满,而且,锻件无飞边,可基本上做到无屑加工,成形件的精度也高。但脱模困难,可用于难成形材料、形状复杂零件的成形。

与常规模锻成形相比,超塑性模锻成形的主要工艺特点如下:

①超塑性模锻成形扩大了可锻金属材料种类,可以实现难变形材料的模锻成形。例如,过去认为只能采用铸造成形的镍基合金,也可以利用其超塑模锻成形出尺寸精确的涡轮盘、叶片,甚至代替叶片的整体涡轮。

②超塑性模锻成形金属填充模腔的性能好,锻件尺寸精度高,且能使形状复杂、薄壁、高筋的锻件一次模锻成形。

③锻件性能高,超塑性模锻成形能获得均匀细小的晶粒组织,强度、抗疲劳及抗应力腐蚀能力较强,锻件力学性能均匀一致。

④金属的变形抗力小,可充分发挥中、小设备的作用,可在吨位较小的设备上实现较大工件的模锻,模具寿命较普通模锻长。

⑤锻件尺寸精度高,内应力小。超塑性模锻件中残余应力和储存能较小,无回弹问题,后续热处理时尺寸稳定。

目前,超塑性模锻成形主要用于钛合金和高温合金的锻造成形。

1.5.4 超塑性挤压成形

一般冷挤压加工时,坯料变形抗力很高,最高可达 $35 \mathrm{~MPa}$ 以上,所需挤压设备吨位大,要求模具材料强度、耐磨性都很高。由于受应变硬化的影响,对形状复杂的零件,还必须采用多次挤压及中间退火,使得冷挤压加工受到了限制。

超塑性挤压成形是将毛坯直接放入模具内一起加热到最佳的超塑性温度,保持恒温,以恒定的慢速加载、保压,在封闭的模具中进行压缩成形的一种工艺。它是利用材料在超塑性状态下,变形抗力极低、塑性极好的优势进行挤压成形。超塑性挤压成形所使用的模具简单,寿命长,对变形程度大的零件,可一次成形,省去了中间退火程序,工序得到简化,显著减少了工序(退火、清洗等)和工装数量。由于超塑性挤压成形工艺的特点,原来工艺要求不宜整体设计的零件可改为整体设计。因此,近年来超塑性挤压工艺在航空、汽车、模具加工、仪器仪表、电子等工业中得到越来越广泛的应用。

1.5.5 无模拉伸成形

无模拉伸成形也称为无模拉拔成形,它是利用超塑性材料对温度的敏感性,对金属坯料进行局部加热,在一定的外力作用下,通过适当的加热和冷却方法,不采用模具而使金属得到预期的塑性变形的成形方法。无模拉伸成形是一种不需要模具就能进行金属塑性拉伸变形的柔性加工技术,是一种高精度、高效率、低能耗、少/无切削的柔性成形技术。

无模拉伸成形的原理:不使用模具、仅靠金属变形抗力随温度变化的性质实现的金属塑性变形。成形时,通过对金属的快速加热、快速冷却与加载、加工速度的配合,实现金属材料的近终拉伸塑性变形。其变形特点是在高温变形和快速冷却时实现复杂塑性变形。成形时,将被加工的超塑性管或轴类件的一端固定,采用感应加热圈将材料被加热到超塑性变形温度,在坯料的另一端施加载荷作用,处于超塑性状态下的坯料因流动能力极强、流变抗力极低而被拉伸,拉伸变形后的坯料进行冷却处理。

无模拉伸成形工艺的基本形式有连续式无模拉伸成形和非连续式无模拉伸成形两种。如图 1-16 所示为连续式无模拉伸成形工艺示意图,可实现型材的成形加工。

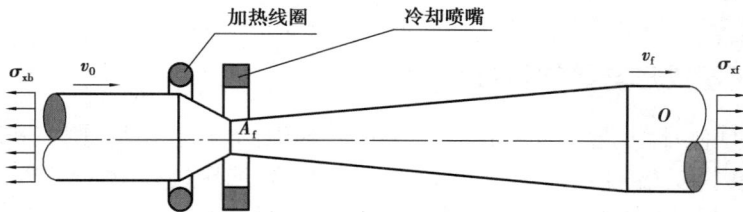

图 1-16 连续式无模拉伸成形工艺示意图

图 1-17 所示为非连续式无模拉伸工艺,其中图 1-17(a)中加热线圈的移动方向与变形坯料的拉伸方向(外载荷力的加载方向)相反;图 1-17(b)中加热线圈的移动方向与变形坯料的拉伸方向相同。

在无模拉伸过程中,坯料的局部加热采用高频感应加热,冷却采用风冷或水冷。其变形机制为:变形抗力随温度变化而变化,即当温度升高时,材料局部的变形抗力降低,塑性好,从而产生局部变形,出现缩颈,且坯料的变形程度较大;反之,当温度低时,材料的变形抗力增大,不易变形,该处金属变形量小或不变形。成形过程中,通过控制拉伸速度、加热线圈和冷却喷嘴的移动速度,就可以获得所需断面形状和尺寸的零件。

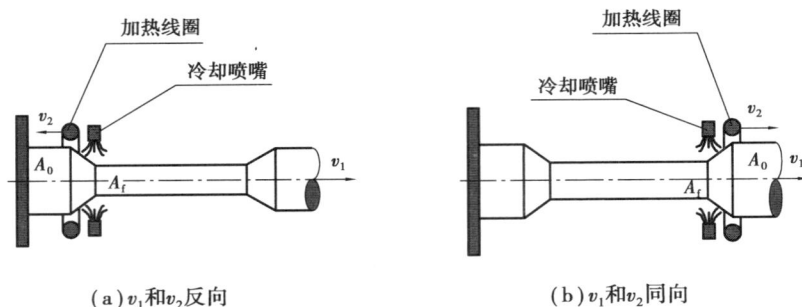

(a) v_1和v_2反向　　　　　　　　　　(b) v_1和v_2同向

图 1-17　非连续式无模拉伸工艺

　　无模拉伸工艺的变形程度通常用断面收缩率进行评价,断面收缩率与拉伸速度和冷热源移动速度的比值有关。在变形过程中,如果使拉伸速度与冷热源移动速度的比值发生连续的变化,就可以加工出所需形状的变断面细长件。无模拉伸时,控制拉伸速度和冷热源移动速度到指定的比值,就可以获得所需形状的细长件,包括锥形细长件、阶梯形细长件、波形件等。变断面细长件的形状及加工精度可以通过改变及精确控制速度来实现。

　　快速加热与快速冷却相结合而形成的温度梯度是无模拉伸成形稳定进行的前提条件,因此温度场的分布是无模拉伸应用基础研究中的重要组成部分。无模拉伸速度场及变形力能参数是无模拉伸工业应用的技术关键,无模拉伸速度场及变形力能参数的确定对设计或选择无模拉伸设备提供了重要的工艺参数。对无模拉伸过程进行数值模拟可以预测无模拉伸金属流动规律、变形区形状及加工件外形尺寸等。

　　无模拉伸作为一种新的金属成形方法而发展起来。与传统的拉拔工艺相比,最突出的特点是:适用于具有高强度、高摩擦阻力、低塑性、用有模拉伸工艺很难拉伸的金属材料;可加工各种金属材料的锥形管件、阶梯管件、波形管件、纵向 S 形曲线给定的细变断面异型管材以及复合型管材等。其不足之处在于,无模拉伸成形时形状变化的自由度增多,影响因素多,装置的智能化控制要求高等。

1.5.6　超塑成形与扩散连接技术

　　有些合金的超塑性成形(super plastic forming,SPF)温度和扩散连接(diffusion bonding,DB)温度几乎是同一个温度范围,这就可以在一次加热、加压过程中完成超塑性成形和扩散连接两道连接工序,从而制造出局部加强或整体加强的结构件以及构件复杂的整体结构件,如整体壁板、蜂窝结构等制造成形。

　　超塑成形/扩散连接技术(SPF/DB)就是将超塑成形技术与扩散连接技术结合起来的一种先进塑性加工新技术,常用于传统方法难以成形的、形状较为复杂的产品。以钛合金为例,钛合金具有比强度高、使用温度范围较宽、抗腐蚀性好和良好的加工性能等多种优点,被广泛应用于航空航天及其发动机结构中。钛合金材料超塑成形的温度与扩散连接温度十分相近,这样的特性使其具有十分优异的成形加工性能。

　　传统的飞行器结构件是用铆接、螺接、胶接和焊接等方式将许多"片片""条条"和"块块"连接起来,成为一个完整的结构件。这些结构件通常由几件或几十个,甚至几百个零件组成,因而制造周期长,手工劳动强度大、成本高。采用超塑成形/扩散连接方法能制造出优良的飞行器整体结构件,不仅满足设计上要求,如质量轻、刚性大;而且也满足工艺上要求,如制造周期短、手工劳动量少、成本低。采用 SPF/DB 新工艺技术制造的新结构,将使飞行器结构发生重大的变化,其突破了传统的设计方法,简化了零件制造过程和构件的装配过程,缩短了制造周期,减少了手工劳动量,降低了成本。

SPF 和 DB 的先后顺序不同,可实现不同的工艺组合,主要有:先 DB 后 SPF、先 SPF 后 DB、SPF 与 DB 同时进行。

先 DB 后 SPF 方法比较适合应用于构件中扩散连接处较多的情况,该方法具有模具设计简单,操作比较方便等特点。但是,在扩散连接时,需要在不扩散的区域涂覆一层阻焊剂,涂覆阻焊剂量比较难控制,只能凭经验得到,涂覆过多、过少或者涂覆不均匀等,都会影响扩散连接的效果。

先 SPF 后 DB 方法主要应用于简单的零件,相比先扩散连接再超塑成形的方法,先超塑成形再扩散连接的最大特点就是不用涂覆阻焊剂,但是这种方法进行扩散连接的强度远不及先扩散连接再超塑性成形方法。

超塑性成形和扩散连接同时进行的成形方法可节省很多时间,极大地提高了生产效率。但是,由于其对模具及工艺的要求比较苛刻,工艺实施难度较大。具体采用哪种方法更好,主要视结构和工艺需要而定。

传统制造复杂结构零件时,需要分别制造各部分并进行组装,制件结构复杂、质量大、生产周期长。SPF/DB 能够一次制造出形状复杂的整体中空构件,简化了工艺,大幅减少了手工劳动量,生产的空心零件与常规依靠装配生产的零件相比质量减轻 30% 以上。

SPF/DB 技术能够制造具有单层、双层、三层,甚至四层的空心整体结构产品,在产品整体性能提升和轻量化方面优势显著。由于其大的设计自由度,高承载能力,精细的结构完整性,SPF/DB 钛合金结构的空心叶片、翼盒件广泛应用于航空航天领域,对飞机壁板、飞机发动机、导弹和其他航天器部件的设计和制造具有重要意义。

金属 SPF/DB 的典型结构主要有单层、双层、三层和四层四种典型形式。单层加强板结构成形示意图如图 1-18(a)所示。

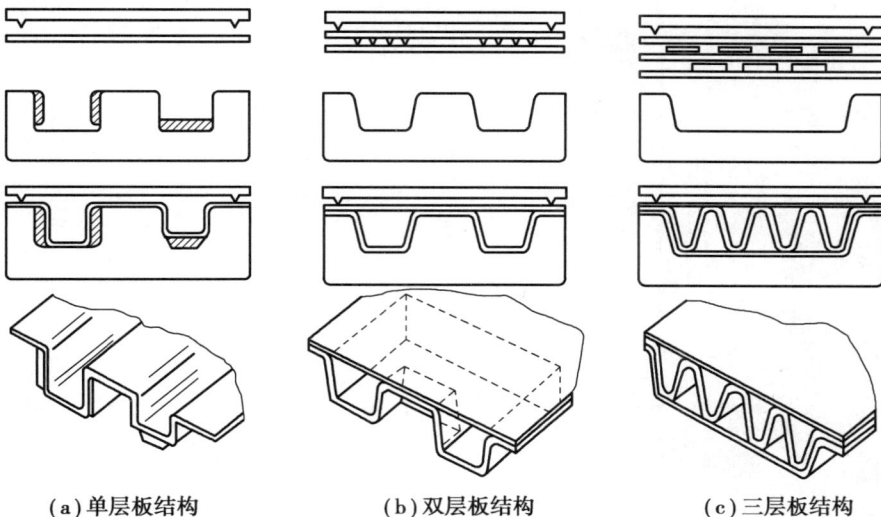

(a)单层板结构　　　(b)双层板结构　　　(c)三层板结构

图 1-18　超塑性成形/扩散连接的典型结构

　　单层板结构的扩散连接是在超塑性成形件的局部扩散连接加强板,用以提高构件的刚度和强度,常用于制造飞机和航天器的加强框、加强板、加强筋和翼梁等结构。

　　双层板结构超塑成形/扩散连接成形的示意图如图 1-18(b)所示。将 SPF 板材和外层板之间需要连接的地方保持良好的接触界面,不需要连接的地方涂有隔离剂。成形时,先将需要连接的部位通过加压加热进行扩散连接(DB),然后通入高压气体使具有超塑性变形能力的下板在气体压力作用下进行超塑性气胀成形(SPF),从而获得所需结构的整体构件,如各种口盖、舱门和翼面等部件。

　　三层或多层结构板超塑成形/扩散连接成形的示意图如图 1-18(c)所示,该结构内部加强结构主要通过控制芯板与上、下面板扩散连接位置的关系来进行设计。在成形之前,板与板之间的适当区域涂隔离剂。经 SPF/DB 后,上下两板形成面板,而中间形成波纹板或隔板,起到加强结构作用。这种形式适用于内部带纵横隔板的夹层结构,三层板和四层板夹层结构适用于制造两侧型面都有高要求的结构件,如飞机翼面、机身壁板、导弹弹翼等。

　　四层板主要有十字加强筋和蜂窝状两种典型的结构。四层板结构的制造顺序一般为同时进行超塑成形和扩散连接。四层板中的外部两层板用于成形制件的外表面,内部两层板用于成形加强筋。生产中将涂覆止焊剂图案的四层板在模具中加热,第一步向面板与芯板之间通气,气压力一方面作用于面板背部,使之贴模成形出零件外形,另一方面又作用于芯板的两侧,使之紧密贴合发生扩散连接,在一步中同时完成了超塑成形和扩散连接。第二步向两层芯板之间充气,芯板未连接部位发生超塑性变形,与面板接触后又发生扩散连接,形成了内部的加强结构。该工艺在一个加热循环中通过两个气压加载步骤完成所有的成形与连接步骤,效率较高,但其工艺复杂,质量控制难度大。

第2章
粉末锻造成形 ···○

2.1 粉末冶金概述

2.1.1 粉末冶金的定义

粉末冶金技术是以金属粉末或金属粉末与非金属粉末的混合物为原料,经过成形、烧结或热成形制造金属材料、复合材料以及各种类型制品的工艺技术。粉末冶金法与生产陶瓷有相似的地方,均属于粉末烧结技术,因此,粉末冶金法也称金属陶瓷法。

粉末冶金应用的历史可以追溯到 2 500 多年以前。我国早在春秋末期就已用块炼铁(即海绵铁)制造铁器了,块炼铁是用木炭还原铁矿而成,和现在还原铁粉的工艺相似,故可以称之为早期的粉末锻造技术,这项技术后因炼铁技术的兴起而消失。现代粉末冶金从制取金属铂开始,然后,用粉末冶金方法制取了具有划时代意义的金属钨,又用粉末冶金方法制取了铌等难熔金属,从而为现代电子与电子光源工业的发展奠定了基础。继难熔金属之后,用粉末冶金技术陆续研制成功了硬质合金、多孔含油轴承、磁性材料、电接触材料、弥散强化材料等。目前,粉末冶金技术已被广泛应用于交通、机械、电子、航空航天、兵器、生物、新能源、信息和核工业等领域,成为新材料学科中最具发展活力的分支之一。

2.1.2 粉末冶金的特点

粉末冶金可以充分利用矿石、尾矿、废渣等作为原料,不仅提高了资源的利用率,而且通过特殊的工艺处理,可以制备出具有独特性能的材料,如减磨材料、多孔材料、结构材料、摩擦材料、电接触材料、工模具材料(硬质合金、粉末冶金高速钢等)、电磁材料、高温材料、耐 3 000 ℃ 以上高温的"发汗材料"等。

粉末冶金产品的组织中通常含有一定量的可控微小孔隙,这些微小孔隙对声与振动起到阻尼作用,利用这些微小孔隙还可赋予粉末冶金制品特殊性能,例如浸以油与固体润滑剂,从而使其具有自润滑性能,在材料孔隙中浸润滑油或在材料成分中加减摩剂或固体润滑剂制得,可制造如图 2-1 所示的平面轴承、多孔含油轴承等减磨零件。

通过调整粉末特性、粉末组成、压制工艺及烧结条件可将微小孔隙的数量与特性控制在一定范围之内,可以生产各种多孔材料,如用于制造过滤器、多孔电极、灭火装置、防冻装置等。通常,该类材料有 30% ~60% 的体积孔隙度,孔径 1 ~100 μm。

粉末冶金产品尺寸精度和几何精度高,机加工量少,金属材料利用率高,劳动生产率高。多数场合下,粉末冶金结构零件的脱模斜度为零,不需要再进行精加工。粉末冶金工艺特别适合制造表面粗糙度低、减磨性能好以及形状不规则、有细长孔或盲孔的零件,如图 2-2 所示。

（a）平面轴承（减磨材料）　　　　　　　　（b）多孔含油轴承（减磨材料）

图 2-1　典型的减磨零件

图 2-2　粉末冶金结构零件

　　粉末冶金工艺的通用性好,产品种类多,具有广阔的应用范围。凸轮、齿轮、链轮、杆件、紧固件、结构支架、轴承、叶轮及液压件等都是粉末冶金上述优点的典型实例,如图 2-3 所示。

图 2-3　粉末冶金生产的齿形零件

　　粉末冶金产品再加工的适应性强,可进行表面涂覆,使其具有装饰性、耐蚀性或耐磨性。尺寸公差较精密或强度较高的零件,可对其进行整形和复压。零件上不能用压制成形的部分可用切削加工来完成。通过对零件进行重新设计,改用粉末冶金工艺制造,可取消或减少多次组装作业。例如,由一个凸轮和一个齿轮或一个电枢与一根轴构成的组合件,经重新设计,可用一体化粉末冶金零件来代替。有的零件也可用烧结时将两个粉末冶金件连接成一体的方法来制造,通常将这种方法称为烧结连接。

综上所述,粉末冶金工业的主要特点有:

①原料利用率高,材料性能独特。粉末冶金能制备普通方法无法生产的特殊性能材料或产品,如多孔材料、发汗材料及产品等。

②产品性能优异。粉末冶金可避免成分偏析,保证合金具有均匀的微观组织和稳定的性能,制品通常具有高强度、高硬度、耐磨、耐腐蚀等优良性能。

③可制备高性能合金。粉末冶金能生产高熔点金属(如钨和钼)和不互熔的合金(如钨-银合金),以及超硬材料、稀有金属等。

④节能、节材、成本低。粉末冶金可以大大简化生产流程,减少后续机加工量,从而节省大量的材料和能源,提高劳动生产率等。

⑤工艺灵活性大。粉末冶金工艺可以根据不同的需求和材料特性,选择不同的粉末制备、压制、烧结和后续处理等工艺参数,从而制备出满足各种要求的制品,工艺灵活性大。

⑥可制备复杂形状和精密零件。

⑦粉末冶金零件的缺点是塑性和韧性相对较差。

粉末冶金具有原材料利用率高、节能、省材、性能优异、可制备复杂形状和精密零件、工艺灵活性大等特点,这些特点使粉末冶金在材料制备和零件制造领域具有广泛的应用前景和重要的战略意义。此外,粉末冶金还能制备一些用其他成形或机械加工方法无法制备的材料和复杂零件,使其备受工业界的重视,已成为解决新材料问题的钥匙,在新材料的发展中起着举足轻重的作用。

粉末冶金包括制粉和制品两大系统,粉末冶金制品则常远远超出材料和冶金的范畴,往往是跨多学科(如材料、冶金、机械、力学等)的技术。现代金属粉末3D打印,是集机械工程、CAD技术、逆向工程技术、分层制造技术、数控技术、材料科学、激光技术于一身,使粉末冶金制品技术成为跨更多学科的现代综合技术。

2.1.3　粉末冶金的基本工序

传统的粉末冶金工艺包括原料粉末的制备、粉末预处理、成形、烧结、后处理等五个基本工序。下面简要介绍各工序的主要内容及关键技术。

1)原料粉末的制备

固态物质按分散程度不同分为致密体、胶体和粉末体三类。致密体或常说的固体是指粒径在1 mm以上的物质;胶体颗粒是指其粒径在0.1 μm以下的固体物质;粉末体(简称"粉末")则是介于二者之间,其颗粒大小通常在0.1 μm～1 mm,这也是粉末冶金成形中所用粉末颗粒的尺寸范围。原料粉末的制备是粉末冶金工艺的第一步,其质量直接影响到后续工序和最终产品的性能。

粉末冶金中原料粉末的制备方法很多,主要归纳为机械法和物理-化学法两大类。

机械法只改变原料的聚集状态,主要包括机械粉碎法和雾化法,此外还有机械合金化技术、蒸发冷凝法、激冷技术等。

机械粉碎法是靠冲击、滑动和研磨等机械力的作用,将物料粉碎制备粉末。对脆性材料来说,粉碎和研磨是制备这种粉末的常用方法。通过旋转装有一定量硬球和粗粉的容器,粗粉经过研磨球不断地撞击、研磨从而制得粒度较小的颗粒。若希望制得的粉末粒度越小,所需研磨的时间就越长。由机械粉碎后制得的SiC粉末形状是不规则的,粉末颗粒之间尖锐的接触必然会导致粉末堆积性和流动性下降,从而使粉末难以注射。

雾化法是用高压气体或高压液体冲击熔融金属流束,使之分成无数个液球,经冷却后成为金属粉末。雾化法包括水雾化、气雾化、等离子体雾化和层流雾化法等。雾化法可以将高度合金化的材料制成小颗粒的粉末,并且能够获得理想的颗粒形状和高的填充密度。

机械合金化法是通过强化研磨而实现合金化,是制备氧化物弥散强化材料的重要手段,用于制备梯度材料和复合材料。蒸发冷凝法是利用电阻、高频、电子束、激光等方式把金属加热到沸点以上,使金属蒸发,然后在低压、惰性气体保护下,金属蒸气沉积在收集器中而获得超细金属粉末。激冷技术是用高于 105 ℃/s 的冷却速度制造粉末,可制备高质量细晶粒粉末或非晶粉末等。

物理-化学法包括化学气相沉积法、还原法、沉淀法、电解法、合金分散法、羰基法、高温自蔓延法、液相沉积法以及电化腐蚀法等。其中,还原法、雾化法和电解法是应用最为广泛的方法。

化学气相沉积法包括气相沉积法和液相沉淀法。元素铁粉和镍粉通常采用气相沉积法制取的,固态的铁粉和镍粉与一氧化碳反应生成金属羰基物的气体,形成这种气相需要在反应时同时加热和加压。随后,这种羰基物被冷却成液态,然后经过分级蒸馏净化。在重复加热的时候,液相挥发并在催化剂的作用下沉积形成金属粉末,最终制得的粉末颗粒粒度很小,且纯度也非常高,可达到 99.95%。化学气相沉积法是利用气态物质间化学反应制备金属粉末,所制备的粉末粒度小、活性大,适于制作机械零件、电器元件、光学器件、化学器件等。液相沉淀法是将硝酸盐、氯化物、氢氧化物或硫化物等物质溶解,然后通过处理在溶液中沉淀下来,得到粉末。这种方法制成的粉末都比较细,易团聚,纯度较高。

还原法是用还原剂在一定条件下将金属氧化物或金属盐类等进行还原而制取金属或合金粉末的方法。工业生产中普遍采用的是碳还原法制取铁粉和氢还原法制取钨粉。化学沉淀法是用一种或多种金属盐溶液,通过化学反应形成沉淀物,然后脱除溶剂和加热分解的制粉方法。电解法是电解金属盐的水溶液,使金属离子在阴极上沉积或进行熔融盐电解而获得金属粉末。合金分解法是选择一种溶剂,只溶解合金中某一成分,再将不溶解的成分分离出来便获得金属粉末。羰基法是利用羰基化合物的热分解获得金属粉末的方法。自蔓延高温合成法是依靠化学反应自身放热来制备材料的新技术。

2)粉末预处理

粉末制备好后,需进行预处理。粉末预处理主要包括粉末的退火、筛分、混合。

退火:可消除粉末表面的氧化物、吸附的气体及粉末颗粒的加工硬化现象。退火采用还原性气氛,温度一般为 $(0.5 \sim 0.6)T_{熔}$,要求保持适当的退火时间。

筛分:把颗粒大小不同的原始粉末进行分级,以便按要求的粒度分布来进行配料。

混合:使成分不同的组元形成均匀的混合物,以使压制和烧结时状态均匀一致。除基体原料粉末外,对粉末锻造材质往往还需配入其他添加组元,如合金组元以及压制时起润滑和黏结作用的工艺性组元。

3)成形

粉末成形的目的是将制备的粉末模压成具有一定形状和尺寸的压坯,并使之具有一定的密度和强度。成形的方法主要有加压成形和无压成形。此外,还可以使用 3D 打印技术进行粉末产品的制备。

加压成形的方法主要有模压成形、等静压成形、粉末轧制、挤压成形等。其中,模压成形是最普遍的粉末加压成形方法,该方法以粉末为原料,将其放在钢制模具中,借助压力机对模具冲头施压使模腔内粉末收缩,成为具有一定形状和强度的坯件。

等静压成形分为冷等静压、温等静压和热等静压三种,通常热等静压成形温度可达 2 200 ℃。

粉末轧制成形是粉末依靠自身重量,连续不断地进入两个反向转动的轧辊之间,依靠轧辊压力被轧成板带生坯,再将生坯进行烧结和复轧,制成具有一定机械强度的多孔或致密板带材。

粉末挤压成形是将加有增塑剂的粉末混合料置于挤压筒中,通过加压冲头作用,混合料从模孔挤出成形。

4) 烧结

粉末或压坯在低于其主要成分金属熔点的温度下加热、保温,粉末颗粒间产生扩散、固溶、化合和熔接,借助颗粒间的联结使压坯进行收缩并强化的过程称为烧结。烧结的目的是使产品进行致密化处理,从而得到所要求的最终物理机械性能。

烧结包括固相烧结和液相烧结两种方法。固相烧结在烧结过程中随着烧结温度的变化压坯性能也发生变化;液相烧结在烧结过程中产生液相。烧结是粉末冶金中最关键的步骤,通常是在保护气氛下进行。

烧结的机理:粉末的表面能大,结构缺陷多,处于活性状态的原子也多,它们力图把本身的能量降低。将压坯加热到高温,为粉末原子所储存的能量释放创造了条件,由此引起粉末物质的迁移,使粉末体的接触面积增大,导致孔隙减少,密度增高,强度增加,形成了烧结。

5) 后处理

粉末成形坯件会根据产品性能要求的不同进行后续处理,主要方法有精整、浸油、机加工、淬火、回火和化学热处理、电镀等。后处理的主要目的有:

①提高制件的物理及力学性能。可采用的方法有:复压、复烧、浸油、热锻与热复压、热处理及化学热处理。

②改善制件表面的耐腐蚀性。可采用的方法有:水蒸气处理、磷化处理、电镀等。

③提高制件的形状与尺寸精度。可采用的方法有:精整、机械加工等。

④熔渗处理。它是将低熔点金属或合金渗入到多孔烧结制作的孔隙中去,以增加烧结件的密度、强度、塑性或冲击韧度。

2.2　粉末锻造成形概述

2.2.1　粉末锻造的定义

粉末锻造通常是指将粉末烧结的预成形坯放在闭式模中进行锻造获得零件的成形工艺方法。粉末锻造技术是一种将传统的粉末冶金技术和精密锻造技术结合起来的新技术。

粉末锻造以粉末为原料,采用粉末冶金方法先压制成一定形状和尺寸的预成形坯。然后根据需要,将预成形坯在保护气氛下进行烧结、加热到热加工温度等,接着将其快速转移到闭式锻模中进行模锻成形,从而得到所需的制件。粉末锻造的工艺流程示意图如图2-4所示,其基本工序包括粉末配制、预成形坯压制、烧结、锻造、后续处理等。当采用不同的粉末锻造方法进行成形时,该流程的工艺路线会根据粉末锻件成形方法进行调整。

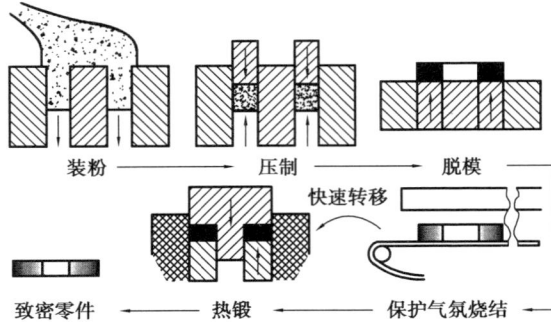

图2-4　粉末锻造工艺流程示意图

在粉末锻造成形时,通过合理的设计预成形坯,可以显著提高锻件成形的强度和韧性,使粉末锻件的物理力学性能接近或达到普通锻件水平,可以制取密度接近材料理论密度的少飞边或无飞边的粉末锻件。粉末锻造兼有粉末冶金和精密模锻两者的优点,既克服了传统粉末冶金零件密度低的缺点,同时又保持了粉末冶金少屑、无屑工艺的优点。

与普通的锻造相比,粉末锻造工艺的优越性主要表现在:粉末锻造成形具有成形精确、材料利用率高、锻件精度高,力学性能好、有较均匀的细晶组织、内部组织无偏析、锻件疲劳寿命高、锻造能量低、模具寿命长和成本低等特点。因此,粉末锻造为制造高密度、高强度、高韧性粉末冶金零件开辟了广阔前景,成为现代粉末冶金技术重要的发展方向。

2.2.2　粉末锻造的发展概况

粉末锻造开始于20世纪40年代初期,粉末锻造最初见于1941年,当时以海绵铁粉压坯通过热锻制成高射炮的弹药供给棘爪,但此后20年间,这项技术无进展。直到1964年,美国GMC公司研究了粉末锻造汽车连杆,同年英国GKN公司对粉末锻造材料、工艺及预成形坯的力学物理性能进行了研究;到20世纪60年代后期,美国采用粉末锻造技术成功试制了汽车后桥差速器行星齿轮。在1970年之前,虽然粉末锻造技术已经有所发展,但尚未实现大规模工业化生产。美国通用汽车公司与辛辛那提公司合作,通过引入先进的自动化设备和工艺控制技术,成功地将粉末锻造技术应用于实际生产中,于1970年建立了世界上第一条粉末锻造生产线,采用粉末锻造技术成功试制了汽车后桥差速器行星齿轮,每小时可生产齿轮900个,标志着粉末锻造技术从实验室走向大规模工业化生产的重要一步。

20世纪80年代以后,粉末锻造进入产业化阶段,美、德、日等国开始批量生产粉末锻造汽车发动机零件,其中最引人关注的是粉末锻造连杆和齿轮。1981年,日本丰田汽车公司全自动粉末锻造生产线投产,生产连杆和离合器外圈,连杆月生产能力14万件。到1992年,年生产连杆250万件,并在当时先进车型Lexus上大量装车使用。1986年,美国Ford公司开始生产粉末锻造连杆工序,降低生产成本,提高连杆负载能力。俄亥俄州克利夫兰市变形控制技术公司开发了粉末锻造预成形坯设计的"专家系统",用以处理复杂工艺条件和材料种类粉末锻造预成形坯的设计问题。粉末锻造典型零件如图 2-5 所示。

(a)粉末锻造连杆   (b)粉末锻造行星齿轮   (c)粉末锻造铝合金活塞

图 2-5　粉末锻造典型零件

20 世纪 90 年代以来,随着汽车工业的发展,对汽车用高性能粉末冶金零件的需求不断增长,粉末锻造的研究与应用得到了迅速而稳定的发展。

我国于 20 世纪 70 年代开始在粉末锻造材质、塑性理论、锻造工艺和设备、锻造产品等方面进行了探索和研究,成功制造出了多种型号的粉末锻造齿轮、连杆、环形件等产品。目前,我国的粉末锻造产量还比较低,为了适应我国汽车工业的发展,促进粉末冶金行业整体水平的提高,迫切需要大力发展粉末锻造工艺。

粉末锻造的兴起使机械零件达到全致密和获得高性能成为可能,适合制造力学性能高的铁基结构零件,增加了粉末冶金机械零件的品种,扩大了应用领域。粉末锻造产品密度可达到 7.8 g/cm^3(相对密度 99.6%),密度和组织分布均匀,晶粒细小,力学性能特别是动态力学性能好。例如,粉末锻造轴承外环的疲劳寿命是优质锻钢外环的 3.5 ~ 4 倍,且消除了常规铸造材料的各向异性。粉末锻造产品尺寸精度高,质量稳定,精加工量小。粉末锻造工艺节材、节能、工序少、生产成本低。例如,汽车传动定子凸轮成形工序由切削加工的 7 道减少到粉末锻造的 1 道;与机械加工方法相比,粉末锻造轴承外环和锥形滚柱节约材料 50%;粉末锻造机枪加速装置零件成本降低 50% 以上。粉末锻造温度比常规锻造低 100 ~ 200 ℃,可节能和延长模具寿命,其生产过程容易实现自动化。

2.2.3　粉末锻造的成形方法

根据成形温度不同,粉末锻造的方法有粉末冷锻和粉末热锻两大类。

根据粉末锻造时工艺路线的不同,粉末锻造又可以分为粉末热锻造、烧结锻造、锻造烧结和粉末冷锻。

锻造烧结是将预成形坯加热锻造后再烧结。其基本工艺流程为:粉末制备、粉末压制成形、加热、锻造、烧结、后处理、成品。锻造烧结的预制坯在锻前未烧结,模锻时很容易出现开裂,为此,粉末锻造成形通常是采用烧结锻造工艺。

烧结锻造是将预成形坯烧结后进行加热锻造。其基本工艺流程为:粉末制备、粉末压制成形、烧结、再加热、锻造、后处理、成品。

粉末热锻造是直接将粉末预成形坯加热后锻造。其基本工艺流程为:粉末制备、粉末压制成形、加热、锻造、后处理、成品。

与烧结锻造不同,粉末热锻造采用预合金粉、预成形坯成形后直接加热锻造。直接锻造法与烧结锻造方法相比,减少了二次加热的过程,可节约能源。因此,当前粉末锻造工艺总体发展趋势是烧结锻造向直接加热锻造或烧结后冷却到所需温度直接锻造方向发展。

粉末冷锻是将粉末预成形坯烧结后冷却不经过加热直接锻造,冷锻烧结后的粉末预成形坯,与粉末热锻相比有很多优点:

①零件表面光洁度好。

②容易控制零件质量和尺寸精度。

③不需要二次加热,节约能源。

但是,粉末冷锻材料流动应力大,材料的加工硬化不能及时消除,易产生锻造裂纹,因此,粉末冷锻工艺应用较少。

粉末热锻造有以下三种常规成形方式。

第一种粉末热锻的方法是热复压法。它类似于粉末体的压制成形。预成形坯具有精确的外形尺寸和质量,其形状和终锻件非常接近,仅考虑加入模具型腔的间隙所引起的高度增加的压缩变形量,故又称小变形量锻造,这种方法在成形过程中没有宏观的金属流动。要用于生产密度要求不高的零件,锻件的残余孔隙度通常在0%~2%,若要使密度提高,需要很大的压力。

第二种粉末热锻的方法为无飞边闭式锻造。预成形坯一般设计的较为简单,但质量公差同样要求严格。它与前一方法的主要区别在于需要经过大的塑性变形来充满型腔。

第三种粉末热锻的方法是开式小飞边模锻。预成形坯不像前两种那样严格,质量的波动可通过飞边调节,在锻造成形过程中粉末锻件能有较大的塑性变形量。

第二种、第三种方法用于要求高密度的场合。但是粉末锻件并不总是要求高密度,而是与产品性能有关。除密度指标外,还要根据锻件成形的复杂程度、锻造设备和工艺条件等合理地选择粉末锻造的成形方法。

2.2.4　粉末锻造工艺的特点

粉末锻造与普通模锻相比,主要工艺优点有:材料利用率高,成形性能好、容易获得形状复杂的锻件,锻件机械性能高、力学性能好,锻件精度高、机械加工量少,粉末锻造生产效率高,模具和刀具寿命长,粉末锻件的产品成本低,粉末锻件材料成分可调控等。

1)材料利用率高

在粉末锻造工艺中,由于采用了合理的制坯技术,然后进行了无飞边、无余量的精密闭式模锻,材料利用率可从普通模锻的50%左右增加到95%以上。例如,美洲虎发动机 AJ-8V 型的粉末锻造连杆,其质量仅为605 g,普通模锻件的毛坯下料质量为1.2 kg,零件的材料利用率从普通锻造的48.3% 提高到粉末锻造的95.9%。

2)成形性能好、容易获得形状复杂的锻件

由于粉体颗粒较细,倒入模具型腔时,金属粉末像流体一样充填型腔各处,成形性能极高,各种形状复杂的锻件都能顺利成形。

3)锻件机械性能高、力学性能好

粉末锻造获得的赛车连杆,其疲劳强度从普通模锻件的290 MPa 提升到了粉末锻件的340 MPa。由金相分析可知,由于基体中晶粒变细、无偏析,且呈连续纤维方向分布,粉末锻造连杆零件的力学性能明显超过了普通模锻件。烧结后的预形件一次锻压后相对密度可达98%以上,有效消除了孔隙的不利影响且锻件内部组织均匀、晶粒细小、各向同性,具有与锻钢相当甚至超过传统锻钢的力学性能。

4)锻件精度高、机械加工量少

由于锻造的加热温度较低,在保护气氛中加热,没有氧化皮,制件表面在高压下受到模具型腔光滑表面的熨平,锻件尺寸精度高。高的尺寸精度可有效减少锻件的机械加工量,例如采用粉末锻造工艺生产的某型号发动机连杆,其机械加工量从原锻钢连杆的 220 g 下降到 93 g,仅占成品连杆质量的 13%。从大量生产粉末锻造连杆的实测数据与普通模锻件进行比较,见表 2-1。

表 2-1　粉末锻造连杆与普通锻造连杆的尺寸精度比较

参数	普通模锻	粉末锻造
每 100 mm 尺寸波动/mm	±1.5	±0.2
零件质量波动率/%	±3.5	±0.5
尺寸精度	IT13 ~ IT15	IT6 ~ IT9
表面粗糙度/μm	≥12.5	0.8 ~ 3.2

高的尺寸精度可有效减少锻件的机械加工量,例如采用粉末锻造工艺生产的某型号发动机连杆,其机械加工量从原锻钢连杆的 220 g 下降到 93 g,仅占成品连杆质量的 13%,见表 2-2。

表 2-2　粉末锻造连杆与锻钢连杆的机加工量比较

机加工工序		连杆机加工量	
		粉末锻造	锻钢
小头孔	磨受力面	22	11
	锪螺栓孔	不需要	10
	钻螺栓孔,攻丝	21	21
	钻孔	不需要	96
	精加工	14	14
	倒角	0.5	1.0
大头孔	精加工	34	49
	倒角	1.5	3.0
	加工裂解槽	不需要	<1
	控制磨削质量	不需要	15+
	单件连杆加工量	93	220
	材料浪费率/%	13	30

5) 粉末锻造生产效率高

如汽车发动机连杆的生产工艺,普通模锻把加热后的毛坯进行多道制坯辊锻,又在压力机上进行预锻及终锻,然后再进行切边、冲孔、校正等多道工序。而粉末锻造首先是省去了切边、冲孔及校正工序,大大提高了生产率。据资料报道,一条粉末锻造生产线的生产率已达(15~30)件/min。

6) 模具和刀具寿命高

因粉末坯料在无氧化皮的情况下进行闭式模锻,减少了对模具表面的摩擦,且锻造单位压力仅是普通模锻的1/4~1/3,甚至更低,这对模具的受压条件大为改善,故其模具寿命可提高10~20倍甚至以上。另外,在粉末原料中加入切削添加剂可有效改善粉末锻件的切削加工性能,刀具寿命可比传统锻钢件提高2~4倍。粉末锻造连杆与普通锻造连杆的模具寿命比较见表2-3。

表2-3　粉末锻造连杆与普通锻造连杆的模具寿命比较

参数	普通模锻	粉末锻造
毛坯加热温度/℃	1 150	1 000
氧化皮	有	无
单位压力/MPa	1 500~3 000	400~800
模具寿命/万件	0.4	4~10

7) 粉末锻件的产品成本低

与普通模锻加工方法相比,因为加工精度高,可以大幅度地节省机械加工,提高材料利用率,对节省工时和降低成本方面有很大的经济效益。生产实践证明,越能节省机械加工的零件采用粉末锻造就越有利。也就是说,原来机械加工工时越多的零件,改为粉末锻造后,在节省工时和降低成本方面就越能获得更大的效果。

8) 粉末锻件材料成分可控

用粉末作为原材料,可以根据零件的服役条件和性能要求,设计和调整原材料成分,有利于实现产品、工艺、材料的一体化,获得最大性价比。

粉末锻造工艺虽然有很多优点,但也有一些不足之处,如零件的大小和形状还受到一些限制,粉末价格还比较高,零件的韧性较差等。

粉末锻造领域出现了许多新技术,如粉末准等静压法锻造、粉末喷射锻造、粉末爆炸压制成形等,本书主要介绍粉末准等静压法锻造和粉末喷射锻造。

2.2.5　粉末锻造新技术

1) 粉末准等静压法

粉末准等静压法是一种将粉末置于高压容器中,利用液体或气体介质从各个方向对粉末进行均匀加压,使其成形为致密坯体的技术。这种方法能够提供各向同性的超高成形压力,适用于多种材料的加工。粉末准等静压法的工作原理基于帕斯卡定律,即在密闭容器内的液体或气体介质压强可以向各个方向均等地传递。通过这种方法,粉末在各个方向上受到的压力是均匀的,从而使得粉料成型为致密坯体。

根据成型温度的不同,粉末准等静压成型可分为热等静压(HIP)、温等静压(WIP)及冷等静压(CIP),冷等静压成形也称为准等静压成形。

热等静压(HIP)是将粉末体在高温高压下致密成形的技术,通常工作温度范围为1 000 ~ 2 200 ℃,工作压力常为100 ~ 200 MPa,适用于粉末体的固结、复杂形状零件的制作、铸件缺陷的消除等,特别是在需要高温烧结的材料处理中。HIP是粉末在静水压力、高温高压条件下的固结过程,没有宏观塑性流动(只有微观的塑性变形充填间隙),仅有体积变化,与一般粉末相比纯属压实致密。热等静压(HIP)分两种。一种是有包套的热等静压,主要用于生产高性能材料,不需要活化烧结的添加剂,几乎达到完全致密。HIP一般采用雾化的预合金粉末,直接装入包套内,抽真空并封焊,先冷等静压,然后热等静压,包套材料一般选择金属、玻璃和陶瓷。另一种是无包套的热等静压,主要是用于成形复杂形状高性能金属零件和结构陶瓷制品。该方法是将烧结至一定密度的预成形坯,经热等静压成形,这样消除了包套材料选择和加工的困难,降低了成本,提高了生产效率。

粉末冷等静压法也就是常说的粉末准等静压法,通常是在常温下进行,通常使用液体作为压力介质,压力范围为100 ~ 630 MPa,即低温高压法,适用于粉体材料成形,为进一步烧结、锻造或热等静压工序提供坯体,适用于多种材料的加工。

粉末热等静压和粉末准等静压的主要区别在于加工过程中的温度条件,热等静压适用于高温烧结的材料,而准等静压则适用于常温下的材料成形。

粉末准等静压法是粉末冶金领域中的一种重要成形技术,其中STAMP法和CERACON法(陶粒压制法)是两种具有代表性的方法。

STAMP法是一种特殊的粉末准等静压法,其主要特点是将真空或大气中熔融金属或合金用氩气朝水平方向喷雾,获得球状雾化粉末,粉末含氧量在0.01%以下。STAMP法的主要步骤为:通过喷雾制粉工艺获得高质量的球状雾化粉末,将粉末装入容器内进行脱气处理,连同容器加热至成形温度后装入封闭模,用液压机通过模具对粉料压制5 min左右使之致密化,压制完成后进行必要的后续处理。STAMP法不仅偏析少、缺陷少,且热态加工性优良,材料损失少。STAMP法生产的制品组织和性能与热等静压(HIP)法无区别,可以生产出高强度、高精度和低成本的粉末冶金制品。

CERACON法是在准等静压条件下将多孔性金属预成形坯固结到理论密度的一种粉末成形技术,采用固体陶瓷粒作为压力传递介质。这种方法的预成形坯与烧结锻造相同,采用传统的粉末冶金方法制造多孔性预成形坯。将预成形坯放入保护气氛中加热到成形温度,将压力介质陶瓷粒加热至同样温度填充到压力容器内,然后用机械手把加热好的预成形坯放入压力容器单向施以压力使之致密化。加压时间与粉末锻造基本相同,仅用几秒钟即可完成致密化过程。

2)粉末喷射(喷雾)锻造法

粉末喷射(喷雾)锻造法是采用高速氩气喷射金属液流,雾化的粉末落下,沉积到预成形的模具中。沉积的预成形坯的密度很高,相对密度可达99%。将预成形坯从雾化室中取出,放在保温加热炉内,当预成形坯加热到锻造温度后,立即进行锻造,得到近似完全致密的锻件,切边后获得成品锻件。该方法比较适合大型锻件的成形。与传统铸锻和粉末锻造工艺相比,大大节约了能源。采用喷射锻造制件的性能优于普通铸锻件的性能,并且不存在各向异性现象,是一项很有应用前景的工艺方法。

2.3 粉末锻造成形的关键技术

普通粉末冶金制品由于存在一定数量的孔隙,强度不高,使其受到了限制,为使粉末冶金制品能在较高负荷条件下使用,必须降低和消除其孔隙,提高粉末冶金制品的密度。实践证明,采用粉末热锻工艺能使粉末冶金材料或制品的密度达到和接近其理论密度,下面分别介绍粉末锻造成形中涉及的关键技术。

2.3.1 粉末原料的选择

粉末的选用关系到压制工艺、锻造工艺、锻件的性能和生产成本。其内容包括粉末的成分、类型、杂质含量、粒度分布以及预合金化程度等。国外已经研制了专用于粉末锻造的低合金钢粉和高速钢粉等特殊品种,特别是无镍粉末锻钢体系的研究受到了国内外的重视。预合金钢粉末锻件比混合粉末锻件具有更好的性能。

粉末原料中的杂质,主要是氧含量和氧化物形态及其分布,即使在氧化物易于还原的镍钼钢中,对锻件性能的影响也是很大的,氧含量 0.02% 的锻件,其断裂韧性的最高值为 64.5 MPa/m^2;而氧含量 0.1% 的锻件,其断裂韧性的最高值只有 39.6 MPa/m^2。氧含量还会使粉末锻钢的淬透性显著降低。因此,减少预合金粉末中的氧化物夹杂十分重要。为此,应当改进雾化装置,降低粉末含氧量;还可对预合金粉进行真空碳还原、氢还原、酸洗、机械酸洗、轧制还原和超声波处理。总之,采用高性能、低杂质、低成本的粉末原料是粉锻的基本要求之一。

2.3.2 粉末预合金化

粉末预合金化是指粉末在制取过程中形成的均匀合金组织。粉末预合金化的目的是保证粉末冶金锻件组织性能的均匀。

锻造用合金粉通常由 C、Ni、Mo、Cu 等合金元素组成,合金粉末中的 C 是以游离形式混入粉末中的,而 Ni、Mo、Cu 等合金元素则是以与 Fe 预合金化的形式存在于粉末中的。C 和 Cu 粉末通常是通过机械混入方式加入的。为了使含 Mn、Cr 的预合金粉末预制坯中的氧含量降至 0.1% 以下,添加 Ni、Mo 能够降低氧化的概率。Cr、Mn 等元素与氧的亲和力大,在制粉和预成形坯加热时易氧化,其含量应严格控制,而 Ni、Mo 虽然价格偏高,但氧化少,故在粉末锻件中多使用 Fe-Ni-Mo 系列合金粉。但由于 Fe-Ni-Mo 系列合金粉的 Ni、Mo 合金元素较贵,所以,许多学者致力于开发含 Cr、Mn 的金属粉末,以期实现低价格、高淬透性的粉末锻造用粉末制备。

2.3.3 预成形坯的设计

预成形坯设计时需考虑金属流动、预制坯密度,及其形状和尺寸等。预制坯设计的基本原则是:在锻造时,预制坯形状要有利于致密化和充满模腔;在充满模腔时,应尽可能使预成形坯处于三向压应力状态下成形,避免和减少拉应力状态。此外,粉末锻造预成形坯设计还须满足以下条件:坯体各部分的密度能均匀增大,锻造时不会产生过多的导致裂纹的张应力;预制坯密度大小应在保证具有足够塑性、压制容易、搬运方便的原则下来确定,通常相对密度可取 75% ~85% 。粉锻的变形方法、变形程度对塑性和变形抗力都有影响。因此,设计时应对锻件的复杂程度、变形特点、致密效果、制造的难易程度和成本的高低予以考虑,以确定合理的预制坯形状、尺寸以及密度。

粉末锻件的最终密度主要由锻造变形决定,一般与预成形的密度关系不大,预成形坯密度选择主要考虑预成形坯要有足够的强度,保证在生产工序传送过程中不被破坏(以形状完整为基准)。在满足锻造塑性变形的前提下,冷压制后的预成形坯密度通常为理论密度的75% ~80% 。这样,在锻造时不容易发生张裂,还可以保证锻件的可塑性强、成形性等优点,方便压制和搬移。对于铁基制品,密度通常选择 $6.2 ~ 6.6 \ g/cm^3$ 。为了获得无飞边的粉末锻件,预成形坯质量公差必须控制在±5% 左右。

预成形坯的结构设计主要包括形状设计和尺寸的确定,合理的预成形坯形状设计是粉末锻造成功的关键,直接影响着金属流动和应力分布状态,也影响制件的密度和强度。一般说来,为了达到全密度和良好性能,必须有足够多的金属流动。然而,增大金属流动时,断裂的概率也会被增大,因此,预成形坯的形状必须位于断裂极限和最佳性能值之间。

预成形坯的几何形状主要有两种,即近似锻件形状预制坯和简单形状预制坯。简单形状预制坯是指预成形坯形状较简单,与锻件形状差别较大。这一般是锻件形状的一种简化,经简化的预成形坯锻造时,不仅是高度方向的墩粗变形和压实,而且通过较大的塑形流动充满模具型腔。相应的预成形坯模具易于制造且寿命长,在热锻过程中塑性变形量较大,有利于提高粉锻件的力学性能。

粉末热锻预制坯结构工艺性的总体原则:预制坯几何形状应尽量平整简单,不带倒角、尖角、凸起、凹槽以及难以直接压制或脱模的内螺纹、外螺纹、倒锥度、与压制方向垂直的孔和槽等。预制坯形状设计时需要从压制困难性、脱模困难性、粉末均匀填充困难性和压模强度、寿命等方面综合考虑。

对于形状较复杂锻件的预成形坯,可以根据其不同部位及其性能要求,分别进行设计。例如对于图 2-6 所示的带颈法兰零件,如果采取近似形状制坯,锻造时只是简单的轴向压实,由于没有水平方向的塑性流动,不能满足力学性能要求。图 2-7(a)所示预成形坯的形状通过墩粗充满法兰的底盘,图 2-7(b)所示预成形坯是通过挤压成形颈部。经计算,图 2-7(a)的颈向应变大于这种材料预成形坯的塑性变形的极限值,因此不能采用。图 2-7(b)所示是反挤压成形法兰颈部,如果预成形坯内孔与芯轴之间变形时接触过早,就会因摩擦作用而产生拉应变,导致颈的顶部开裂。为此要求预成形坯内孔与芯轴之间有一定间隙,避免内表面过早接触芯轴,需选择合适的孔径。

考虑压制困难性及为了简化模具,零件的内螺纹、外螺纹、倒锥度、与压制方向垂直的孔和槽等均不能直接压制出。图 2-8(a)中与压制方向垂直的退刀槽需改为图 2-8(b)所示的结构;图 2-9(a)所示零件,应在模具上做出垫块,改为如图 2-9(b)所示的结构。

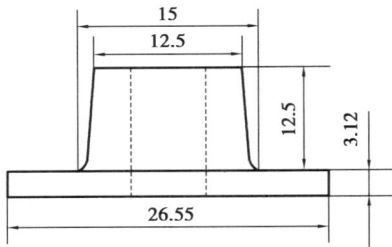

图 2-6　带颈法兰零件

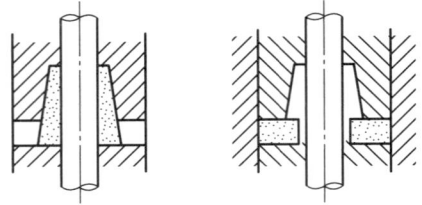

（a）近似形状预成形坯　　（b）简单形状预成形坯

图 2-7　法兰粉末预成形坯设计

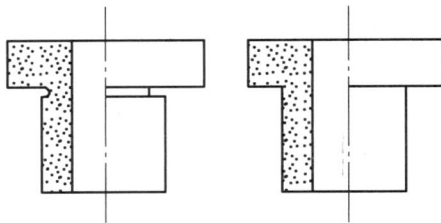

（a）改进前　　　　（b）改进后

图 2-8　简化槽的结构

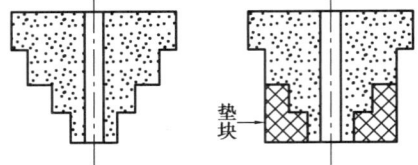

（a）改进前　　　　（b）改进后

图 2-9　避免多台阶零件

在压制过程中,由于压制压力较大而阴模会发生弹性膨胀;当压力去除后,压坯阻碍阴模弹性收缩,压坯受径向压力。压坯脱出阴模的部分,由于本身弹性后效作用而向外膨胀。这使得在脱模过程中,压坯受到方向相反的切应力作用,在压坯脱模过程中,压坯上的一些薄弱部位有可能在上述切应力作用下毁坏。所以压坯零件在结构上应尽可能避免薄壁、深而窄的槽、锐边、小而薄的凸台等形状。如图 2-10(a)所示的结构宜改成如图 2-10(b)所示的结构。

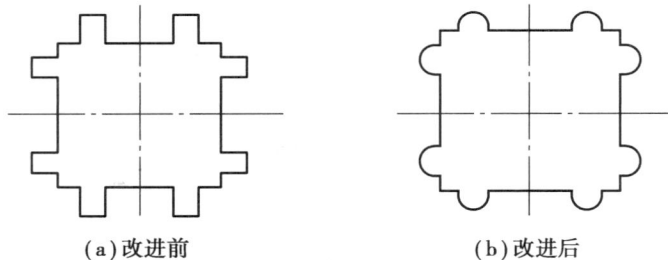

（a）改进前　　　　　　　　（b）改进后

图 2-10　避免小而薄的凸台

密度均匀是压坯质量的一个重要指标。在压制薄壁或截面上厚度差异较大的压坯时,装粉易不均匀,薄壁和尖角处难以充填粉末,引起压坯密度很不均匀,烧结时易发生变形或开裂。压坯的最小壁厚取决于零件尺寸。一般偏心孔零件最薄处壁厚 $t \geqslant 1$ mm,设计圆柱体空心件最小壁厚规定为 1.2 mm。实际设计中,壁厚 t 与高度 H 有关,一般取 $H/t < 20$,对于带孔的零件结构,通常会建议将图 2-11(a)所示的结构尽量设计为图 2-11(b)所示的结构。

零件结构带有尖角时,不利于装粉、密度不易均匀且模具制造困难、寿命短,宜将尖角改为圆弧。

粉末锻造用预制坯通常采用粉末冶金压制成形。与普通粉末冶金零件相比,它的形状尺寸精度要求要宽松一些,因为最终零件的形状尺寸精度要靠锻造工艺来保证。

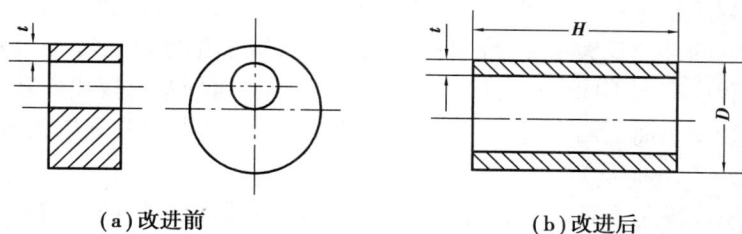

（a）改进前　　　　　　　　　（b）改进后

图 2-11　有孔件的零件

粉末锻造通常为精密模锻,对预制坯的质量要求严格,预制坯质量公差最好限制在 1% 以内。预制坯密度可在满足锻造成形塑性要求的前提下选较低值,通常可取相对密度为 80% 左右。实践表明,较低密度的预制坯不仅有利于压制成型,而且在锻造中较易变形与致密。预制坯的形状与锻件相比有简单形状和近似形状两种,对于形状复杂的粉末锻件,可选用近似形状预制坯,反之可选用简单形状预制坯。

2.3.4　预成形坯的压制

压制是将装在型腔中的粉料聚集到一定密度、形状和尺寸要求的压坯工艺过程。

粉末压制有三种基本方式,即单向压制、双向压制和浮动压制（也叫摩擦芯杆压制）,其成形的形式示意图如图 2-12 所示。

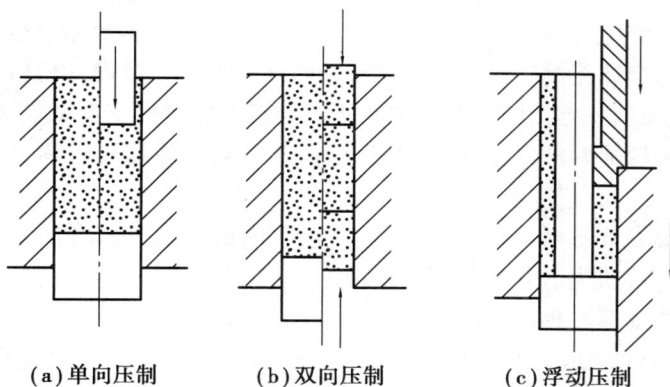

（a）单向压制　　　　　（b）双向压制　　　　　（c）浮动压制

图 2-12　粉末压制成形的形式示意图

单向压模在压制过程中,相对于凹模运动的只有一个模冲,或是上模冲或是下模冲,这种压制方式一般只用来生产高度不大（高径比 $H/D<1$）、形状简单的零件。

双向压制的特点是:上下模冲相对凹模都有移动,模腔内粉末体受到两个方向的压缩;或下模冲固定不动,由上模冲和凹模对着下模冲做不同距离的移动,实现双向压制,如图 2-12（b）所示。双向压制一般用来生产实体类压坯的高径比 $H/D>1$ 或管套类压坯的高度与壁厚之比 $H/T>3$ 的零件。

浮动压制即摩擦芯杆压模压制成形的特点:芯杆和上模冲同速、同向对着固定的凹模和下模冲移动压缩粉末体;或者是凹模和上模冲同速同向对着固定的芯杆和下模冲运动压缩粉末体,这类压制方式通常用于压制较长的薄壁套类零件的压坯。

无论上述哪种压制方式,压制时,在压坯的高度方向上出现明显的压力降,接近上模冲端面的压力比远离它的部位要大得多,同时中心部位与边缘部位也存在着压力差,以至于压坯各部位的致密化程度有所不同。压坯密度大致与模冲接触面的距离按比例减小,且减小的比例会随着模具直径变小而更加显著。为了减小压坯的密度差别,通常采取的方法主要有以下几种:

①降低压坯的高度与直径之比。这是因为高度减小之后压力沿高度的差别相对减小了,使密度分布趋于均匀。

②改单方向加压为双向加压。采用双向加压有利于使压坯内密度趋于均匀,这对制品的性能提高有益。

③采用模壁光洁度很高的压模,同时在模壁上涂润滑剂,能减小摩擦因数,可改善压坯的密度分布,使压坯密度均匀性得到提高。

④有时在粉末内添加润滑剂,减小颗粒间摩擦因数,有利于改善压坯密度的不均匀性。

2.3.5 锻造变形与致密

粉末压制成形后,会根据粉末锻造的需要,采取变形和致密处理。

1)粉锻中的变形

粉末锻造的变形主要有三种,即热复压、无飞边闭式锻造、开式小飞边锻造。热复压类似于粉末体的压制成形,预成形坯具有精确的外形尺寸和重量,其形状与终锻件非常接近,主要考虑加入模具型腔的间隙,以及高度方向的压缩变形量,故又称小变形量锻造,这种方法在成形过程中没有宏观的金属流动。无飞边闭式锻造的预成形坯一般设计得较为简单,但重量公差同样要求严格,它与前一方法的主要区别在于需经较大的塑性变形来充满型腔。开式小飞边模锻的预成形坯不像前两种方法那样严格,重量的波动可通过飞边调节,锻造成形时塑性变形量较大。

粉末锻造的变形方式不同,会使金属压坯在模腔内的充填方式有所差别。通常,金属压坯充填模腔的方式有镦粗成形方式和压入成形方式(也称挤压成形方式)。粉末的压制坯以镦粗方式充填模腔的成形过程示意图如图2-13所示,粉末的压制坯以压入方式充填模腔的成形过程示意图如图2-14所示。由图可见,这两种充填方式的共同特点是变形初期均有较大的塑变致密过程,最后阶段又或多或少地存在一个复压过程。

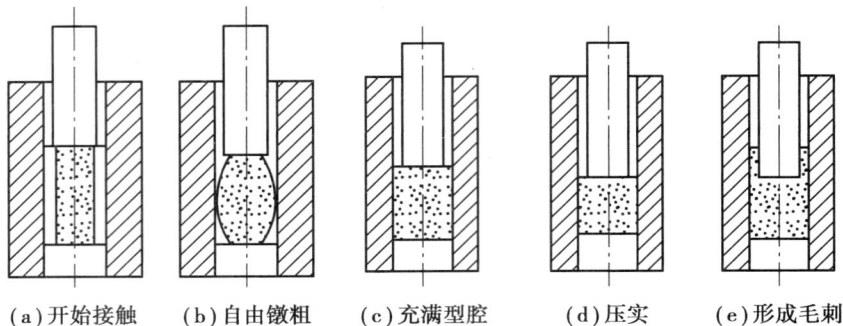

(a)开始接触 (b)自由镦粗 (c)充满型腔 (d)压实 (e)形成毛刺

图2-13　粉末锻造的镦粗成形过程

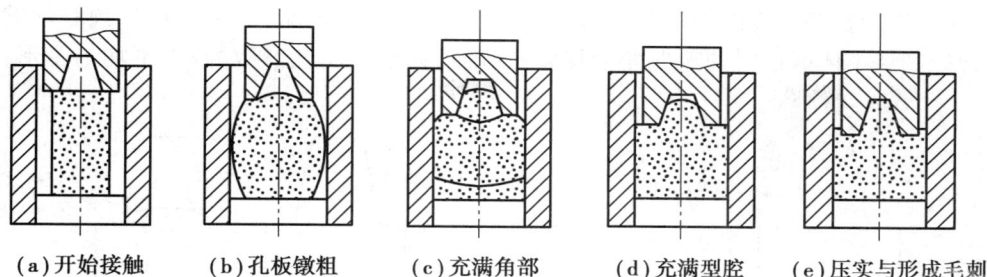

| (a)开始接触 | (b)孔板镦粗 | (c)充满角部 | (d)充满型腔 | (e)压实与形成毛刺 |

图 2-14　粉末锻造压入成形过程

粉锻中的塑性变形与致密是互相渗透的,然而致密与变形所占比例的各个阶段有所不同。当金属具有宏观塑性变形时,孔隙被拉长、压合以致闭合,所需变形力较小,而且易于破坏孔洞表面的氧化物及夹杂物,如图 2-15 所示。由于大量孔洞在塑性变形过程中闭合,当充满型腔后,仅需在最终复压阶段锻合少量残余孔洞,因此可以得到最佳的致密效果。

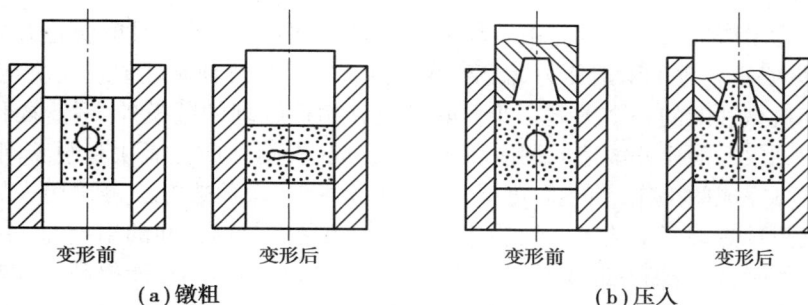

变形前　　变形后　　　　　　变形前　　变形后

(a)镦粗　　　　　　　　　　(b)压入

图 2-15　塑性变形方式对空洞锻合的影响

通常,由于烧结体残存约 20% ~ 30% 的孔隙度,塑性较低,因此宏观塑性变形量受到限制。例如,闭式镦粗初期烧结体自由镦粗时,鼓形表面存在切向拉应力,易出现裂纹。当塑性较好时,开裂呈正裂形式,如图 2-16(a)所示;当塑性较差时,开裂呈剪裂形式,如图 2-16(b)所示。此外,由于端面滑移可能产生端面开裂,环形件镦粗时由于不均匀镦粗成形可能产生纵向开裂,如图 2-16(c)所示。

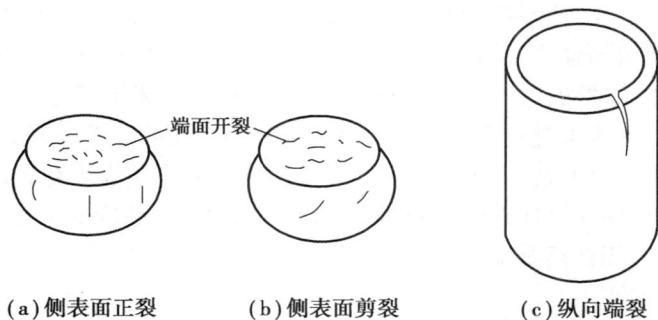

端面开裂

(a)侧表面正裂　　　　(b)侧表面剪裂　　　　(c)纵向端裂

图 2-16　镦粗成形时裂纹的种类

在压入成形时,由于金属的不均匀流动,可能产生挤入端开裂[图 2-17(a)]、剪切裂纹[图 2-17(b)],以及挤压裂纹[图 2-17(c)]等多种形式。避免这些缺陷的途径有:合理确定烧结体的密度以及控制密度的均匀分布,以保证烧结体有足够的塑性;正确设计预制坯的几何尺寸,即控制烧结体锻造时的塑性变形程度;正确设计模具工艺参数,减少不均匀变形;增加润滑。

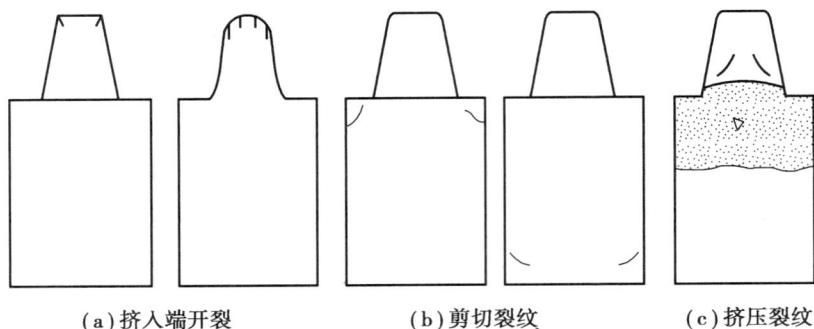

(a)挤入端开裂　　　　　(b)剪切裂纹　　　　　(c)挤压裂纹

图 2-17　压入成形时裂纹的类型

锻造过程是粉锻成败的关键。由于粉末预制坯的塑性低,锻造时应防止开裂。因此,要正确设计模具,确定合理的锻造压力、温度、变形方式等。热态预制坯锻造是决定锻件最终形状尺寸精度和机械性能的一个关键工步。除了设计制造合理的锻模外,锻造操作也很重要。预制坯从出炉到放入锻模并锻造成型应在 5 s 内完成,否则会产生氧化和脱碳问题。锻模预热是锻前应认真完成的工作,预热温度通常为 200 ~ 300 ℃,预热方法可选用火焰加热、铁块加热或专用电阻预热装置加热等。预热是为了减小预制坯与模具间的温差,防止预制坯在锻造中温度过分下降,以满足锻造成形塑性的要求。此外,模具预热还能提高其冲击韧性,延长锻模寿命。对于小型预制坯,其冷却较重视,润滑兼有改善成形流动、冷却锻模和提高模具寿命等作用。水剂石墨可用作粉末锻造润滑剂,但应注意经常清除模具尖角部位积存的石墨,否则锻件的相应部位会出现充不满缺陷。当连续锻造若干件以后,锻模温度超过 300 ℃,这时就要对锻模进行冷却,以稳定锻模温度,防止锻模出现回火软化对于稳定粉末锻件精度是必要的。通常的冷却办法是喷涂润滑剂,但应避免将润滑剂喷洒到热态粉末锻件上以免造成锻件的不均匀收缩,影响尺寸精度。

粉末锻造设备可选用机械压力机、螺旋压力机、液压机、高速锤或模锻锤等。设备的吨位可按精锻计算确定。其中,机械压力机行程次数多、锻件尺寸精度高、价格也较贵,适于大批量生产。螺旋压力机价格便宜、锻造行程可调,适于中小批量生产。余下的三种设备在粉末锻造中的应用则不如上述两种普遍。值得指出的是使用与粉末锻造生产线配套的专用锻造设备及上下料机构已成为国外粉末锻造的一个发展趋势。需要注意的是,所选粉末锻造设备应有足够的打击能量,否则锻件将有充不满缺陷,且充不满的部位还有表面裂纹。粉末锻件出模后,在冷却中也应防止二次氧化,通常可用保护气氛冷却、油冷或水冷。若锻件不需后续切削加工,可以考虑利用锻后余热淬火。

2)粉末的致密

粉末锻件的成形与致密直接影响使用性能和产品质量。与致密材料不同,含有孔隙的粉末烧结材料在发生塑性变形的同时伴随着体积压缩致密化,仅质量保持不变。烧结体的锻造过程包括烧结体的镦粗和锻件充满型腔后的复压两个过程。烧结体在镦粗过程中发生宏观塑性变形,金属横向流动,近圆形孔洞在剪切流动应力和静水压应力共同作用下沿金属流动

· 46 ·

方向拉长、压扁,孔洞表面的氧化膜和夹杂物被破坏。锻件充满型腔后的复压过程又将残留的少量细小孔洞进一步压合,使粉末锻件达到与铸锻钢材相当的最佳致密效果。粉末锻造致密化过程示意图如图 2-18 所示。

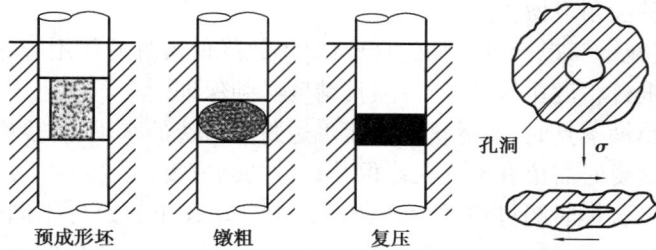

图 2-18　粉末锻造致密化过程示意图

预成形坯　　镦粗　　复压　　孔洞 σ

在闭式镦粗成形的成形全过程中,致密贯穿始终,但效果不同。自由镦粗时,充满角部效果好。在充满型腔阶段,近似于挤压变形,若型腔无斜度,压入部分作平移动,大变形区向下移动,死区与不变形区基本上不变化,变形抗力变化不大,仅增加了变形流动的距离。在压实及形成毛刺阶段,可继续增加致密作用,但与镦粗成形相同,所需变形力或功较大。

复压时致密方式是压实致密。压实致密方法的密度提高难度大,孔洞难以焊合。若要得到同一密度,所需的变形力最大。而镦粗方式和压入方式在变形初期均有较大的塑变致密过程,最后阶段或多或少存在一个复压过程,若变形力一样,变形程度达一定值时,最终的致密效果高于复压形式。

2.3.6　加热

加热是粉末锻造的一个关键环节,必须保证预制坯在加热中无氧化、无脱碳或渗碳,加热应均匀,温度合适。为了保证加热质量,加热时通常采取保护气氛(分解氨、氢气、煤气、氮气等)或者喷涂一层石墨基或非石墨基的保护层。加热速度不宜过快或过慢,否则会造成加热不均匀或内部组织晶粒粗大等后果。在炉温升到规定温度后,一般按截面尺寸以 0.5 ~ 1 mm/min 的加热速度确定保温时间,加热温度应保证预制坯在锻造时具有良好的塑性,一般按锻造温度再增加 50 ~ 100 ℃ 来确定加热温度。粉末锻造有两种主要加热方式:感应加热与炉子加热。感应加热能够自动的快速装料,适用于形状对称的简单零件,诸如自动变速器的轴套和定子的离合器环;而炉子加热能够较好地控制温度,使用可控气氛保护零件,适应性较强,适合非对称形状的复杂零件,例如发动机连杆和变速装置的同步环。

2.3.7　后续处理

粉末锻件的后续处理主要有机械加工和热处理等,与普通钢材锻件的后续处理要求基本相同。粉末锻件精度较高,机械加工量大为减少,精车(铣)工序可部分或全部省掉。

2.4　粉末热锻模具设计

粉末热锻模具的设计要点与普通精锻模具的设计基本相同。但粉末锻件要求尽可能实现少切屑和无切屑,而且锻件的形状比较复杂,制品精度高,因此设计粉末热锻模具的结构需给予周密考虑。粉末热锻模具的基本设计规则如下：

①锻件结构形状能确保锻件从锻模中顺利取出。

②为了使预成形坯在热锻时更好地充满模腔，在不影响零件装配使用的情况下，模腔内凡能阻碍金属流动的尖角应做成圆角。

③在设计时，要充分考虑模具结构的合理性，不致降低模具的使用寿命。

④因为粉末热锻件精度比较高，所以模具精度必须保证。

⑤在设计粉末热锻模具时，要尽量达到无飞边封闭锻造的水平，减少锻件的机加工量，提高材料的利用率。必要时需留有出气孔确保其锻件的高密度。

⑥要考虑到模具合模时能将预成形坯在模具中自动找正。因为不同合金成分的锻件都有它自己适宜的锻造温度，如果为找正预成形坯而用时间过长，则预成形坯将因空气中暴露时间太长而氧化，同时温度下降，会引起锻件质量不稳定。另外，在合模时，如果预成形坯位置不正，上压模易碰伤预成形坯而使最终锻件报废。

⑦设计模具时，也要考虑到易加工制造及其调整、装卸等方便。

关于模具的配合问题，主要是上压模与下压模的配合，根据其尺寸大小选定合适的间隙，以确保锻造过程顺利进行。一般情况下，粉末锻造采用闭式模锻。

2.5 粉末锻造技术的应用案例

粉末锻造在许多领域中得到应用，主要用来制造高性能的粉末制品，尤其是在汽车制造工业中的应用更加突出。例如汽车发动机中的连杆、齿轮、气门座、气门挺杆、交流电机转子、启动齿轮和环形齿轮；手动变速器中的毂套、倒车用空套齿轮、离合器、轴承座圈和同步器中各种齿轮；底盘中的后轴承盖、扇形齿轮、转向节、侧齿轮、轮毂、伞齿及环形轮等近百种复杂零件适合采用粉末锻造工艺生产。

粉末锻造的产品中，齿轮和连杆是最能发挥粉末锻造优点的两大类零件。这两类零件均要求有良好的运动平衡性能，要求具有均匀的材质分布，这正是粉末锻件特有的优点。本节以连杆的粉末锻造为例，对其工程应用进行简要介绍。

连杆是汽油发动机和柴油发动机上极为关键的零部件，品种繁多，数量需求巨大。连杆形状特征是较细长的变截面非圆形杆件，其杆身截面从大头到小头逐步变小，以适应在工作中承受的急剧变化的动载荷。连杆整体外观产品图片如图2-19所示。连杆由连杆大头、杆身和连杆小头三部分组成。连杆大头由两部分组成，一部分与杆身为一体，另一部分为连杆盖，连杆盖用螺栓和螺母与曲轴主轴颈装配在一起。钢制连杆的材料大多采用高强度的精选45钢、40Dr钢，采用锻造生产并经机械加工得到最终的连杆件。锻钢连杆有两种类型，一种是体、盖分开锻造；另一种是将体、盖锻成一体，在加工过程中再切开或采用胀断工艺将其分开。

连杆的普通模锻工艺和机械加工方法是：下料→加热（1 150 ℃）→多道制坯辊锻→压力机上预锻和终锻→切边→大、小头冲孔→热校正→冷精压→机械加工。该种方法存在质量偏差大、精度低（尺寸精度靠机械加工保证）、材料利用率低及成本高等缺点。

粉末锻造连杆的制造工艺主要包括粉末原料的制备、预成形坯的设计、加热、锻造和后续处理等步骤。粉末锻造连杆的基本生产工艺流程为：预合金钢粉配料及混料（配粉）→预成形坯压制（压制）→烧结成锻坯（烧结）→致密化闭式模锻（热锻）→热处理→喷丸强化→撑断法

图 2-19　汽车用连杆产品外观

剖分连杆体与盖→机加工（机加工）。其特点是工艺流程短、生产工序少，但每道工序的要求较高。

粉锻连杆所用的粉末通常是采用还原法或雾化法制得的低合金钢粉，其主要成分有：Fe-C-Cu-S 合金系列、Fe-C-Cr-Ni-Mo 合金系列；配粉时要求 100% 称重，控制其质量误差在 ±0.5% 乃至更小的范围；粉末配制完成后称量并置于压制模具中进行压坯成形；接着，压坯在约 1 100 ℃的连续式输送带烧结炉中烧结 20 min 左右，并采用还原性保护气氛以防止钢粉的氧化脱碳现象。在烧结温度下，预成形的连杆既可直接进行闭式模锻，也可通过感应加热设备重新加热后再进行闭式模锻。为保证连杆质量，热锻时也应提供保护气氛。模锻要求锻件的相对密度大于 98%，此乃保证粉末冶金热锻连杆的强度水平不低于锻钢连杆的关键所在；此外，闭式模锻不产生锻件飞边，锻造毛坯件与压制坯件具有同等的精度，并减少机加工。

粉末锻造连杆最具代表性的工艺为"连杆的粉末锻造无屑断开工艺"，也称"连杆胀断工艺"，工艺示意图如图 2-20（a）所示，粉末压制预成形时，在连杆大头 Half 面处，即盖与体分割位置处预压出带有高缺口敏感性的"起始裂纹"，即 V 形槽。锻造时，该 V 形槽封闭成尖锐裂缝，如图 2-20（b）所示；在钻好螺栓孔和润滑油孔后，即可加力沿裂缝实施断裂分离，如图 2-20（c）所示。

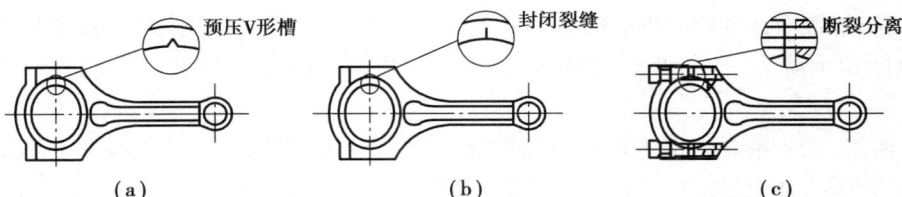

图 2-20　粉末冶金热锻连杆无屑断开工艺

"连杆的粉末锻造无屑断开工艺"至少有两大优点：其一，无须进行传统的 Half 面机加工，省略了该面的所有加工工艺，降低了成本；其二，断裂面为凹凸自然吻合，装配后接触表面积很高，连杆承载能力提高且可延长连杆螺栓的寿命。

与用普通热锻-机械加工制造的连杆相比，粉末热锻连杆有如下优势。

（1）机械性能好

粉末锻造量和普通钢坯锻造连杆机械性能对比见表2-4。

表 2-4　粉末锻造连杆与普通锻造连杆的机械性能对比表

参数	普通钢坯锻造	粉末冶金锻造
屈服强度/MPa	480	530
抗拉强度/MPa	750	850
延伸塑性/%	20	14
疲劳极限/MPa	310	350

（2）质量精度高

由于配粉时的精确称量及采用闭式模锻技术，粉末冶金热锻连杆的质量较铸造连杆降低了近30%，较钢锻连杆降低了近10%，而连杆的承载能力不下降。这使得发动机运动件质量也相应降低，提高了发动机效率；连杆质量偏差之小使得其质量等级只有一个，无须分级配重，极大地方便了装配工艺与修理。

（3）尺寸精度高

通过精确设计模具与采用闭式模锻技术，粉末冶金热锻连杆的尺寸精度大幅提高，其尺寸公差可控制在普通连杆的1/5以内。此外连杆大头盖的无屑断开技术使得其配合面凹凸自然吻合，可省去传统的定位栓且可提高定位精度。

（4）机加工工艺少

由于粉锻连杆很适合对连杆大头采用无屑断开技术，这使得与钢锻连杆的传统机加工相比，减少了一半加工步骤，如无须校直、外轮廓加工、连杆大头分离面磨削、均衡铣、称重分级等。

（5）技术经济性好

与传统的锻钢连杆相比，粉锻连杆的材料利用率达95%以上，而锻钢连杆仅50%左右，节约原材料；能源节约50%左右；机加工工艺省去一半，生产率大幅度提高；机加工设备减少，厂房占地面积下降近一半，总投资额降低30%～40%，人员需求降低50%；连杆总成本降低20%。

综上所述，粉末冶金热锻连杆具有高性能、节材、节能、降低成本四大优势，集新材料、新技术、新工艺于一体，是发动机连杆生产的主要发展方向。随着粉末锻造技术越发成熟，粉末原料价格的大幅度下降，它已成为一种新型的锻造技术。在工业领域的用途越来越广泛，尤其在零部件的制造方面，其发展已经趋向于在零件的最初设计状态就越来越多地选用粉末锻造工艺。

第3章
金属粉末注射成型 ······································○

粉末注射成型（powder injection molding，PIM）是传统粉末冶金技术（powder metallurgy，PM）与塑料注射成型技术相结合的一项材料成形新工艺。粉末注射成型主要包括金属粉末注射成型（metal injection molding，MIM）和陶瓷粉末注射成型（ceramic injection molding，CIM）。本章主要介绍金属粉末注射成型技术，具体内容涉及金属粉末注射成型的基本原理、工艺过程、关键技术及典型应用等。

金属粉末注射成型技术是将现代塑料注射成型技术引入粉末冶金领域而形成的一门新型粉末冶金近净成形技术。

3.1 金属粉末注射成型概述

金属粉末注射成型是集塑料注射成型工艺学、高分子化学、粉末冶金工艺和金属材料学等多学科交叉复合的学科。利用模具注射成型坯件，并通过烧结快速制造高密度、高精度、三维复杂形状的结构零件，能够快速准确地将设计思想物化为具有一定结构、功能特性的制品，并可直接批量生产出零件，是制造行业的一次变革。该工艺技术不仅具有常规粉末冶金工艺工序少、无切削或少切削、经济效益高等优点，而且克服了传统粉末冶金工艺制品材质不均匀、不易成型、薄壁、复杂结构件的缺点，特别适合大批量生产小型、复杂以及具有特殊要求的金属零件。其产品广泛应用于电子信息工程、生物医疗器械、办公设备、汽车、机械、五金、体育器械、钟表业、兵器及航空航天等工业领域。因此，国际上普遍认为该技术的发展将导致零部件成型与加工技术的一场革新，被誉为"当今最热门的零部件成型技术"和"21世纪的成型技术"。

3.1.1 金属粉末注射成型的基本原理

金属粉末注射成型是将金属粉末与黏结剂混合后，通过混炼工艺使金属粉末均匀分布在黏结剂中，混炼后的物料需要进行造粒处理，形成适合注射成型机使用的均匀颗粒，通常称为喂料。喂料通过注射成型机注入模具中，在高温和高压下填充模具腔，形成具有复杂几何形状的生坯，生坯通常经过热脱脂或溶剂脱脂两种方法去除黏结剂，脱脂后的坯料经过烧结炉在高温下烧结，烧结温度在金属粉末的熔点以下，通过固相烧结使金属粉末颗粒相互黏结，形成致密的金属零部件。在烧结过程中，零部件会发生一定程度的收缩，最终获得高密度、高强度的成品。烧结后的零部件可能需要进行一些后处理工艺，如精加工、热处理、表面处理等，以达到最终的尺寸精度和表面质量要求，从而得到最终的金属零件。

金属粉末注射成型的基本原理：首先选取符合MIM要求的金属粉末与有机黏结剂，在一定温度条件下,采用适当的方法将其混炼得到均匀的喂料;喂料在注射成型机料筒内经加热、熔化后以一定的速度注入模具型腔,在型腔内经充模、压实、保压后脱模取件,制得成型坯即生坯,生坯再经过化学或溶剂萃取的方法进行脱脂处理得到褐色零件,褐色零件通过烧结致密化处理后得到最终的零件。

3.1.2 金属粉末注射成型基本工艺过程

金属粉末注射成型的基本工艺过程可分为五个阶段,即喂料的制备、注射成型、脱脂、烧结和后处理。金属粉末注射成型的工艺流程示意图如图3-1所示。

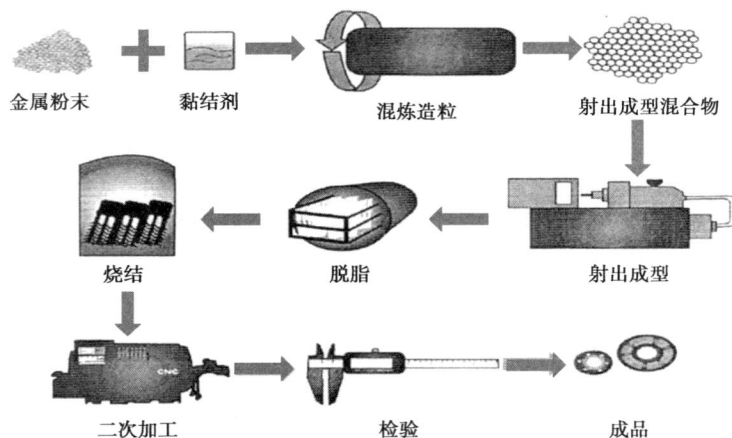

图3-1 金属粉末注射成型的工艺流程示意图

金属粉末注射成型过程中的每一阶段都有其特殊的作用,下面简要介绍金属粉末注射成型各阶段的主要目的,各阶段的关键技术、设计要点等将在后续章节做详细介绍。

金属粉末注射成型的第一阶段为喂料的制备,是将粉末与黏结剂进行混炼。金属粉末注射成型要求喂料具有良好的均匀性、流变特性以及脱脂性能。

金属粉末注射成型的第二阶段为注射成型。其原理与塑料工业中的注射成型工艺相同,将喂料在料筒内加热、熔化后,熔化后具有黏度和流动性的物料将以流体形式在一定压力、一定温度下注入模具型腔,物料经过充模、压实、保压、冷却后脱模,即可一次成型出具有三维精细复杂形状和结构的注射成型坯,也叫生坯。

金属粉末注射成型的第三阶段为脱脂。脱脂是金属注射成型工艺独有的步骤,因为在这一阶段要从生坯中脱除约30%～50%的黏结剂,完全不同于传统粉末冶金压制工艺中极少量的表面活性剂的脱除。

金属粉末注射成型的第四阶段为烧结。金属粉末注射成型生坯的烧结与传统粉末冶金中的烧结类似,但也有一些区别。传统粉末冶金压坯在烧结前一般已有90%以上的相对密度,要达到全致密化只需消除约10%的孔隙即可。而金属注射成型坯在脱脂后、烧结前只有60%左右的相对密度,要达到全致密化须消除约40%的孔隙,烧结难度大大增加。

金属粉末注射成型的最后阶段是后处理。这一阶段会根据产品需要进行设置,大多数金属粉末注射成型产品经过烧结后就可以得到最后的零件,对于一些有特殊精度或表面要求的零件需要进行后续的补充处理,如整形、热处理、表面强化或喷涂等处理工艺。

3.1.3　金属粉末注射成型的特点

1）金属粉末注射成型的优点

MIM技术作为一种制造高质量精密零件的近净成形技术,具有常规粉末冶金、机加工和精密铸造方法无法比拟的优势。其特点主要体现在以下几个方面:

MIM技术可实现高精度和复杂形状产品的制造。采用塑料注射成型的原理,模具的精度直接决定了零件的精度,因此可以生产出公差范围极小、表面质量高的零件。这对传统粉末冶金技术难以实现的复杂结构零件尤为有利。粉末注射成型的产品形状复杂,产品结构不受限制,可设计孔、槽、内凹和下陷,可设计螺纹、滚花、印字、刻商标等。

MIM技术产品材料选择性大、材料具有广泛适用性。MIM技术几乎可以应用于所有可以通过粉末冶金方法制备的材料,包括不锈钢、钛合金、钴铬合金、镍基合金、铁基合金、铜基合金等。这使得MIM技术在多个工业领域有广泛的应用前景。

MIM技术是典型的近净成形技术。制品在烧结后无需或仅需少量后续加工即可达到最终尺寸和形状要求,大大减少了材料的浪费和加工成本,提高了生产效率。

MIM技术自动化程度高,可实现高效生产。MIM技术的生产过程高度自动化,从原料混合、注射成型、脱脂到烧结等各个环节都可以实现自动化控制,提高了生产效率,缩短了生产周期。

MIM技术可实现绿色环保。与传统的金属加工方法相比,MIM技术在生产过程中产生的废弃物较少,且易于回收和处理。该技术还可以利用废旧金属粉末进行再生产,实现了资源的循环利用和环境保护。

MIM技术产品的经济性好。虽然MIM技术的初期投资可能较高,但其材料利用率高、生产周期短、后续加工少等优点,使得在大批量生产时具有显著的经济性。随着技术的不断发展和成熟,生产效率和产品质量的提升将进一步降低生产成本。

MIM技术产品的可定制性强。可以根据客户的需求设计出具有特定形状、尺寸和性能的金属零件,这使得MIM技术在产品开发、试制和小批量生产中具有独特的优势。

MIM产品的综合性能优异。MIM制品的密度接近或达到全致密水平,因此具有优异的力学性能,如高强度、高韧性等。同时,MIM制品还具有良好的表面质量和尺寸精度,满足了许多高端应用的要求。

MIM技术以其高精度、复杂形状制造能力、近净成形、材料广泛适用性、高效生产、绿色环保、经济性好以及可定制性强等特点,在多个工业领域得到了广泛的应用和发展。

2）金属粉末注射成型的不足

MIM技术虽然具有许多优点,但在成本、产品尺寸规格、环境友好性以及技术壁垒等方面也存在一些缺点。通常,MIM技术主要适用于生产小型、复杂形状的零件,对于大型或简单形状的零件,其他工艺方法可能更经济、更高效。MIM技术在处理一些特定结构(如深孔、薄壁等)时可能面临挑战,因为这些结构可能导致注射困难或烧结过程中的变形等问题。MIM工艺中使用的有机黏结剂在脱除过程中可能会产生有害废物和气体,需要采取适当的措施来减少废物和气体的排放,以确保生产过程的环保性。MIM技术涉及多个学科的知识和技术,包括材料科学、塑料成型、粉末冶金等,可能面临较大的技术壁垒和学习成本。在选择是否使用

MIM 技术时,需要根据具体的应用需求和条件进行综合考虑。

3.2 喂料的制备

MIM 技术(金属粉末注射成型技术)的喂料是其工艺过程中的关键组成部分。喂料的质量直接影响后续注射成型、脱脂和烧结等步骤的效果,并最终决定产品的性能和质量。

金属粉末注射成型的物料称为喂料,其组成包括金属粉末和黏结剂两大部分。金属粉末是喂料的主要成分,它决定了最终产品的材料特性和机械性能。有机黏结剂则起到将金属粉末颗粒黏结在一起的作用,并赋予喂料良好的流变性和注射性。

MIM 工艺要求喂料具有良好的均匀性、良好的流变特性,因为喂料的性能将直接影响注射成型工艺参数以及最终材料的密度及其他性能等。喂料的制备通常包括原料粉末的选用与混合、黏结剂的制备、喂料的混炼,以及喂料的制粒等几个独立的步骤。

3.2.1 粉末的性能及制备

1)注射成型用理想粉末的特征

适用于注射成型的粉末的粒度和形貌变化较大。理论上,粒度越小、比表面积越大,越有利于成型和烧结。为了将尽可能多的粉末与黏结剂混合,金属粉末要具有高堆积密度。为了保持金属粉末与黏结剂的均匀相互作用并促进烧结,金属粉末还需要具有高表面纯度。随着颗粒尺寸的增加,单位体积的颗粒与颗粒接触的数量减少,较大的颗粒会经历更大的变形,因而金属粉末应保持较小球形颗粒形状。

金属注射成型用的粉末主要包括铁粉、铜粉、铝粉、不锈钢粉、铁基合金钢、镍基合金、钨合金、硬质合金、钛合金、磁性材料及掺杂非金属材料。通常,适合注射成型的金属材料有:低合金钢(Fe-2Ni)、不锈钢(304L、316L 等)、工具钢(42CrMo4)、铜合金、钨合金、硬质合金(WC-Co)、陶瓷、磁性材料(Nd-Fe-B、Fe-50Ni/Co)、钛合金(TC4)、高温合金、难熔合金、铝合金、复合材料等。

2)注射成型用粉末的主要性能

在粉末的所有性能指标中,粉末平均粒度、振实密度、颗粒形状和粉末的含氧量决定了注射成型是否能成功应用。

(1)粉末平均粒度

平均粒度是影响 MIM 工艺性能和零件性能的重要因素。粒径小的粉末在注射成型时的流动性好、烧结快、保形性好。但微细粉末生产成本很高,且容易团聚,脱脂速率慢,烧结收缩大。粉末的粒度分布和形貌直接影响了注射料的流动性和成形性、脱脂过程中坯体的保形性和烧结过程中的收缩率。因此,注射成型经常使用粒径在几微米到 20 μm 的粉末,粉末的粒径越小其价格越高。

(2)振实密度

振实密度是通过振动粉末所能达到的最大密度,它与注射成型喂料的临界装载量有关。为测得粉末的振实密度,粉末须经过振动以达到最小的堆积体积。振实密度最好是用实际密度所占理论密度的百分数来表示。在粉末粒度相同、均质的情况下,振实密度不仅能反映粉末形状,也是影响粉末填充特性的重要因素。一般来说,粉末颗粒的形状越不规则,粉末堆积受振动的影响就越大。就水雾化粉末而言,在平均粒度相同的条件下,振实密度高,可以减少黏结剂的用量,使进入模具型腔内的粉末量增加,从而可以降低烧结体的收缩率,缩小零件的尺寸误差。粉末注射成型常用振实密度大于理论密度的 50% 粉末,为获得好的保形性,大多数应用于注射成型粉末的振实安息角大于 55°。

(3)颗粒形状

适用于注射成型的粉末的粒度和形貌变化较大。但一般来说,要求颗粒为等轴晶粒、近球形,并且小于 20 μm。由于小颗粒粉末正好可以填充在大颗粒之间,因此粒度分布较宽的粉末填充密度也就较高,但是较宽的粒度分布易造成注射时的两相分离,从而为后面的工艺带来更大的难度。

(4)粉末的含氧量

粉末表面的氧化程度不仅对烧结性能有影响,而且也是影响磁性材料以及含钛、铝等强氧化性元素的高合金钢等材料特性的重要因素。为了确保 MIM 零件的烧结性能和材料特性,所用粉末的含氧量越低越好。

此外,与颗粒间摩擦力有关的粉末性能指标还有粉末流动性和堆积性。当颗粒粒度变小时,粉末之间的摩擦力增大,大的颗粒间摩擦力会影响粉末的混合和注射。而当颗粒间摩擦力减小时,也会带来一些新的问题,如坯件在脱脂时的塌陷和保形性的下降。

3)注射成型用粉末的制备

大量的粉末制备技术已应用于注射成型用的粉末生产中。不同的粉末制备技术对粉末的粒度、颗粒形状、微观结构、化学性质和制造成本等都有不同的影响。注射成型用金属粉末的制备方法主要有水雾化法、气雾化法、羰基法、电解法、化学气相沉积法等。羰基法是目前最适合用于金属注射成型(MIM)用 Fe、Ni 等粉体制备的方法。粉末注射成型用金属粉末的各种方法的制备原理与粉末锻造用粉末的制备原理相似,在此不再赘述。

金属粉末制备完成后,也如粉末锻造用粉末一样,需要进行粉末的筛分、干燥等处理,以满足喂料混炼对粉末性能的要求。

3.2.2 黏结剂的性能及组分

黏结剂是 MIM 技术的核心,金属粉末必须借助黏结剂的流动性才能完成注射成型的充模过程,注射成型结束后还需对黏结剂进行脱除。黏结剂是几种聚合物的多组分混合物,除主黏结剂外,还含有掺了分散剂或稳定剂等添加剂,添加剂的主要作用是提高粉末在料筒中加热后的流动性,以及产品成型后的稳定性等。金属粉末注射成型中的黏结剂在整个注射成型过程中是一种阶段性存在的载体,其主要作用是使粉末以流体状态均匀填充模具,形成所需要的制件形状,并保持到预烧结阶段。

1)黏结剂的性能

黏结剂需要具有良好的可塑性和流动性,以确保喂料在注射成型过程中能够充分填充模具型腔,形成准确的零件形状。黏结剂要具有优异的黏结性,能够有效地将金属粉末颗粒黏合在一起,形成一体化的混合物,以保证成型后的零件具有足够的强度和稳定性。黏结剂需要在高温下具有良好的稳定性,不易分解或挥发,以确保在烧结过程中保持零件的形状稳定性和机械性能,因此还需要具有稳定的热性能。黏结剂需要有良好的可溶性和分散性,以便能够与金属粉末均匀混合,并且易溶解于适当的溶剂中,确保形成均匀的混合料,避免出现颗粒团聚或不均匀分散的情况。黏结剂在脱脂和烧结过程中需要容易去除,不留下残留物或碳化物,以保证最终零件的纯净度和表面质量。

2)黏结剂的种类

在粉末注射成型工艺中,黏结剂大多数是聚合物,按照其成型特性还可分为热塑性聚合物、热固性聚合物、水基体系、凝胶体系和无机物等。

热塑性和热固性聚合物是注射成型当中最常用的两种黏结剂。一方面,热固性聚合物在加热的时候会因为发生交联作用而硬化,在重复加热的时候不会软化且只有在高温下才能分解。酚醛树脂、环氧树脂和聚亚胺酯是较为常见的一些热固性聚合物。另一方面,热塑性聚合物具有耐反复加热的特性,它们在加热时软化,在冷却时变硬,不会随热循环而发生性质上的改变。因此热塑性聚合物为注射成型中较为常见的黏结剂组元。

虽然从理论上可以设计出大量的黏结剂,但基于大规模生产上的原因,热塑性黏结剂是使用最广和最为人们所了解的黏结剂。这种黏结剂包含了一些常见的商用聚合物如聚乙烯、聚丙烯、聚苯乙烯、石蜡等。

热塑性黏结剂体系是 MIM 黏结剂的主流与先导。对热塑性黏结剂,围绕改善喂料流变性能,减少脱脂变形及缩短脱脂时间进行了大量的研究,使热塑性体系有了进一步的发展。

3.2.3　喂料的混炼

MIM 喂料的混炼是工艺中的一个重要环节,它直接影响到后续注射成型、脱脂、烧结等工艺的效果以及最终产品的性能。混炼的主要目的是使金属粉末表面包覆一层黏结剂,形成均匀一致的混合料。这种混合料具有良好的流变性能和黏度值,便于后续的注射成型工艺。

喂料混炼的基本原理是在一定装置和一定温度下,将金属粉末与黏结剂按一定的比例进行混合并充分有效的搅拌,使其中每一个金属粉末颗粒上都均匀地涂敷一层黏结剂。由于喂料的性质决定了最终注射成型产品的性能,所以混炼这一工艺步骤非常重要。混炼过程中,黏结剂和粉末加入的方式和顺序、混炼温度、混炼速度、混炼时间和混炼装置等都会影响混炼的效果。混合料的均匀程度直接影响其流动性,从而影响注射成型工艺参数以及最终材料的密度及其他性能。通常,黏结剂约占注射料体积的 40%。混炼后的喂料需要进行冷却、破碎和筛分等处理,以得到符合注射成型要求的颗粒状喂料。这些处理步骤能够确保喂料的粒度分布均匀、流动性良好,便于后续的注射成型工艺。混炼的常用方法有双辊法、挤出造粒法等。

MIM 喂料的混炼是一个复杂而关键的过程,需要严格控制各个环节的质量和工艺参数。通过合理的原料选择、设备使用、工艺参数设置以及注意事项的遵循,可以制备出高质量的 MIM 喂料,为后续工艺和产品性能提供有力保障。

3.3　金属粉末的注射成型

注射成型过程是使喂料均匀填充模腔成为具有合适最终形状产品的过程,它是注射成型工艺极为重要的一环。注射成型过程是指在柱塞或螺杆的推动下,将具有流变性和温度均匀性的喂料熔体注入模腔,而后充满模腔,熔体在控制条件下凝固冷却成型,直至注射坯从模腔中脱出时为止的过程。从模型中脱出的零件,叫做零件生坯,其组成和注射料相同,即由约40%(体积分数)的黏结剂和约60%(体积分数)的金属粉末组成,而且,其所有尺寸都比最终零件约大20%。

注射成型的时间虽短,但是熔体在其间所发生的变化却不少,而且这种变化对注射坯的性能有着重要的影响。成型过程所需的时间与模腔尺寸、填充时间和冷却时间有关,一般为5 s~1 min。为了保证喂料的流动性能,注射温度应当高于黏结剂的软化温度,一般为50~200 ℃。注射温度偏低导致短射,偏高会使黏结剂发生分解,或产生飞边,以及出现粉末和黏结剂分离现象,而且需要延长冷却时间。注射压力直接影响填充速率,压力上限由产生喷射、坯件黏模、飞边现象的锁模力决定。如果密实压力过高,则不利于脱模;过低,工件表面易形成缩孔,这是注射压力不够大,无法弥补冷却过程中的收缩而导致的。由于注射成型是一个周期过程,在每一个生产周期中,加入料筒中的料量应保持一定量,当操作稳定时,物料塑化均匀,最终注射制品性能优良。

3.3.1　喂料的注射过程

1)进料

根据各种喂料的特性,一般在成型前应对喂料进行外观(指喂料颗粒大小及均匀性等)和工艺性能(流变学性能、热性能及收缩率)的检验。注射过程开始前,螺杆速率和料筒内的压力已定,模具紧闭,顶杆收缩。注射开始后喷嘴紧靠流道,螺杆向前推进,此时螺杆前端的锁环挡圈是紧闭的,以保证喂料受压后挤出料筒,填充模腔。当料筒前端有足够喂料填充到模腔中时。螺杆停止转动,填充过程中喂料需稍稍过量,以便缓冲。一定的注射压力保证了喂料的流出量。它根据模腔的大小和喂料的种类不同而有所改变。

2)充模

最理想的充模过程是喂料沿模壁逐渐填充模腔。注射厚坯件要求螺杆推进速度快,薄件则反之。充模速率太快导致喷射,喷射会导致气泡、焊纹或不完全填充(空气无法逃逸)等现象的产生。注射压力和充填速率大、喂料黏度低都是导致喷射产生的原因,因此一定要尽量避免。反之,充模速度太慢,会导致喂料冷却过早,产生不完全填充,这就是短射。喂料温度控制不当也会产生"短射"现象。

注射温度、压力、喂料黏度及剪切速率对成型都有重要影响。此外,模腔内压力与坯件厚度、浇口和流道的设计有关,对其进行适当的控制可以保证成型坯的密度分布均匀性。当热量不断散失时,流道中逐渐被堵塞直至最后喂料停止流动。

3)保压

当螺杆到达顶端喷嘴处后,对喂料进行施压的过程为保压过程,它是喂料在模具中受机器控制的最后一个阶段。当模腔内的压力增大时,喂料的流动速率下降。当喂料冷却时,充模过程就结束了。当浇口凝固时,有些剩余的喂料可能会发生倒流,这是不希望发生的。当浇口的喂料硬化后,可以撤除外压,但在浇口处刚发生硬化时,喂料冷却体积减小,因此需维持一段时间的注射压力,否则会出现密度梯度和表面缩孔。混合料在模腔中的冷却时间与坯件厚度有关,越厚的坯件冷却时间越长。微型坯件,因为它们冷却快,且在薄处流动缓慢,导致其成型相当困难。实际上,由于模具的体积是不变的,保压压力越大,坯件密度越大。

4)脱模

注射成型的最后一步是将成型坯从模具中取出。坯件尺寸和形状不同,冷却速率也不同。开模温度取决于喂料何时开始硬化,它应当低于坯件脱模时维持其形状的临界温度,其最低值由模具冷却系统决定。同样,开模压力必须小于成型坯能够脱模而不黏住模壁所需的最大压力 PM。开模的压力和温度有一定范围,不能出现变形、黏模、划伤模具及形成表面缩孔或凹陷。

3.3.2　粉末注射的主要工艺参数

在注射成型过程中,注射机料筒内的混合料被加热形成具有流变性的增塑溶胶,在螺杆形成的压力下产生高的应变速率,保证模具的完全充填;同时由于熔融混合料的黏度随着温度的增加而急剧下降,因此要适当选择充模温度及料温以调节流动性同时还要选择最佳的注射压力、注射速度等工艺参数。

温度在注射过程中起着重要作用。注射成型过程中需要控制的温度有注射温度和模具温度。料筒温度和喷嘴温度属于注射温度的范畴,注射温度主要影响喂料的塑化和流动。模具温度主要是影响喂料的注射、冷却和脱模。注射过程中需要将金属粉末加热至熔化温度,以使其变为流动状态,便于充填模具腔。高温能够降低金属粉末的黏度,使其具有更好的流动性,有利于填充模具细微的结构和形状。适当的注射温度能减少金属粉末注射成型过程中的结构缺陷,如气孔、氧化物和夹杂物等。模具温度对注射坯的内在性能和表观质量影响很大。

压力在注射过程也起着重要作用,包括喂料的注射压力和保压压力,压力的大小和加压时间,直接影响喂料的塑化和注射坯的质量。注射压力能克服喂料从料筒流向型腔的流动阻力、提供喂料充模的速率以及对熔体进行压实。保压压力能压紧喂料,使喂料紧贴模壁,以获得精确的形状,同时使先后进入模腔中的喂料融成一个整体,让模内喂料冷却收缩时补料。

注射速度在注射过程中也起着重要作用,注射速度直接影响金属粉末在模具腔内的充填情况。较高的注射速度能够快速填充模具腔,确保金属粉末充分填满模具细微的结构和形状,减少气孔和缺陷的产生。适当的注射速度可以帮助形成较为光滑和均匀的表面质量,减少成形零件的表面缺陷和不均匀性。注射速度的快慢也会影响金属粉末在注射过程中的温度变化。较快的注射速度会产生更多的热量,可能导致金属粉末过热或加速热分解,而较慢的注射速度则可以更好地控制成型温度。

3.3.3　粉末注射制品缺陷与控制

由于注射机控制不当或原料本身的问题,不可避免地会出现注射缺陷。粉末注射成型通过会使用分子尺寸较小的黏结剂,在注射成型过程中聚合物会产生明显应力取向,导致坯件在冷却时会因收缩不均而开裂;由于注射成型过程中会产生应力取向,坯件在冷却时收缩不均导致开裂,在脱模和后续烧结过程中还会出现翘曲等现象。粉末注射成型工艺还常出现坯件的最终尺寸与设计尺寸不符的现象。可以通过改变喂料中固体粉末所占的体积比来进行优化。如果坯件尺寸需要增大,那么喂料中的固体粉末量就应增加,使得烧结时收缩相对较小。但这必须在固体粉末装载量小于临界值的情况下进行,并且只能做微小的改变;如果尺寸不当是最初的成型方案导致的,那么这种方法就不起作用了。

粉末注射成型生坯的断裂强度为 3~20 MPa,生坯强度可通过粉末与黏结剂的配合来调整,通常的做法是将不同粒径与形状的粉末混合在一起以增加粒子之间的摩擦力。变形通常发生于加热初期,因为此时热塑性黏结剂发生软化而失去强度。在 150 ℃ 左右保温时最容易发生变形。另外,注射时长链分子形成的残余应力会在升温时发生松弛,如果残余应力较大,生坯在加热时也会发生变形。生坯强度下降以及脱脂应力问题可通过使用低分子量的黏结剂、使用多组元黏结剂、使用高摩擦力的粉末,以及脱脂时采用填料等方法进行调控。

3.4　脱脂

注射成型坯在烧结前,必须去除生坯所含有的黏结剂,否则会造成变形、开裂以及成分污染等缺陷。脱脂是指将注射成型后的生坯中所添加的有机黏结剂去除的过程。脱脂的目的就是在不产生缺陷的情况下,使黏结剂中各种成分不断地发生物理化学变化,逐渐变为气态和液态物质,在最短时间内离开注射成型坯。脱脂后的零件,叫做"褐色零件"。

脱脂必须保持黏结剂从坯件的不同部位沿着颗粒之间的微小通道逐渐排出,且不损害成型坯的强度。脱除黏结剂而保持产品形状是一个精细复杂的过程,该过程是通过黏结剂的物理化学性质实现的。利用黏结剂随温度变化会由固态到液态,甚至是气态的物态变化,可实现热脱脂;利用黏结剂在溶剂中具有一定的溶解度的特性,可实现溶剂脱脂;利用黏结剂与气态物质反应,生成气态或液态产物,可实现催化脱脂;还可采用虹吸脱脂等。此外,也可综合利用以上几种脱脂方法,采用两步脱脂或多步脱脂工艺。脱脂方法的选择取决于被处理的材料及所需要的物理与冶金性能等。

脱脂过程中,如果黏结剂去除速率过快,就会导致成型坯起泡、裂纹等缺陷。所以黏结剂的脱除时,颗粒之间的黏结能必须大于黏结剂去除过程的破裂能。去除黏结剂所用的时间与制品的厚度的平方成正比,制品越厚,脱脂时间越长。

脱脂的方法分为热脱脂、溶剂脱脂(溶剂萃取)、虹吸脱脂和催化脱脂等。

热脱脂是将注射成型坯加热到一定温度,使黏结剂各组分蒸发或热分解成气体小分子,而气体小分子可以通过扩散或渗透等方式快速传输到坯体表面,进而脱离坯体进入外部气氛中。热脱脂的关键在于控制低温阶段慢速升温不产生变形或缺陷,要求脱脂炉具有良好的温度稳定性和均匀性。真空热脱脂与气氛热脱脂相比,真空压力低,更有利于黏结剂的挥发及分解产物的排出,所以脱脂速率大于常压下的气氛脱脂速率。

溶剂脱脂是溶剂渗透到坯体内部,将坯件内黏结剂中可溶成分溶解出来的过程。溶剂脱脂不能溶去全部的黏结剂,只是在溶解大部分黏结剂后,形成连通孔隙的网络,在以后的热脱脂中可缩短升温和保温时间,以达到减少总的脱脂时间的目的。溶剂脱脂的特点是温度低。在黏结剂软化点之下进行脱脂,可保证试样不变形。与热脱脂相比,溶剂脱脂是溶剂从生坯外向生坯内扩散,溶解后没有体积的成倍增加,因此缺陷少,但溶剂进入坯体内部,也可能因过分溶胀而导致试样变形或开裂。溶剂脱脂后,一般对坯体进行干燥处理以除去孔隙中的溶剂。坯体中剩余的黏结剂需经过热解脱除。

虹吸脱脂是将注射成型坯放置于一多孔基板或多孔粉末上,将注射成型坯加热到使黏结剂的黏度足够低,而能发生毛细管流动的程度。黏结剂将在毛细管力的作用下被吸出注射成型坯并且流入吸料中。

催化脱脂是利用一些在特定气氛下可以快速分解的聚合物作为主要黏结剂,使注射坯在相应的特定气氛中进行脱脂,黏结剂组分快速被分解脱除,而对于催化气氛不敏感的辅助黏结剂仍存留在坯体中起到支撑的作用。

3.5　烧结

注射成型坯中的黏结剂被脱除后,烧结就是一个必需的步骤。烧结是在真空或气氛下高温加热,从而使成型脱脂坯达到最终致密化,烧结致密化通常在烧结温度接近材料熔点时出现,此时单个原子通过固相或液相物质运动使颗粒长大,原子运动的剧烈程度与温度的升高成正比。所以,为了实现快速烧结,金属注射成型坯通常在接近熔点温度进行烧结。

注射成型坯的烧结通常是在通有可控气氛的烧结炉中进行的。在烧结的开始阶段,将剩余的黏结剂除去;随后,当零件各向同时收缩到其设计尺寸,并转变为致密固态时,消除孔隙与融合金属颗粒。最后,就制成了具有最终形或近最终形的金属零件。烧结后金属零件的密度约为98%的理论密度。

金属注射成型的烧结过程与一般粉末冶金的烧结过程类似,其目的是使产品致密和化学成分均匀,改善提高其力学、物理性能,烧结的要点是控制变形和控制尺寸精度。但由于金属注射成型采用了大量的黏结剂,得到的成型坯的密度较低,这些黏结剂在烧结之前被脱除,所以,注射成型坯的烧结有点类似于松装烧结,烧结过程中会发生较大的尺寸收缩,这种尺寸改变会导致变形。若要维持尺寸的高精度,需要可控的和均一的烧结收缩。密度的增大是由孔隙被除去导致的收缩而引起的,金属注射成型产品烧结成功的标准在于,在保证产品的尺寸精度和性能具有可控性和重复性的前提下,使其密度达到要求。

烧结温度是影响烧结质量的重要因素之一,直接关系到烧结产品的性能和微观组织。烧结温度太高会引起晶粒粗化、氧化严重甚至过烧,严重影响坯样的性能和表面质量;烧结温度过低,坯样致密化程度低,影响烧结件的最终性能。

烧结时间即最高烧结温度时的保温时间,也是烧结工艺的一个重要参数,对烧结制品的性能至关重要。烧结时间太长既浪费能源,又使晶粒过度长大,恶化材料的微观结构;烧结时间太短,物质没有时间进行充分的扩散,烧结坯致密化程度不够。

烧结过程中的致密化过程是以物质的迁移为前提的。对于金属注射成型材料最有用的致密化过程通常是晶界扩散。原子沿着晶界在两块近完整晶体区域间运动,形成连续的物质流到达孔隙,使物质被保留下来而孔隙被消除。晶粒长大对烧结过程有不利的影响,因为晶粒长大减小了能给烧结提供驱动力的晶界面积。

3.6　后处理

金属粉末注射成型坯后处理的主要方法有:致密化、热处理、表面处理、整形、调湿处理等,其目的是进一步提高产品的性能和质量,改善成型坯的外表面特征。

第4章
液态模锻成形 ···○

4.1 液态模锻成形概述

4.1.1 定义

液态模锻又名挤压铸造,是介于锻造成形和铸造成型之间的金属成形工艺。

液态模锻(liquid forging)是将一定量的液态金属直接注入涂有润滑剂的模膛中,然后通过模具施加机械静压力,使已凝固的封闭硬壳进行塑性变形,液态金属在压力下结晶凝固,进而获得毛坯或零件的一种先进的塑性成形加工方法。

液态模锻是铸造技术和热模锻技术的复合,该项技术利用了金属铸造成形时易流动、成形容易的特点,结合热模锻技术,使已凝固的封闭金属硬壳在压力作用下进行塑性变形,强制性地消除因金属液态收缩、凝固收缩等形成的缩孔和缩松,从而获得无任何铸造缺陷的各种液态模锻件。这种工艺结合了铸造和锻造的优点,通过高压凝固和塑性变形,能够生产出内部致密、外观光洁、尺寸精确的零件,适用于各种金属材料和复杂形状的零件生产,已成为无切削、少切削、精化毛坯的一种重要成形新工艺,具有广泛的应用前景。

液态模锻件与铸件相比,补缩彻底,易于消除各种缺陷;与热模锻件相比,成形容易,所需成形力小。利用液态模锻技术生产的金属产品不仅质轻耐用,而且价格低廉,市场竞争能力强。当某些制件采用铸造工艺时存在难以满足使用性能要求,采用锻造工艺又因形状复杂、成形困难时,此时,液态模锻工艺将成为此类产品成形制造的优选工艺。

金属材料传统的热成形方法主要有塑性成形、铸造成形、焊接成形和粉末冶金成形等,这些成形方法充分利用了金属材料在高温下的一些热成形特性。

铸造成形属于液态金属充填成形的加工方法,该成形技术的难点是如何提高铸件的质量和尺寸精度,其发展趋势是不断地向快速、精密、高压方向发展。随着金属液态成形技术的发展,现已先后出现了高速连续铸造、差压铸造、压力铸造、双柱塞精密压铸法以及流变铸造直至液态模段等液态成形技术,铸造成形时的压力也向着用机械压力充填代替重力充填方向发展,铸造成形时压力方式的改变,有效改善了制件内部质量和尺寸精度,但从凝固机理角度看,铸造成形要想完全消除铸件内部缺陷是极其困难的。

塑性成形属于固体充填形式的成形加工方法,采用塑性成形方法生产的制件,其综合机械性能远高于用其他方法生产的制件。但是,由于固态金属受到外力作用发生变形时的变形抗力高,需要消耗较大的能源,为此,对于形状复杂的零件,往往需要采用多个工步或多个工序才能完成制件的成形,工艺成本很高。因此,如何降低能源消耗和成本、减小单位变形力、提高制件的尺寸精度、保证制件质量,就成为塑性成形的主要发展方向。随着塑性成形技术的发展,在锻造领域现已经出现了精密模锻、等温锻造、多向锻造、超塑性成形、半固态塑性成形直至液态模锻等塑性成形工艺和方法,塑性成形中的锻造成形的发展趋势之一是用黏性体和半固态金属代替固体充填。

如上所述,铸造成形向着高速、高压、高质量、高精度方向发展,最终与液态模锻衔接,其衔接桥梁是双柱塞精密压铸法。塑性成形向着降低变形力、降低成本、提高尺寸精度方向发展,最终与液态模锻相衔接,其衔接桥梁为等温锻、超塑性成形和半固态塑性成形,从而确立了液态模锻技术在金属成形领域中的地位。

液态模锻技术属于半固态充填形式的加工方法,它融合了铸造的充填形式和压力加工的压力因素,是介于两者之间的成形工艺。

4.1.2　发展概况

液态模锻技术相关记载最早出现在 1819 年英国人 James Hollingrake 的专利里。苏联科学家于 1937 年正式提出了液态模锻技术,该技术提出的初期主要是运用在铜及铜合金产品成形上,其后广泛应用于军事及高科技领域金属构件的制造,并显示了很强的生命力。1964 年,苏联科学家 V. M. Plyatskii 出版了专著《液态金属模锻》,详细介绍了液态金属模锻的生产工艺、设备以及未来的发展方向。在 20 世纪 70 年代初期,日本将液态模锻技术运用于汽车、仪表行业,1968 年日本政府拨款资助厂商用液态模锻技术生产大型铝合金活塞和钢零件,产品有铝合金连杆、大型活塞(直径 400 mm,高 600 mm)、铜制轴瓦、气缸体、汽车轮毂等。近年来,日本企业对这项新工艺也给予了重视,其重点在有色金属及其合金方面,采用此工艺所生产的活塞,其直径达 400 mm。

美国芝加哥的伊利诺斯工艺研究所在 1969 年就开始液态模锻的研究,自行设计和制造了液态模锻专用液压机,于 1974 年已部分应用于工业生产,代表性产品有:齿轮坯、齿轮箱、柴油机活塞等。美国陆军司令部的岩岛兵工厂,利用液态模锻技术制造了 M85 机枪管支架和机匣底座。

我国自 1957 年开始研究液锻技术,20 世纪 60 年代后期此项技术逐步发展并陆续用于生产,其产品有汽车活塞、齿轮坯、涡轮、电磁铁壳体、风扇皮带轮、生活用的高压锅、拉丝机的收线盘、货车铲板、法兰、电机端盖、汽车的轮毂、模具坯等。20 世纪 70 年代后此项工作发展得更快一些,采用此工艺可制造大型铝合金活塞、镍黄铜高压阀体、气动单元组件的仪表外壳、铜合金蜗轮等产品。近几年来,在军品中采用液态模锻研制出了一批零件,如 85 mm 气缸尾翼座、迫击炮相关零件等。国内利用纤维复合材料制造不同性能要求的零件也有报道。例如:双金属、纤维强化性活塞,纤维复合材料模具等。

如今,液态模锻技术在我们生活的各个领域都有着广泛的应用,特别是在军工业方面和一些高科技行业中发挥着重要作用。液态模锻技术能够实现少余量,甚至无余量的产品,具有设备吨位低和投资少、生产效率高、产品性能好等优势,具有广阔的发展前景。

4.1.3　工艺流程

液态模锻生产的主要工艺流程包括金属熔炼、浇注、合模加压、保压和冷却、开模和取件及后处理等基本环节,其工艺流程示意图如图 4-1 所示。

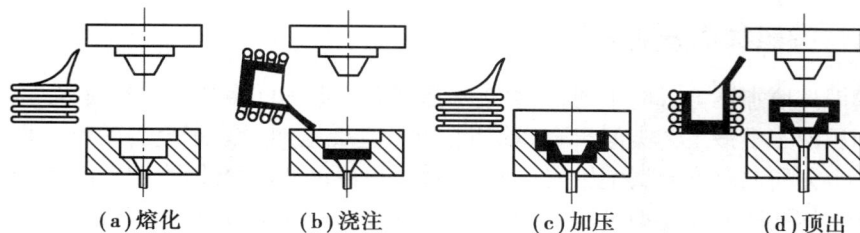

|（a）熔化|（b）浇注|（c）加压|（d）顶出|

图 4-1　液态模锻典型工艺流程示意图

液态模锻在浇注之前需进行金属熔炼和模具安装等前期工作。

金属熔炼是将一定量的金属放入容器内加热至熔化，熔化后的金属液需要达到一定的温度和成分要求，以确保后续工艺的顺利进行。

浇注是将熔炼合格的金属熔体浇入模腔或压室的操作过程，分为机械手浇注、人工浇注、重力下浇注和非重力下浇注等方式。浇注过程需要控制浇注速度和温度，以避免金属液产生飞溅和氧化。

合模和加压是指模具闭合后，对液态金属施加一定的机械静压力，使其充满模腔并在高压下结晶。加压方式有两种：一种是压力直接作用到模腔内的金属液上，称为直接加压；另一种是压力首先作用到模腔以外压室内的金属液上，然后通过压力传递作用到模腔内的金属液上，这种方式称为间接加压。加压过程需要选择合适的比压值和加压速度，以确保金属液能够均匀、充分地充满模腔。

保压和冷却是在金属熔体充满模腔后，继续保持一定的压力，使金属在压力下完成结晶和凝固过程。随后，对模具进行冷却，以加快金属的凝固速度和提高锻件的强度。

开模和取件的主要任务是将液态模锻成型的工件从模腔内顺利取出。当金属完全凝固后，打开模具并取出锻件。取件过程需要小心谨慎，以避免对锻件造成损伤。

后处理是液锻件从模具内取出后根据要求进行的补充处理，如切除飞边、整形、热处理、表面处理等后续处理工作，以提高其力学性能和耐腐蚀性。

4.2　液态模锻成形的分类方法

液态模锻成形时的分类方法较多，通常可以按照加压方式、型腔数量、有无型芯以及模腔构成、变形金属特性、施压冲头端面形状等进行分类。

按照加压方式的不同，液态模锻分为直接加压液锻和间接加压液锻。

按照型腔数量，液态模锻可以分为单腔液锻和多腔液锻。单腔液锻又分为无压力室单腔液锻和有压力室单腔液锻，而多腔液锻则又分为多腔同时液锻和多腔顺序液锻。

按照模腔内有无型芯，液态模锻分为有芯液锻和无芯液锻。

按照模腔构成，液态模锻分为整腔液锻和分模液锻。整腔液锻是在一个整体模腔内成型工作，分模液锻需要通过多于一个的模腔组合工件的整体形状。

按照变形金属特性，液态模锻分为固液态（半固态）模锻、液态挤压模锻、液态金属与固体构件组合（如双金属构件）液锻。

按照冲头端面形状不同，液态模锻分为平冲头液态模锻和异形冲头液态模锻。

本书主要介绍加压方式、变形金属特性和冲头端面形状这三种方法的液态模锻成形。

4.2.1　按照加压方式分类

液态模锻按照加压方式的不同,分直接加压液态模锻和间接加压液态模锻。

直接加压液态模锻工艺类似于金属模锻,压力直接施加于液态金属的整个面上,该压力可以只从一个方向向液态金属施压实现直接液锻,也可以从两个或两个以上方向提供压力实施多向加压直接液锻。在充型过程中,液态模锻依靠加压冲头直接将机械压力传递到液态金属上,没有浇注系统。液态金属充型平稳,不会卷入气体,且能直接在机械压力下结晶,制件组织致密,不会产生皮下气孔。但该加压方式下,凹腔形状不宜太复杂,通常适用于厚壁大于5 mm、形状不太复杂的制件成形。

间接加压液态模锻与压铸工艺相似,压力通过间接方式作用于液态金属上。间接冲头液态模锻与全立式压力铸造很相似,仅在充型形式上不同,立式压力铸造通过压室,由压射活塞将金属以高速压入型腔成形;间接冲头液态模锻则通过宽而短的浇道将金属液连续、低速挤入工作型腔,所以与全立式压铸相比,增加了加压效果,不会卷入气体,组织比较致密。间接液态模锻件的内部质量通常低于直接液态模锻件,但高于压铸件。

综上所述,液态锻模中加压方式的主要特点有:在成形过程下,尚未凝固的金属液自始至终经受等静压,并在压力作用下,发生结晶凝固,流动成型;已凝固的金属在成形过程中,在压力作用下产生塑性变形,使毛坯外侧紧贴模腔壁,金属液获得并保持等静压;由于凝固层产生塑性变形,要消耗一部分能量,因此金属液经受的等静压值不是定值,而是随着凝固层的增厚而下降;固-液区在压力作用下,发生强制性的补缩。

4.2.2　按照变形金属特性分类

液态模锻成形时按照变形金属特性不同,可以分为固液态(半固态)模锻、液态挤压模锻、液态金属与固体构件组合(如双金属构件)液锻,其特点如下。

(1)固液态(半固态)模锻

把金属毛坯加热到似熔非熔状态,能从加热炉中以固体形式转移到模锻模具中。它具有低的变形抗力,省去了复杂的熔炼过程,接近普通模锻,但其工艺要求较高。

(2)液态挤压模锻

液锻时,浇入的合金液在凸模作用下迅速流动、充型,接着在高压下凝固和产生少量的塑性变形。液态挤压模锻既省力,又能生产出高质量型材的工艺。该工艺是液态金属处于准固态时进入挤压模定径区成形,其型材质量不低于固态金属挤压型材。

(3)液态金属与固体构件组合(如双金属构件)液锻

液态金属与高强度或具有其他优良性能的长、短纤维(如矿纤维、陶瓷纤维等)浸润复合模锻或挤压,形成一种新性能材质的液锻件或挤压型材。

4.2.3　按照冲头端面形状分类

按冲头端面的形状,主要有平冲头加压法和异形冲头加压法两大类。

1)平冲头加压

平冲头加压是指冲头端面为平面,它直接作用于金属液,金属液在压力下充型、凝固,并伴随有微量的塑性变形。平冲头施压时,金属液不产生明显流动,仅使液态金属在压力下结晶、凝固和补缩。平冲头加压液态模锻适合生产形状简单、性能要求高的零件；也用于制造供压力加工用的毛坯、通孔类形状不太复杂的杯形厚壁(>5 mm)件等。

平冲头加压主要分为平冲头直接加压和平冲头间接加压两种液态模锻方式。平冲头直接加压液态模锻工艺示意图如图 4-2 所示，图 4-2(a)是平冲头加压成形实心制件，图 4-2(b)是平冲头加压成形通孔制件的示意图。

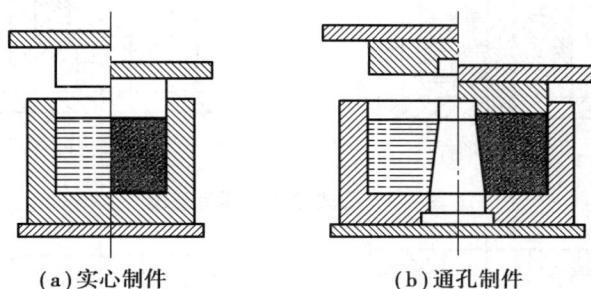

(a)实心制件　　　　　　(b)通孔制件

图 4-2　平冲头直接加压示意图

平冲头间接加压示意图如图 4-3 所示，其中图 4-3(a)是液态模锻成形加压前的示意图，图 4-3(b)是液态模锻成形加压后的示意图。

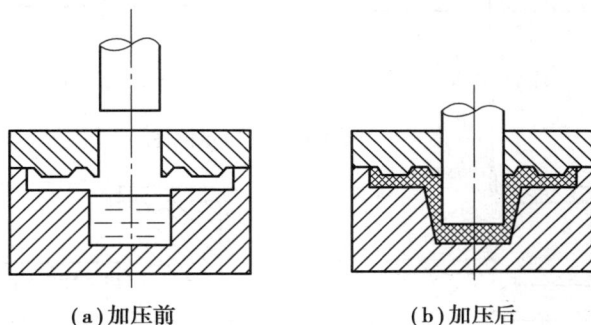

(a)加压前　　　　　　(b)加压后

图 4-3　平冲头间接加压示意图

液态模锻的间接加压与全立式压铸相似，冲头仅将液态金属挤入模腔，并通过内浇道将压力传递到制件上。差别在于内浇道比压力铸造的内浇道宽而短，液态金属是连续、低速挤入工作模腔的，提高了加压效果。这种工艺适用于产量较大、形状复杂或小型零件的生产。

2)异形冲头加压法

液态模锻采用异形冲头加工时，其冲头端面形状各异，可成形的零部件形状也更加复杂。异形冲头加压主要有凸式冲头加压法、凹式冲头加压法和复合式冲头加压法等。

凸式冲头加压的示意图如图 4-4 所示，在成形过程中，金属液要沿着下模壁和上模端面作向上和径向流动来填充模腔，冲头直接加压于制件上端面和内表面上，加压效果较好，适用于壁薄且形状较复杂的制件成形。

凹式冲头加压的示意图如图 4-5 所示。合模施压后，液态金属沿着凹模内壁和冲头内凹面作反向流动，以填充模腔，适用于复杂件成形。

复合式冲头加压的加压冲头形状复杂，如图 4-6 所示，合模施压时，大部分金属不发生移动，少部分金属直接充填在冲头的内凹中，并在冲头端面和凹窝内表面的施力作用下凝固。

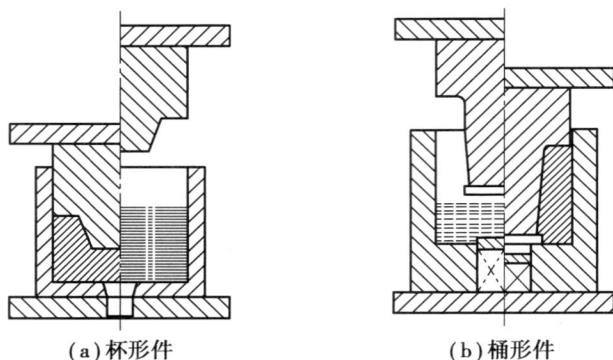

(a)杯形件　　　　　　　　(b)桶形件

图 4-4　凸式冲头加压示意图

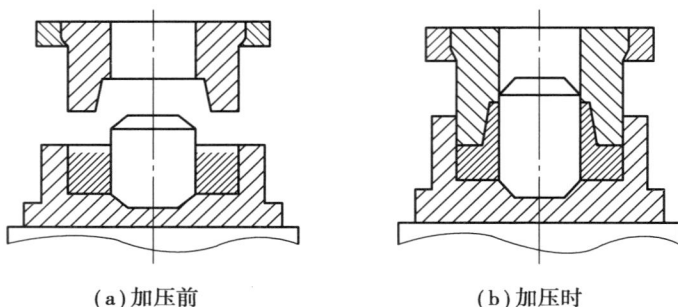

(a)加压前　　　　　　　　(b)加压时

图 4-5　凹式冲头加压示意图

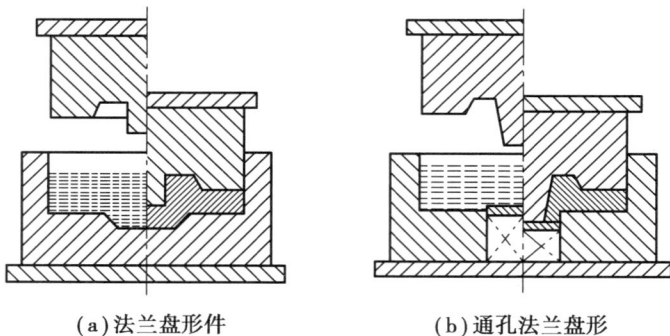

(a)法兰盘形件　　　　　　(b)通孔法兰盘形

图 4-6　复合式冲头加压示意图

4.3　液态模锻成形的特点

液态模锻的实质是连续的塑性变形的力学过程与结晶凝固的物理化学过程的交替进行。塑性变形在液态模锻中占有重要地位,在液态模锻成形过程中,塑性变形是一个连续的过程,与结晶凝固过程交替进行。液态模锻成形过程中的主要变形特点有:

①成形过程中液态金属始终承受等静压力,且在等静压力下完成结晶凝固。液锻件组织致密,无成分偏析,基本为等轴晶结构,无各向异性,具有高的抗腐蚀性能。

②已凝固金属在压力作用下产生塑性变形,使制件外表面紧贴模腔,尺寸精度高。

③凝固过程中,固-液区的液态金属在压力作用下能得到强制补缩,比压铸件组织致密。液锻件密度、力学性能基本同锻件。

④液态金属在模内的成形能力高于固态金属,液态模锻可成形形状复杂的锻件。

⑤液态模锻成形用模具设计有排气结构,有利于金属液成形,所成形的液锻件强度和延伸率优于铸件、力学性能好。

在液态模锻时,金属液在充填时速度较低、平稳,制件在成形过程中,模具内的气体易被排出,很难产生卷气现象。在制件凝固过程时,由于模具持续对金属施加压力,这样不仅使金属液在凝固过程中出现缩松和缩孔的概率降低,而且能得到性能优良的制件,且制件质量优于压铸件。

4.3.1　液态模锻的工艺优点

液态模锻工艺具有优质、高效、节能、材料利用率高、适应性广等一系列优点。液态模锻工艺的主要优点如下。

(1)制件组织致密,力学性能好

液态金属在等静压下结晶凝固,锻件内部组织致密,晶粒细小,综合力学性能好。液态模锻使液态金属以低速充型,不会像压铸那样卷入大量气体,后续能用固溶热处理等方法进一步提高其机械性能,所得制件的机械性能可以接近或达到模锻件的水平。表4-1所示的铝合金活塞分别采用铸造、锻造、液态模锻工艺后的机械性能情况,由表中数据可知,液态模锻件的力学性能可与锻件媲美。研究和生产实践数据证明,在延伸率不降低的前提下,液态模锻产品的强度可以比同材质的精密铸造产品提高30%以上,晶粒细化至少一级。

表4-1　铝合金活塞的机械性能

工艺方法	材料牌号	热处理状态	机械性能	
			抗拉强度/MPa	延伸率/%
铸造	ZL 109	淬火+时效	≥250	—
锻造	LD 11		310～330	1.3～3.8
液态模锻	ZL 109		300～360	0.5～2.4

(2)液态模锻成型的制件成形性好

以铝合金液态模锻为例,液态铝合金的流动性比固态时高,金属流动时所受阻力小、能均匀地填充模具型腔,故采用液态模锻技术可生产形状复杂的薄壁零件。

(3)材料利用率高

与模锻相比,由于液态模锻没有毛边及实心孔所损耗的金属材料,故材料利用率可达95%以上。若与压铸工艺相比,液态模锻工艺不需要设置浇口套、喷嘴、浇注系统等辅助消耗的金属材料(占制件的20%～30%),金属熔体利用率可达90%以上。除必须加工的部分留有1～3 mm的加工余量外,浇入模腔的金属液基本都用于形成零件,这就减少了传统铸造中冒口重新熔炼导致的材料烧损和能源重复消耗。此外,由于使用的是高强度金属模具型腔,成型的液态模锻件的表面光洁度和尺寸精度水平较高。

（4）成分均匀，制件成品率高

液态模锻时，成形温度比铸造时低得多，制件在模内收缩小。液态金属在三向压应力的作用下凝固，能抑制微观偏析、比重偏析、反偏析的形成，促使正偏析的产生，提高合金成分的均匀性。液态模锻能实现无冒口铸造，成品率可达 90% ~ 100%。

（5）工艺适应性强，材料应用范围广

液态模锻适用于生产多种铸造合金和部分变形合金件。液态模锻件在凝固过程中，各部位金属处于压应力状态，有利于铸件的补缩和防止铸造裂纹的产生。因而，液态模锻工艺基本不受合金铸造性能或塑性成形性能限制，既可用于铸造合金成形，也可用于变形合金的成形；既可用于铝合金、镁合金等有色合金成形，又可用于钢、铁等黑色金属及复合材料的液态模锻成形。液态模锻对于工件壁厚范围的适应性也很大，从几毫米到几十毫米都可以成形。对于有复杂内腔又不能用抽芯或机械加工方法成形的铸件，配合熔芯技术采用液态模锻方法同样可以生产。

（6）设备投资小、产品成本低

锻造工艺要采用热模锻压力机或摩擦压力机等投资较高的设备。压力铸造需要专门的压铸机，设备投资昂贵，而液态模锻既可用专用油压机，也可用通用油压机，设备投资较小。液态模锻成形提高了材料利用率，显著降低设备投资和模具费用，以及减少加热所消耗的热能，产品成本比其他工艺降低 30% ~ 40%。

液态模锻凝固过程中金属熔液和模壁紧密接触，凝固时间仅为普通铸造的 1/4 ~ 1/3，液锻成形的工件表面光滑，且凝固以后的组织致密。又因金属熔液在凝固过程中受到高压作用，增加了金属的成核率，可以获得细晶粒组织。此外，由于工件在压力下结晶，因此减少了或消除了工件内部疏松、气孔、缩孔等缺陷。液态模锻的冷却速度较快，减少了化学成分偏析，改善了内部组织，提升了力学性能。对于铸铁类的材料，液态模锻工艺还有促进其石墨球化、细化，改善组织分布和基体组织等作用。

4.3.2　液态模锻与压力铸造及锻造的区别

1）液态模锻与压力铸造的区别

（1）液态金属注入模腔的方式不同

压力铸造是借助压力，沿着浇注系统，将熔融金属以 15 ~ 70 m/s 的高速充满模腔；压力铸造工艺中，液态金属在高速及短时间内，沿着浇道充填型腔时有卷入气体的危险。液态模锻时，金属通过浇包直接注入模腔，液态模锻没有浇注系统，液态金属充型平稳，其浇注速度也不高，液态模锻低速浇入，排气良好，通常不会卷入气体；液态模锻时的压力是直接施加在金属液上，避免了压力铸造时的压力损失。

（2）压力的传递方式不同

压力铸造依靠浇注系统传递压力，一方面有压力损失，另外金属液几乎是在自由状态下完成结晶凝固的。液态模锻成形过程中，依靠加压冲头直接将机械压力传递到液态金属上，且金属能直接在机械压力下结晶凝固，并发生少量的塑性变形。

（3）组织性能不同

压力铸造的制件，其铸造组织粗化，缺陷较多。液态模锻件因在压力下结晶并伴有少量的塑性变形，为此制件的组织致密，晶粒细化。

2）液态模锻与锻造的区别

①锻造成形时，由初始坯料到制件其塑性变形量较大，有明显的锻造流线和塑性变形组织；但液态模锻成形时仅是少量塑性变形，塑性变形量小，不会产生明显的锻造流线，液锻件没有明显的塑性变形组织。

②锻造时，对于复杂形状的锻件，因原始毛坯与模膛形状差别较大，故可能需要镦粗、拔长、滚压等制坯工序，以及预锻、终锻等成形工序，模锻成形所需要的锻造成形工序多；液态模锻工艺是液态金属充填模具型腔，故可一次成形复杂形状，成形工序少。

4.4　液态模锻下金属的力学行为

液态模锻工艺是铸造工艺和热模锻工艺相结合的产物，其工艺理论必然是铸、锻工艺理论的复合和发展。实质上，液态模锻过程既是一个物理化学过程，又是一个力学成形过程，且相互交叉和相互渗透。液态模锻下金属的力学行为是一个涉及塑性变形、结晶凝固和力学性能改善等多个方面的复杂过程。深入研究这一过程，可以更好地理解液态模锻工艺的原理和特点，为优化工艺参数和提高产品质量提供理论依据。

4.4.1　液体补缩的方式

液态模锻是一种液态成形工艺，其核心问题依然是在凝固中如何补缩。液体补缩方式主要有自然重力补缩和压力补缩两大类，压力补缩又有气体压力补缩、机械压力（液锻）补缩。

自然重力补缩是指液态金属在凝固过程中自然流向低洼区域，填补空隙。常规的重力铸造通常会设置粗大的冒口，冒口中尚未凝固的液态金属靠重力补充到正在凝固的缩孔中去。

压力补缩是通过外部压力（如气体压力、机械压力等）将液态金属压入铸件或锻件的空隙中。这种方法在压力铸造、液态模锻等工艺中广泛应用。

气体加压可强化冒口处液态金属的补充效应，使冒口处液态金属挤入枝晶间的狭小通道，以填补凝固过程中形成的微小缩孔。气体加压是一种柔性加压，属此类型的还有高压铸造、差压铸造和低压铸造等。

机械加压是一种刚性加压，一方面改变了制件中的温度场分布，使其最后凝固部位变为心部；另一方面，为实现对制件中心的补缩，必须在冲头压力下，使四周已凝固的部位（凝固硬壳）产生塑性变形，通过压缩制件高度实现缩孔的补偿，并使心部剩余的液态金属承受等静压。

液态模锻工艺属于无冒口铸造，其补缩功能由压力迫使硬壳产生塑性变形来完成。

4.4.2　液态模锻的成形过程

液态模锻的成形过程包括结壳、压力下结晶、压力下结晶与塑性变形交替进行、塑性变形这四个基本的成形阶段。

1）第一阶段：结壳

液态金属浇入模具后，由于具有一定黏度，液面呈现凸、凹不平，在静压力作用下迅速压平；合金液在低温模壁强烈散热作用下沿模壁迅速结晶（凝固），形成外壳；随时间增长，外壳层不断增厚,固液相间的温差不断减小,结壳速度逐渐减慢。壳层在较大温差下迅速结晶形成,壳体较薄,尚未有枝晶形成,组织致密、晶粒细小,性能高。液锻力仅起到压平液面的作用,其在合金液内部产生的压强近似为0。

2)第二阶段:压力下结晶

凸模接触液面后,在其内部产生压强 p,使散热进一步加强,结晶进程加快。随着合金液收缩和凝固,液面下降,凸模下移,结晶过程中形成的微小空隙得到充分的合金液补缩。压力下结晶,获得组织致密、晶粒细小的组织。

3)第三阶段:压力下结晶-塑性变形

压力下结晶的结果是结壳,液面继续下降。在凸模压力作用下,壳体被镦粗并发生塑性变形,凸模下压与液锻件接触,形成新压强 p,再次出现压力下结晶过程。在此阶段,压力下结晶过程与塑性变形交替进行,直至合金液全部凝固为止。在此过程中,凸模、锻件和模壁间要产生摩擦,消耗功,当凸模压力为恒定值时,其压力在合金液内部产生的压强 p 不断下降、变小,有压力损失。

4)第四阶段:塑性变形

液态合金全部凝固后,温度下降,液锻件因固态收缩而离开模壁,产生间隙,在足够大的作用下,液锻件产生塑性变形后仍与模壁接触,凸模下降。塑性变形量较小,但对锻件的性能、表面质量和尺寸精度起着重要的作用。

4.4.3 塑性变形在液态模锻中的地位

液态模锻成形过程的本质:连续的塑性变形的力学过程与结晶凝固的物理化学过程的交替进行。在液态模锻成形过程中,塑性变形是一个连续的过程,与结晶凝固过程交替进行。塑性变形在液态模锻中占有重要地位,没有它,金属模腔内的金属将是自由结晶。

液态金属结晶凝固时要发生液态收缩、凝固收缩和固态收缩。金属的液态收缩值和凝固收缩值均大于固态收缩值,对于逐层凝固的低碳钢,在最后的凝固部位,必然会有缩孔的产生。而固态收缩的结果,必然使成型件外壳侧壁离开模腔侧壁,因而形成空隙。

液态金属模锻成形过程的优势在于,在成形过程中液态金属能在等静压的作用下完成结晶凝固,并能在等静压作用下及时补缩。在液态模锻时,当金属液注入下模后,在下模模壁四周和模底会形成一敞口的激冷等轴晶层,此时液态收缩、凝固收缩所造成的体积收缩完全可以在金属的自重作用下利用其较好的流动性,通过减缩液面高度来实现。而四周外壳侧壁的固态收缩,使模腔侧壁与外壳的侧壁之间形成了空隙。随后合模时,冲头端面与金属接触处迅速形成一硬薄层,新老硬层组成一个封闭腔,将待凝固的金属液包围在腔内。如果不施压而上模块的自重又不足以使外壳产生塑性变形,或者即使施压也不足以使外壳产生塑性变形,外壳在冷却时的固态收缩无法补偿腔内金属液冷却所产生的体积收缩,需要通过减缩液面高度来补偿其体积收缩。为完成液态模锻过程,必须在施压的情况下使外壳进入塑性变形状态,施力开始后让顶部的硬薄壳层作较大的向下位移,以消除硬壳内的金属在随后的冷却中产生体积收缩,使金属液承受等静压。这时,凝固体受力继续产生塑性变形,硬层侧壁和模腔侧壁之间形成的空隙得以消除,其成形件侧壁紧贴模腔壁,受力状态发生明显改变,这样使得外壳内的金属获得等静压。与此同时,因为外壳内的待凝固金属液在随后冷却时继续收缩,固态外壳随后的冷却也将收缩,前者产生缩孔,后者收缩造成外壳侧壁离开模腔壁。为此,还将继续使外壳发生塑性变形,以减缩外壳的高度,来补偿侧壁处的空隙和内部的缩孔,如此循环,完成液态模锻成形过程。

综上所述,塑性变形在液态金属模锻中占有重要的地位。塑性变形是一个连续过程,即它不是在某一个时刻才发生,在某一个时刻结束,而是贯穿成形过程始终,塑性变形过程与结晶凝固过程交替进行,构成了液态金属的两个基本过程,即连续的塑性变形的力学过程与结晶凝固的物理化学过程。

4.4.4 液态模锻组合体的假设

1)组合体的连续性

塑性变形在液态模锻中占有重要位置,起着凝固成形过程的补缩作用,但塑性变形这一力学过程,又和凝固成形这一物理化学过程交织在一起,尤其是存在固-液区的凝固过程,研究起来十分复杂。为此,对液态模锻凝固体作一近似假设,认为它是一个多变的连续组合体,即已凝固的固相区、正在凝固的固-液相区及液相区,三位一体,组成一个连续的组合体。实际上,它的连续性表现为温度分布的连续性。液态金属在模具内的温度梯度较大,在不同的温度区间内,其金属的状态可能表现为液态、固-液态和固态。存在形式的改变,实际是金属的结构发生了变化。可能使金属的结构由原子近程有序向原子远程有序过渡,或相反。这里,没有金属存在形式的突变,而是呈连续变化。因此组合体是一个物质呈连续分布的不均匀的组合体。

2)组合体三个区的力学性质

固相区是一个近乎均匀的连续变形体,在液态模锻过程中,它由小到大,最后代替固-液区和液相区,获得致密的无缩孔组织。

固-液相区是脆性体。从液态向固态的转变过程中,当温度高于固相线几度时,塑性几乎为零;而低于固相线几度时塑性达最大值。从高塑性过渡到脆性并非突然发生,而是存在一个脆性温度区间。其原因是,在固相线上的结晶体骨架已联结成片,把残余液体分割成片状,位于晶界上,这种组织承受塑性变形的能力是很差的,一旦受拉应力作用,沿着受力方向的液层将在高度方向上减小、在受力方向上得到伸长,产生一定的塑性变形;而垂直于受力方向的液层情况则相反,在高度方向上无法减小,而在受力方向上又必须伸长,这样势必造成沿晶界拉裂。在固相线以下的结晶体,晶粒间液层已经消失,这时塑性可能达最大值。

液相区是黏性体,它是一种流体,在自重作用下,就可以发生流动变形。

综上所述,固相区、固-液相区和液相区,其力学性质是有很大差异的。从物质流变观点出发,可以近似认为,已凝固的外壳为塑性体;正在凝固的固-液区为脆性体,该区温度在脆性温度区间;液相区为黏性体,该区存在大量结晶晶核。液态模锻成形过程中的塑性体—脆性体—黏性体就构成了一个连续组合体。

3)组合体的力学行为

在液态模锻中,这个连续组合体由表及里的力学行为表现为:外壳固相区产生塑性变形,固-液相区产生热裂,液相区在等静压作用下挤入微小裂纹中。

塑性变形体本身随着结晶凝固的进行而扩大,固-液相区也由于温度梯度逐渐平坦化而扩大,液相区则逐渐缩小,以致某一时刻,液相区完全转变为固-液相区,这时组合体就转变为由已凝固的固相区和固-液相区组合的塑性体与脆性体的组合体。

只要已凝固固相区塑性变形顺利进行,脆性体在压应力作用下就完全可以克服由于体收缩带来的拉应力,使脆性体破坏的力学条件得到消除,最后组合体全部转变成单一的塑性体,液态模锻成形过程就此结束。

4.4.5　液态模锻过程中金属的塑性流动

1)塑性流动基本过程

液态金属注入金属模腔,当冲头下行接触金属液后,便开始如下两个过程:首先,在冲头下端面的液态金属开始凝固结壳并不断增厚,封闭壳层的其他方位壳层也同步增厚;然后,液态金属被压缩,形成高压下结晶凝固的力学条件。

显然,第一个过程是凝固过程,壳层增厚不断向热节处推进,使被壳层包围的待凝固金属液愈来愈少,直至过程结束。第二个过程是塑性变形的力学过程,即力如何传递到液态金属。使其承受等静压,并且在过程中保持之,直至过程结束。其中最重要的是半固态和固态金属,在力作用下,产生各种塑性流动行为。

整个液态模锻过程中:初期金属流动方式是上下壳层径向流动,侧壁弯曲;基本塑性流动方式:塑性变形、压力下结晶、强制补缩;最后阶段金属流动方式:液相区消失,微量塑性变形,并进行密实金属的塑性流动。

2)液态模锻塑性流动方式

液态模锻过程金属塑性流动的基本方式示意图如图4-7所示。

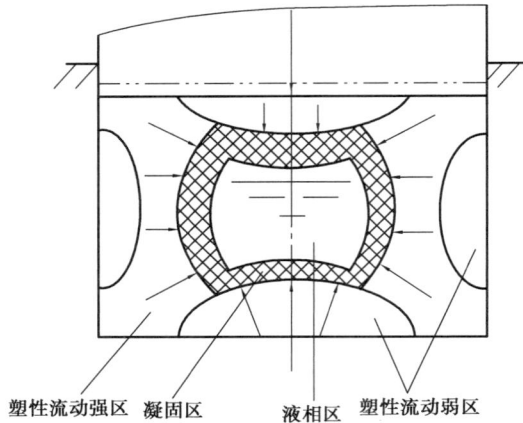

塑性流动强区　凝固区　液相区　塑性流动弱区

图 4-7　液态模锻过程金属塑性流动的基本方式示意图

(1)初期金属的塑性流动方式

在合模后施压开始的一瞬间,硬壳厚度并不大,壳层的厚度也不是均匀的,靠近施力端的上部壳层较薄、下部较厚。温度分布也不均,上部温度高,因而壳层变形抗力也是上部低于下部。另外,离施力端越近,压力损失越小。一旦施压,壳层便发生不均匀的塑性流动,上部壳层很快作径向流动,填入制件侧壁与模腔壁之间的间隙中,也有相当一部分晶体破碎后卷入熔体中;这时液态金属承受来自上端部壳层传递下来的压力,并通过液态金属把压力传递到下部壳层,使下部壳层也作径向塑性流动,发生侧壁壳层弯曲、冲头下移等一系列现象。

（2）液态模锻中期金属塑性流动

在液态模锻中期,如图4-7所示,塑性区分为塑性流动强区和塑性流动弱区。假设凝固具有一温度区间,那么在凝固前沿存在一闭合曲面带为固-液区,这个闭合曲面带宽度取决于结晶区间大小,并随着凝固进行,不断向中心移动。如果凝固带不存在孔隙,凝固区受到来自刚塑性区和中心液相区的压力,此时,金属塑性流动停止。一旦凝固带因凝固收缩产生枝晶间隙,液相区便卸压。因为液相区的压力是通过凝固区施加的,倘若出现空洞,传力区便成为脆性区。刚塑性流动强区金属发生向中心的塑性流动,使凝固前沿向中心移动,此时凝固带体积缩小,中心液相区承受等静压,建立新的力学平衡。以此类推,凝固区不断凝固,刚塑性区不断发生塑性流动,凝固带不断向中心推进,液相区循环地升压和卸压,形成液态模锻过程力的传递和能量的消耗,消耗的能量转变为塑性变形功。上述模式构成了液态模锻全过程的金属塑性流动的基本方式。

（3）最后阶段的金属塑性流动

最后阶段塑性流动,即液相区消失,凝固带变为一个半径为 r 的球体。此时待凝固的金属液为糊状不均匀脆性体。同时,凝固区以减缩高度,使刚塑性区发生塑性变形来实现孔洞的补缩;待凝固球体体积越来越小,刚塑性区不断发生塑性流动,脆性体不断密实,直至凝固结束。

（4）密实金属的塑性流动

凝固结束后,凝固体转变为刚塑性体,液态模锻过程结束。对于窄结晶区间合金,最后凝固区还存在疏松;而对于宽结晶区间合金,在较大范围内存在着疏松。继续保压,将发生密实金属的塑性流动,其流动规律和闭式模腔内镦粗相似。

4.4.6　液态模锻成形和凝固的力学特征

1）液态模锻成形过程力学特征

液态模锻力学过程的外部特征表现为高向尺寸的减缩,在减缩过程中又存在着力的异样变化。其施压过程表现为两个阶段,即升压阶段和保压阶段。升压阶段的压力随位移增加而同步增长,这一过程时间很短,然后进入保压阶段。保压阶段压力增长速率则维持一个低限水平,且外力越大,增长速度越高。

在液态模锻过程中,当施压冲头穿过凹模中金属液的结膜浸入液态金属时,金属液将发生反向于冲头施压方向的充填模腔运动,此过程一旦结束,施压过程便立即开始。施压初期,工件侧壁(已凝固的薄硬壳)和模腔侧壁存在一定的间隙,由于施压端金属结壳较晚、温度较高,因此一旦施压,在低压下也能获得大变形的位移,使压力与位移同步增长,这就是升压阶段压力随位移增加而同步增长的原因所在。随着施压继续,当工件侧壁紧贴模腔壁,工件上、下端面的壳层受到垂直压力,也紧贴施压冲头端面和凹模底面时,升压阶段结束,保压阶段开始。这时的压力作用,是保证液态模锻过程的力学行为持续进行。位移增值的存在是缩孔获得补缩的结果。凝固过程结束的标志是补缩的结束,此时,位移增值便趋于零,保压阶段也结束。若继续施压,便发生疏松区密实过程,其位移很小。外力压力越大,其密实过程的位移越明显。

液态模锻成形合模后,由于上模表面对液态金属的激冷作用,冲头端面附近的金属液也很快形成一硬层,此时金属液被一封闭硬层所包围,为方便研究,通常会简化为两种力学模型,即固-液组合体模型和固-半固-液组合体模型,并假设硬层厚度及其性能均匀分布,硬度各处温度一致。

固-液组合体模型的示意图如图4-8所示。在液态模锻成形过程中,最外层是硬壳区,结晶凝固前沿直接与金属液相接触,结晶凝固是以完全的硬壳方式进行,没有明显的固-液区存在。加压后,已凝固的硬壳发生塑性变形,液态区金属在压力下迅速凝固。固-半固-液组合体模型的示意图如图4-9所示。

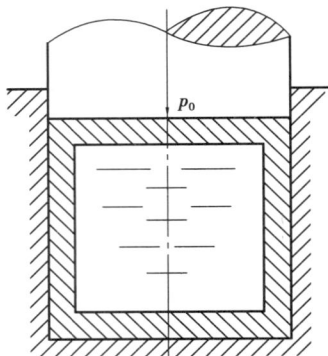

图 4-8　固-液组合体模型　　　　图 4-9　固-半固-液组合体模型

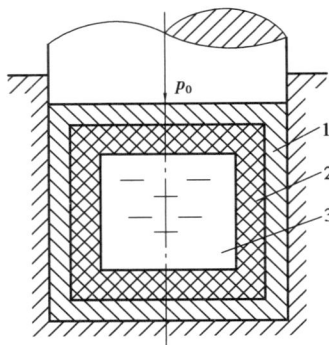

图4-10反映了外壳的侧壁和外壳的上、下底层受力及应力应变状态。由图可以看出,侧壁和上、下底层应力应变图是一致的,但受力状态不同。侧壁仅受比压 p 及内压 p',而上、下底层还受硬壳两端摩擦的影响。因此,外壳侧壁比外壳上、下底层更容易变形。其塑性条件为:

$$\sigma_r = \sigma_\theta < 0, \sigma_z < 0, |\sigma_z| > |\sigma_r|$$
$$\sigma_r - \sigma_z = \beta\sigma_{ucm}$$

式中　β——系数;

　　σ_{ucm}——瞬时外壳的真实应力。

若不考虑凝固收缩,可以近似认为:

$$d\varepsilon_r = d\varepsilon_\theta, d\varepsilon_z = 2d\varepsilon_r$$

通常,比压 p 沿毛坯方向是变化的,离施力越远,比压越小,其塑性条件越难满足。因此,从力学分析可以得出,硬壳的底端比硬壳的上端更难进入塑性状态,硬壳下侧壁比硬壳的上侧壁更难进入塑性状态。外壳的端部与外壳的侧壁相比,侧壁容易满足塑性条件而首先进入塑性状态。塑性变形的结果是,已经凝固外壳侧壁向外弯曲、产生鼓度、紧贴在模腔侧壁。由图4-11所示的第一类液态模锻时外壳的镦粗变形示意图可知,镦粗后平冲头端面由位置①下移至位置②。

这时,侧壁应力状态发生变化,增加了模具壁施加的侧压力。只要比压许可,端面处外壳进入塑性状态;同时,接近端面附近的侧壁,在平冲头下移过程中,还未与模腔贴壁的硬壳外侧在金属液的压挤下填充空隙,成为一个与模腔壁无间隙的新的已变形外壳。

在上述力学模型研究中,假设了所研究的闭合硬薄壳各处厚度、温度是均匀分布的。但实际上,硬壳下底端壁最厚、温度最低,而硬壳上端壁的厚度最薄,温度最高。这样的塑性变形条件,不能产生简单的镦粗变形,而是产生上侧壁先行塑变外弯,其结晶前沿的枝晶被压塌或移位改向,金属液被挤入枝晶间隙中,然后才能产生明显的镦粗变形。

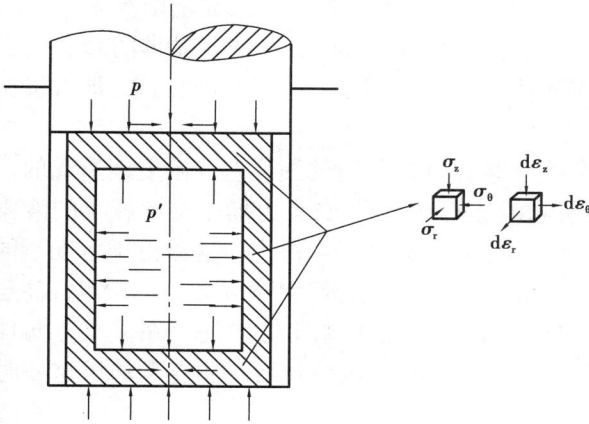

图 4-10　第一类液态模锻受力分析

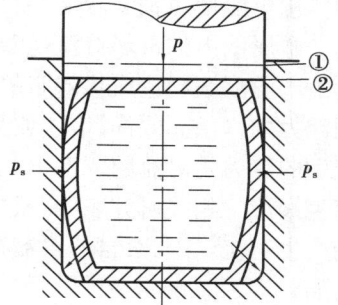

图 4-11　第一类液态模锻时外壳的镦粗变形示意图

第二种模型为固-半固-液组合体模型。在液态模锻时,存在明显的固-液区,最外层是硬壳区,接着是固-液区,中心是液相区。受压力作用后,因有液固相区的存在,其塑性变形和凝固过程更为复杂。外壳塑性变形的力学分析与固-液模型的外壳塑性变形一致,这种模型下的结晶前沿不是液态金属,而是结晶骨架已经形成的半固区。半固区对固态外壳的作用绝非等静压的作用,半固区的变形抗力比硬壳低得多,外壳产生镦粗变形时,半固区必然要产生相应的流变行为。由于温度梯度的差异,半固区的厚度以下底端最厚,这里的变形抗力也最大,故半固区施加给硬壳区的反作用力,以外壳下底端部最大,这就加剧了外壳的不均匀变形。

硬壳区不仅仅是一个传力区,半固区封闭在一个变形的弹性外壳里,中心部的金属液是不可压缩的。根据塑性变形时体积不变条件,半固区是不能变形的,仅当半固区凝固时发生的体积收缩小于外壳同一时间里发生的线收缩,在枝晶间造成某些间隙,变形体才有可能在压力作用下发生某种塑性流动或金属液填充间隙。在固-液状态下变形过程中,晶间变形起着重要的作用。

2)液态模锻成形件的凝固特点

液态金属浇入凹模后,当金属液充满型腔与模壁紧密贴合时,表面先形成制件外壳,然后由表及里向内凝固,一定的压力可使先凝固的外壳产生塑性变形,并将压力始终作用于液态金属上,直到凝固结束,而这种凝固过程始终在一个恒定的静压力下完成。这种在等静压下的凝固方式不仅可以避免任何铸造方法所产生的缺陷,同时也可以使液态金属的凝固温度提高,改变合金的熔点和合金状态等。

液态模锻时,压力作用使凝固过程热传导、金属流动等发生变化,其凝固方式、凝固收缩与补缩以及组织形成等与液态金属在大气压下的情况存在着不同。液态模锻下的凝固过程是动态凝固过程。动态凝固过程是指熔体受到某种物理性扰动所发生的正在长大的树枝状晶熔断、脱离和游弋于熔体中的现象,液态模锻下的动态凝固包括浇注(上注)时的机械冲刷、金属液内的自然对流、异形冲头压制下反向的金属液流动、硬壳层塑性变形时的补缩性枝晶间金属液流动、选择结晶产生的低熔点物质的流动五种形式。

当接近凝固温度的钢液(1 500~1 520 ℃)浇入下模时,由于模温较低,钢液与模底、模壁和模芯接触,就形成一敞口的细晶硬壳层。由于浇注时的动量作用,结晶前沿尚未结牢的晶块被冲刷,使其破碎或重熔,游离于钢液中。这时等轴细晶层成长成柱状晶带的趋势受到很大的抑制,如果浇注温度很高(或者模具预热温度很高),浇注时液面波动很厉害,那么机械冲刷作用可能使等轴激冷层冲垮、崩溃。

金属液内的自然对流是密度差引起的,而密度差是凝固时的温度差或浓度差造成的。这是由于温度不同造成热膨胀的差异,从而引起液体密度不同,在重力场中密度较小的液体受到浮力的作用。同样,液体成分不均匀也会由于密度不同而产生浮力。这种由于密度不同而产生的浮力是对流的驱动力,当浮力大于液体的黏滞力时就会产生对流,浮力很大时,甚至会产生紊流。相关研究表明,只要存在温度差或浓度差,无论在水平方向还是在垂直方向均可能产生对流。因此,自然对流存在于液态模锻过程的始终,包括开始浇注直至加压这一时间间隔。

凸式冲头下行进入钢液,首先在接触处形成一硬层,钢液内多了一个金属前沿,使传热学特点发生剧烈变化,其自然对流情况更为复杂。硬壳层塑性变形时,高向发生减缩,径向发生扩展,这时金属液流动主要用于补缩,填充枝晶间隙。枝晶间金属液流动,使枝晶改向和移位,这种流动一直持续到凝固结束。

在液态金属中,存在着许多瞬时的"近程有序"原子团,当它与形成固相的原子排列一致的时候,一旦施压便发生凝固,将使液态体积缩小,并导致"近程有序"(或接近)原子团之间的空位和原子无序排列的部分(或称模糊边界)趋势消失。对接近结晶温度的金属液,低压比高压对液体压缩更厉害。例如,压力200~300 MPa,液体体积减缩快,如果继续增加至500~600 MPa,体积减缩效应大大低于前者。在生产条件下,压力并不影响金属实际体积,它仅仅影响缩孔的重新分配,压力增大到一定值后可提高钢的密度。

一般情况下,压力作用表现在液态凝固的时候,液体沿生长着的结晶之间毛细管通道渗透,较好地充满缩孔,同时也使合金组织致密,降低了合金的线收缩率,改善其热脆性。

4.5 液态模锻成形主要参数及质量控制

4.5.1 液态模锻成形的主要参数

在液态模锻过程中,主要参数包括温度、压力、保压时间、模具加热方式、模具的涂层及润滑等,这些参数对最终产品的质量和性能有着决定性的影响。

1)温度参数

温度是影响液态模锻变形均匀性和成形精度的最重要因素之一。适当的温度可以确保金属在模腔内均匀分布,从而获得良好的力学性能。温度主要包括浇注温度、模具预热温度。

浇注温度是指合金液在充型时的温度。液态模锻时,浇注温度高时合金液的流动性好,有利于充型,但浇注温度过高会导致液态金属的体积收缩增大,容易产生缩松、缩孔等缺陷使其内部产生缩孔、缩松等铸造缺陷,并会导致脱模困难,使模具寿命降低。浇注温度过低,会降低金属液的流动性,导致充型困难,产生模腔充填不满、冷隔等缺陷。

实际生产时通常采用低温浇注,浇注温度选用可取液相线温度以上50～100 ℃,对于形状简单的厚壁件取下限,对于形状复杂或薄壁件取上限。

模具预热温度是指模具在使用前的预热温度。适当的模具预热温度可以减少金属液与模具之间的温差,降低热应力,延长模具寿命。若模具温度过低,合金液的热量损失快,使温度迅速下降,流动性降低,充型困难,会导致充不满、冷隔、柱状晶等铸造缺陷,在高温合金作用下,会产生较大的热应力,造成模具热疲劳损坏;模具温度高,合金液充型时流动性好,利于充型,但若模具温度过高,则合金液的热量不易散失,合金液易产生黏膜,造成脱模困难;若模具温度过高,可能会导致金属液黏模,使液锻件表面拉伤,造成模具严重磨损,模具强度降低,易产生变形和破坏,降低模具使用寿命。

模具温度的选用与合金凝固温度、制件尺寸、形状有关。对于铝合金,预热温度为150～200 ℃,工作温度为200～300 ℃;对于铜合金,预热温度为200～250 ℃,工作温度为200～350 ℃;对于黑色金属,预热温度为150～200 ℃,工作温度为200～400 ℃。在大批量连续生产时,模具温度往往超过允许范围,必须采用水冷或风冷措施。

2)压力参数

压力对金属的晶粒结构和力学性能有显著影响,压力的大小直接影响金属的充型能力和凝固过程中的补缩效果,进而影响成形件的内部质量和外观。液态模锻成形的压力参数主要有液锻比压、加压时间、保压时间、加压速度等。

(1)液锻比压

液锻比压是液态模锻过程中施加的压力与模具型腔投影面积之比。压力的作用是使金属液在等静压的作用下凝固,并消除制件气孔、缩孔缩松等缺陷,从而使制件获得较好的内部组织和较高的力学性能。比压过低时,未凝固的金属液在先凝固的封闭壳层内自由凝固,液态金属又比固态金属收缩值大,因此最后凝固部分得不到补缩而产生缩孔缩松,使产品致密性下降;比压过高,虽对提高产品性能有一定的作用,但同时会降低模具寿命,增加设备动力消耗及费用。高温下屈服极限高的合金,采用较大的比压力。

对于结晶时体积收缩的合金,比如铝合金,压力下结晶使其熔点升高,在结晶温度不变的条件下,相当于增加了过冷度。实际上,压力改变了形核条件,增加结晶核心一般只要工艺参数选择适当,用增加压力的方法比常压下用增加过冷度的方法更易获得细晶组织。增加压力对液锻件的性能提高会有很大的作用,但压力的提高往往受到设备的限制,且过高的压力也会使模具的寿命降低,增加了动力的消耗。

液锻成形的比压值与浇注温度、工件形状、尺寸、加压方式等因素有关,根据经验,浇注温度越高,所需的压力值也越大,目前尚无精确的计算公式,只能根据试验确定。

(2)加压开始时间

加压开始时间是液态金属注入模膛至加压开始的时间间隔。从理论上讲,液态金属注入模膛后,过热度丧失殆尽,到"零流动温度"加压为宜。加压开始时间的选用主要与合金熔点和特性有关,可分三种情况:对于钢制件,只要生产节拍许可,加压开始时间越短越好;对于有色金属件,加压前延时10～20 s;对于易产生偏析件,如85Cu-10Sn-2Pb-3Ni 和91Cu-7Sb-2Ni等青铜,延时需更长些。

(3)保压时间

升压阶段一旦结束,便进入稳定加压,即保压阶段。从保压开始至结束(卸压)的时间间隔为保压时间。保压时间的长短影响金属液的凝固和塑性变形过程,以及锻件的致密性和完整性。保压时间长短与合金特性和制件大小有关。通常,铝合金制件,壁厚在 50 mm 以下,可取 0.5 s/mm,壁厚在 100 mm 以上,可取 1.0~1.5 s/mm;铜合金制件,壁厚在 100 mm 以下,可取 1.5 s/mm;黑色金属制件,壁厚在 100 mm 以下,可取 0.5 s/mm。

(4)加压速度(液锻速度)

加压速度指加压开始时液压机行程速度,即冲头(压头)与合金液接触后的合金液充型速度,或凸模下降速度。加压速度主要取决于合金液体的黏度。若加压速度太低,自由结壳层太厚,加压效果降低。若加压速度太快,金属液易卷入气体和金属液飞溅,可能会导致液锻件有气孔,或金属液不足,造成报废。加压速度的大小主要与制件尺寸有关。

3)模具涂层和润滑

液态模锻模具受热腐蚀和热疲劳严重,为此常在模具与液态金属直接接触的模膛部分,涂覆一层"隔热层",该层与模具本体结合紧密,不易剥落。压制前,在涂层上再喷上一层润滑层,以便制件从模具取出和冷却模具。这种"隔热层"上复合润滑层,效果最好,但目前,多数不采用"隔热层",而直接涂覆润滑剂,效果也不错,尤其对有色金属合金液态模锻,情况更佳。从各国情况看,液态模锻使用的润滑剂和压力铸造基本相同。

4.5.2 液锻件常见缺陷及质量控制

液态模锻与挤压铸造是一种优质、高效的工艺方法,只要各工艺环节控制合理,在正常情况下,是能保证做出内部组织致密、表面光洁、力学性能优良的制件的。但是,在实际生产中,往往因控制不当而产生缺陷。如,液态模锻件出现形状、尺寸偏差,包括模膛填充不满、高向尺寸偏差、尺寸精度低等。液态模锻件出现表面缺陷,包括冷隔、挤压冷隔、表面起泡、表面夹杂、表面粘焊与粒状溢出物、塌陷、擦伤等。液态模锻件的内部缺陷包括气孔、缩孔和缩松、夹渣和夹杂、挤压偏析、异常偏析、枝晶偏析等。同时,液态模锻件也可能产生裂纹,包括热裂、缩裂、冷裂等。下面主要介绍充不满、高向尺寸偏差和精度差等缺陷产生的原因及控制措施。

(1)充不满

模膛填充不满,制件棱角处未充满,甚至不成形,头部呈光滑圆弧状。液态模锻件出现充不满的原因主要有:

①模温和浇注温度低,挤压力不足或加压太迟,液态金属加压前已凝固成厚壳,随后加压无法使其变形,以填充棱角处。

②涂料涂敷不均匀,或棱角处涂料积聚太多,阻碍了金属的充填。

③模膛边角尺寸不合理,不易填充。

防止液态模锻件产生充不满的对策主要有:

①适当提高模具预热温度和挤压力。

②尽快施压。

③改进模膛设计,便于金属流动。

④涂料采用喷涂,切忌堆积。

(2)高向尺寸偏差

液锻件高向尺寸出现偏差的原因主要是定量浇注不准确,浇注的液态金属过量或不足,产生高向尺寸超差或不足缺陷。所以最好采用定量勺,或在浇注勺、凹模内做好标记,尽可能控制浇注液态金属的量；也可在凹模上开溢流槽，当模具闭合时，可将多余的金属液挤出，从而达到定量要求，保证制件的高度尺寸。

（3）精度差

液锻件出现精度差的主要原因有：模腔设计不合理或加工装配不好，不能保证制件的形状和尺寸；组成模腔的零件被磨损、变形或活动零件未恢复原位。其改进措施主要有：正确设计和制造模具，保证试模后的制件与设计的一致性；加强生产过程中制件精度检查，一旦超差，即对模具进行修复或更换。

4.6 液态模锻成形的工程应用

4.6.1 应用领域

适用于液态模锻的材料很多，除了铸造合金，变形合金、有色金属及黑色金属的液态模锻也已大量应用。液态模锻适用于各种形状复杂、尺寸精确的零件制造，在工业生产中应用广泛。如活塞、压力表壳体、汽车油泵壳体、摩托车零件等铝合金零件；齿轮、蜗轮、高压阀体等铜合金零件；钢法兰、钢弹头、凿岩机缸体等碳钢、合金钢零件。

1）生产各种类型的金属合金

液态模锻对材料的选择范围很宽，不仅适用于铸造合金，而且还适用于变形合金。铝、铜等有色金属以及黑色金属的液态模锻已大量用于实际生产中。液态模锻也适用于非金属材料，如塑料等。液态金属在模具型腔内成形，受模壁的压力作用，其变形是在多向压应力而没有拉应力的状态下进行的，因而消除了脆性开裂的现象。因此可用于锡青铜和灰口铁等一些脆性材料工件的制作。

铝合金液锻成形技术是当前应用最为广泛的液锻成形技术，如大、中、小型柴油机活塞（裙），小汽车摩托车零件等。采用液态模锻成形技术制造的铝合金活塞，由于 Al-Si 合金的亚共晶、共晶、过共晶等，活塞材质液锻件的综合性能超过了普通的模锻件。另外，液锻时可以直接把耐磨环及冷却通道埋入其中，大大地提高了活塞寿命，是普通模锻远不能相比的。在其他一些铝合金及其复合材料的液锻方面，在国内外亦有大的进展及应用。总而言之，铝合金是液锻成形技术应用最多的一类合金材料。

在铜合金液锻中，铜锌系黄铜的液锻成形可细化液锻件内部组织；液锻成形对铅黄铜能细化质点，其组织与锻造组织很相似，无显微空洞与缩松，而液锻件组织中的 A 基体各向同性，易细化。锡青铜和铅青铜液锻均可获得细小等轴晶组织，是改善合金性能的重要手段，液锻成形的铅锡青铜，其耐磨性也得到了改善。铅青铜及其他无铅青铜，采用液锻成形在压力下结晶，改变其(A+B)共晶组织为很细的 A+(A+C)共晶相，即成为新的共晶组织(C 是固熔体，硬而脆)。在压力下，共晶体右移有利于合金塑性提高，从整体来看，压力下结晶，可以大幅度提高力学性能。

铸铁材料采用液锻成形时，液态金属在压力下结晶，抑制石墨化，可出现白口。同时，压力下结晶会使共晶铸铁、过共晶铸铁获得亚共晶组织或共晶组织，同时促使石墨细化，并呈蠕虫状、球状析出，有类似于球化剂的作用。铸铁在压力下结晶所生成的渗碳体，在石墨化退火时，析出速度明显增加，并生成石墨化高的石墨相。在压力下结晶可细化组织，明显地提高其力学性能。

钢液在进行液态模锻时,钢液在压力下使铁-碳平衡图发生变化,液相线和固相线温度升高。压力下结晶可细化结晶组织,提高成分的均匀性,使金属夹杂细化并分布均匀。

其他合金如镁合金、锌合金等,采用液态模锻成形时,压力下结晶均有细化晶粒致密组织,提高力学性能的作用。

2)液态模锻可成形复合材料产品

纤维强化金属(FRM)具有质量轻、强度高、耐磨、耐高温等特点。液态模锻所使用的较高压力可以将液态金属强行挤入纤维间的微细孔隙中,而且纤维与金属黏结牢固,从而为复合材料成形开辟了一条新途径。目前,活塞、连杆的 FRM 液态模锻已经得到实际应用。对碳化硅晶须强化铝合金也进行了研究。另外对于不同金属以及陶瓷等复合技术也是一个需要开发的研究领域。

3)可生产形状复杂且性能上有一定要求的产品

形状复杂的工件,采用一般模锻方法成形较困难,如果采用铸造方法,产品的性能又达不到要求。而采用液态模锻方法,既可以顺利成形又能保证产品性能。液态模锻技术不仅适用于轴对称的实心零件、杯形件、通孔件以及长轴类厚壁零件,也适用于非轴对称、壁厚不均匀、形状复杂的零件。一般来讲,对于一些形状复杂、性能又有一定要求的制件,采用液态模锻较合适。若采用热模锻,成形困难,成本高;若改用铸造加工,则使用性能难以保证。采用液态模锻加工,则补充了上述两种工艺的不足。

4)液态模锻产品不能太薄

液态模锻不能成形太薄的产品,否则在结晶和成形方面均会带来一些问题。当有色金属工件壁厚小于 5 nm 时,采用液态模锻成形会产生组织不均等现象。反之,如果用压铸方法来生产薄壁件则较为有利。

4.6.2　液态模锻轮毂应用实例

汽车轮毂不仅是重要的安全件,而且还是一个外观件。消费者对汽车的节能、安全、平稳以及操纵性等要求越来越高,进而对汽车轮毂提出尺寸精度要高、结构形状要美观、质量要轻、强度要高等要求。所以,轮毂的材料选择就变得非常关键。铝合金轮毂是钢质轮毂的换代产品,它具有质量轻、导热快、美观、节能安全等优点,目前国内外已广泛应用于轿车及其他轻型客车上。随着我国汽车工业的快速发展以及国外配件需求量的增加,市场容量十分可观。与钢制轮毂相比,铝合金轮毂的主要优势在于:

①质量轻。铝合金轮毂的质量比钢轮毂要轻将近三分之一,因为铝制轮毂更轻,这样使得汽车在行驶中的阻力会更小,油耗也会更低,也更符合汽车轻量化的技术需求。

②易散热。就导热系数而言,铝是钢的三倍。在日常行驶的时候,由于路面状态无法预料,需要采取刹车操作,这样会产生大量的摩擦热量,也会加速刹车片的老化,在刹车时会造成轮胎内气压迅速升高,可能会有车胎爆炸的可能,给汽车带来安全隐患。但是由于铝合金的易散热性,可以很好地避免这些安全隐患。

③真圆度高。由于铝合金轮毂加工精度非常高,其真圆度高,因此,既能确保汽车在高速行驶时能够非常平稳,还可以消除由于车身太长而造成转向盘的抖动问题,同时也能降低汽

车的振动,提升乘坐时的舒适性。

④机械性能好。液态模锻铝合金轮毂的机械强度比铸造的强度要高出60%左右,耐冲击力也有很大的提高,这也是液态模锻铝合金轮毂应用越来越广泛的重要原因。

⑤外观漂亮。由于铝合金轮毂主要用液态成形方法生产,要对其进行一系列的后处理加工,同时轮辋部分还能够设计成各种曲面和形状来匹配各种车型。

铝合金轮毂的成形方法主要有锻造法、铸造法和液态模锻方法三大类。锻造法制造的轮毂虽然质量好,但成品率只有50%左右,且价格昂贵。重力铸造的轮毂,因其产品中有缩孔、缩松、气孔等缺陷,且机械强度低、成品率低,国外已经淘汰;低压铸造的轮毂,其产品质量和成品率虽有一定提高,但因工艺复杂,设备投资太大,产品成本高。采用液态模锻法制造轮毂,铝合金在高压下结晶,并在结晶过程中产生一定量的变形,消除了缩孔、缩松、气孔等缺陷,产品既具有接近锻件的优良机械性能,又有精铸件一次精密成形的高效率、高精度,且投资大大低于低压铸造法。

轮毂的常见形式如图4-12所示。

(a)整体式轮毂　　　　(b)两片式轮毂　　　　(c)三片式轮毂

图4-12　轮毂的常见形式

铝合金液态模锻轮毂成形设备包括压力机、合金熔炼设备、模具加热装置以及相应控制装置等。铝合金轮毂液态模锻模具设计的一般流程为:

①分析制件的结构特点、尺寸精度、材料特性。

②确定分模面与浇道。

③压机规格、压室容量的确定。

④确定成形参数,如温度、速度、压力等。

⑤模具结构的设计。

⑥排气系统设计。

⑦加热系统的设计。

⑧模具材料的选择与热处理工艺的确定。

图4-13是汽车轮毂模具装配示意图,模具通过上模板1、下模板17装配在压机横梁与工作台上,上模外套垫板3、上模外套3、上模5这三个零件通过螺栓连接构成了成形模具的凸模部分,而下模外套1、下模外套2和下模6这三个零件则构成模具的凹模部分,在液态模锻成形时,模具的凹模部分与凸模部分围绕成的型腔用来成形零件,这样金属液体就可以在模具的压力下成形。

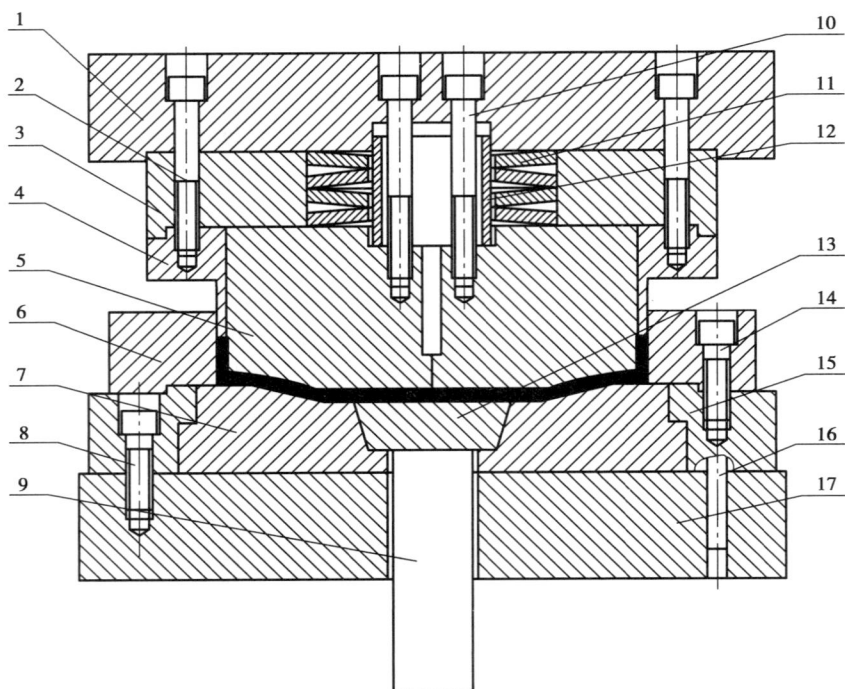

图 4-13　轮毂液态模锻成形模具示意图

1—上模板;2—螺栓;3—上模外套垫板;4—上模外套;5—上模;6—下模外套;7—下模;8—螺栓;9—顶杆;
10—拉杆螺栓;11—碟簧;12—导向柱;13—托盘;14—螺栓;15—下模固定板;16—定位销;17—下模垫板

　　模具工作时,上模下行对金属加压使其在模腔内进行充型,随着压机横梁的下行,上模外套渐渐进入凹模内与金属液体接触,金属液内部压力急剧上升,金属液在压力下完成凝固收缩,并伴有少量的塑性变形。

第5章
摆动辗压成形

5.1 摆动辗压成形概述

摆动辗压又称摆动碾压,简称摆辗,是一种先进的渐进式体积成形新技术。摆辗成形模具在绕主轴旋转的同时对坯料进行连续局部加压,这种连续累积成形的方法称为摆动辗压成形,也称旋转锻造、摇动锻造。它通过限制工具与毛坯间的接触面积来减小变形力,从而使用较小的力逐步成形较大的工件。摆动辗压成形技术在机械、汽车、电器、仪表、五金等许多工业部门得到了广泛的应用,备受世界各国制造业的重视。

金属塑性变形时,坯料在模具作用下变形时所需的变形力大小是由平均单位压力和接触面积之积决定的。如图 5-1 所示,如果将模具与变形坯料的接触面积调整为原来的 $1/n$ 时,则变形力可能会降到原来的 $1/n$。于是,便可用较小的力逐步成形较大的工件。摆动辗压就是在这样的思想基础上产生的,它和我们日常生活中所见到的擀饺子皮的道理相似。

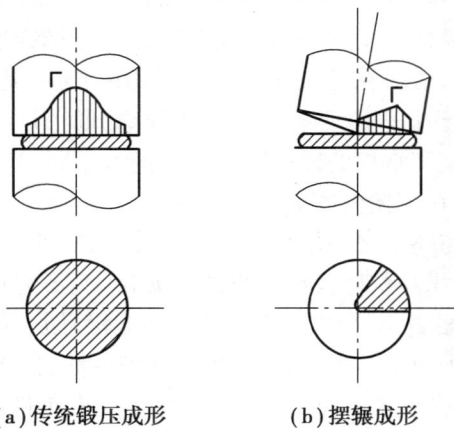

(a)传统锻压成形   (b)摆辗成形

图 5-1   传统锻压成形与摆辗成形的对比

5.1.1 摆辗成形的工作原理

摆动辗压成形的工作原理是带锥形的上模(摆头)的中心线与机器主轴中心线相交成一个摆角(一般为 1°~3°)。当主轴旋转时,上模的中心线绕主轴中心线旋转,使上模产生摆动。同时,滑块在油缸的作用下上升,对坯料施压。这样,上模对坯料进行局部加载施压,每一瞬时仅压缩坯料横截面的一部分,上模每旋转一周,坯料将产生一个压下量,从而实现工件的连续局部变形,最终完成整体成形。

摆辗成形的工作原理示意图如图 5-2（a）所示，摆头与坯料之间的接触状态示意图如图 5-2（b）所示。摆辗成形相当于一个锥体模在施加轴向压力的同时，做上下运动、绕主轴旋转运动或者做复杂轨迹的运动，从而对工件进行压力加工。摆头中心线 OO' 与摆动辗压机机身主轴中心线 OZ 的夹角称为摆角，通常记为 γ。当摆轴旋转时，摆头的中心线 OO' 绕摆轴中心线 OZ 旋转，于是摆头产生回摆运动。与此同时，加压油缸以一定的压力推动滑块将工件向上送进。整个摆动辗压过程中，摆头的母线在工件上连续不断地滚动，局部地、按顺序地对工件施加压力，使工件由局部变形累积为整体成形，最后达到整体成形的目的。

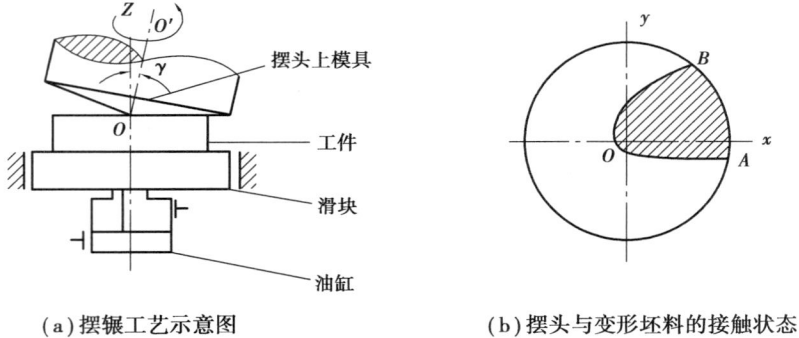

(a) 摆辗工艺示意图　　　　　　　　(b) 摆头与变形坯料的接触状态

图 5-2　摆辗成形的工作原理

摆辗模具包括上模（即摆头）和下模两部分。摆辗成形与其他压力加工相比，其模具间相对运动的情况较为复杂。摆辗成形时，上模的运动分解为绕自身轴线的转动和轴线绕设备主轴的摆动。下模的运动主要是沿设备主轴方向向上的进给运动，其目的是完成坯料的送进加压，直到完成整体成形。上模作交变频率的圆周摆动，即一面绕轴心旋转，一面在毛坯上连续不断地滚动辗压。与此同时，滑块在油缸作用下上升，并对毛坯施压。摆头每一瞬间能辗压坯料顶面的某一部分，使其产生塑性变形。当液压柱塞到达顶点位置时达到整体成形的目的，即获得所需的摆件。下模和常规的锻压成形模基本相同，为使上模形状尽量简单，一般都将锻件形状复杂的一面放在下模内成形。

摆辗成形过程中，摆头与坯料之间始终保持局部接触，图 5-2（b）中阴影为坯料与上模接触投影。摆头与坯料接触面积是整体投影面积的 $1/n$ 倍，变形力仅为原来的 $1/n$。当上模绕主轴旋转时便产生了摆动，相当于锥体沿母线在工件上滚动加滑动，机床承受周期性偏载。若锥模母线是直线，则工件表面是一平面；若锥模母线为曲线，则工件表面也可相应获得曲面形状。若上模只绕工件轴线做旋转运动，上模圆锥母线将沿工件的上端面进行辗压；与此同时，放有工件的下模在液压缸柱塞的作用下不断向上移动，使工件的上端面沿着空间螺旋面逐渐成形。

理论上的摆动辗压变形过程如图 5-3 所示。摆辗第一转的压下量从零逐渐增至 Δh_1，最后一转工件停止向上移动，上模将空间螺旋表面辗平。从第二转至倒数第二转工件将沿空间螺旋面成形，每转压下量均为 Δh_1，且等于每转一周时液压缸的移动量 S，即

$$\Delta h_1 = \Delta h_2 = \cdots\cdots = S$$

随着工件高度由 h_0 压缩到 h_n，其径向尺寸从 D_0 增加至 D_n。

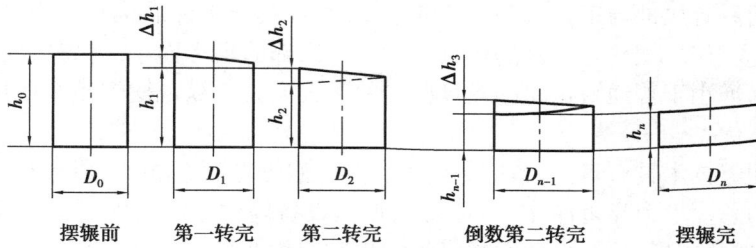

图 5-3　摆动辗压的变形过程

5.1.2　摆头的运动轨迹类型

摆头摆动的运动形式因设备结构不同而不同。摆辗成形为连续局部成形,若以上模轴线上任意一点的运动轨迹看,摆头的运动轨迹有圆、直线、螺旋线、菊花线(即叶瓣不交叉的多叶玫瑰线)、宏叶玫瑰线等。摆头运动轨迹为直线时,宜用于成形轴向尺寸较长的零件,比如齿条等长条形零件。

1)圆轨迹摆辗成形的应用场景

圆轨迹摆辗成形的低轴向载荷特性可以避免零件在加工过程中因过大的轴向力而产生变形或损坏,从而保证产品的质量。对于一些形状较为简单、对金属流动方向要求不高的轴对称回转体零件,如法兰、制动盘等回转体零件,圆轨迹摆辗成形可以满足生产需求。对于一些小型机械零件,圆轨迹摆辗成形能使零件的形状更加规整,尺寸更加精确。

2)螺旋线轨迹摆辗成形的应用场景

螺旋线轨迹摆辗成形在需要复杂金属流动的零件生产中,具有很大的应用潜力。螺旋线轨迹可使金属沿轴向、切向和径向等多个方向流动,从而满足这些高端领域的生产需求。例如,在航空航天领域,螺旋线轨迹摆辗成形可以根据复杂零件的形状特点,设计出适合该零件成形的特定轨迹,以保证零件的强度和性能,从而提高生产效率和产品质量。

3)玫瑰线轨迹摆辗成形的应用场景

玫瑰线轨迹摆辗成形齿形填充效果好,在齿轮制造等领域具有显著的优势。玫瑰线轨迹摆辗成形可以实现更好的齿形填充,从而提高齿轮的质量和性能。此外,玫瑰线轨迹摆辗成形具有较好的成形精度和稳定性,在一些对精度要求较高的零件生产中得到广泛应用。

5.1.3　摆辗工件的变形特点

摆动辗压成形时工件的变形特点主要有:

①局部加载与多次累积变形。摆辗成形通过对坯料局部加载,多次累积,最后整体成形。与传统的整体成形工艺相比,坯料与模具接触面积小,坯料的每一次变形量也小,使得摆辗工件在变形过程中能够逐步积累小变形,从而达到较高的极限变形程度。

②坯料被偏心加载。

③工件上下端面变形规律不同。变形坯料与固定模具接触面的变形阻力大于变形坯料与摆辗模接触面的阻力,工件在上下接触面处坯料的变形规律不同。

5.1.4　摆辗成形的工艺特点

根据摆动辗压的工艺原理,将其归类于增量锻造工艺。此类工艺的一个共同特点是:任何时刻工件表面只有局部与工具接触。普通锻造时，模具与工件的接触面积是整个工件的横断面积，而摆辗成形时，摆头与工件的接触面积是一局部的扇形面积。另外，摆辗时摆头所受的最大应力也远远小于普通锻造时的模具所受的最大应力。纵观摆辗整个成形过程，摆辗成形工艺具有以下优点。

①省力。摆辗技术具有省力、节能的优点。与一般锻造工艺相比，成形相同大小的工件，摆动辗压所需的总变形力显著减小，所需摆动辗压设备吨位小。摆辗成形是偏心加载、顺次加压、连续局部加载成形过程，接触面积仅为常规锻造面积的 $1/n$，摆动辗压成形时的变形抗力是常规锻造的 $1/n$。模具与工件之间的相对运动有滚动，摩擦系数小，降低了塑性运动阻力；接触面积小则塑性区的相对厚度大，应力状态系数小，变形抗力小。摆辗成形局部加载、局部变形，可显著减低变形力，能够用较小的设备成形较大的锻件。实践证明，加工相同锻件，其辗压力仅是常规锻造方法变形力的 $1/20 \sim 1/5$。如哈尔滨工业大学设计的 4 000 kN 摆辗机，其锻造能力可相当于 60 000 ~ 80 000 kN 的常规锻造设备。

②工件质量好、精度高、可实现少无切削加工。摆辗成形由多次小变形均匀积累而成，可以获得细小的晶粒，金属纤维流动合理，加上摆辗过程中加工强化，大大提高了成品零件机械强度，且加工精度和表面质量也大大改善，制件精度高。一般机械零件冷摆辗成形精度可达 $0.03 \sim 0.01$ mm，热成形精度为 $0.1 \sim 0.5$ mm，成形后工件表面的粗糙度 Ra 可达 $0.08 \sim 0.2$ μm，可用于少切削、无切削加工，节省金属材料。在不同轨迹下摆辗成形中，对齿形填充、轴向载荷、金属流动、损伤因子和温度场等方面进行研究分析发现，不同轨迹下的成形均有明显不同。其中，玫瑰线轨迹的齿形填充效果最好，圆轨迹的轴向载荷最低且波动相对最小。这表明摆辗成形可以根据不同的工件要求选择合适的轨迹，以获得更好的工件质量。

③模具简单，使用寿命长。传统的锻压成形方法是工件与模具全面接触，工件中心部位与模具的摩擦力极大，常常超过模具材料的强度，造成模具损坏。而摆辗工艺，摆头与工件局部接触，接触面积小，单位压力比常规锻造小，摩擦力小，模具负荷小，摆辗模具更耐磨损，失效慢，寿命高，并且由于接触区经常变换，是间歇性负载，所产生的应力只略高于材料的屈服强度，故模具寿命很长，可达 1.5 万 ~ 2 万件。

④劳动强度低、劳动环境好。摆动辗压时，机器噪声小，甚至无噪声，劳动环境好，容易实现生产过程机械化和自动化，劳动强度低。

⑤设备投资少，制造周期短、见效快，占地面积小、基建费用低。摆辗成形可单机生产也可组线生产。

⑥适合成形薄盘类锻件或端部带有扁平法兰的锻件。采用摆动辗压工艺生产薄盘类零件时，由于坯料与摆动辗压成形模具接触面积小，模具与坯料间的摩擦力也大幅度降低，因而薄盘类零件的成形比较容易。锻造饼盘类锻件时，施加的平均单位压力与工件坯料的高径比 H/D 有关，其中 H 为锻件高度，D 为锻件直径。H/D 越大，所需变形力越大。当 H/D 特别大时，可能使平均单位压力超过模具材料的强度极限，从而使工件无法加工。英国在 1996 年用铝试件做试验时，对摆辗的轴向力进行了测量，结果表明：加工相同锻件，摆动辗压所需要的变形力比常规锻造力要小得多，而且工件越薄，辗压力与常规锻造力的差别越大。因此，摆辗非常适合加工薄的饼盘类锻件。

摆辗成形技术除上述的优势外，也有一些不足或局限性。

①加工范围局限性。摆辗工艺比较适合加工轴向变形的轴对称型零件，特别是盘件、环件。不适合加工需要径向变形的长杆件。

②单工步,单模腔。摆辗的上模锥体只有一个运动中心而工件轴线必须通过这个运动中心才能保证获得正确的工件外形轮廓。模具上只能放一个型腔,只能完成一个加工工序。

③摆辗机结构复杂,机架要求高。由于摆动辗压机要实现复杂的摆动,始终在偏心载荷下工作,因而摆辗件比普通锻造设备结构的紧凑性和刚度要求更高。特别是,对于具有多种运动轨迹的摆辗设备,其结构更复杂、制造难度更大。摆动辗压机的操作空间相对较小,故摆动辗压工件的尺寸有一定的限制。

④对毛坯要求高。由于摆辗是偏心加载多次累积变形的毛坯整体成形,毛坯受偏心载荷作用,故毛坯高径比不宜过大,否则生产效率低、易出现"蘑菇效应",甚至折叠。摆辗是局部变形、多次累积的过程,毛坯也受偏心载荷作用,因此高径比不宜过大,否则易弯曲和折叠。变形量较大的工件往往要预先制坯。

摆动辗压工艺是通过局部非对称变形区的连续移动来完成整体成形的,金属径向向外流动容易,轴向流动较困难。因此,摆动辗压工艺适宜薄盘类及法兰类零件成形。对轴向尺寸大的薄壁工件则不适合。摆动辗压工艺适用于低碳钢、中碳钢、有色金属等材料的塑性成形,也可用于粉末的压制成形、板材成形、塑料及陶瓷的铆接等。摆辗工艺生产的产品有变速器齿轮、同步环齿轮、差速器行星半轴齿轮、启动棘轮、油泵凸轮、半轴、端面齿轮等。

总的来说,摆辗成形工艺具有诸多优点,在金属塑性加工领域具有广泛的应用前景。然而,也需要注意其对毛坯的要求较高以及模具寿命相对较低的问题。在实际应用中,需要根据具体的工件形状、尺寸和材料等因素来选择合适的工艺参数和设备。

5.2 摆辗成形模式及分类

5.2.1 摆辗成形模式

根据上模与坯料的接触情况不同,摆动辗压具有以下六种成形模式:自由镦锻、封闭式镦锻、外缘展薄、正反挤压、上表面成形和复杂成形。各种成形模式示意图如图5-4所示。

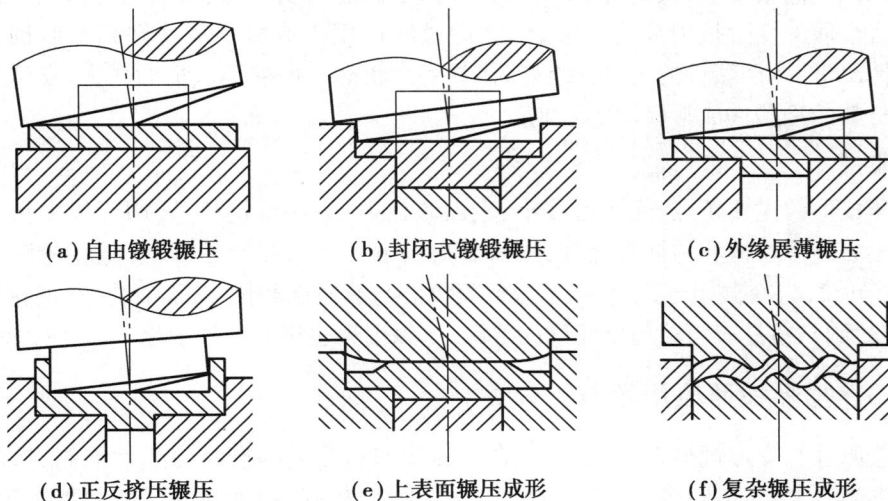

(a)自由镦锻辗压　　(b)封闭式镦锻辗压　　(c)外缘展薄辗压

(d)正反挤压辗压　　(e)上表面辗压成形　　(f)复杂辗压成形

图5-4　摆动辗压成形模式示意图

当上模与坯料自由接触,上模只是简单的圆锥形状时,成形时主要是对坯料进行自由镦锻。当上模模具和下模模具之间形成一个封闭空间,坯料在该空间中进行加压成形,这个过程为封闭式镦锻;当上模为简单锥形,对坯料的大尺寸外缘进行加压成形的过程为外缘展薄模式;当进行摆辗时,坯料金属既向下流动又向上流动,此种模式为正反挤压摆辗;在成形时摆头主要对坯料的上表面进行形状成形,摆头的端面具有一定的形状,这种成形模式为上表面成形摆辗;当摆辗上模和下模均具有复杂的模具形状,且最后成形出的零件结构和形状较为复杂的成形模式为复杂成形摆辗。

5.2.2 摆辗按照温度不同的分类

摆辗工艺根据变形温度不同分为热辗压、冷辗压和温辗压三大类。

1)热辗压

热辗压成形的主要特点:变形抗力小、锻件精度低、模具寿命短、适用于大尺寸锻件成形。热摆辗时,金属在高温下变形抗力显著降低,塑性提高,且不会产生加工硬化和残余内应力,提高了金属的成形性能和成形质量。但热摆辗加工的温度范围存在局限性,金属的变形时间要短,要求设备提供较快的变形速度,能够承受较高的温度,对设备的刚性和耐热性要求较高。

热辗压成形的主要优点是省力。但由于辗压成形是多次重复加压,模具受热影响较大,热疲劳严重,模具寿命较低。另外,在热辗压时,由于变形坯料温度高、氧化皮生成和晶粒粗大化都变得严重,因而工件表面状态和力学性能都不如冷成形件。这在一定程度上使得热摆辗技术的应用不及冷摆辗广泛。因此,热摆辗主要适用于大尺寸的锻件。

2)冷辗压

冷辗压成形的主要特点:表面质量好、力学性能好、模具寿命高、适用于小尺寸锻件成形,冷辗成形主要用于少或无切削加工。冷摆辗在加工时处于室温,因此不需要对坯料进行加热,省去了加热时的能源损耗,同时由于坯料的温度较低,氧化和热胀冷缩的影响小。冷摆辗成形件可以锻出高精度、高质量、高精度和优异力学性能的制件,且模具的寿命高。但相比于热摆辗而言金属的变形抗力要高许多,因此冷摆辗适用于成型小尺寸件和变形抗力小的零件。一般情况下,冷摆辗件的力学性能好,模具寿命较高。但摆辗成形力较大,摆辗件的成形性能受到材料的冷塑性成形极限的限制。

3)温辗压

温辗压成形的主要特点:变形力较小、表面氧化少、锻件质量高、适用于较大尺寸锻件成形。温摆辗介于冷摆辗和热摆辗之间,成型金属的变形抗力较冷摆辗低,温辗的辗压力比冷辗约可减少1/2;与冷辗相比,不易产生微粗裂纹。与热辗压相比,表面氧化少、温辗件表面光滑,几乎能达到与模具表面粗糙度相同的等级,所以温辗也很有发展前途。

5.2.3 摆辗按照应用领域的分类

从工艺原理及变形规律来看,摆辗综合了传统锻造工艺的产品力学性能高、挤压工艺的材料利用率高、可加工材料多、滚压工艺的产品表面质量好、精度高和无切削加工等优点,故除了能代替传统的锻造工艺摆辗成形出常规零件外,也可用于粉末压制成形、铆接及板材成形等方面。目前,摆辗广泛应用于锻压、粉末成形、铆接、精冲等各种加工领域。

1）锻压领域

摆辗作为一种少切削或无切削的加工工艺,与常规的锻造、挤压成形不同之处就在于摆头与毛坯的接触面积小,使得锻件每次的变形量小,故而摆辗具有省力、噪声小、产品表面质量好、尺寸精度高等优点。为此,摆动辗压通过镦锻、挤压等成形模式,在锻造领域成功实现了各种饼盘类锻件、齿形类锻件、环类锻件以及带法兰的长轴类锻件的制造。摆动辗压在锻造领域应用的典型产品如图5-5所示。

(a) 端面齿形摆辗成形件 (b) 带法兰的长轴类热辗压锻件

图5-5 摆动辗压在锻造领域的典型产品

差速齿轮是使用摆辗技术成形锻件的一个典型案例。差速齿轮作为汽车和摩托车传动系统中的重要零部件,其齿部精度高、强度高且齿根宽度小,常规锻造成形和机械加工方法成形相当困难。国内采用摆辗工艺成形差速齿轮,其齿形饱满、轮廓清晰、表面精度高,无需对其进行后续机械加工即可满足差速轮零件的尺寸精度和形位公差要求。

如图5-5(b)所示的端面齿形摆辗成形件是1997年中国兵器工业第五九研究所用冷摆辗技术成形的,该件一端面为端面齿形,另一端面为螺旋面的兵器零件。该零件材料为40Cr,材料加工强化效应强,成形难度大,该零件的成功冷摆辗成形,标志着我国端面齿形类零件冷摆辗精密成形技术又上一个台阶。冷摆辗成形的摩托车螺旋锥齿轮在2005年荣获了国家科学技术进步二等奖,标志我国车用齿轮类零件制造技术达到国际先进水平,提高了我国车用齿轮类零件在国际市场上的竞争力。

2）粉末成型领域

粉末摆辗将粉末冶金和金属塑性加工各自的优点结合起来,以粉末冶金烧结体作为预制坯,经过摆动辗压使粉末烧结体成形为致密度很高的金属制品的新技术。

图5-6是粉末摆辗产品图。图5-6(a)是冷辗压成形的铁基止推环,该止推环的成形工艺流程为:配粉、压制预制坯、烧结、冷摆辗复压成形、热处理、检验得到制件。

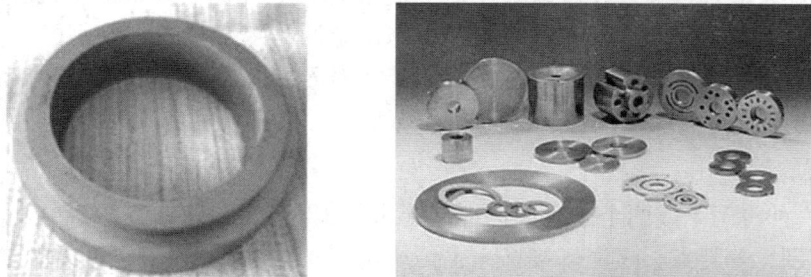

(a) 冷辗压成形的铁基止推环 (b) 摆辗与粉末冶金复合成型产品

图5-6 粉末摆辗产品

采用普通热锻与粉末摆辗生产止推环的能耗对比分别见表 5-1 和表 5-2。对比结果显示：采用粉末摆辗技术成形铁基止推环,不仅能简化工艺,而且能降低能耗,显著减少工件的生产成本。

表 5-1 热锻普通冶金件的机加工工艺能耗表

序号	工步	使用设备名称	能耗/(kW·h·kg^{-1})	能耗合计/(kW·h·kg^{-1})
1	棒材切断	压力机	0.272	
2	加热	反射炉	2.560	
3	锻造	锻锤	0.511	
4	退火	退火炉	3.880	12.683
5	除氧化皮	除锈机	0.190	
6	车削	车床	2.640	
7	热处理	盐浴炉、油浴炉	2.630	

表 5-2 摆辗复压烧结件工艺能耗表

序号	工步	使用设备名称	能耗/(kW·h·kg^{-1})	能耗合计/(kW·h·kg^{-1})
1	搅拌	搅拌器	0.18	
2	压制预制坯	1 600 kN 自动压力机	0.08	
3	烧结	烧结炉	1.98	7.65
4	摆辗复压	1 600 kN 摆辗机	2.22	
5	热处理	降压型控制气氛炉	3.19	

由于摆动辗压是连续局部对坯料进行加压,粉末烧结体的各部分在摆辗力的反复加压作用下产生多次变形,使得粉末烧结体的各个孔隙连续不断地进行循环压实,再辅助低频振动作用,因此摆动辗压比热锻更能使粉末烧结体致密化。制品在辗压过程中,不仅使烧结体体积发生了变化,几何形状也发生了变化,制品的致密度和性能也得到了极大提高。同时由于是冷摆辗,摆辗件表面没有氧化脱碳层,从而基本消除对制品的后续机加工,提高了材料利用率和生产效率。实践证明,摆动辗压是检验粉末冶金制品致密化的有效手段,它可以将密度为 6.4 ~ 6.6 g/cm^3 的粉末冶金烧结体辗压成密度为 7.74 ~ 7.88 g/cm^3 的金属粉末制品,即相对密度可达 98.9% ~ 100%,硬度也显著地提高了。

3)铆接领域

铆接是一种将两个或两个以上零件连接起来的工艺方法,具有工艺简单、连接强度稳定可靠,应用范围广等特点。摆辗铆接扩大了传统铆接工艺的应用范围,可以实现圆头、平面、扩口、卷边等铆接工艺。将摆动辗压技术用于铆接工艺,克服了传统铆接技术的一些不足。与气动和液压铆接相比,摆辗铆接省力、无噪声、振动小、铆接质量好。摆辗铆接既可用于固定铆接,也可实现活动铆接等优点。铆钉材料可以是有色金属,也可以是碳钢;被铆合的材料既可以是各种金属,也可以是塑料、陶瓷,甚至是玻璃。如图5-7所示,目前已经有很多工厂采用冷摆辗技术实现了沉头铆接、翻边铆接、扩口铆接、缩口铆接等。

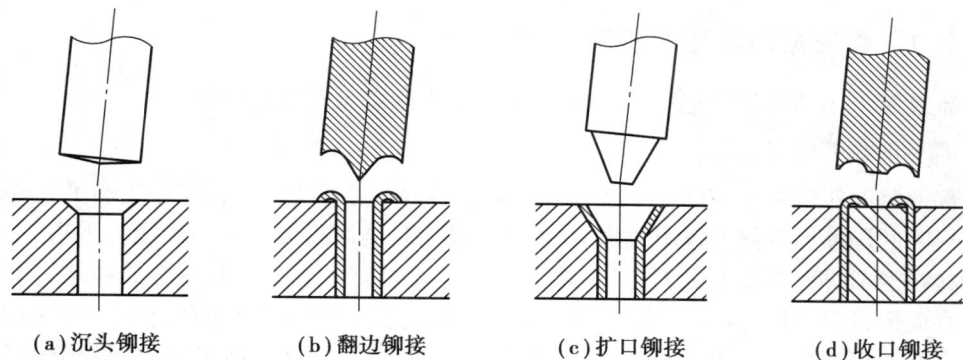

(a)沉头铆接　　　(b)翻边铆接　　　(c)扩口铆接　　　(d)收口铆接

图5-7　摆辗铆接

摆辗铆接已广泛用于日用家具、办公用品、航空电器等生产部门,它是一种非常有前途的铆接新技术。

4)摆辗精冲等领域

摆辗工艺也适用于板料冲压、挤压、圆管缩口、翻边、精密冲裁等方面,如图5-8所示。摆辗精冲是使板材局部轮流承受剪切变形,因变形区受不变形区制约,可避免撕裂面的出现,从而达到精密冲裁的目的。在板料成形方面,由于摆辗工艺与常规冲压工艺相比,具有成形设备复杂、效率不高等缺点,为此,应用摆辗对板材进行复杂成形的应用相对较少。

摆动辗压在厚板材的精密冲裁以及塑性较差板料的翻边、缩口、弯曲等方面,由于摆辗工艺具有局部压力高、易使成形件材料实现流动等特点,将成为一个很好的应用方向。图5-8(b)是利用摆动辗压工艺进行圆管缩口的工艺示意图,图5-8(c)是利用摆动辗压工艺进行翻边的工艺示意图。

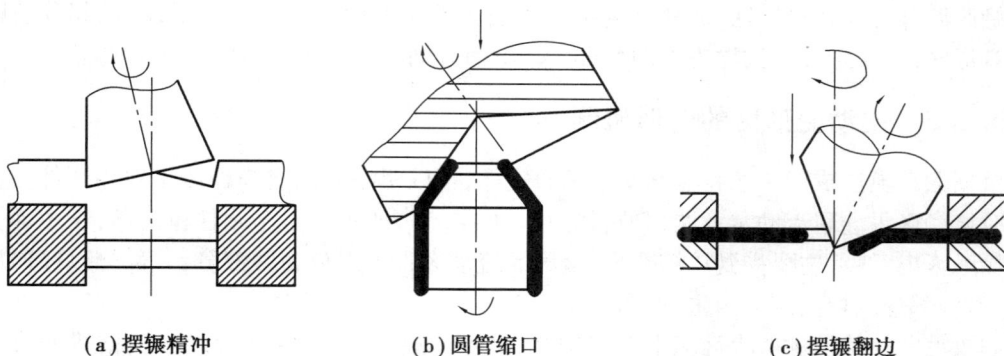

(a)摆辗精冲　　　　(b)圆管缩口　　　　(c)摆辗翻边

图5-8　板材和管材的摆辗工艺

5.3 摆辗成形的变形机制与特性

5.3.1 摆辗成形的变形机制

摆辗成形中,局部加载与多次累积对坯料的变形起着至关重要的作用。

1)局部加载的作用机制

局部加载的作用机制:降低了成形所需压力,提高了成形过程稳定性,改善了工件质量。摆辗成形时的局部加载使得作用力集中在较小的区域,从而降低了整体的压力需求。局部加载使坯料在变形过程中受力更加均匀,减少因应力集中而导致的变形不均匀和破裂等问题,从而提高成形过程的稳定性。局部加载可以更好地控制工件的变形过程,使得工件的表面质量更好。在摆辗成形过程中,由于作用力集中在局部区域,能够更精确地控制变形的程度和方向,从而提高工件的尺寸精度和表面质量。

2)多次累积的作用机制

多次累积的作用机制:实现了整体成形,均匀变形,提高了材料性能。摆辗成形中的多次累积是摆辗成形实现整体成形的关键。通过对坯料进行多次局部加载,将每次加载的变形累积起来,最终实现工件的整体成形。多次累积可以使坯料在变形过程中逐渐均匀化。每次局部加载都会引起一定程度的变形,经过多次累积后,坯料的变形更加均匀,减少了因变形不均匀而导致的工艺缺陷。例如在直齿圆锥齿轮振动摆辗成形过程中,工件在振动成形过程中的变形抗力减小,且工件的整体成形更均匀,从而避免产生工艺废品,同时获得较高的成形质量。多次累积还可以改善材料的性能,使材料内部的组织结构发生变化,如晶粒细化、位错密度增加等,从而提高材料的强度、硬度和韧性等性能。

摆动辗压成形过程中,变形坯料无论是圆柱体坯料还是环形坯料,其工件与上模(摆头)的接触面积都只有一部分,即上模与坯料局部接触,摆辗工件的加工表面可划分为接触区和非接触区两部分。在接触区,坯料因直接承受摆头的压力而发生塑性变形,接触部分被称为主动变形区,非接触部分被称为被动变形区。下面分别介绍不同变形区的变形机制。

5.3.2 主动变形区的变形机制

根据摆动辗压成形工艺特点和最小阻力定律,可以粗略地画出圆柱体工件和环件在辗压成形时接触区内金属流动示意图,分别如图5-9(a)、(b)所示。对于圆柱体工件,在主动变形区即接触区内,坯料主要受到压缩变形,金属的流动大致可以分为两部分:一部分以径向流动为主,另一部分以切向流动为主,如图5-9(a)所示。

如果将圆柱体工件上表面刻上正交网格,经辗压成形后,工件上表面的网格线变成了如图5-10所示的S形,由此证明上述分析基本符合实际。

主动变形区的应变关系为:

$$\varepsilon_r + \varepsilon_\theta + \varepsilon_z = 0$$
$$\varepsilon_r + \varepsilon_\theta = -\varepsilon_z$$
$$\varepsilon_z < 0, \varepsilon_\theta > 0, \varepsilon_r > 0$$

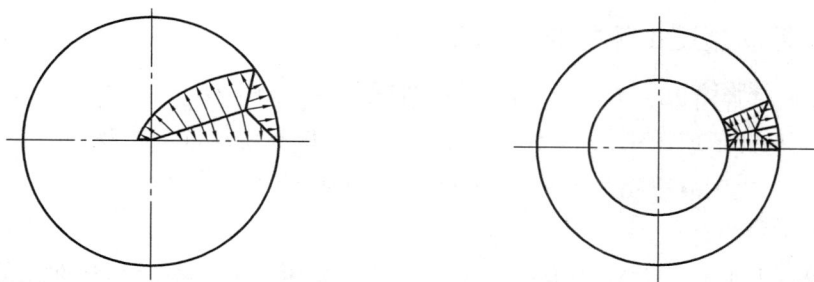

（a）圆柱体坯料与模具的接触区金属流动示意图　　（b）环形坯料与模具的接触区金属流动示意图

图 5-9　接触区金属流动示意图

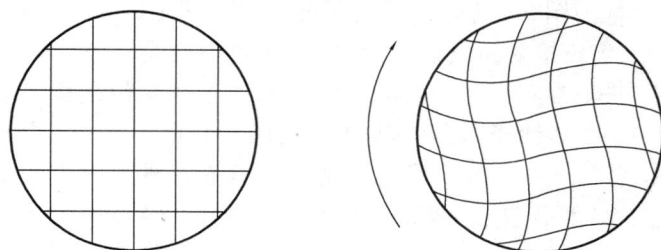

图 5-10　工件加工表面网格变形

5.3.3　被动变形区的变形机制

摆辗成形时,在坯料与模具接触面积以外的区域,因坯料未直接接触上模而不直接承受模具的压力。但由于坯料主动变形区 $\varepsilon_\theta > 0$,即主动变形区相当于一个楔劈给它以侧压力。被动变形区也会产生切向变形,即被动变形区产生的阻力阻碍着主动变形区的变形。这个阻力的大小随主动变形区的变形量而变化,即与变形体的相对厚度和摆动辗压的相对进给量有关。

在主动变形区侧压力的作用下,被动变形区的变形有三种情况:小弹性变形、大弹性变形、发生弹性失稳,以致翘曲或起皱。坯料在主动变形区的对面发生塑性变形,形成所谓塑性铰,如图 5-11 所示。塑性铰的外侧变厚,内侧变薄,塑性铰以外的是弹性变形区。

当工件很薄时,在主动变形区侧压力的作用下被动变形区发生弹性失稳。假设侧压力的合力作用点在 $R/2$(R 为工件瞬时半径),以 $R/2$ 处的弧长代表薄片的长度,其两端是主动变形区,即塑性变形区,可认为相当于铰接。

当工件的相对厚度达到某一特定值而使工件被动变形区发生翘曲之前,在主动变形区的反向对称处,即断面系数最小的地方作用应力达到了材料的屈服强度,该处呈现的塑性状态即为塑性铰。

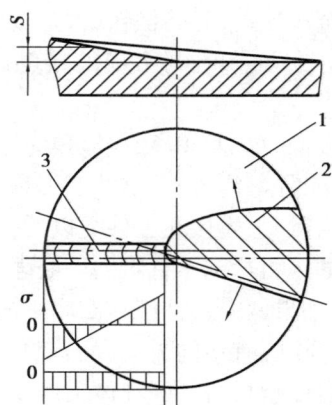

图 5-11　塑性铰及其受力状态
1—被动变形区;2—主动变形区;
3—塑性铰链

5.3.4 摆动辗压工件的变形特性

摆动辗压的工件可以分为厚件、薄件(有塑性铰产生的工件)和超薄件。在这三种工件中,厚件因蘑菇效应形成滑轮状,出现变形不均匀。薄件和超薄件会出现中心拉薄甚至拉裂等问题,这些都直接影响产品的质量,在成形工艺制订时需要特别注意。

1)厚件变形分析

工件的厚度大于或等于半径($H_0/D_0>0.5$),且在辗压过程中不产生塑性铰的工件,统称为厚件。

当 $H_0/D_0>0.5$,摆辗角和相对变形程度为定值,且每转进给量较小时,工件上端面摩擦系数较小,工件变形后形状为图 5-12(a)所示的正蘑菇形。这是因为工件较厚,轴向断面系数大,每转相对进给量小,上模接触面积小,总压力小,工件下表面几乎近于平面,所以下模与坯料的接触面积相对于上模与坯料的接触面积大得多,以至于单位面积上的压力小于屈服极限,导致坯料下端面不产生塑性变形,下模与工件之间没有相对运动。上模与坯料接触面积覆盖下的主动变形区相当于一个楔劈,辗压过程中上模在工件上面产生滚动或者"滚动+滑动"的运动,摩擦作用比一般锻造的小得多,靠近工具表面的金属易于流动。由于切向流动的同时还伴随有较大的径向流动,结果在圆柱体自由镦粗辗压后,工件成为正蘑菇形。蘑菇形是摆动辗压所特有的变形形态。靠近摆头工件上的单位压力较大,靠近下模的较小,因此坯料上部易于满足塑性变形条件,先产生流动,其变形区相对于毛坯整体变大。防止蘑菇形生成的有效措施:增加辗压力和接触面积系数。影响蘑菇成形的因素:辗压力和接触面积系数、毛坯的原始状态(H/D)、模面摩擦系数 μ,材料加工硬化指数 n。当 H/D 越小,μ 及 n 越大时,变形就越均匀。

当 $H_0/D_0>0.5$,摆辗角和相对变形程度为定值,但每转进给量较大时,工件上端面摩擦系数较大,与模具黏结,工件下端面先发生变形,工件变形后形状为如图 5-12(b)所示的倒蘑菇形。这是因为当相对进给量大时,上模接触面积较大,模具与工件之间的摩擦力严重地影响了金属流动,开始摆辗时,上接触区发生塑性变形,继而工件贴合在上模上,成为模具的延伸部分,而坯料在与下模的接触区先发生塑性变形,经摆辗自由镦粗的圆柱体工件变为倒蘑菇形。

当 $H_0/D_0>0.5$,摆辗角为定值,相对变形程度和每转进给量都较大时,两端面同时发生变形,工件呈滑轮状,继续变形易产生折叠,其示意图如图 5-12(c)所示。这是因为相对变形程度大时,上模压在工件上以后,工件产生了轴向断面弯曲,使得下模接触面积变小,单位面积上的压力达到了材料的屈服强度,因而产生塑性变形,形成上、下模相对应的上、下塑性变形区,如果两个塑性区在高度方向所达到的深度不能接上,或者仅仅部分接上,则上、下接触区的金属既有切向流动,又有明显的径向流动,而在高度方向的中间(即腰部)变形小于两端,摆辗自由镦粗后的圆柱体工件变成了滑轮形。

2)薄件变形分析

工件的相对厚度较小时,其变形特征与厚件不同,变形特性决定于相对厚度。

当 $H_0/D_0\leqslant0.5$,摆辗角、相对变形程度和每转进给量均为定值时,工件侧壁呈直线,工件形状平直,坯料变形均匀,如图 5-12(d)所示。

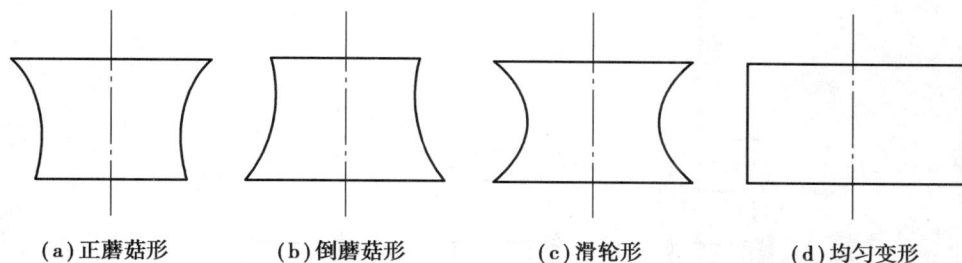

(a)正蘑菇形　　　(b)倒蘑菇形　　　(c)滑轮形　　　(d)均匀变形

图 5-12　圆柱体的摆动辗压变形

辗压圆柱形工件时,薄件主动变形区中的质点一方面朝切向流动,另一方面又朝径向流动。摆动辗压中主动变形区的质点流动与一般锻造镦粗相比,多一个切向位移分量。薄件被动变形区可能会发生弹性失稳而弯曲,形成波浪形,也可以称为起皱。当工件稍厚时,工件的被动变形区在摆辗过程中产生塑性铰,在塑性铰的外侧区变厚、内侧区变薄,塑性铰以外的是弹性区。内侧中心在拉应力的作用下变薄甚至拉裂,拉应力区域约在 $0.4r_0$ 范围内,r_0 为工件的初始半径。工件高径比越小、摆辗角越大,每转进给量越小,越容易产生拉裂现象。工艺上采用中心局部加厚法可防止中心拉裂的产生。

5.4　摆辗变形的基本规律

5.4.1　圆柱体工件摆辗镦粗变形特征

将相同高径比圆柱体坯料分别采用摆辗镦粗和普通镦粗,当变形程度分别为 33%、55%、60% 时,成形后工件形状分别如图 5-13 和图 5-14 所示。

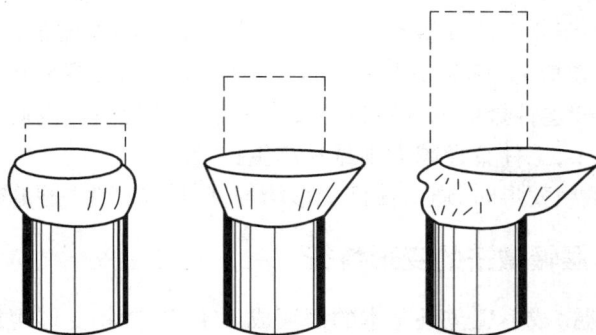

图 5-13　摆辗成形后的工件形状

由图 5-13 可知,圆柱体工件在摆辗镦粗成形时,摆辗成形件的变形区从靠近与摆头接触的平面逐渐向下传递。摆辗变形时,由于工件受偏心载荷作用,比通常镦粗时允许的高径比小。当工件较厚、每转进给量较小时,因上下模和工件接触面积不同,靠近上模工件上的轴向单位压力较大,下模处较小,故邻近上模处的金属易满足塑性条件,先产生流动,故易形成"蘑菇头形"。当工件较薄时,上下接触面上的轴向单位压力接近,上下模的金属可同时满足塑性条件,金属可同时沿径向及切向流动,加上拉弯变形有径向伸长,于是变形比较均匀,不产生"蘑菇头"形。

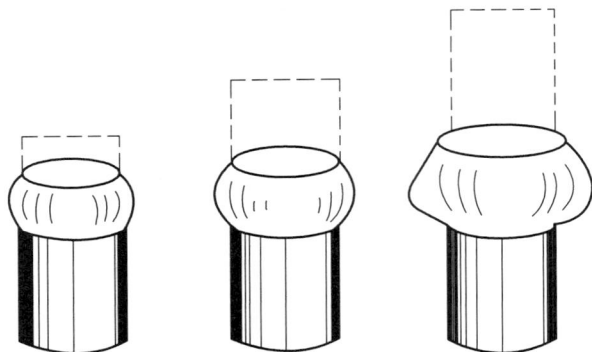

图 5-14　镦粗后的工件形状

由图 5-14 所示的圆柱体镦粗成形可知,坯料镦粗成形有鼓肚出现,上表面与上模接触,由于有摩擦存在使径向流动困难。下部受模孔侧壁限制,不能径向流动。中部相对比较自由,尺寸增加较显著。

若工件的高径比大于或等于 1 时,圆柱形工件摆辗变形特征为:变形初期,摆动模刚接触工件时,接触面积小,变形力小;由于工件和摆动模的接触摩擦力也小,仅工件上部发生局部变形,直径逐步增大,呈正蘑菇形。随着变形程度的增大,工件上部的直径越来越大,接触面积增加,摩擦力也随之增加。当摆动模和工件之间的摩擦力大于固定模和工件之间的摩擦力时,工件与摆动模发生黏着而使工件下部与固定模辗压,工件下部直径开始增大,在变形中后期工件呈两端直径较中间大的"滑轮状"。

而当每转进给量和变形程度一定,工件高径比近似等于 0.5 时,变形较均匀,不出现蘑菇状。在均匀变形的条件下,根据体积不变定律和变形程度的定义,可以知道变形后工件直径与毛坯直径和变形程度有关。

对于工件高径比小于 0.5 的薄饼类件,当坯料在上下模间摆辗成形时,变形坯料在近中心的 0.4R 范围内承受拉应力,其大小由中心向外递减,中心部分容易开裂。不仅低塑性材料如此,即使对于像铅这样塑性极好的材料也会发生中心开裂现象。因此,当工件较薄、摆角较大时,若每转进给量越小,工件直径越大则越易产生拉裂。

圆柱体工件摆辗镦粗变形时,通常薄件变形均匀,厚件易产生"蘑菇效应"。

5.4.2　圆柱体摆辗镦挤的变形特征

圆柱体自由摆辗墩挤成形工艺是基本的摆辗成形工艺,对其变形规律和力能参数的研究是认识各种复杂形状零件摆辗成形的变形规律和力能参数的基础。在圆柱体自由摆辗镦挤成形过程中,随着坯料的不断轴向进给,摆头和坯料接触区域内的金属既沿着轴向流动,又沿着径向流动,因此在该区域内存在一个金属不发生流动的中性面,如图 5-15 中箭头处所示。

接触区内金属的流动,将使坯料中心部的非接触区内的金属发生塑性变形,即在坯料中心部存在一个非接触变形区。同时,由于接触区内金属的切向流动,使刚性区对接触变形区有一限制力作用,当该力达到一定程度时,将会在接触变形区对面的刚性区中出现塑性状态,形成塑性铰,如图 5-16 所示。

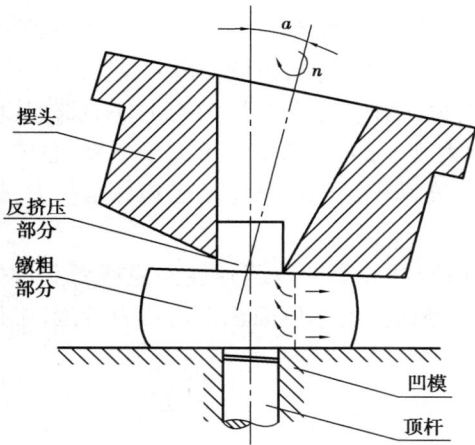

图 5-15 圆柱体摆辗镦挤示意图

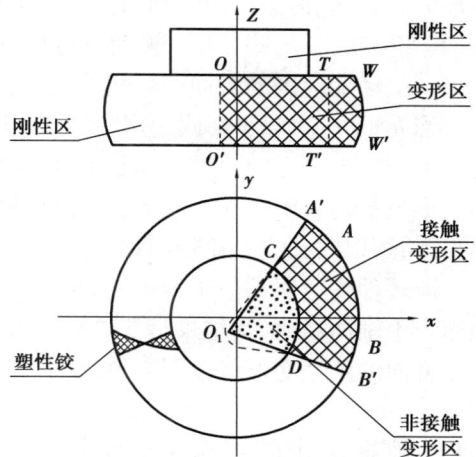

图 5-16 摆辗镦挤的变形区

5.4.3 环形件摆辗镦粗的变形特征

环形件摆辗成形时的一般变形特征是:外圆直径随变形程度的增加而增大,工件上、下端面的外圆直径变化不一样。厚环件摆辗与一般锻造相比如图 5-17 所示。当变形程度较小时,上端面外圆直径增加较快,试件断面呈倒梯形,如图 5-17(b)所示。当变形程度为 25% 时,上、下变形均匀,工件断面呈矩形,如图 5-17(c)所示。变形程度超过 25% 时,则工件底部外圆直径增加较快,这时工件断面呈斜平行四边形,如图 5-17(d)所示。

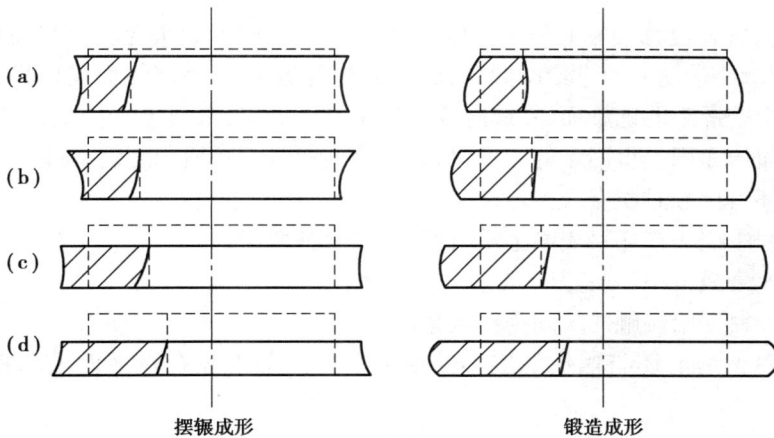

图 5-17 厚环件摆辗与一般锻造相比

环形件的摆动辗压更类似于轧制,其不同点主要有:①上轧辊(上模)为锥形,下轧辊(下模)为平面,下模与工件之间没有相对运动;②工件为环形整体,对变形区施加有压力,相当于压力轧制;③上下接触面积不对称,即变形区不对称,下接触面积大;④单辊(上辊)驱动,扎件不运动。

环件摆辗成形时的宏观变形机制:摆辗时,毛坯分为主动变形区、被动变形区和塑性铰链区三个区域。毛坯与模具接触的区域为主变形区,处于三相压应力状态。金属流动趋势分为两部分:自由侧面沿径向流动;环件内侧金属向中心流动。接触面积以外的区域为被动变形区,其外侧受压,内侧受拉。被动变形区的变形有三种情况:小弹性变形、大弹性变形和塑性变形。主动变形区的对面产生塑性变形,形成塑性铰。其外侧变厚,内侧变薄。

当 $h/(R-r) \geqslant 1$ 时,认为是厚环件。厚环件在摆辗成形时,与摆头接触的工件上部,其切向变形与径向变形的比例不同于下部,上部径向流动大于下部,上部变形量大于下部,总体上的变形是不均匀的。摆辗成形后,环件外圆增大,利于充满模腔。内圆总的趋势也是扩大,但不显著,所以内孔成形比较困难。

薄环件的摆辗类似于薄板轧制。在摆辗过程中由于被动变形区因弹性失稳或者塑性失稳而产生轴向翘曲,其结果是下接触面积变小,上下接触面上的单位面积平均压力接近,工件厚度方向的塑性变形区上下一致,变形均匀。

5.5 摆辗成形的主要工艺参数

由于摆头的轨道运动(摆动)、摆动辗压工艺过程的金属变形机理非常复杂。表征该工艺过程特性的运动参数除摆头的运动轨迹(决定摆头运动学方程的各个参数)以外,还有接触面积系数(接触面积率)、摆头倾角(摆角)、压下量 S、相对进给量 Q、摆头转速度 n 等,摆辗力和摆辗力的分布也是重要参数。在摆头的各种运动形式中,最常用的是圆形运动轨迹,为了简化研究对象,在许多情况下,如果不作特别说明,研究的都是圆形运动轨迹。下面以圆形运动轨迹摆辗成形为例,分别介绍各主要工艺参数对成形的影响及选用。

5.5.1 接触面积系数 λ

接触面积系数 λ 也称接触面积率。摆动辗压工艺过程中,摆头与坯料的接触面是复杂的几何形状,由于滑块带动坯料进给的同时,摆头也在运动,因而该接触面在坯料上所形成的曲面实际上是一个变螺距的螺旋面,其螺距等于摆头转一周时,滑块上升的位移,因而要准确地讨论这个接触面的面积是很困难的。所以,在计算此接触面的面积之前,做以下假设:

①摆头与坯料接触时没有冲击。
②摆辗过程中摆头在坯料表面上没有滑动,没有弹性变形。
③摆头转速衰减很小,假定其不变。
④摆头与坯料开始接触的瞬间为线接触。

接触面积率 λ 是毛坯与摆头的实际接触面积 $S_{接触}$ 与毛坯在水平面上的投影面积 $S_{投影}$ 之比。

5.5.2 摆头倾角 γ

摆头倾角简称摆角,用 γ 表示。摆角是摆动辗压工艺的重要技术参数,通常, $\gamma = 1° \sim 2°$。当 $\gamma = 0$ 时,上模不摆动,摆动辗压机的工作状态完全和液压机一样。因此摆角不能太小,太小就显示不出摆动辊压的优越性了。

摆角的大小直接影响到接触面积率 λ、摆动辗压轴向变形力、金属的轴向和径向变形量的比例,同时对摆动辗压的生产效率及产品质量也有重要影响。一般情况下,摆头倾角小,金属容易轴向流动。摆头倾角大,接触面积小时,金属越容易变形,轴向力减少,径向力和切向力越大,总的辗压力越小,金属容易径向流动,也就是说摆角越大越省力。但摆角也不能过大,否则会使径向力和切向力加大,引起机器振动,机床精度降低,轴承寿命减小,从而对摆辊机的刚度设计提出很高的要求,例如加大导向面积,使机器变得庞大。而且,摆角过大还会使金属变形不均匀,蘑菇效应更强,使摆辗成形件上端面的不平度加大。通常,摆角对成形的影响通常与每转进给量联系起来进行研究。国内外摆动辗压机所设计的最大摆角都不大,一般不会超过10°。

根据摆动辗压方法的不同,摆角的选用也不相同。冷摆辗时,应选取较小的摆头倾角和每转进给量,通常摆角 $= 1° \sim 2°$。热摆辗时,变形抗力小,如果辗压时间长,温度降低,则使变形抗力增大,影响模具的使用寿命,也使金属不易充填模腔。为此,在热辗时,为了使坯料锻透,变形均匀,且模具温降不致太快,应取较大的摆角和每转进给量,通常热辗的摆辗角 γ 取为 $3° \sim 5°$。铆接时,为了加快金属径向流动,通常摆角取 $4° \sim 5°$。

5.5.3 平均每转进给量 S

每转进给量也称为压下量 $S(\text{mm/r})$,是摆头每旋转一圈时,工件在轴向方向上被推进的距离,即液压缸沿着轴向向上推动毛坯的送进量,也就是每摆一周毛坯减小的厚度。它与接触面积的大小、塑性变形深度及摆辗时间等有关。

摆动辗压过程包括上料、下滑块上升、摆动辗压成形、下滑块回程、卸料五个阶段。滑块上升阶段是指发出工作指令后滑块上升到与坯料接触为止的这一过程。由于摆头、滑块未受到任何阻力,因而它们的运动可以认为是匀速运动,这时滑块的上升量(进给量)可以看作是最大每转进给量。摆辗成形阶段是指摆头与坯料接触的瞬间开始到坯料完成变形的过程。此过程中坯料在摆辗压力的作用下,产生塑性变形。随着坯料不断地被辗压,变形程度不断增加,所需要的摆辗力越来越大,因而滑块的进给速度就越来越慢,到极限状态时,滑块的进给停止,此时进给速度为零。即滑块的工作速度不是常数,而是一个变量,它呈逐渐减小的趋势,并且其衰减的程度也不一样,受材料加工硬化程度、模具形状等多种因素的影响,故测定滑块的真实工作速度,精确计算摆头每转的进给量是困难的。

进给量是指摆头摆动一周,毛坯被辗压减小的厚度 S。在摆辗过程中,压下量(每转进给量 S)是变化的:变形开始时 S 从零逐渐增大,达到一定值以后保持稳定,直到主变形阶段结束,而后又逐渐减小至零。

显然,送进量越大,参与变形的金属越多,摆辗力越大,生产效率越高。通常,S 值为 $0 \sim 5 \text{ mm/r}$。冷辗时取小值,热辗时取大值。摆辗成形阶段的摆头平均每转进给量公式为:

$$S = \frac{60\Delta H}{tn}$$

式中　ΔH——变形量或坯料被压下高度,mm;

t——摆头与坯料接触后的辗压时间,s;

n——摆头每分钟旋转次数,r/min。

摆动辗压的平均每转进给量时计算接触面积、塑性变形区深度及辗压时间的基本参数。当每转进给量较小时,接触面积也小,变形容易集中在工件的接触表面,易产生"蘑菇效应",同时伴有锻不透现象。为了保证锻透,每转进给量 S 必须足够,即辗压力必须足够。为了使塑性变形区包括整个工件高度消除"蘑菇效应",一般 S 应使计算的接触面积所形成的工件外边缘的弧长大于工件的高度。

每转进给量对锻件的质量和生产效率均有影响。增大每转送进量 S 会使接触面积率 λ 增大,塑性区达到工件的整个高度,使工件变形程度较为均匀,产品质量高,生产效率高。但由于摆辗力显著提高,也增加了液压油泵容量和摆头电机功率。实际生产时,平均每转进给量 S 一般应使接触面积率达到 $0.2\sim0.23$,通常 S 取值范围为 $0.2\sim2$ mm。

5.5.4 摆头每分钟转数 n

摆头转速是摆头每分钟的旋转次数,即摆头中心线 OZ 绕主轴线 OM 的转速,也称为摆动频率。摆头转速直接影响辗压效率和工件的质量。

通常,摆头每分钟旋转次数的高低对摆辗件的成形性能影响不大,对所需的设备吨位影响也不大。只要摆头旋转的次数和数值完全相等,就会产生等效或近似等效的成形效果,因此,在摆头每分钟旋转次数少的情况下,可以延长辗压时间。

为了提高生产率,应使摆头的每分钟旋转次数高些。对于大吨位的摆辗机,每分钟转速提高,会导致辗压时需要较大的电机功率,使机架受力情况恶化,振动加大,极其容易发生故障,也使成形后的工件粗糙度增大。所以,设备吨位大的摆辗机,其转速应取低些。

一般来说,摆头转速通常为 $n=30\sim300$ r/min。例如,国产 4 000 kN 摆动辗压机的摆头转速可取到 $n=96$ r/min。

5.6 摆辗成形产品的质量及影响因素

5.6.1 摆辗件充填不满

摆辗件充填不满的主要原因:摆头运动轨迹选择不佳、坯料退火不充分、润滑不良、其他工艺条件不良等。

在冷摆辗生产过程中,有些零件的棱角部位有可能充填不满,例如摆辗成形摩托车起动机构的棘轮和端面齿轮时,有时发生齿形充填不饱满,齿尖圆角大,或者棘轮的枝丫部分不能成形,其原因较多,一般情况下有以下几点。

1)摆头运动轨迹选择不佳

一般摆辗机接头运动轨迹为圆形,到目前为止,国产的摆辗机都仅有一种轨迹。在冷摆辗成形具有端面齿形的零件时,金属材料在摆头的作用下挤入齿形,但有切向移动的倾向。因此,在其他摆辗工艺参数不变的条件下,齿形充填程度不好。

倘若选择直线运动轨迹,那么,与直线方向一致的直径两端附近的齿形充填饱满,而与直线方向垂直的直径两端附近的齿形充填情况不好。

当摆头运动轨迹选用螺旋线或玫瑰线运动轨迹时,在摆动辗压过程中,摆角不断由 0°变为 2°,再由 2°变为 0°连续变化。另外,摆头运动轨迹的曲率半径也由 R 到 0 再到 R 作周期性变化,这样金属就容易充填齿形。根据试验情况,采用螺旋线或玫瑰线运动轨迹摆辗时,齿形质量都能满足图纸要求,齿尖圆角可达 $R0.2\sim R0.3$ mm。

2)坯料退火不充分

一般希望退火后的硬度为 150 HBW 以下,这就要求采用恰当的退火规范。退火除可以降低硬度、软化材料、便于机械加工和摆辗成形外,还可以细化晶粒,使组织均匀,消除摆辗以后在金属内部形成的内应力,改善力学性能。

如果炉温控制不好,或炉内温度不均匀,保温时间不足,均可能出现坯料退火后硬度居高不下的情况。炉温如果低于 723 ℃,则在坯料冷却后得不到均匀分布的索氏体(或球状珠光体)和铁素体,硬度亦不能下降。硬度越高,在摆辗成形时金属不易发生变形,不容易充填型腔。

3)润滑不良

摆辗时要注意合理的润滑,不注意润滑,则由于摩擦力增大,在摆辗成形端面齿形时,齿尖处的摩擦力极大,不易充填成形。润滑油不能涂抹太多,否则摆辗成形时由于润滑油在型腔内部不能被挤出或蒸发掉,造成充填不满。

有时由于摩擦力太大,变形时一部分克服摩擦力的能量转换成热能,使工件温度升高,表面磷化膜和皂化液在高温下分解或变成气体,这时润滑条件恶化,而且气体既可压缩又无处排放,故而使齿尖不易充填成形。

实践中比较好的方法是用浸过油的棉纱擦坯料表面,包括侧表面、上、下底面等所有表面。这样,既起到润滑坯料作用,减少其变形时金属流动所要克服的摩擦力,又保证了充填质量,也有利于提高芯块和模具的寿命。

4)其他工艺条件不良

当摆辗用毛坯高径比较大时,由于摆辗成形时摆头对坯料是局部偏心受载,这样,坯料有可能在初始阶段发生弯曲或偏移。坯料的一方齿形充填饱满,而与之相对的另一方齿形则不易充填饱满。同理可见,若坯料在型腔中放置偏心也可能产生充填不满的缺陷。坯料与型腔间隙小或无间隙的一边充填饱满,而间隙大的那一边充填不好。

5.6.2 冷摆辗开裂

冷摆辗开裂主要有纵向开裂、爆破性开裂、横向开裂、45°开裂等。

(1)纵向开裂

这种开裂形式通常是由于钢材表面存在着发纹,而在冷摆辗成形时便由于应力集中而开裂。这种开裂的特点是裂口呈直线状,经过热酸浸后,往往可以发现杆部有发纹与裂口相对应。

(2)爆破性开裂

爆破性开裂是由于钢材存在严重的缺陷,如缩孔、翻皮、大块夹渣等。钢材的晶粒特别粗大时也会造成这种开裂。

(3)横向开裂

冷摆辗后产生横向开裂的主要原因是冷摆辗工艺调整不当,但是如果材料的硬度过低也会造成横向开裂。材料的成分不符合技术要求,不符合国家标准,金相组织不良,材料的塑性不好,或者变形量太大,金属流动不合理,也会产生横向裂纹。

(4)45°开裂

钢材在冷摆辗成形时,在变形程度最大处出现 S 形或 X 形裂口,也称45°裂口。材料的塑性差或者冷变形量过大,或变形程度不均匀是造成这种裂纹的主要原因。特别是对于中碳钢和中碳合金钢而言,如果组织中球化程度较差,容易产生这种形式的开裂。

通常认为塑性材料受压时,弹性系数和比例极限均与受拉时完全相同。当应力超过比例极限后,试件就产生显著的塑性变形,并且由于试件两端面与摆头和下模之间有摩擦力存在,试件会产生鼓形。由材料力学理论可知,承受轴向拉伸(或压缩时)的等直杆件,其最大切应力发生在与杆轴线成45°的斜截面上,最大正应力发生在横截面上。由此可见,杆件可能发生两种破坏形式,即断裂和剪断。对于抗剪能力比抗拉(或拉压)能力差的材料,就可能在受拉或受压时发生剪断破坏。对一般材料,例如各种低合金和低碳钢材,都是抗剪能力差,所以在45°方向剪断,产生45°开裂。

产生45°开裂的原因还很多,必须具体情况具体分析。例如,其他工艺条件都相同,仅仅摆辗件材料不同,塑性差的材料在摆辗时会产生45°开裂。我们在摆辗成形磁电动机轮套时,如果采用Q235钢进行摆辗,在法兰盘的周边就会发生均匀分布的、相当于是45°的开裂裂纹。

5.6.3 摆辗件厚薄差大或上下底面不平

摆辗件厚薄差大或上下底面不平主要是由于摆辗成形时间太短、摆辗机本身结构的影响等因素造成的。

摆辗件在测量时,发现高度方向有一定的误差或上、下底面不平,一般情况下,厚薄差在0.1 mm以内,但有时也有高达0.4～0.5 mm,甚至也有高达数毫米之多的,主要原因有以下几个方面。

(1)摆辗成形时间太短

由于摆辗成形时,摆头与工件局部接触,先接触的部位先变形,摆头在工件上辗压的时间越长,工件的上表面就越平直,厚度方向的公差就越小。

摆辗成形时,在发生塑性变形以前产生弹性变形,或回弹性变形伴随着塑性变形。这样,摆头离开摆辗件时,或摆辗件离开型腔时.要产生弹性恢复。摆辗件越薄,这种弹性恢复越明显。因此,对某些要求精度较高的摆辗成形件,在设计制造摆辗模具型腔时,要注意预留补偿量。

(2)摆辗机本身结构的影响

摆辗机摆头的球面运动副的间隙对摆辗成形件厚度方向的公差也有影响。当间隙过小时,摆头作轨道运动的阻力大,速度要下降,甚至停止不转。在摆动辗压成形时,由于是偏心负载,受载一侧的间隙小于不受载的那一侧,在整个运动副内产生一定的间隙差。负载越大,受载一侧的间隙越小,运动副内的间隙差也越大。这也易使摆辗件产生一定的厚薄差。因此,无论是波兰的设备,还是瑞士的设备,都有一定的允差范围,大体为0.2～0.3 mm。

在实际的摆辗过程中,在同一摆头旋转周期内的摆辗成形力不一定完全相同。这是由于坯料在摆辗成形时的加工硬化程度不同,坯料放置在模具型腔里与型腔四周的间隙不等,或者坯料本身形状就比较复杂,不是回转体轴对称件,坯料各部位的润滑条件不尽相同等,这些都加剧了摆辗成形件高度方向厚薄差。

(3)摆头设计不合理

摆头的摆角不管是偏大还是偏小,都会形成工件厚薄差大或上下底面不平。

5.7　摆辗成形的应用实例

5.7.1　汽车半轴的摆辗成形

汽车半轴属于两端局部微粗的长轴类锻件,如图 5-18 所示。

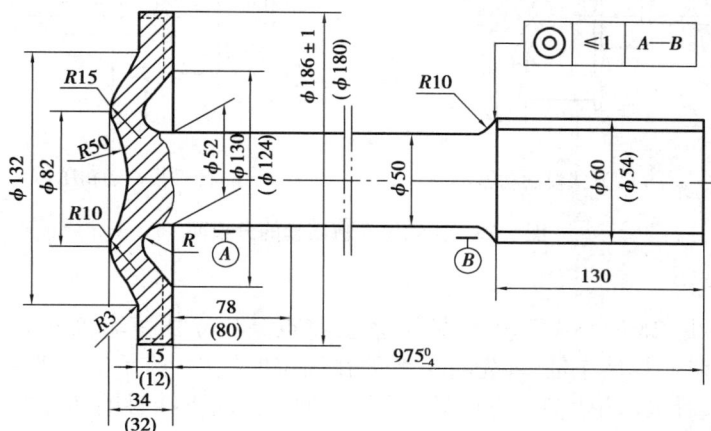

图 5-18　汽车半轴热锻件图

汽车半轴的材料为 40Cr 或 45 钢。半轴锻件的传统生产方法是采用平锻机上平锻或胎模锻造。摆动辗压成形半轴与胎模锻半轴相比,生产效率高 2 倍以上,且尺寸精度较高,每支半轴比胎模锻节约材料和人力。摆动辗压工艺和平锻工艺相比,两者生产效率和产品精度基本相同,但摆动辗压工艺的单件模具费用仅为平锻工艺的 20% 左右,设备总投机仅为平锻工艺的 1/3,且占地面积小,劳动环境好,劳动强度低。

热摆动辗压生产半轴法兰,由于坯料的高径比大于 2,不能直接辗压成形,需要预制坯。摆动辗压成形半轴的坯料一般都要预先制成前端小、后端大的锥形。

采用摆辗生产半轴类锻件的工艺要点如下。

1)备料

原材料直径的选择视制坯方法而定。若用楔横轧或径向锻造制坯,原材料直径可选大一些,若采用其他方法制坯,原材料直径与半轴直径相等,下料方式一般用锯床下料。

2)制坯

汽车半轴可选用的制坯方法有:空气锤自由锻制坯、液压机上滚压制坯、电热镦机上制坯、径向锻造方式制坯及楔横轧制坯等。空气锤和液压机上制坯的方法相似,但与锤上制坯相比,液压机制坯的特点是噪声小、劳动条件好。电热镦上制坯是一种先进的锻造工艺,它是利用电流通过坯料直接加热的同时进行镦粗,因加热和镦粗均是局部连续进行,故坯料镦粗部分的长度不受限制,其长径比可远远大于 3,且成形时无噪声、氧化少、容易实现机械化和自动化,其不足之处在于:电镦成形工艺参数控制难度大,对原坯料表面粗糙度要求高,容易出现过烧和弯曲等缺陷。径向锻造制坯的优点是对原材料的直径要求不高,制坯时先在径向锻造机上进行杆部拔长,然后再摆辗成形。

各种制坯方法在选用时都需要考虑摆动辗压的变形特征,然后确定坯料形状。由于摆辗时坯料的上端面容易变形,所以坯料以"上细下粗"的圆锥台形状为佳。由于摆辗时坯料与上模接触的一面比与下模接触的一面更容易充满模腔,为此设计半轴法兰模具时将上平面作为分模面,半轴摆动辗压模的分模面选用如图 5-19 所示。

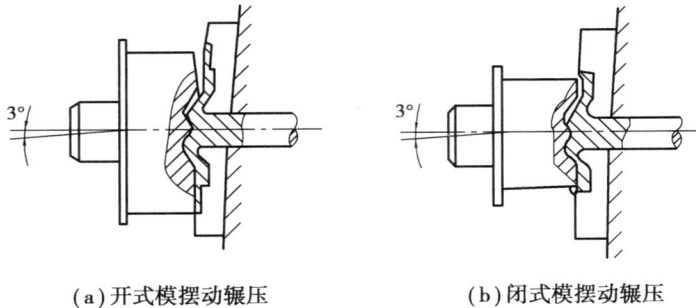

(a)开式模摆动辗压　　　　　　(b)闭式模摆动辗压

图 5-19　半轴摆动辗压模的分模面

3)法兰摆辗成形

汽车半轴多采用 2MN 卧式摆辗机成形,该机特点是比立式摆辗机增加一个毛坯夹紧机构,和平锻机很相似。其动作是:首先将毛坯放在固定凹模中,然后活动凹模夹紧毛坯,并和固定凹模形成一个卧式凹模型腔,进而摆动凸模在油缸推动下接触毛坯并摆辗成形。以后摆动凸模退回,活动凹模提起,取出锻件。

摆辗模具由三部分组成,即固定凹模、活动凹模和摆动凸模,摆动辗压模具结构示意图如图 5-20 所示。半轴摆辗多用闭式模,纵向毛刺厚约 1 mm。为节省模具钢,多用镶块模具,模具材料用 3Cr2W8 和 5CrNiMo。

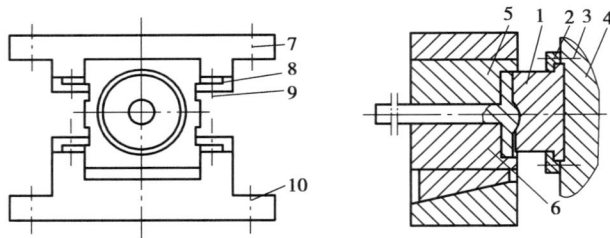

图 5-20　汽车半轴卧式摆动辗压模具结构示意图
1—摆动凸模;2—压紧圈;3,9—螺钉;4—摆头;
5—活动凹模;6—固定凹模;7—夹紧滑块;8—压板;10—工作台

5.7.2　汽车后桥从动大齿轮坯摆辗成形

汽车后桥从动大齿轮的材质为 18CrMnTi,外径 380 mm、高 83 mm。通常,生产这种齿轮坯料一般需要 10 t 模锻锤或 80 MN(8 000 t)热模锻压机组。这些设备组合配套复杂,基建规模庞大,投资极大。对于中小型工厂,一般不具备上述设备能力,为此,在中小型企业通常采用自由锻或胎模锻工艺进行该齿轮坯的锻造成形。

国内某单位于 1976 年制造了 HNT-400 型 4 MN 摆动辗压机,用于生产从动大齿轮坯,生产率提高了 5 倍多,每件辗压成形的齿轮坯比原来胎模锻工艺节省了 10 kg 金属。

某汽车后桥从动大齿轮摆动辗压件的示意图如图 5-21 所示,图中虚线部分为套辗的另一锻件轮廓示意图。

采用摆动辗压工艺成形图 5-21 所示的大齿轮,其下料的坯料尺寸为 $\phi150$ mm×400 mm,坯料重约 56.5 kg。

该汽车后桥从动齿轮坯摆动辗压工艺流程为:下料→加热→750 kg 空气锤上镦粗及预冲孔→400 kN 摆辗机上辗压成一个端面,然后翻转 180°辗压得到最后形状。

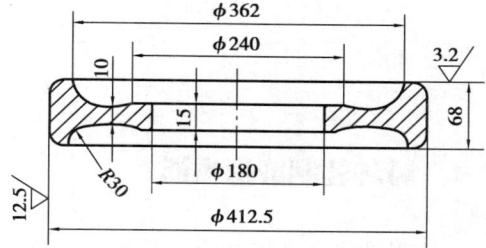

东方红-54 拖拉机从动齿轮如图 5-22 所示,该齿轮坯材料为 20CrMnMo。

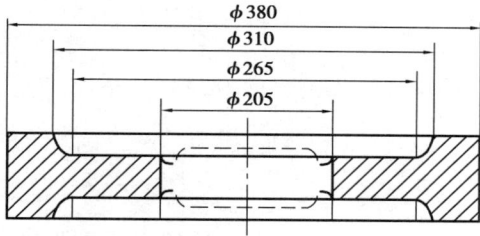

图 5-21　某汽车后桥从动大齿轮坯热摆动辗压成形件图　　**图 5-22　东方红-54 拖拉机从动齿轮坯**

由图 5-22 可知,该齿轮坯外直径为 412.5 mm、齿轮坯高为 68 mm,轮辐最薄处为 10 mm。以往,这种齿轮坯通常都是在 10 t 模锻锤上成形,其工艺流程是:将直径 150 mm 的圆棒料剪切下料,下料尺寸为 $\phi150$ mm×325 mm,坯料重约 45 kg;坯料加热后在 10 t 模锻锤上成形;然后在 8 000 kN 切边压力机上切边、冲孔;最后在 3 t 模锻锤上整形得到所需齿轮坯形状。

采用自由锻制坯+摆动辗压成形该齿轮坯时,其坯料成形过程示意图如图 5-23 所示。

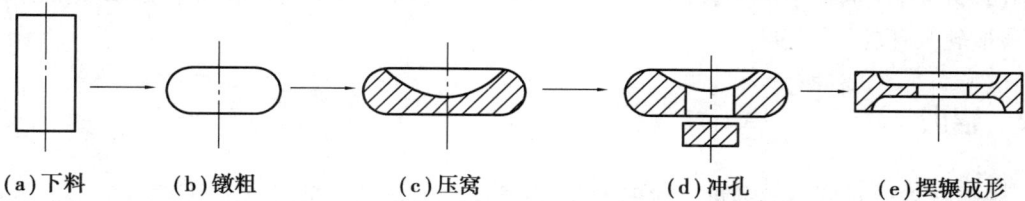

（a）下料　　　（b）镦粗　　　（c）压窝　　　（d）冲孔　　　（e）摆辗成形

图 5-23　自由锻制坯加摆辗成形制造从动齿轮坯的成形过程示意图

坯料下料后加热,第一火坯料在自由锻锤上完成图 5-23（b）镦粗、图 5-23（c）压窝和图 5-23（d）冲孔。然后对冲孔后的坯料进行第二火加热,加热后的坯料放置在摆动辗压机上进行热辗压成形,摆动辗压一次后翻转 180°再摆动辗压成形一次,辗压力大致为 2 300 kN。

图 5-22 所示齿轮坯也可直接利用摆辗机完成开坯和成形,其成形过程如图 5-24 所示。

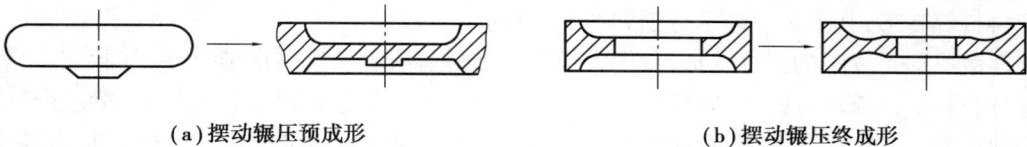

（a）摆动辗压预成形　　　　　　　　　（b）摆动辗压终成形

图 5-24　从动齿轮坯圈摆辗成形过程

图 5-24（a）预成形工艺的目的是使坯料金属的分布符合齿轮坯的截面形状,即通过预成形工艺把大量的金属先辗宽到轮缘的相应位置,然后再辗压成形。通过预成形工艺设计还可以事先成形出坯料的定位部分和圆角,以便于坯料终辗成形顺利完成。

对齿轮坯摆辗压成形、模锻锤上成形和热模锻压机上成形的经济性进行对比分析可知,摆动辗压成形齿轮坯的综合经济性明显优于其他两类设备的成形,为此采用摆动辗压工艺制造齿轮坯锻件已成为行业的工艺首选。

第6章
特种轧制成形　⋯⋯⋯⋯⋯⋯⋯⋯⋯⋯⋯⋯⋯⋯⋯⋯⋯⋯⋯⋯⋯⋯⋯⋯⋯ ◯

6.1　特种轧制成形概述

　　轧制是将金属锭或金属带坯在一对旋转的轧辊压力作用下,产生连续局部塑性变形,获得要求的截面形状和性能的零件或毛坯的成形方法。传统轧制工艺的产品主要是型材,如棒材、板材和管材等。随着现代科技的发展与应用,在传统轧制工艺基础上进行改进提升,轧制技术除用于板材、型材、无缝钢管型材的成型外,还广泛用来生产各种零件或毛坯。这些不同于传统型材轧制的工艺方法,称为特种轧制。

　　根据轧辊轴线与坯料轴线方向的不同,特种轧制的典型方法有:纵轧、斜轧、横轧及环件轧制(环轧)等。纵轧中应用较多的是辊锻,横轧中应用较多的是楔横轧。本章重点介绍辊锻、楔横轧及环轧。

6.2　辊锻

　　辊锻是零件轧制的一种重要成形方式,也是回转锻造的一种。

6.2.1　辊锻的定义

　　辊锻是一种通过一对相向旋转的带有扇形模具的辊锻模对金属坯料施加压力,在摩擦力和模具型腔压力作用下发生连续局部的塑性变形,从而获得所需要的锻件或锻坯的工艺。辊锻成形属于回旋压缩成形,具有三维变形的特点,适用于轴类件拔长、板坯辗片及沿长度方向分配材料等变形,其工艺原理示意图如图6-1所示。

　　辊锻成形是复杂的三维变形,其中大部分变形材料沿着长度方向流动,使坯料长度增加;少部分材料横向流动,使坯料宽度增加。辊锻变形的实质是毛坯通过连续局部塑性变形实现的延伸变形。“局部”是指某一瞬间变形区为整体锻件的某个局部区域,“连续”是指整个锻件的成形是由局部变形连续依次叠加而成的,延伸变形是坯料在模具中压缩后,一小部分金属横向流动而使坯料宽度略有增加,大部分被压缩的金属沿着坯料的长度方向流动,坯料的横截面积减少,长度增加。

　　辊锻成形的原理是辊锻模具安装在锻辊上,随着上、下锻辊向相反方向的转动,坯料随模具型槽的变化发生连续、局部的塑性变形。变形过程中,金属流动速度在前滑区大于锻辊水平速度,在后滑区小于锻辊水平速度,两者相等的位置为临界面。除临界面外,变形区内各个断面上的金属流动速度的分布是连续而不均匀的。

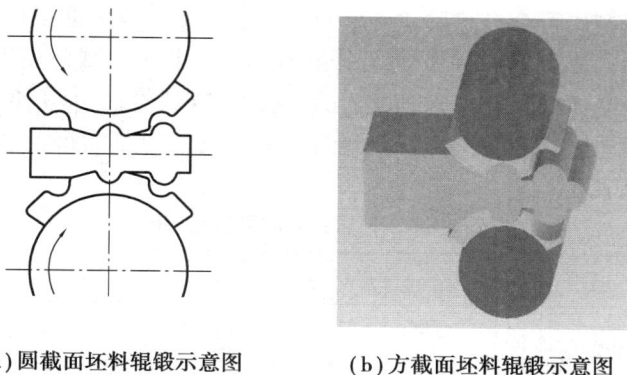

(a)圆截面坯料辊锻示意图　　　　(b)方截面坯料辊锻示意图

图 6-1　辊锻成形的工艺示意图

辊锻的主要工作过程是:坯料的一端用夹钳夹紧,在扇形模的第一道孔型的辊压下变形(初成形)并退出;然后在下一道孔型的无模空间处送进,再次辊压变形(预成形)并退出,根据变形的需要,经多道辊压而逐渐成形,得到所需的成形工件(终成形)。

辊锻技术是一种新型的近净成形技术,通过一对反向旋转的模具使坯料产生塑性变形,从而形成所需的锻件或锻坯。1960 年已经出现了挤压-热辊锻的工艺复合,通过辊锻制坯和挤压成形相结合来生产汽轮机和压气机动叶片,该工艺与传统锻造工艺相比,材料节约30% ~40%,成本降低 30%左右。通过辊锻制坯与热模锻联合工艺制造的飞机发动机涡轮盘,具有模具费用低、坯料变形均匀、经济效益高等优点。20 世纪 70 年代起,辊锻在我国金属塑性加工领域就得到了较大规模的应用和发展,实现了"辊锻制坯-摩擦压力机模锻"和"辊锻制坯-液压锤模锻"成形连杆等。

随着技术的发展,辊锻逐渐被应用于多个领域,包括汽车、拖拉机、飞机、动力机械、农业机械、工具以及日用品制造等工业部门。特别是在汽车零部件制造中,辊锻技术因其高效、节能和环保的特点而被列为国家重点推广的新技术之一。辊锻技术也成功地在汽轮机叶片、汽车前轴等锻件的成形中得到了成功应用,诸如履带节、扳手、钢丝钳、锄、钩尾框等辊锻产品也已实现了批量生产。此外,辊锻技术在精密成形方面也取得了重要进展,如在叶片成形和变截面钢板弹簧上的应用。未来,辊锻技术的发展方向包括重型化、绿色锻造、精密辊锻技术和润滑技术等方面。随着对环保和可持续发展的需求增加,绿色锻造和智能化控制技术的应用将成为辊锻技术的重要发展方向。

6.2.2　辊锻的分类

按照工艺用途分为制坯辊锻和成形辊锻;根据轧槽的数量分为单型槽辊锻和多型槽辊锻;按照型槽的形式分为开式型槽和闭式型槽两种辊锻方式;按照工件的送进方式分为顺向送进和逆向送进两种类型;根据辊锻温度分为热辊锻和冷辊锻。

1)制坯辊锻和成形辊锻

制坯辊锻主要是为模锻准备所需形状尺寸的毛坯,变形特点是沿坯料长度方向分配金属体积。制坯辊锻按照轧槽数量还可以分为单型槽制坯辊锻和多型槽制坯辊锻。对于长轴类锻件,若采用辊锻制坯,则具有效率高、质量好、材料利用率高等特点。制坯辊锻的产品主要有柴油机连杆、拖拉机履带节、活扳手等。

成形辊锻能直接制出符合形状尺寸要求的锻件。成形辊锻根据工件的用途和变形程度，还可以进一步细分为初成形辊锻、终成形辊锻和局部成形辊锻。成形辊锻主要用于生产三种类型的锻件，包括：扁断面的长杆件，如扳手、活动扳手、链环等；带有不变形头部、而沿长度方向横截面面积递减的锻件，如叶片等；以及连杆类锻件等。制坯辊锻与成形辊锻的变形特点及应用情况汇总表见表6-1。

表6-1 制坯辊锻与成形辊锻对比

分类		变形特点	应用
制坯辊锻	单型槽辊锻	在开式型槽内一次或多次辊锻，或在闭式型槽内一次辊锻	用于毛坯端部拔长或模锻前的制坯工步，如扳手的杆部延伸
	多型槽辊锻	在几个型槽内依次连续辊锻，或在组合型槽内辊锻	用于模锻前的制坯，如汽车前轴的制坯辊锻
成形辊锻	完全成形辊锻	在辊锻机上完成成形的全部过程	用于小尺寸锻件的直接辊锻成形，如医疗器械的零件、叶片的冷、热精密辊锻
	预成形辊锻	在辊锻机上完成相当于模锻工序中预锻的成形程度	用于辊锻截面差较大、形状较为复杂的锻件，如内燃机连杆、拖拉机履带节
	部分成形辊锻	在辊锻机上完成锻件部分结构的成形	用于辊锻长杆类或板类锻件，如锄头、犁刀

2）单型槽辊锻和多型槽辊锻

单型槽辊锻是指辊锻模上只有一个型槽，主要应用在毛坯的局部伸长以及生产预成形毛坯供给模锻锤或压力机模锻。多型槽辊锻的辊锻模有两个或更多个型槽。型槽辊锻主要应用在毛坯预成形部分沿长度方向横截面变化较大的情况，每换一个型槽，毛坯将绕其轴线旋转45°或90°。

3）开式型槽和闭式型槽

按照型槽形式不同，辊锻分为开式型槽辊锻和闭式型槽辊锻。开式型槽辊锻的上下型槽间有水平缝隙，横向流动约束较小，宽展较自由，坯料容易发生展宽，同时工件的精度不高，常用于制坯辊锻。闭式型槽辊锻宽展受限制，不易发生展宽，工件精度高，可强化延伸、限制锻件水平弯曲，既可用于制坯辊锻，也可用于成形辊锻。

4）顺向送进和逆向送进

辊锻顺向送进和逆向送进的工艺示意图如图6-2所示。辊锻时，坯料送进方向与辊锻方向一致的送进方式为顺向送进，如图6-2（a）所示。顺向送进利用轧辊的咬入力使工件自然进入成形区辊锻成形，不需要附设送进装置，且工件不需夹持，适用于成形辊锻。但对于多道次辊锻，则需要在辊锻机两侧反复移送坯料。逆向送进的生产方式是坯料送进方向与辊锻方向相反，如图6-2（b）所示。逆向辊锻，操作方便，常用于多道次辊锻。工件在夹钳的夹持下，利用轧辊的空隙送入辊锻区，当轧辊转到辊锻位置时实现压下变形，同时将工件送出辊锻区。

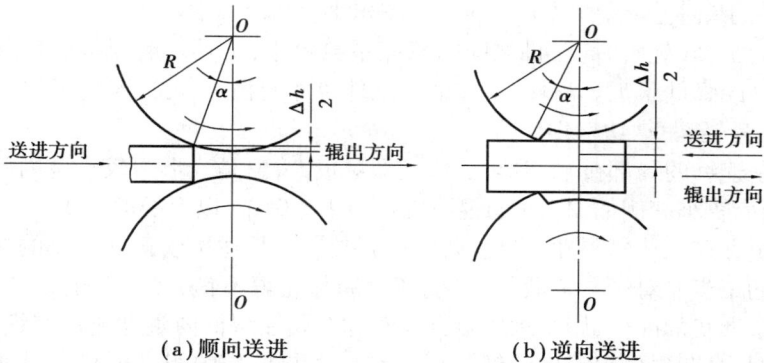

(a)顺向送进　　　　　　　(b)逆向送进

图6-2　辊锻的两种送料方式

5)热辊锻与冷辊锻

按照温度不同,辊锻分为热辊锻和冷辊锻。热辊锻是将坯料加热到再结晶温度以上进行的辊锻,也是最常用的辊锻。常温下的辊锻为冷辊锻,多用于终成形辊锻、锻件精整或有色金属,它可以使得锻件得到较低的表面粗糙度及提高锻件力学性能,如叶片的冷辊锻。

6.2.3　辊锻的工艺特点

辊锻件流线好,疲劳寿命高,锻件的材料利用率高、劳动条件好、所需设备的吨位小、对设备的基础要求低、便于实现机械化和自动化,且生产效率高等。与锻造方法相比,辊锻工艺有如下特点。

(1)生产效率高

辊锻变形是逐步和连续的,多型槽辊锻的生产率大体上与模锻相当,而单型槽一次辊锻的生产率则显著提高,约为锤上模锻的 5~10 倍,符合大批量生产要求。例如锻造坦克走动部分的履带节,采用锤上模锻工艺,每班可生产 600 件,而采用辊锻成形工艺每班可生产1 300 件。

(2)材料利用率高

辊锻的坯料是顺序定位翻转,以使坯料的整个体积能够得到正确的分配,并获得较大的拔长条件,飞边小而均匀。因此,采用辊锻成形时,金属消耗量比锤上模锻降低了很多。例如增压器叶片的闭式辊锻与开始模锻相比,材料利用率可提高 30% 左右。

(3)省力

辊锻过程中,模具只与毛坯的一小部分接触,模具与坯料接触面积小,所需的变形力较小,与整体模锻相比,可减小设备吨位70% ~90%。

(4)劳动强度低,工作环境较好

辊锻过程中无冲击,振动和噪声都较小,劳动条件有很大改善。此外,辊锻机结构简单,制造容易,对厂房要求不高,易于实现机械化和自动化。

(5)锻件质量好,具有良好的金属流线

在辊锻模的作用下,金属发生局部的连续变形,使金属纤维沿锻件外形分布,金相组织均匀、致密,残余变形和附加应力小,提高了零件的力学性能和使用寿命。

（6）辊锻件的尺寸稳定，所需毛坯的金属体积小，材料消耗少

由于辊锻的工具（轧辊）与工件之间的摩擦系数较小，工具的磨损较轻，与锻模相比寿命大大提高。这样既降低了工具消耗，也保证了工件尺寸的稳定，可以减少工件的加工余量。

（7）设备质量轻，驱动功率小

由于变形是连续的局部接触变形，虽然变形量很大，但是变形力较小。因此，设备的质量较轻，电动机功率较小。例如，250 t 的辊锻机相当于 2 000 t 以上的锻造机。

辊锻技术也存在工艺局限性，受变形特点的限制，它只适用于截面减小的变形工步，不适用于截面增大的工步。对于复杂锻件，可能产生局部充填不良、尺寸精度较低的现象。对于具有变断面复杂形状的锻件，属于刚体啮合运动和金属在型槽内塑性流动交织在一起的复杂过程。实践表明，复杂锻件辊锻出的锻件形状和尺寸与模具的相应形状和尺寸，不易达到完全一致，容易出现畸变与充填不足现象。

6.2.4　辊锻的主要几何参数

辊锻成形过程的主要几何参数包括：变形区长度 L，咬入角 α，前滑值 S，宽展 Δb（展宽），坯料入口和出口锻模尺寸，型槽几何参数，延伸系数等。这些几何参数在辊锻工艺设计中起着至关重要的作用，它们不仅影响着产品的成形质量，还决定了生产效率和材料利用率。因此，在实际生产中，需要根据具体的产品要求和工艺条件，合理选择和调整这些参数，以达到最佳的加工效果。

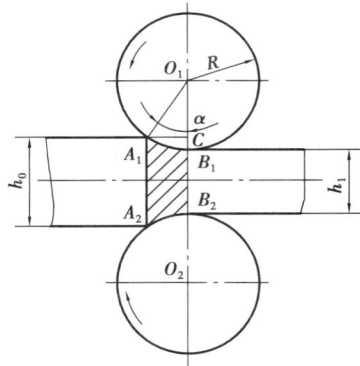

辊锻变形区是指辊锻时坯料与辊锻模具直接接触产生塑性变形的区域，其长度直接影响到材料的流动和最终成形效果。图 6-3 中 h_0、b_0 和 l_0 分别表示变形前坯料的高度、宽度和长度；h_1、b_1 和 l_1 分别表示变形后坯料的高度、宽度和长度。常用绝对变形和相对变形表示辊锻时的变形程度。

辊锻变形区绝对变形量包括压下量 Δh，宽展量 Δb 和延伸量 Δl。

$$\Delta h = h_0 - h_1$$
$$\Delta b = b_1 - b_0$$
$$\Delta l = l_1 - l_0$$

绝对变形量与相应坯料原始尺寸的比值称为相对变形量，常用百分数表示。

相对变形量　　$\dfrac{\Delta h}{h_0} = \dfrac{h_0 - h_1}{h_0} \times 100\%$

相对宽展量　　$\dfrac{\Delta b}{b_0} = \dfrac{b_1 - b_0}{b_0} \times 100\%$

图 6-3　矩形截面辊锻变形区

相对延伸量　　$\dfrac{\Delta l}{l_0} = \dfrac{l_1 - l_0}{l_0} \times 100\%$

变形后的工件尺寸与变形前相应的坯料尺寸之比称为变形系数，延伸变形系数（延伸系数）用于描述材料在辊锻过程中沿轴向的延伸程度，通常通过计算各道次的延伸系数来确定整个辊锻过程的变形量。

压下变形系数

$$\eta = \frac{h_1}{h_0}$$

宽展变形系数

$$\beta = \frac{b_1}{b_0}$$

延伸变形系数

$$\lambda = \frac{l_1}{l_0}$$

咬入角是指坯料被辊锻模咬入时变形区所对应的锻辊圆心角,它影响着咬入条件的实现,咬入角的大小直接影响到辊锻过程的稳定性和效率。

咬入弧是指坯料与锻辊接触的弧长,图6-3中A_1B_1即为咬入弧。

变形区长度是咬入弧的水平投影,图6-3中l即为变形区长度。

6.2.5 坯料的咬入

在辊锻工艺中,坯料的咬入是一个至关重要的步骤,咬入是指坯料被辊锻模具咬住,从而开始辊锻变形的过程。辊锻变形过程通常为非稳定轧制过程,其变形区、坯料的咬入、辊锻时的前滑、后滑和宽展等也有差异。若使辊锻成形顺利进行,必须考虑坯料能否顺利咬入和后续能否稳定咬入。只有当坯料被辊锻模咬入,才能建立起辊锻过程。

辊锻工艺过程的建立是靠工件与辊模间的摩擦力将工件拽入辊模的,随着坯料的不断拽入,坯料的变形区变长,合力作用点也将向出口方向移动,变形过程更易自动进行。辊锻成形主要是拽入过程"开头难",只要坯料被辊锻模咬入,坯料就能建立起稳定的辊锻过程。

在辊锻过程中,坯料被锻辊咬入主要有两种典型形式:一是在坯料的端部咬入,如图6-4(a)所示;二是在坯料中间的咬入,称为中间咬入,如图6-4(b)所示。

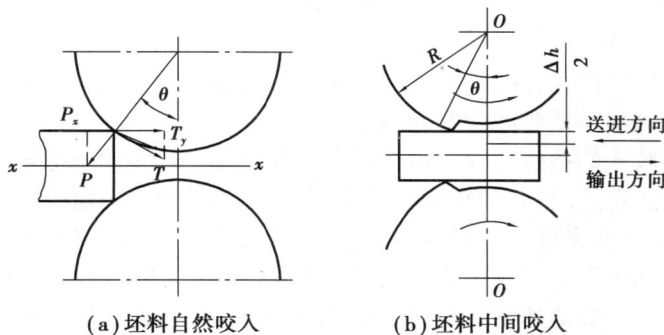

(a)坯料自然咬入   (b)坯料中间咬入

图6-4 辊锻坯料的咬入

根据坯料被咬入的条件不同,辊锻的咬入分为自然咬入和强制咬入两种情况。坯料的端部咬入,可能是自然咬入,也可能是强制咬入;同样,中间咬入也是如此。

1)端部自然咬入

用力将坯料靠紧靠锻辊,在摩擦力作用下,坯料被锻辊拽入时,称为端部自然咬入。辊锻采用后定位的送料时,多为端部自然咬入方式。

在端部自然咬入时,模具与坯料之间的摩擦力是咬入的主动力。提高摩擦系数和减小咬入角将有利于实现咬入条件。提高摩擦系数可用模具表面粗糙化来实现,减小咬入角可用减少绝对压下量来实现。端部自然咬入时,咬入角一般不大于25°。

辊锻坯料端部自然咬入前/后的受力分析示意图如图6-5所示。

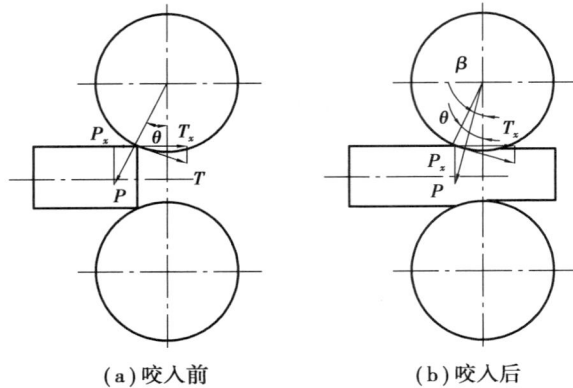

(a)咬入前　　　　　　　(b)咬入后

图 6-5　坯料端部咬入受力分析

当毛坯靠紧模具时,受到模具径向力 P 和摩擦力 T 的作用。P 和 T 的水平分力为

$$P_x = P\sin\theta$$
$$T_x = T\cos\theta$$

端部要实现坯料稳定咬入的必要条件是:必须使摩擦力在水平方向上的分力 T_x 大于锻辊对坯料径向压力的水平分力 P_x,即

$$T_x > P_x$$

因为

$$T = \mu P, \mu = \tan\beta$$

于是自然咬入的条件为

$$\alpha < \beta$$

式中　α——咬入角;

　　　β——咬入时的摩擦角,端部咬入时的摩擦角一般是 $\beta \leqslant 25°$;

　　　μ——咬入时坯料与锻辊间的摩擦因数。

也就是说,自然咬入的条件是咬入角必须小于锻辊与坯料间的摩擦角。毛坯被锻辊咬入后,随着辊锻过程的进行,坯料向锻辊中心线方向移动,合力的作用点发生变化,咬入角也随之发生变化。当坯料到达锻辊中心线时,其咬入角为 $\alpha/2$,如图 6-5(b)所示。由于此时 $\beta < \theta$,所以坯料一经咬入,如压下量不发生变化,辊锻过程便能继续进行下去。如果为了减少辊锻道次而加大压下量,当其数值达到一定程度时,咬入角有可能大于摩擦角。因此,为了使维持辊锻过程自动进行下去,咬入角不能无限增大。极限咬入角 $\theta_{\max} \approx (1.3 \sim 1.5)\beta$。维持辊锻过程的条件已经大大降低。

2)中间咬入

中间咬入是由辊锻模上的突出部位直接压入坯料而强行将坯料拽入变形区。这种方式下,咬入时不受摩擦影响,咬入角可以加大,一般可达 32°~37°。为了减少辊锻道次、增加每道次的压下量,采用中间咬入是必需的。

端部自然咬入属于顺向送料,即送料方向和辊锻旋转的切向一致,如图 6-6(a)所示。中间咬入的情况刚好相反,称为逆向送料,如图 6-6(b)所示。采用机械手送料时多为逆向送料。采用逆向送料时,辊锻模的凸出部直接压入坯料的中间部位而实现咬入,相当于机械式钳入。

咬入后要继续进行辊锻,必须防止打滑现象的发生,这就要受到稳定咬入条件(摩擦条件)的限制。

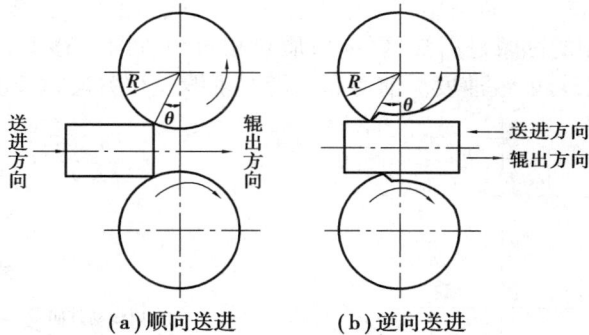

图 6-6 辊锻的两种送料方式

(a)顺向送进 (b)逆向送进

$$\theta_z = (1.3 \sim 1.5)\theta_d$$

式中 θ_z——中间咬入时的咬入角；

θ_d——端部自然咬入时的咬入角。

在坯料端部自然咬入时，通常其最大咬入角 θ_d 不超过 25°，而中间咬入时，根据实践资料，其最大咬入角 θ_z 可以增加到 32°~37°。因此，在中间咬入时，其咬入条件大为改善。

多道次辊锻成形时，尤其是镦锻经过预成形的坯件，因预先辊锻过的坯料已具有一定的形状，一般不能采用自然咬入或中间咬入，很多时候必须采用强制咬入，即由送料机顶住坯件使其随模具一起运动，直接至模具的凸台或凸槽的后壁将坯料拉入。

影响咬入的主要因素有：

①摩擦系数：提高摩擦系数有利于实现咬入条件，可以通过模具表面粗糙化来实现。

②咬入角：减少咬入角有利于咬入，可以通过减少绝对压下量来实现。但需要注意的是，咬入角不能过小，否则可能导致咬入不稳定。

③坯料尺寸和形状。

④模具设计：模具的设计的合理性也是影响咬入的重要因素。

坯料的咬入是辊锻工艺中的一个关键步骤。通过合理的模具设计、提高摩擦系数、减少咬入角以及选择合适的坯料尺寸和形状等措施，可以实现稳定的咬入过程，为后续的辊锻变形提供良好的基础。实现强制咬入的其他方法还有：

①增大摩擦系数，如在辊轮上刻痕。

②压下量一定时，增大辊轮的直径。

③辊轮直径一定时，减小压下量。

④将坯料的头部压扁。

⑤结合辊锻锻件结构特点，采用中间咬入等。

6.2.6 前滑、后滑及展宽

坯料在轧制或辊锻时，在高度上受到辊锻模压缩，在纵向获得延伸，如图6-7所示；而在横向产生宽展，如图6-8所示。辊锻过程中的前滑、后滑和展宽是三个重要的工艺参数，它们对辊锻件的尺寸精度和成形质量有重要影响。

辊锻模具与普通模具不同，它两端敞开，金属坯料可同时向着变形区的入口和出口两个方向流动，故在坯料内部必然存在一个流动分界面，如图6-7中虚线位置所示。该分界面在轧制或辊锻时通常称为中性面或临界面，它和两辊中心连线的夹角 γ 称为中性角，它不是位于变形区中间,而是向出口端一侧偏移。在中性面右侧区域为前滑区,金属质点相对于锻辊向前滑动。在中性面左侧的区域是后滑区,金属质点相对锻辊向左移动,其内金属的流动速度(坯料入口速度)小于锻辊的线速度。前滑和后滑对辊锻模相关模腔长度的确定有影响。

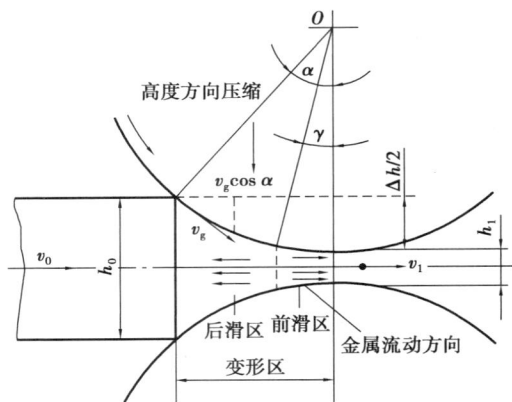

图 6-7 辊锻过程的前滑与后滑

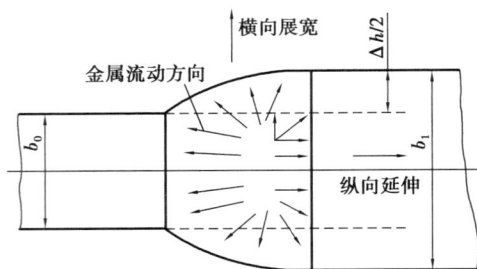

图 6-8 辊锻过程的展宽

1)前滑

前滑是指在辊锻过程中,变形区出口处金属材料的流动速度大于辊锻模圆周线速度的现象。由于流入变形区与流出变形区的材料体积相等,而变形区的高度是变化的,因此材料沿辊锻方向的运动速度也是变化的。这一现象对计算辊锻件的长度具有重要意义。

前滑的大小通常用前滑率 S 表示,计算前滑的芬克公式为

$$S = \left(\frac{R}{h} - \frac{1}{2} \right) r^2$$

$$r = \left(\frac{\alpha}{2} \right) \times \left(1 - \frac{\alpha}{2\beta} \right)$$

其中,S 是前滑值也叫前滑率,R 是辊锻模半径,α 是咬入角,β 是摩擦角,h 是变形区出口处高度。

前滑现象使坯料比型槽长,其工艺补救可采用将型槽做短些的方案。影响前滑的因素很多,如相对变形程度、摩擦系数、辊速、模具模腔、坯料的形状、加热温度及锻辊直径等。通常,相对变形程度越大,则变形区越大,使得前滑率增大;摩擦系数越大则中立角大,使得前滑率增大;锻辊直径越大则变形区越大,使得前滑率增大;辊速越大则会使摩擦系数减小,使得前滑率减小;展宽越大则前滑率越小。实际生产中,前滑率要经过多次试验才能确定。

2)后滑

后滑是指在辊锻过程中,变形区入口处金属材料的流动速度小于辊锻模圆周线速度的现象。在后滑区的每个垂直断面上,金属流动的平均水平速度等于锻辊相应处线速度水平分量减去金属和锻辊之间相对滑动的水平分速度。后滑的影响相对较小,生产中一般不考虑后滑的影响。

前滑与后滑产生的原因,是毛坯随着辊锻模运动的同时,在高度上受到压缩变形,于是相对于辊锻表面作向前和向后的流动。生产中一般只考虑前滑,不考虑后滑的影响。因为,后滑的毛坯尚未辊锻成形,不影响成形尺寸精度。

3）展宽

展宽是指材料经过辊锻在横向上流动形成的现象。影响展宽的因素主要有绝对压下量、辊锻模直径、坯料原始宽度与摩擦系数等。绝对压下量增加、辊锻模直径增加、摩擦系数增加、原始坯料宽度减小，都会导致展宽加大。理论上计算展宽的公式较多，但都是在某一特定条件下提出的，在计算复杂型槽辊锻时误差较大。

宽展表示的方法有绝对宽展、相对宽展及宽展系数。影响坯料宽展变形的因素与影响坯料延伸变形的因素相同。除压下量和变形温度外，其他因素对宽展变形影响效果都与对延伸变形的影响效果相反。即压下量越大，变形温度越高，宽展变形与延伸变形同时增大；辊轮直径越大，宽展变形越大；型槽底面与坯料的接触宽度越大，宽展变形越小；摩擦因数越大，宽展变形越大；辊锻道次增多，宽展变形减小。

6.2.7 辊锻的典型应用案例

随着汽车模锻件总量的快速增加，辊锻工艺的应用范围也不断扩大。采用辊锻制坯与模锻结合生产的典型锻件产品有连杆、车门铰链、汽车前轴、汽车变截面钢板弹簧、叶片等。其典型产品图片如图 6-9 所示。

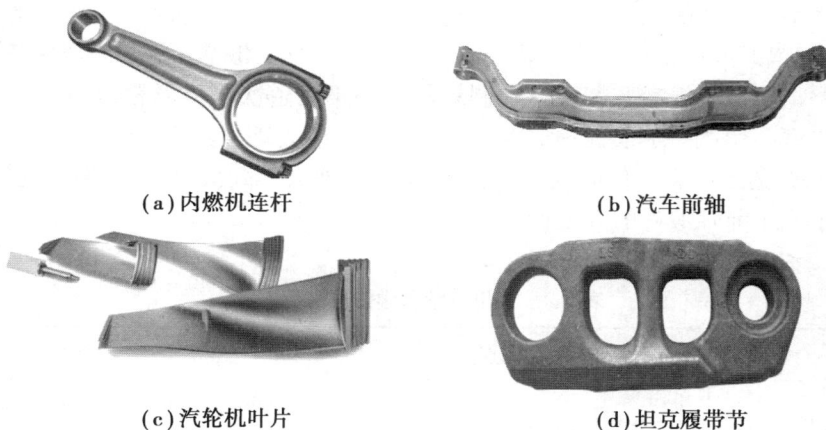

(a) 内燃机连杆

(b) 汽车前轴

(c) 汽轮机叶片

(d) 坦克履带节

图 6-9 典型汽车及军工产品辊锻件

近十几年来，辊锻工艺在国内发展较快。汽车、工具等行业多用制坯辊锻工艺与机械锻压机或摩擦压力机配套生产连杆、曲轴、前轴、随机工具的各类扳手等。对于截面形状简单的钢叉、十字镐、汽车变截面板簧等多采用终成形辊锻或局部成形辊锻生产。凡是几何形状复杂、厚度较大的锻件，如连杆、前轴、履带节等锻件，也有采用初成形辊锻或局部终成形辊锻，再配置小能力的模锻设备进行整形或局部模锻的。

1）案例一：汽车前轴辊锻制坯与模锻成形技术

汽车前轴又称为"前桥"，是汽车传动系统的重要零件之一，不仅要承受汽车本体和运载货物的稳定载荷，还要承受因路况和速度变化引起的冲击载荷，受力状况复杂，对零件的强度和抗疲劳能力有较高要求。其制造技术和工艺水平的要求也在不断提高。但因其形状复杂，产品截面起伏较大，特别是两端限位块及弹簧座都具有深而窄的截面，是一种难锻造的长轴类零件。前桥锻件典型截面二维示意图及三维模型示意图如图 6-10 所示。

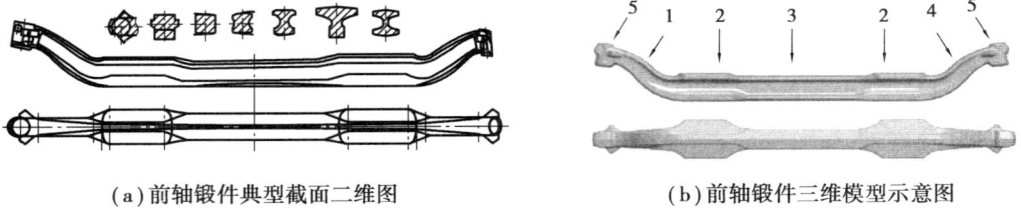

（a）前轴锻件典型截面二维图　　　　　　　（b）前轴锻件三维模型示意图

图 6-10　汽车前轴热锻件示意图

前轴的制造工艺在 20 世纪 50 年代,主要是采用 50 kN 模锻锤头锻造,锻件质量较差,模具寿命低。到了 20 世纪 70 年代,实现了 120 kN 热模锻压力机生产线锻造前轴,自动化程度高,锻件质量好,但是投资巨大,建设周期长。20 世纪 80 年代,国内开发出前轴成形辊锻工艺,主要设备为辊锻机和摩擦压力机;设备投资小,锻件成本低,但锻件长度误差较大,辊锻过程手工操作,劳动强度高;工艺流程:感应加热、成形辊锻四道次、局部整形、切除飞边、弯曲、整体热校正。20 世纪 90 年代,北京机电研究所提出采用精密辊锻和模锻工艺相结合的精辊—模锻复合工艺,该工艺对前轴总面积 60% ~80% 的工字梁等部位采用自动辊锻机精密辊锻达到最终成形尺寸。

前轴锻件最为成熟的工艺是"制坯辊锻+整体模锻",先通过辊锻制坯获得具有初步形状的坯料,再通过模锻成形获得最终形状和尺寸的锻件。整个锻造工艺流程为:带锯下料→中频加热→第一道次拔长辊锻→第二道次制坯辊锻→第三道次预成形辊锻→第四道次成形辊锻→弯曲→终锻→切边→热校正→空冷→在链式炉中热处理。其中,辊锻工序完成占前轴总长度 60% ~80% 的工字梁部位的成形,大大降低了模锻成形载荷,减少了模锻设备投资,该技术已经实现了汽车前轴锻件的大批量生产。

采用模锻和辊锻成形的对比见表 6-2。

表 6-2　采用模锻和辊锻成形的对比

	优点	缺点
热模锻	自动化程度高,锻件质量较好	投资费用极高,整条生产线费用达一亿以上,模具更换、调整复杂
辊锻	设备投资低,模具费用低,锻件成本低	锻件几何尺寸差,长度误差较大,易出现充不满
精密辊锻+整体模锻	降低成形力,设备投资小,效率高	精度、成形尺寸不如模锻

2)案例二:铁路货车钩尾框锻件新产品开发

铁路车辆通过车钩连挂后组成列车,车钩是通过钩尾销与钩尾框连接在一起,如图 6-11 所示。铁路货车钩尾框是铁路货车上常用的受力连接件,其质量和性能要求较高。钩尾框产品传统的成形工艺是采用铸造技术成形,其产品示意图如图 6-12 所示。

铁路货车提速需求对钩尾框性能提出了更高要求,其锻件开发成为提升产品竞争力的关键。采用整体锻造钩尾框,其主要工序包括自由锻制坯、模锻、弯曲和焊接成形。该工艺在实施中存在壁厚达不到要求、自由锻制坯生产效率低、加热火次多能耗大以及锻件产品的生产成本高等突出的问题。铁路货车提速和运量增大的需求,对钩尾框的要求急剧上升,迫切要求以"锻代铸",并解决锻造生产中的问题。

图 6-11 钩尾框在货车上的应用

图 6-12 钩尾框铸件产品

结合钩尾框与其他零件的装配关系及其锻造工艺性的需求,对铸件钩尾框进行了结构优化设计,优化设计得到的锻件钩尾框结构简图如图 6-13 所示。

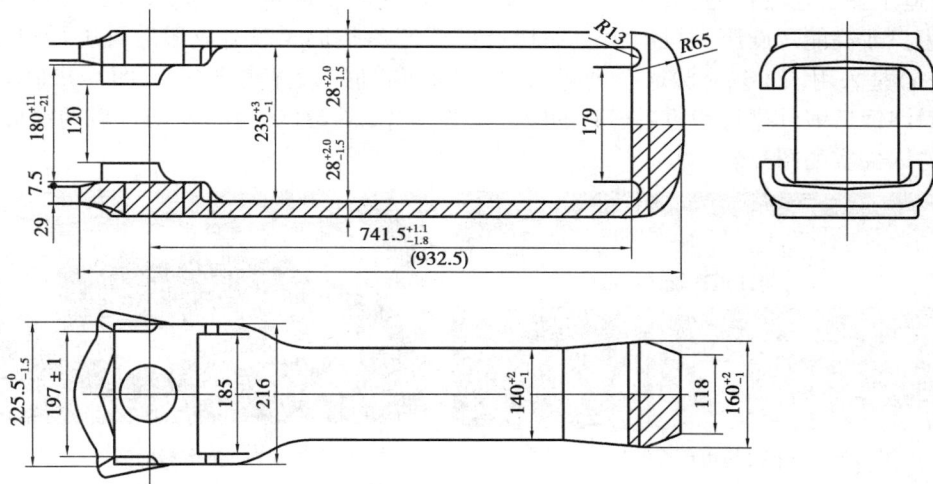

图 6-13 钩尾框锻件结构简图

由图 6-13 可知,锻件的外形尺寸为 932.5 mm×291 mm×225.5 mm,中心部分为 741.5 mm×235 mm 的矩形孔,长度方向上两侧壁厚度仅为 28 mm,锻件右侧大头部分还有一个大侧孔。由于钩尾框锻件中心孔很大,侧壁厚度很薄,还有一个大的侧孔,若采用"制坯→预锻→终锻成形"锻造工艺流程,将存在孔的连皮面积大导致材料利用率低,侧壁成形困难影响其模具寿命,大侧孔无法锻出需要后续机械加工等,以至于浪费材料,出现工时长、生产成本高等问题。

由图 6-13 可知,钩尾框左右对称。若将钩尾框沿轴线展开,展开后的锻件呈长板状,如图 6-14 所示。因而模膛浅、对提高模具寿命极为有利,且锻造工艺性好。展开后的锻件长度近 2 000 mm,中间薄板厚 28~30 mm,各截面的面积变化大,变形区投影面积也大,若采用辊锻制坯→模锻成形的方法生产,所需设备打击力应在 100 MN 以上。若在辊锻机上完成部分成形,再通过终锻完成最终成形,将会显著降低设备的打击力,降低模具费用等。

综上分析,根据钩尾框锻件产品结构特点,结合辊锻在制坯上的优势,相关生产企业设计了"辊锻制坯与局部锻造成形"相结合的锻造工艺方法,其锻造工艺流程为:扁钢加热→三道次辊锻成形→弯曲(整体预锻)→终锻成形(局部)→切边→压弯→侧压校正→焊接。该工艺生产效率高,可一火完成,材料利用率可达90%以上。该工艺中钢坯的选择是根据辊锻变形的特征,结合锻坯最大截面积及其形状选择的。

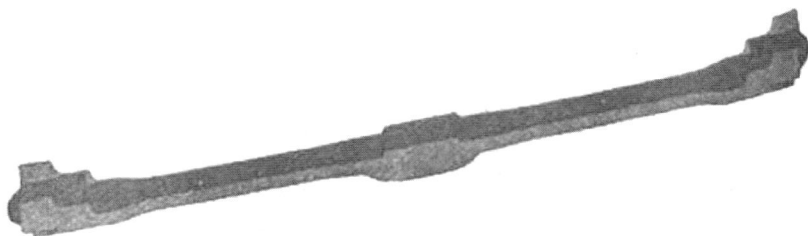

图6-14 钩尾框展开后的锻件图

鉴于钩尾框零件展开坯料的尺寸长、扁钢下料工艺难度大、对锻压设备能力要求较高等特点,北京机电研究所提出了"四次辊锻→模锻→折弯"复合锻造的铁路货车钩尾框成形方法,其锻造主要工艺流程为:圆棒下料→中频感应加热→辊锻机上4道次精密辊锻→3 150 t摩擦压力机或高能螺旋压力机上模锻→切边→折弯→整形。锻造成形后再进行焊接成形。图6-15(a)是采用该工艺对圆棒料进行四次辊锻后得到的锻件实物图片,图6-15(b)是采用该工艺对终锻后锻件进行切边后得到的锻件实物图片,图6-15(c)是对切边后的锻件进行折弯得到的锻件实物图片。

(a)第四道次辊锻后锻件

(b)切边后终锻件

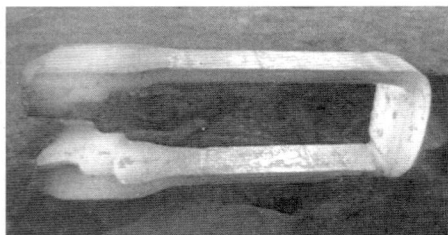

(c)折弯后的锻件

图6-15 钩尾框锻造生产过程的典型实物照片

"四次辊锻→模锻→折弯"锻造工艺的主要优势在于:圆棒下料、锻造过程一火成形、材料利用率高、产品成形质量好、所需设备吨位小、生产效率高、劳动条件大为改善和节能环保等。

6.3 楔横轧

6.3.1 横轧的定义及分类

轧辊的轴线与坯料的轴线相互平行,坯料在两个旋转方向相同的轧辊间,作平行于轧辊轴线并与轧辊转动方向相反的旋转运动,坯料只在径向受到轧辊的压力并成形的一种轧制方法,称为横轧。横轧可以生产各种形状的轴类产品,横轧加工主要有两类:一类靠改变轧辊间距离实现坯料的变形,另一类是靠改变轧辊孔型实现坯料的轧制成形。横轧典型的孔型有:齿轮横轧、螺旋横轧和楔横轧。

齿轮横轧是指通过带齿形的轧辊与圆形坯料进行对滚,实现齿形零件轧制成形的工艺,变形主要是沿着坯料直径方向进行,其轴向变形很小。齿轮横轧的示意图如图 6-16 所示,该方法可实现链轮、花键轴等轧制成形。

螺旋横轧又称螺纹滚压,其示意图如图 6-17 所示。螺旋横轧是两个带螺纹的轧辊(滚轮),以相同的方向旋转,带动圆形坯料旋转,其中一个轧辊径向进给,将坯料轧制成螺纹,螺旋横轧的变形主要在坯料径向进行。

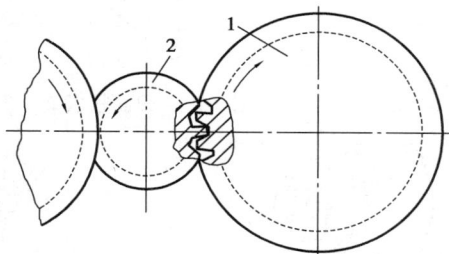

图 6-16　齿轮横轧示意图

图 6-17　螺旋横轧示意图

楔横轧是两个带楔形模的轧辊以相同的方向运动,坯料在楔形模具的作用下通过局部塑性成形轧制成各种形状的台阶轴。楔横轧是一种高效清洁的轴类零件近净成形技术,也是先进成形制造科学与技术的重要组成部分,弥补了传统工艺技术的缺陷,是当前广泛推广的阶梯轴制造先进技术,作为特种轧制方法之一,楔横轧已成为现代模锻制坯的主要方法之一。本书将主要介绍楔横轧技术的相关内容。

6.3.2　楔横轧分类与工作原理

楔横轧是利用两个同向运动的带有楔形的模具对坯料进行加载,坯料通过径向压缩和轴向延伸变形实现局部加载连续变形的一种轴类件塑性成形方法。楔横轧有板式楔横轧和辊式楔横轧两类,典型的类型有平板式楔横轧、凹(弧)面楔横轧、单辊式楔横轧(也叫单辊弧形楔横轧)、双辊式楔横轧和三辊式楔横轧等共五类。

平板式楔横轧成形工艺示意图分别如图 6-18 所示。平板楔形是辊型的展开,上下两个模板的运动方向相反,或者一个作前后运动另一个固定不动。板式楔横轧是在上模板和下模板的相对运动过程中,借助装在上、下模板的带有楔形的模具,使圆柱形坯料在径向变形的同时产生轴向变形,从而加工成所需形状的圆柱类或圆锥类零件。平板楔横轧机的最大优点是结构简单,制造方便。

凹面楔横轧工艺示意图如图 6-19 所示。楔形安装在两个平板的弧形面上,轧制时楔形楔入坯料,实现轴类件的成形。

辊式楔横轧是将带有楔形模的轧辊平行布置,轧辊以相同方向旋转,产生的摩擦力带动圆形坯料向相反方向旋转,变形楔楔入轧件中使其受到连续局部压缩变形,同时坯料发生径向压缩变形和轴向延伸变形,最终成形成所需形状的一种轴类件成形方法。

单辊弧形楔横轧示意图如图 6-20(a)所示。单辊弧形楔横轧机由一个带楔形的轧辊和固定的弧形楔组成。坯料在转动轧辊和固定弧楔之间进行轧制。机器结构简单,但工具制造困难,调整不方便,因此使用范围窄。

三辊式楔横轧的示意图如图 6-20(b)所示。三辊楔横轧机所有轧辊轴线是平行的,其转向也相同,三辊轧机的坯料只能从端面送入。

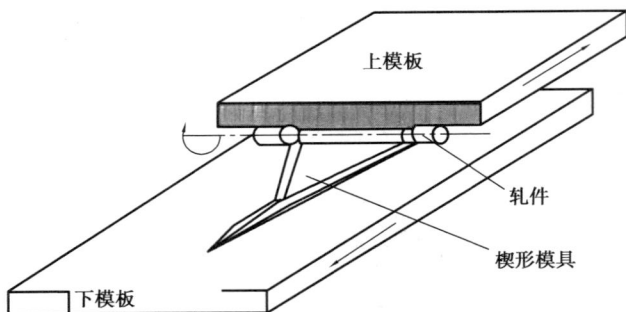

图 6-18　平板式楔横轧

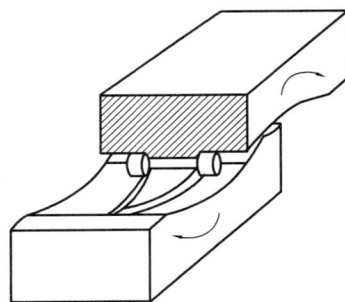

图 6-19　凹面楔横轧

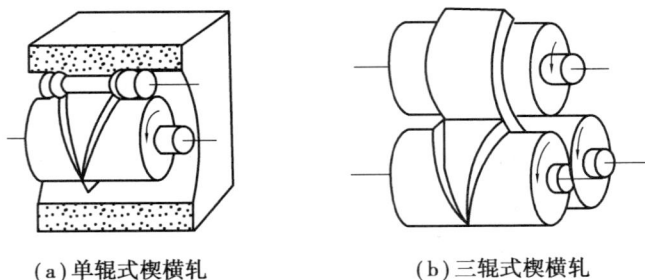

（a）单辊式楔横轧　　　　（b）三辊式楔横轧

图 6-20　辊式楔横轧示意图

三辊式楔横轧产品的精度更高,出现内部疏松的概率更小,但是由于其工艺调试更加复杂,模具调整安装过程烦琐,且轧辊的相位调节也比较困难,所以常用于一些空心件轧制。

双辊式楔横轧的原理示意图如图 6-21 所示。轧件的轴线与轧辊的轴线平行,两个轧辊辊轮的旋转方向相同。变形过程主要是靠模具上两个楔形凸块压缩坯料,使其发生径向压缩、轴向伸长,从而使坯料径向尺寸减小,长度增加,辊式楔横轧主要用于成形轴类零件或锻坯。轧制时坯料既可以由侧面进入,也可以由端面送入。

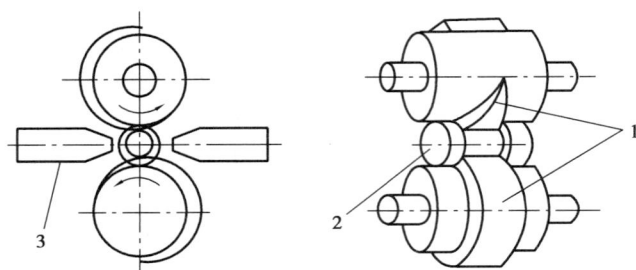

图 6-21　双辊式楔横轧的工作原理
1—楔形模具;2—坯料;3—导板

与其他轧制成形工艺相比,楔横轧技术突破了传统轧制只能生产不同形状等横截面产品的局限,可以高效地生产出变截面产品,现已广泛应用于轴类零件产品的生产中。鉴于双辊式楔横轧轧制过程的稳定性,能有效控制轧件的尺寸精度,生产效率高,而且模具的安装调试也较为方便等,因此在实际生产中具有最为广泛的应用。

用楔横轧成形轴类零件的构想早在 1885 年左右就有记载,但一直未能付诸实践。直到

20世纪60年代,国际博览会上展出了板式楔横轧机及生产的汽车轴类零件。之后,这些技术在世界各国得到了推广和应用,产品主要是大型的汽车零部件。各国学者在楔横轧变形机理、工艺参数优化及装备设计等各方面都开展了深入研究,并取得了一定的成果,使得楔横轧技术不断运用于工业生产之中,楔横轧成为轴类零件塑性加工重要新工艺。

随着楔横轧技术不断深入研究、该技术得到了快速发展,并在工业企业受到广泛重视。为扩大楔横轧的应用范围,已经开展了空心件、偏心件、非圆曲面的楔横轧以及冷楔横轧的研究。此外,还发明了很多新方法,如混合楔形成形法、多楔同步楔横轧、分段对称楔轧制、非对称楔轧制、预轧楔轧制等。

双辊式楔横轧应用广泛,既可以直接成形零件,也广泛应用于锻件制坯。为此,本书后续关于楔横轧的阐述,未做特殊说明时均是指双辊式楔横轧。

6.3.3 楔横轧的变形过程

某双辊式楔横轧楔形凸块展开图和轧制变形过程如图6-22所示。由图6-22(a)可知,这类楔形模具相对简单,主要包括了楔入段、展宽段和精整段三部分组成。

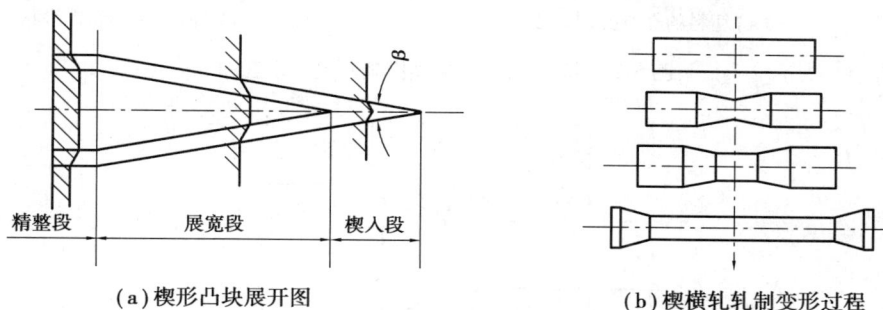

（a）楔形凸块展开图　　　　（b）楔横轧轧制变形过程

图6-22　简易楔横轧制模具及轧件变形过程

对于成形精度要求高的轧件,其楔形模具展开图与轧制过程如图6-23所示。由图6-23(a)可知,该楔形模具由楔入段、楔入平整段、展宽段、精整段以及剪切段等五部分组成。

下面,结合图6-23对坯料楔横轧的变形过程及相应模具的作用作简要说明。

（1）楔入段

楔形模的起始部分使坯料选择并沿着圆周方向在坯料上轧出由浅而深的V形沟槽,这部分称为楔入段。楔入段的作用是实现轧件的咬入与旋转,并将轧件压成由浅入深的V形环槽,其最深处为$\Delta r=r_0-r_1$。为了防止楔入段轧件不旋转,除在斜楔面上刻上刻痕外,还需要在楔入段开始处的前、后基圆面上刻上平行于轧辊轴线的刻痕。

（2）楔入平整段

楔入段之后,楔形模将由浅而深、由窄而宽的V形沟槽轧成深度和宽度一样的V形沟槽,这部分称之为楔入平整段。楔入平整段的作用是将轧件在整周上全部轧成深度为Δr的环形槽。楔入平整段楔形模具的断面图如图6-24所示,楔入平整段也为展宽段开始时的成形起到了改善作用。

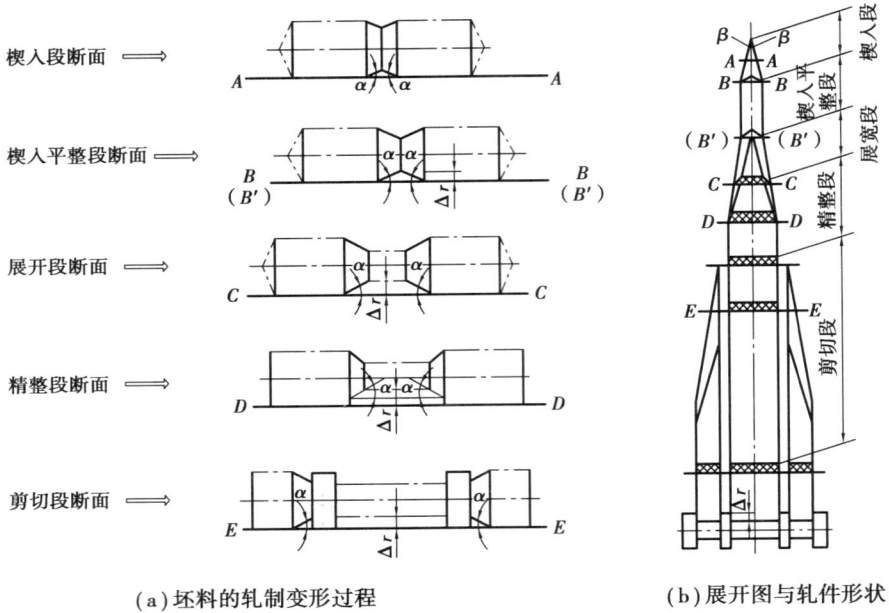

（a）坯料的轧制变形过程　　　　　（b）展开图与轧件形状

图 6-23　有剪切的轧件楔横轧制模具示意图

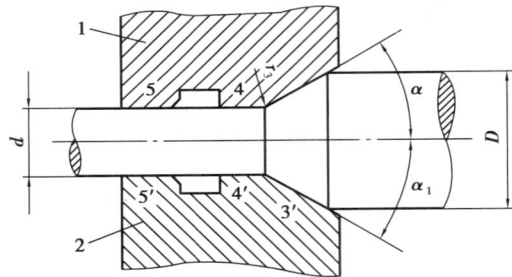

图 6-24　楔形模具的断面图

1—上模；2—下模；3′—成形面；4,4′—展宽面；5,5′—精整面

（3）展宽段

楔形凸块上展宽部分的侧面使 V 形沟槽逐渐扩展,使变形部分的宽度增加。轧件进入展宽成形阶段,展宽段模具孔型的楔顶高不变,成形面的作用是将坯料直径压缩成轧件直径,长度得到延伸,这是轧件的主要变形区段。为了避免模具与工件间打滑,成形面上通常会加工有刻痕,以增加摩擦力,如图 6-25 所示。

（4）精整段

当轧件达到所需宽度后,将进入精整段。由楔形凸块上的精整段对轧件进行整形,以提高轧件的外观质量和尺寸精度。精整段模具孔型的楔顶高与楔顶面及楔底的宽度都不变,展宽角 $\beta=0$。精整段的作用主要有三个:一是平整轧件整周上的压痕和刻痕;二是保证轧件直径的圆度;三是使坯料与轧件同轴旋转。

轧件表面的平整度除受展宽面粗糙度的影响外,主要受成形面刻痕形状的影响。成形面与展宽面之间的过渡一定要有过渡圆角,圆角直径的大小取决于压下量,压下量越大,圆角半径就越大,通常过渡圆角半径 r 的范围是 $0.5\sim5$ mm。展宽面的宽度应比轧面上的螺旋节距之半大 $1\sim3$ mm。展宽面宽度过大,轧件心部易产生疏松;但窄的展宽面往往不足以将轧件表面充分平整,从而在轧件表面留下锯齿形的双螺旋线纹。为消除这一表面缺陷,提高产品尺寸精度,在展宽面之后一定距离处设置精整面,如图 6-25 中 6 所指之处。

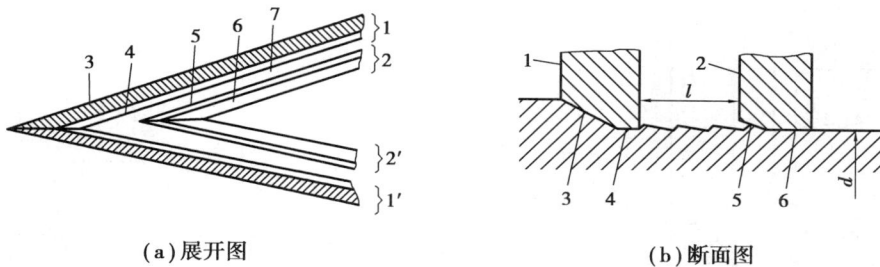

(a)展开图　　　　　　　　(b)断面图

图 6-25　展开段楔形结构

1,1′—成形模体;2,2′—精整模体;3—成形面;4—展宽面;5—倒角;6—精整面;7—空隙

(5)剪切段

剪切段的作用是将轧好的轧件切断,切刀既可以放在中间用于切断工件,也可以放在两端用于切除多余的料头,因为切刀的寿命低,所以多支撑镶块固定于轧辊上。

6.3.4　楔横轧的主要工艺参数

楔横轧塑性成形过程中,轧件置于导板和模具之间,楔形模具固定于轧辊上,两轧辊同向旋转,每转动一周完成一个轧件的全部成形过程。简单的楔横轧模具由楔入段、展宽段和整形段三部分组成,模具随着轧辊每转动一周,轧件依次通过模具上的三个阶段,完成各阶段塑性变形,最终成形为所需的形状。在轧制过程中,模具的展宽角、成形角,以及与压下量有关的楔高对轧件的表面质量和内部质量都有着至关重要的影响,它们是设计楔横轧模具最重要、最基本的三个关键工艺参数,即楔横轧的三个关键成形参数为断面收缩率 ψ、轧辊孔型的成形角 α 及展宽角 β。模具几何参数如图 6-26 所示,楔形模具展开后的示意图及参数如图 6-27 所示。在对楔横轧工艺进行设计时,为保证轧制的顺利进行与防止成形缺陷的产生,必须选择合适的工艺参数。

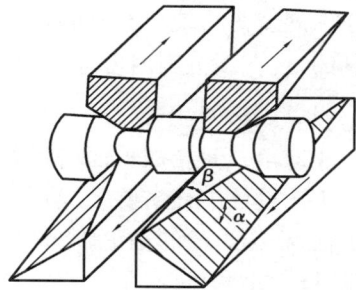

图 6-26　模具几何参数与轧件

1)断面收缩率 ψ

断面收缩率 ψ 又称断面压缩率,是楔横轧成形工艺中的一个基本工艺参数。断面收缩率是坯料轧前面积 A_0 减去轧后面积 A_1 与轧前面积之比,如图 6-27 所示,即

$$\psi = \frac{A_0 - A_1}{A_0} = 1 - \left(\frac{d_1}{d_0}\right)^2$$

式中　d_0——坯料轧前直径;

d_1——坯料轧后直径。

通常,楔横轧一次的断面收缩率 ψ 一般应小于75%,否则轧件容易产生不旋转,或者产生

缩颈其至拉断等问题。如果轴类零件产品的直径尺寸相差很大,造成断面收缩率 ψ 超过 75%,一般采用在同一轧辊模具上两次或两次以上楔入轧制的方法来解决这类问题。具体而言,就是使每次楔入轧制的断面收缩率都小于 75%,而两次楔入轧制的总断面收缩率则大于 75%;在个别情况下,可采用局部堆积(毛坯直径增大)轧制的办法使得断面收缩率大于 75%。

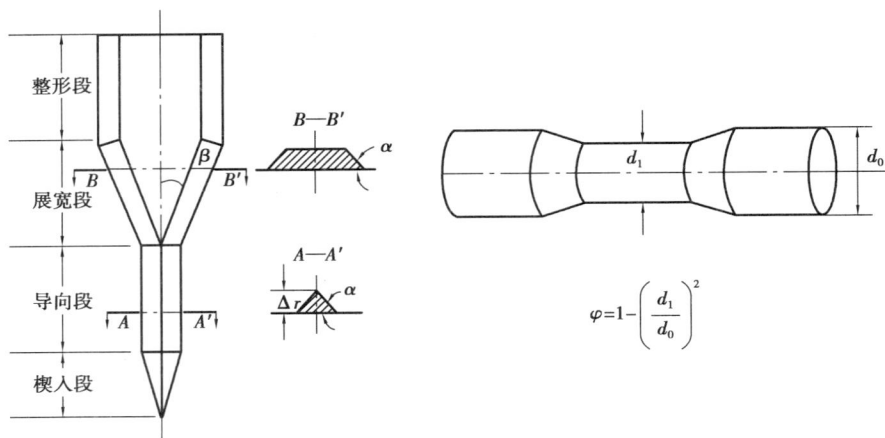

图 6-27　楔形模具展开示意图

$$\varphi = 1 - \left(\frac{d_1}{d_0}\right)^2$$

当断面收缩率 ψ 小于 35% 时,如果工艺设计参数不当,不但轧件尺寸精度得不到保证,而且还很有可能出现中心疏松等问题。因为当断面收缩率 ψ 过小时,变形主要集中在轧件表层而无法渗入轧件心部。这样就使得轧件中心部位的金属在模具间的反复揉搓下,产生拉应力与剪应力,使得中心出现严重损伤而导致中心孔洞。因此,对于小的断面收缩率而言,应选择较小的展宽角与较大的成形角来避免中心疏松。所以,当断面收缩率 ψ 在 50% ~65% 时是最有利的,且在该范围内可选择较大展宽角。

2)成形角 α

成形角 α 是指成形面与基面之间的水平夹角,如图 6-26 和图 6-27 所示。成形角 α 是楔横轧工艺设计中最主要、最基本的参数之一。成形角及由此决定的成形面影响着轧制工艺的稳定性,根据大量的理论研究和实践经验,在楔横轧正常展宽部分的成形角 α,其取值范围通常是:$18° \leq \alpha \leq 32°$。

成形角 α 对轧件的旋转条件、疏松条件、缩颈条件以及轧制压力与力矩都有显著的影响。一般情况下,成形角 α 越大,旋转条件越差,越容易产生缩颈现象,但中心疏松条件会得到改善。成形角 α 与断面收缩率 ψ 的关系较大,一般情况下,ψ 越大,越容易发生缩颈和轧件不旋转的问题,而不容易发生中心疏松,故 α 选择较小值。在模具孔型的其他部分,例如切头部分等的成形角 α,不受 18° ~32° 的限制,它可以大于 32°,甚至接近 90°。

表 6-3 展示了断面收缩率 ψ 与成形角 α 之间的关系,在进行工艺参数设计时可作为参考。

表 6-3　断面收缩率与成形角之间的关系

断面收缩率 $\psi/\%$	80 ~ 70	70 ~ 60	60 ~ 50	<50
成形角 $\alpha/(°)$	18 ~ 24	22 ~ 33	26 ~ 32	>28

3）展宽角（楔展角）β

展宽角 β 是指两个成形楔之间的夹角，如图 6-26 和图 6-27 中 β 的标识处。展宽角 β 也是楔横轧工艺设计中两个最主要、最基本的参数之一。理论与实践表明，展宽角 β 通常的取值范围为：$4° \leq \beta \leq 12°$。

展宽角 β 对轧件的旋转条件、疏松条件、缩颈条件以及轧制压力与力矩也有显著的影响。一般情况下，展宽角 β 越大，旋转条件越差，容易产生螺旋缩颈，轧制压力与力矩增加，但中心部容易产生疏松。为了减小模具的长度，在模具设计时应尽可能选取较大的 β 角。断面收缩率 ψ 对展宽角 β 的影响比较复杂，一般情况是：当 $\psi>70°$ 时，应该选择较小的 β 值，否则容易产生缩颈。当 $\psi<40\%$ 时，也应该选择较小的 β 值，否则容易产生疏松。

表 6-4 是断面收缩率 ψ 与展宽角 β 之间的关系，在进行工艺参数设计时可作为参考。

表 6-4　断面收缩率与展宽角之间的关系

断面收缩率 $\psi/\%$	80 ~ 70	70 ~ 60	60 ~ 50	50 ~ 40	<40
展宽角 $\beta/(°)$	4 ~ 8	5 ~ 9	7 ~ 12	5 ~ 9	<8

需要指出，对于塑性较差的材料以及工艺上需要较低温度轧制的碳钢或低合金钢，轧制较小直径的轧件，由于温度下降快、塑性较差，宽展角应选择较小数值。

6.3.5　楔横轧的工艺特点

与传统的切削工艺比较，楔横轧成形技术有如下的优缺点：

①生产效率高。楔横轧工艺的生产效率通常是其他工艺的 5 ~ 20 倍。如果产品的几何形状不太复杂，那么可以对工件的排布采用对称设计方式，这样就可以一次加工两件。在实际生产中，楔横轧机轧辊的旋转速度通常在 10 ~ 30 r/min 范围内，那么每分钟可以轧制 10 ~ 30 个工件，是切削方法的 3 ~ 10 倍。

②材料利用率高。楔横轧的材料利用率一般为 81% ~ 95%；而切削属于去除加工，零件形状不同材料利用率也不同，一般为 50% ~ 70%。楔横轧工艺的材料利用率比切削工艺平均提高 30%。

③产品质量好，零件性能提高。轧制后的零件晶粒可以细化，金属流线保持连续并沿零件外分布，零件的静强度与疲劳强度都有增加，产品精度可达钢质模锻件国家标准中的精密级，直径方向可达±0.3 mm，长度方向可达±0.5 mm。

④工（模）具寿命长。由于轧件与轧辊相对滚动，磨损量小，加之变形力小，所以工具寿命得以延长。模具寿命是模锻工艺模具寿命的 10 倍以上。

⑤能直接生产形状复杂、尺寸精确的阶梯轴类产品。楔横轧可轧制出纵向沟槽、花键等各种形状复杂的轴类产品。

⑥轧机结构简单,能量消耗少,生产成本低,经济效益好。

⑦轧制过程平稳,设备冲击振动小,劳动环境好,易于连续化自动化生产。

当然,相对于其他锻造成形工艺,楔横轧技术也存在一些不足之处:

①设备通用性较差。楔横轧机只能成形轴类零件,或者为非轴类零件(如汽车发动机连杆)制作坯料,不如模锻设备的通用性好。

②模具尺寸大并且复杂。楔横轧模具的设计、制造以及模具的装载都比较复杂,而且模具尺寸大,装载和拆卸都比较麻烦。

③不能轧制大型件。目前,由于受到楔横轧技术及设备发展的限制,还难以轧制大型件,轧制棒料的长度也受到限制。因此,还需要研究人员不断进行设计方法的创新,充分发挥现有楔横轧机的能力,扩大楔横轧工艺的应用范围。

6.3.6　楔横轧的设计原则

进行楔横轧模具设计时,一般应遵循对称原则、旋转条件、缩颈条件、疏松条件等 4 个原则或者条件。

1)对称原则

楔横轧模具上的左右两条斜楔,在设计上希望完全对称。这样,在轧制过程中模具两边作用于轧件的力是对称的,因而轧件不会发生由于轴向力不等而串动,或切向力不等而扭曲等不良现象。如果轴类件本身在长度上就是对称的,那就自然地满足这一对称轧制原则。

2)旋转条件

轧件在模具孔型的带动下能否正常稳定地旋转,是楔横轧必须具备的条件。为了满足此条件,在楔横轧模具的入口处和斜楔面上均刻有平行于轴线的刻痕,这样做可以把热楔横轧的摩擦系数 μ 从 0.15~0.25 提高到 0.30~0.55。

3)缩颈条件

在设计楔横轧模具时,应满足轧件不因轴向力过大将轧件拉细这个条件。轧件是否会拉细,主要决定于成形角 α 的大小,α 角越大越易拉细。当断面收缩率比较大时,容易产生拉细现象,故成形角 α 应取小的数值。

4)疏松条件

毛坯旋转时,若轴向阻力过大,毛坯横向扩展积累,心部拉应力增加,当达到材料的极限强度时,心部就会出现疏松甚至空腔。实践与理论都表明,楔横轧时,圆形坯料在连续转动中径向小变形压缩时,轧件除轴向伸长外,径向也产生扩展,因而在轧件的心部发生拉应力。当坯料旋转时,若轴向阻力过大,轧件横向扩展积累,心部的拉应力增加,当达到材料强度极限时,心部就会出现疏松甚至空腔。

所以,在设计楔横轧模具时,为避免这种现象的出现,应做如下考虑:

①断面收缩率 ψ 小时,容易产生疏松。因为 ψ 小时,变形不易渗透中心,多为表面变形,故轴向变形小而横向变形大,形成较大的心部拉应力。

②成形角 α 小时,容易产生疏松。由于 α 小时,斜楔给轧件的轴向拉力小,轴向变形小,易造成较大的横向变形,形成较大的心部拉应力。

③展宽角 β 过小时,相当于径向压下量过小与同一位置拉压次数增加,容易产生横向变

形及心部的较大拉应力。而展宽角 β 过大(特别是在 ψ 较小时)轧件表面金属不容易辗出去。这部分多余金属在孔型顶面反复揉搓下,使心部产生较大的拉力。以上两种情况都容易产生疏松。

6.3.7 楔横轧的主要缺陷

在楔横轧过程中产品的主要质量问题有三类:内部缺陷、表面缺陷和断面形状不规则。内部缺陷主要有中心疏松与空洞;表面缺陷主要有端头凹陷、轧件缩颈、弯曲、表面产生螺旋痕、折叠等。

1)内部缺陷

一般认为楔横轧制时产生内部缺陷原因有:坯料中心区受到交变应力和剪切应力的共同作用,循环负荷产生的微裂积累,轧件不同直径部位间的扭曲,以及材料内部的夹杂物等。

研究认为,楔横轧锻件内部的中心疏松与空洞是由曼内斯曼效应导致的。实验中发现的中心疏松现象如图 6-28 所示。

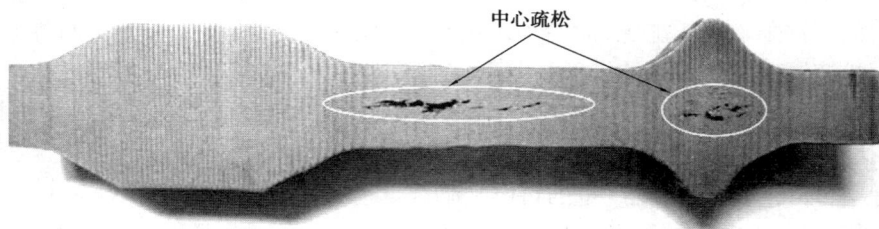

图 6-28 楔横轧实验中发现的中心疏松

2)表面缺陷

轧件表面变形较大,中心变形较小时会出现端头凹陷。若轧制时轧件的拉应力大于材料的屈服应力,容易产生缩颈。

若楔形面与楔顶圆过渡圆角 R 较小,坯料在流动过程中受阻,轧件发生附加轴向变形,毛坯表面会出现螺旋状的压痕。

导板间隙若调整不合适,坯料在轧制过程中剐蹭导板,轧件表面留下深坑或者导板表面长时间未清理,有大量氧化皮和残渣积累,轧制时压入轧件垫伤表面,会形成深坑。

模具安装时,上、下模具型腔未对齐,导致模具边棱形成剪刀状,将坯料剪切起皮,随后辗压在轧件表面形成压皮。

3)断面形状不规则

轧制过程中有时会出现不规则的截面形状或工件的破损,如圆毛坯呈现扁圆形,杆部出现扭曲、缺肉、破损等。

当展宽角 β 取得过大时,会使轴向瞬时宽展量增大,以致轧件金属不能沿轴向顺利外流,致使轧件轴部截面变成扁圆形。

轧辊的相位不同步,轧件便会出现 U 形弯曲;轧件旋入导板上的切刀槽内或剐蹭导板严重,会导致轧件扭曲、变形;如模具的卸载段太短,轧件在出模瞬间受力过大,也会导致轧件弯曲变形。

6.4 环轧

6.4.1 环轧的定义

环件轧制也叫辗环,是一种利用辗环机与轧制孔型使环件发生连续局部塑性变形,以达到环件内外径增大、壁厚减薄、截面轮廓逐渐成形的塑性回转成形技术。环件轧制是获得有精确加工尺寸和周向流线的无缝环形锻件的常用金属成形工艺。

自从 1842 年英国制造出第一台环件轧机并用于火车轮毂以来,环件轧制成形工艺得到了迅速发展和广泛应用。环件轧制工艺又称环件辗扩,是在无缝环件的持续塑性加工基础上进行的,是一种连续局部塑性加工成形工艺。

6.4.2 环轧的分类

按照温度不同,环件轧制可分为热轧、温轧和冷轧。其中,热环轧的范围是对塑性变形的温度区以内的环件采取辗扩加工,而冷加工则是对通常范围内温度的环件进行辗扩加工,大多情况下辗扩范围比较小。因此一般情况下,对于轧制比来说,前者比后者要大些。

按照轧辊的不同可以分为开式孔型轧制、半开式孔型轧制和闭式孔型轧制。根据现场的经验,闭式孔型加工过程和半闭式孔型加工对环件的鱼尾缺陷有一定的控制效果,而开式孔型加工过程中,环件会容易出现严重的鱼尾缺陷。

按照毛坯受压变形方向的不同,环件轧制可以分为径向轧制、径向-轴向轧制(简称径-轴向轧制)和轴向轧制。这种分类方式也是应用最广泛、最能反映环件轧制成形特点的一种常用分类方法。

1)环件径向轧制成形

根据轧辊的布置方式不同,径向轧制分为单导向辊立式轧制和双导向辊卧式轧制。径向轧制的成形原理图如图 6-29 所示。在图 6-29(a)中,1 为驱动辊,2 为环件,3 为导向辊,4 为芯辊,5 为信号辊。径向轧制时,驱动辊 1 为主动辊,作旋转运动;芯辊 4 为被动辊,做直线进给运动、同时从动旋转;导向辊 3 和信号辊 5 都为可自由转动的辊。在驱动辊作用下,环件产生连续的局部塑性变形,轧制变形到预定尺寸时,环件外圆表面与信号辊接触,环件轧制过程结束。图 6-29(b)是径向轧制成形原理的三维模型示意图。

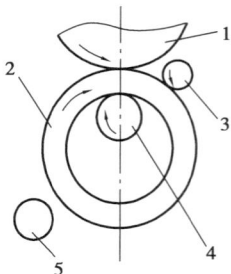

(a)径向轧制二维示意图　　　　(b)径向轧制三维示意图

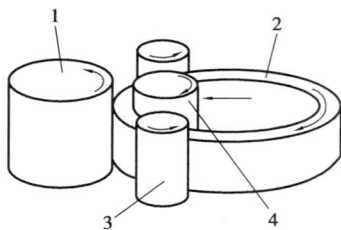

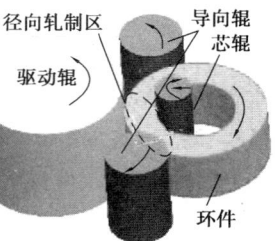

图 6-29　径向轧制成形原理示意图

从图中可以看到,在径向环件轧制中,芯辊在直径方向上朝驱动辊作直线运动,在芯辊与驱动辊之间形成间隙逐渐减小的径向轧制区,这使得环件的壁厚减小而直径扩大。其中,驱动辊主动旋转,在摩擦力的作用下带动环件旋转,同时环件也带动芯辊作从动转动。两个导向辊左右对称、尺寸相同,在环件直径增大的过程中被动张开,并对环件施予一定压力,起到保持环件圆度和稳定环件运动的作用。

环形件辗轧时,先将环形毛坯2套在芯辊4上,在液压缸的推动下,芯辊4和主辊(驱动辊)1逐渐靠拢,毛坯被压在旋转的主轧辊型面上,并在摩擦力作用下与芯辊一起旋转毛坯受压而产生变形,壁厚减薄,沿切线方向延伸(轴向少量宽展),直径扩大,并形成所需截面形状。导向辊起着诱导工件成圆和增加轧环过程稳定性的作用,并随环形件的扩大而远离轧件中心。工件达到预定尺寸时同信号辊接触,信号辊发出精辗信号,随后发出停辗信号。然后,主轧辊退回,卸料机构卸下工件。

径向辗轧过程中,环壁径向受压缩,金属沿切线方向延伸,而轴向即使不受轧辊限制,环壁的宽展量也是很小的。此工艺所用设备为径向辗环机,设备简单,金属变形具有表面变形特点,多用于辗轧矩形截面、带沟槽截面和十字形截面环形件等。

2)径-轴向轧制成形

径-轴向轧制与径向轧制的不同之处在于,环件轧制成形时增加了一对锥辊作为轴向轧辊,锥辊表面线速度基本与环件锻模线速度同步,上端面锥辊做向下进给运动,下端面锥辊不做向上或向下运动,同时,两个锥辊会随着环件直径的增大做向外的水平移动,完成环件的轴向轧制。径-轴向轧制成形原理示意图如图6-30所示。与图6-29对比可知:径轴向环件轧制在环件的轴线方向上多了一对锥形轧辊5。上锥轧辊向下做直线进给运动,在上下两轧辊之间形成间隙逐渐减小的轴向轧制区,可对环件轴向高度进行轧制;同时两轴向锥辊在芯辊和驱动辊的轴心连线方向上随环件的直径增长而做相同的后退运动,并各自做大小相同、方向相反的自转运动。

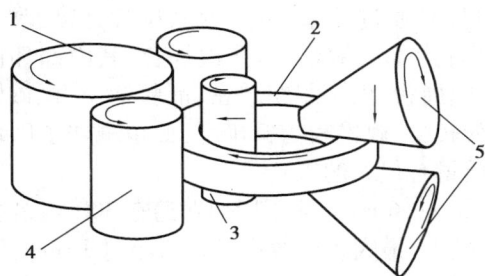

(a)径-轴向轧制二维示意图　　　　(b)径-轴向轧制成形的三维模型

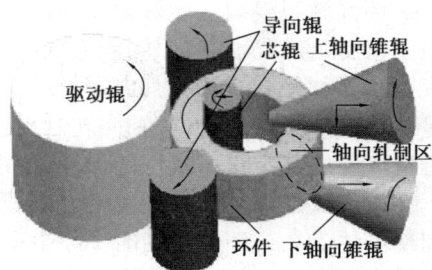

图6-30　径-轴向轧制成形原理示意图

1—驱动辊;2—环件;3—芯辊;4—导向辊;5—锥辊

在径-轴向轧制过程中,驱动辊作旋转轧制运动,芯辊作径向直线进给运动,端面锥形轧辊作旋转端面轧制运动和轴向进给运动。环件产生径向壁厚减小、轴向高度减小、内外直径扩大、截面轮廓成形的连续局部塑性变形,当环件经反复多转轧制使直径达到预定值时,芯辊的径向进给运动和端面辊的轴向进给运动停止,环件径轴向轧制变形结束。

通过上述轧制过程分析可以直观看到,在径向环件轧制过程中,环件的轴向高度没有受到限制。这易使成形环件存在严重的"鱼尾"缺陷,在后续的机加工中会造成大量的材料浪费。在径-轴向环件轧制过程中,由于有轴向锥辊对环件轴向高度进行轧制,可以削弱"鱼尾"

缺陷和节约材料。因此,径向轧制常用于生产小型环件,轧制端面质量难以保证,常有凹坑缺陷。而径-轴向轧制则用于生产大型复杂截面环件。但是,径-轴向环件轧制过程的控制更加复杂,而且轴向轧辊的运动对整个轧制过程的稳定性有重大影响,这也增加了实际生产过程中轧辊运动协调控制的难度。这种工艺主要适用于壁厚较厚或截面较复杂的环形件。

3)轴向轧制成形

利用安装在摆头上的圆锥体上模对坯料锻模局部加压,使之逐步成形的一种加工方法,他是摆动辗压成形工艺的一种,即受压工件为环件的摆动辗压成形。该工艺主要适用于盘形、环形、法兰类的空心和实心零件的成形。

6.4.3 环轧工艺的特点

环件轧制是用于制造无缝环形零件的先进连续局部塑性成形技术。该过程是集三维连续渐变、非对称、非稳态、宏微观耦合与热力耦合等特点于一体的高度非线性问题。材料在该过程中会经历多场、多因素耦合作用下的复杂、多道次局部加载与卸载、不均匀塑性变形和微观组织演化历程。

环件轧制是轧制技术与机械零件制造技术的交叉和结合。环件轧制成形时驱动辊与芯辊直径相差悬殊;驱动辊作主动旋转轧制运动,芯辊作从动旋转轧制运动,且它们的转速不同;旋转轧制运动与直线进给运动相互独立;径向轧制运动与端面轴向轧制运动相互制约,并都受到导向辊运动的约束与干涉;轧制中环形毛坯反复多次通过高度逐渐减小的轧制孔型;环件变形区几何边界是复杂的、不稳定的;变形的热、力条件也是动态变化的。环件轧制成形是一个逐步变形的过程。在轧制过程中,金属的晶粒排列逐步与环件的周线相一致,因此得到的周向纤维致密均匀,而且在与环件横截面的外轮廓一直保持平行的状态下,沿周线扩展,最后形成与要求形状相接近的晶粒连接体即环件。

环件轧制工艺较之前的普通模锻等成形方法相比,其主要优势和特点如下:

①环件微观组织性能好。在环件轧制时坯料反复通过孔型,粗大的晶粒被打碎,改善了组织致密度,金属流线按照圆周方向环绕排列,环件内部的缩松、缩孔被焊合,其内部环件的抗疲劳性、耐磨损性较高,其内部纤维排列方向呈圆周状,内部组织致密,晶粒细小,机械性能有显著提高。除此之外,径轴向轧制工艺过程剩料较少,规格较为精确,因此也减弱了因机械制造对环件内部组织一致性的损坏,使得环件的质量有很大的提高。

②生产效率高。环件轧制的轧制线速度为 $1.3 \sim 1.6$ m/s,轧制周期普遍在 300 s 以内,最小周期可达 3.6 s,环件轧制的实际生产过程耗时较少,最大生产效率已达每小时 $1\ 000$ 件,其生产效率远高于环件的自由锻造和火焰切割,也高于模锻生产。

③环件轧制变形力小、设备吨位低、可生产范围广。环件轧制是局部微小塑性变形的不断累加实现环件最终成形,而微小塑性变形所需轧制力相比直接成形要小很多。相比于普通的模锻,环件轧制所需要的压力减小,因此对于轧制设备的吨位要求较低,有效降低了设备投资。由于轧辊的可移动性,环件轧制设备可生产的环件尺寸范围较大,所加工的环件重量也相差较大。

④环件几何尺寸精准,材料利用率高。环件在成形过程中除与轧辊接触造成的材料损耗及热态下氧化损耗之外,没有大量的体积损失,还可以避免常规锻造方法造成的飞边。与环件自由锻工艺和火焰切割工艺相比,轧制成形的环件精度大为提高,加工余量大为减小,而且环件表面不存在自由锻和火焰切割的粗糙层。

⑤生产成本低。环件轧制具有材料利用率高、生产周期短、设备吨位小、轧制孔型寿命长

等优点,生产成本较低。用环件轧制生产 EQ140 汽车后桥从动锥齿轮锻件,相对于模锻成形,单件材料消耗降低 5 kg,生产成本降低 20%。

此外,轧环机的生产具有效率高、尺寸精确,尤其是能显著降低材料消耗(一般材料利用率可达到 90%)等优点,被广泛应用在航空航天、石油化工、能源交通、船舶、兵器、冶金等许多工业领域。

6.4.4　环轧件缺陷形成机制及对策

环件轧制中,金属流动规律非常复杂,受很多因素的交替影响。因此,可能产生很多表面形状缺陷如:端面缺陷(鱼尾、翘曲)、锥度、壁厚不均匀、椭圆、圆度不足、充型不足、毛刺等。下面主要介绍几种常见的形状缺陷。

1)鱼尾

鱼尾又称凹坑或宽展变形,是环件径向轧制过程中所形成的轴向变形不均匀现象,它往往出现在环件上下端面上,是径向轧制中不可避免的缺陷。不同截面环件轧制过程中出现的鱼尾缺陷如图 6-31 所示。

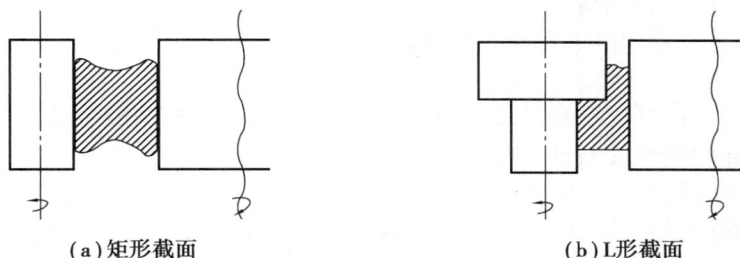

(a)矩形截面　　　　　　　　　(b)L形截面

图 6-31　环件轧制过程中出现的鱼尾缺陷

由于环件轧制压下量很小,轧辊与环件接触弧长很小,使得环件壁厚与接触弧长的比值过大,轧制变形主要集中于环件内外表面,心部变形不充分。经过多转轧制累积导致心部相对于内外表面凹陷进去,这类似于圆柱体镦粗时因高径比过大而产生双鼓形的情况。此外,制造毛坯时在端面产生的原始凹痕对轧制凹坑的形成有较大的诱发作用。鱼尾的产生使得轧后加工余量增加,材料利用率降低。使宽展变形有减小趋势的轧制工艺,也会相应地减小凹坑程度,根据各参数对宽展变形影响的讨论。

主要防止措施有三点:

①增大轧制进给速度,即增大每转轧制进给量。使环件产生较为均匀的径向壁厚压缩、切向圆周伸长的轧制变形。

②适当减小轧比,根据不同壁厚毛坯对宽展的影响可知,在制坯工艺允许的前提下,尽量采用接近成品直径和壁厚的毛坯。

③避免制坯中产生端面原始凹痕。需综合考虑制坯能力、轧制设备能力和轧制咬入条件等因素。

2)翘曲

翘曲又被称为蝶形,是由于环件轴向高度差异较大,轧制过程中环坯受力不均,产生不平衡力矩所导致。翘曲往往出现在阶梯形环件端面,坯料在轧制初期由于受力不均衡,导致成形环件端面不平的现象,也被形象地称为喇叭形。翘曲很小时,可以通过后续加工得到壁厚减小的环件,当翘曲增大时,环件成为废品。

3）锥度

锥度是指轧制变形后环件本应为圆柱面的内外表面变成了有一定锥度的圆锥面,锥度产生的主要原因:一是毛坯存在锥度,在后续轧制中没有得到很好的修正;二是轧制中驱动辊与芯辊轴线不平行,可能是设备制造精度差、轧辊刚性差或者轧辊支承机构刚性差所致,尤其是当辊采用悬臂梁支撑方式时较为严重。对于后者引起的锥度,提高设备制造精度和轧辊刚性,尤其悬臂支的轧辊,可以在轧辊设计时适量修正轧辊形状,使轧辊工作表面加工出反向锥度,实现环件精度补偿;对于前者引起的锥度,可以在轧制前进行精加工,减小锥度,增大接触面积,使得轧制初始阶段能较稳定地进行,此外,也可以采用特殊的轧制工艺。

4）壁厚不均

产生壁厚不均的主要原因有三点:一是轧制用毛坯冲孔偏心及形状误差引起的;二是毛坯加热不均匀;三是轧制中轧辊振动。对于毛坯引起的壁厚不均,主要防止措施除尽量减小环件毛坯冲孔偏心度以外,还可以在轧制开始阶段采用零压下或小压下量的方式进行整圆。

5）椭圆

椭圆是指环件经轧制变形后本应为圆柱面的外表面和内表面偏离了圆柱面,使环件内、外表面出现了最大直径和最小直径。当椭圆度较大时,最大直径与最小直径的差值也较大,以致会出现平均直径合乎要求,而最大和最小直径超出规定范围。椭圆产生的原因主要有三方面:一是轧制用毛坯形状精度差,轧制过程中没有得到充分校正,或者轧制变形结束前精轧整形不足;二是导向辊位置不当,导向辊对环件作用力大小不合适以及导向辊支承机构的刚性不足;三是环件轧制过程不平稳。

对于具有椭圆度的毛坯,可以在轧制初始阶段采用小压下量进行轧制,这样不仅可以减小壁厚不均对后续轧制的影响,还可以有效地降低椭圆度误差。实际上,由于大型锻造毛坯不可避免会存在形状误差,因此,轧制初始阶段的几何尺寸是不利于轧制的,是轧制最困难的阶段,容易出现不能咬入或者压扁等状况,所以,通常第一圈采用小压下量或零压下轧制,减小椭圆度和壁厚差等因素对后续轧制的影响。在轧制的最后阶段,精轧整形很重要,要调整设备的精轧工艺,保证轧制变形结束前至少有一转的精轧整形。在轧制过程中,需要通过传感器在线测量外圆上一些点的位置,通过这些点拟合出近似圆的曲线,可以计算出椭圆度,当椭圆度超过要求时,要通过调整导向辊位置或背向力减小椭圆度。

环件轧制中产生的形状缺陷需要通过后续机械加工才能得到符合要求的成品,这会增加机械加工工时和生产费用,使环件材料消耗增加。若缺陷过大,不能通过机加工切削掉,就会使环件报废。

6.4.5　典型应用

环件轧制适用于各种形状尺寸、各种材料的环形零件或毛坯。目前轧制环件的直径为20 ~10 000 mm,高度为10 ~4 000 mm,壁厚为2 ~48 mm,环件的质量为0.1 ~82 000 kg。环件的材料通常为碳钢、合金钢、铝合金、铜合金、钛合金、钴合金、镍基合金及双金属等。在环件轧制工艺方案的设计中,坯料结构的设计尤为重要,它影响着初始体积分配、坯料与轧辊的初始接触状态、环件在轧制过程中的材料流动等。

随着现代工业的不断发展,环件轧制工艺的应用领域越来越广泛,主要有:燃气轮机领域的机匣锻件、套环锻件、密封环锻件;航空航天领域的轻轨轮毂、传动装置环、发动机环锻件;工程传动领域的齿圈、回转支承、轴承、轮胎模具、法兰;压力容器领域的压力容器法兰;风电领域的风电法兰、齿圈锻件、偏航变桨轴承锻件、风电锁紧盘锻件;海工船舶领域的回转支承、齿轮、船用轴类、船用法兰件,以及诸如火车轮毂、核反应堆容器环等产品。

目前,国内通过环件轧制工艺生产的多是轴承环、齿轮环等小型环件,而对于大型环件的生产较少,随着核电、原子能等技术的发展,对大型环件在数量和质量上的要求都有所提高,越来越多的人重视并且研究这种加工方法,在环形零件设计及生产过程中,人们会首先考虑环件轧制这项先进的制造技术。

6.5 斜轧

轧辊相互倾斜配置,以相同方向旋转,轧件在轧辊的作用下反向旋转,同时还作轴向运动,即螺旋运动,这种轧制称为斜轧,也称螺旋轧制。斜轧成形技术是一种回转体与螺旋形零件与制品成形新工艺、新技术。

斜轧零件与传统的冶金轧制同属回转成形即轧制范畴,但轧制的产品不同:冶金轧制主要生产长度方向上等截面的产品,如圆材、管材、板材等;斜轧零件主要生产长度上变截面的回转体、螺旋体产品,如钢球、丝杠等,所以斜轧是冶金轧制的发展与延伸。

斜轧的基本原理是将轧辊加工出螺旋状的沟槽或者突起,其断面可以是半圆形、梯形或其他形状。从而使变形区形成螺旋状的孔型。在轧制过程中,轧辊使轧件呈螺旋前进,金属逐渐充满孔型,进而得到所需要形状的轧件。

斜轧的运动特点为:①两个轧辊中心线交叉一个不大的角度,其旋转方向相同,即两个轧辊在横轧的基础上各自相对转动一个 α 角,由于 α 角很小,一般为 2°~7°,故斜轧许多地方类似于横轧;②轧件在两个轧辊的交叉中心线上除作与轧辊旋转方向相反的旋转运动外,还作前进直线运动。所以人们又称它为螺旋轧制或横向螺旋轧制。

斜轧成形分三类:第一类是无缝钢管生产中应用的斜轧,包括斜轧穿孔、斜轧延伸、均整和斜轧定径;第二类是孔型斜轧,其特点是轧辊表面上带有变高度、变螺距的轧槽,能轧制出长度上变断面的回转体产品,如钢球轧制,丝杠轧制等;第三类是仿形斜轧,它借助于液压或机械的仿形板控制三个旋转的锥形轧辊,作相对于轧件中心的径向运动以完成变断面轴的轧制。仿形斜轧主要用来生产比较长的变断面轴产品,如纺织锭杆、刀剪、手术器械等毛坯料,其成形原理示意图如图 6-32 所示。

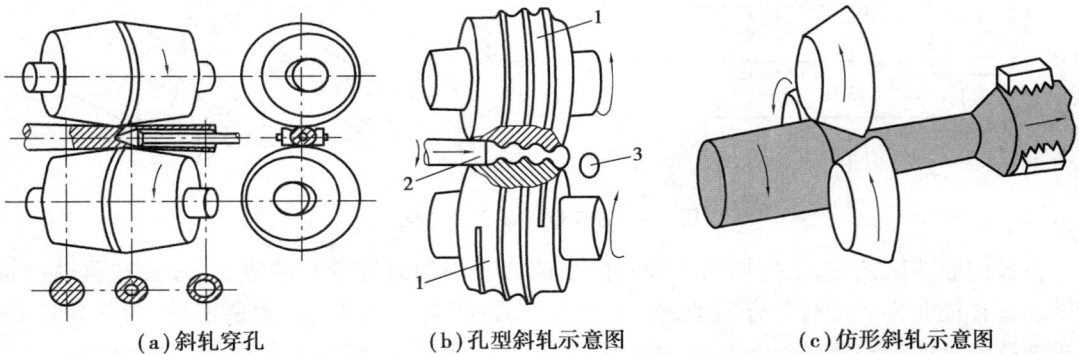

| (a)斜轧穿孔 | (b)孔型斜轧示意图 | (c)仿形斜轧示意图 |

图 6-32 斜轧示意图

斜轧技术可以用于钢球、麻花钻头和羽翎翅片管等产品的轧制生产中,也可以用来生产各种环件产品。

第7章
径向锻造 ··○

径向锻造与多向模锻都属于精密锻造技术,是建立在新材料、新能源、信息技术、自动化技术等多学科高新技术成果的基础上,对传统毛坯成形技术的改造,也是优质、高效、高精度、轻量化、低成本、无公害的锻件产品的重要成形技术。

7.1 径向锻造概述

7.1.1 定义

径向锻造是通过分布在坯料圆周方向上的两个或多个锤头,对坯料进行高频率的同步锻打,以减小坯料的横截面积或改变其形状的锻造工艺方法。径向锻造是在传统自由锻拔长工序基础上发展起来的,是一种专门加工实心或空心长轴类零件的旋转锻造方法。

7.1.2 工作原理

径向锻造是在径向锻造机上,在坯料周围对称分布几个锤头,在同一平面上同时对轴类零件施加多个周向均匀分布的锻打力,通过对坯料沿径向进行高频率同步锻打,使坯料断面尺寸减小,轴向长度延伸的锻造工艺。径向锻造工艺示意图如图 7-1 所示。

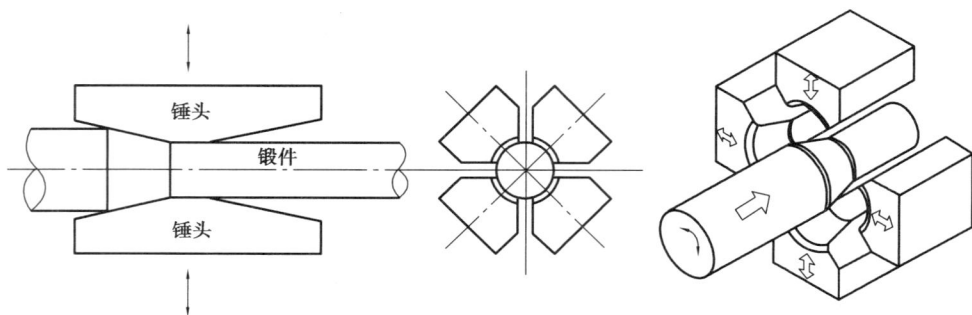

图 7-1 径向锻造工艺示意图

在径向锻造工艺中,工件周围一般有两个或四个均匀对称分布的锤头,锤头在驱动机构的带动下在径向方向进行开合运动,对工件沿径向进行高频率、同步、对称锻打,与此同时,工件在夹持装置的带动下进行旋转和轴向进给运动,从而完成整个工艺过程。径向锻造过程中,坯料受到短冲程、高频、高速均匀分布的锻打力,处于静水压力状态,坯料断面尺寸减小,轴向伸长。与自由锻造拔长相比,径向锻造的生产率高,锻件表面质量好。

径向锻造是一种少切削或无切削加工的先进旋转锻造工艺,径向锻造所用的设备也叫旋锻机。旋锻机的工作原理示意图如图7-2所示。

旋锻机的工作原理主要包括以下几个方面：

①工件的旋转：旋锻机通过驱动装置使工件在水平轴或垂直轴上旋转。这种旋转可以实现材料的均匀受力和变形，使得锻造过程更加均匀和稳定。

②锤击力的施加：旋锻机通过压力装置（通常是液压装置）提供锤击力。这种锤击力可以通过压头或锤头传递到工件上。锤击力的大小和频率可以根据工件的要求进行调整。

③锻造过程控制：旋锻机可以通过控制工件的旋转速度、锤击力的大小和频率等参数来控制锻造过程。这样可以根据不同的锻造需求调整工艺参数，以获得所需的锻造效果。

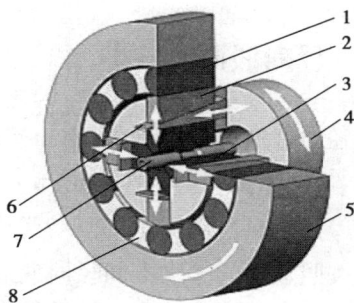

图7-2 旋锻机工作原理
1—滚柱；2—锤头；3—锻模；4—主轴；
5—外圈；6—垫块；7—工件；8—滚柱支架

④模具与金属材料的相对运动：在旋锻过程中，金属材料被放置在模具中，然后通过主轴的旋转使模具和金属材料进行相对运动，同时压力机构施加压力，使金属材料受到挤压和变形，最终实现所需的形状和尺寸。

⑤材料流动特性：在旋锻过程中，材料流动趋势并不局限于一个方向，即在旋锻过程中，沿材料轴向两端都可以有材料流出；同时在材料的横向截面上，也存在横向变宽的流动趋势，但由于受到模具内椭圆形和后角等结构的限制，材料的横向流动只是少量的。

⑥设备结构特征：旋锻机按结构特征可以分为标准型旋转锻机、固定主轴旋转锻机、蠕动主轴旋转锻机、交替打击旋转锻机和模具闭合型旋转锻机等。

综上所述，径向锻造的工作原理是：当主轴旋转时，锻模和锤头由于离心力的作用沿径向外移；当主轴静止或旋转缓慢时，也可完全或部分借助弹簧来开启模具。一旦主轴旋转，锤头接触压力滚柱，便开始模具向工件轴心的锤击冲程。当锤头顶部位于两个压力滚柱之间时，模具开启最大，工件可向前送进。

7.1.3 基本运动配合

径向锻造过程中，轴类锻件在径向锻机上成形是由四个基本运动配合进行的：

①锤头运动：锤头在垂直于锻件轴线的平面上运动，对锻件作同步打击，使金属产生塑性变形。锤头的数量一般为2~8个，这些锤头对称分布在坯料周围，对坯料进行高频率的同步锻打。

②锻件旋转：锻件夹头在夹爪夹持下，绕其本身轴线旋转。这种旋转通常与轴向送进相结合，使坯料在多头螺旋式延伸变形情况下变细伸长。

③轴向移动：锻件在夹头夹爪支持下，作轴向移动。这种移动有助于坯料在受到锤头打击时逐渐延伸，形成所需的形状和尺寸。

④锤头径向进给：为了锻出不同直径的台阶轴或锥度轴，需要有锤头的径向进给，以改变锤头的闭合直径。

7.2 径向锻造的分类

径向锻造成形过程中,由于使用的工具、坯料和加载情况不同,形成了不同的工艺类别,通常,径向锻造可以按照以下几个方式来划分类别。

1)按照坯料的送进方向分类

按照坯料的送进方向径向锻造分为立式径向锻造和卧式径向锻造。

立式径向锻造是将工件沿竖直方向送进,锤头沿水平方向对工件进行打击的成形方法。立式径向锻造占地面积小,机器结构紧凑,但机器高度尺寸偏大,适于锻造较短的轴类零件。工件被径向锻造后不易弯曲变形,热锻时,氧化皮易于清理。

卧式径向锻造是工件沿水平方向送进,锤头在垂直于水平方向上对工件进行打击。与立式径向锻造相比,这类径向锻造机的高度尺寸小,不需要较高厂房,易于实现自动上下料;设备都是在地面以上安装,故维修、安装方便,适用于长轴类工件的锻造。卧式径向锻造占地面积较大,对锻造长度较长的长轴,大型卧式径向锻造机需增设托料机构、工件导向装置等,机构也较为复杂。

2)按照锤头数目分类

按照径向锻造时锤头数目,常见的有双锤头、三锤头以及四锤头三种,此外还有六锤头或八锤头径向锻造,但比较少见。具体又可以分为二锤头回转式、二锤头坯料回转式、三锤头坯料回转式以及四锤头非回转式等,其主要形式如图7-3所示。

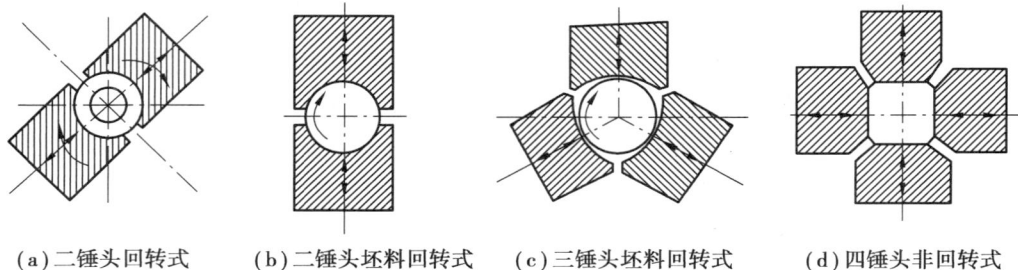

(a)二锤头回转式　　(b)二锤头坯料回转式　　(c)三锤头坯料回转式　　(d)四锤头非回转式

图7-3　径向锻造的各种形式

3)按照变形温度分类

径向锻造按照变形温度可分为冷锻、温锻、热锻三类。冷锻工艺主要应用于对成品尺寸精度要求较高的接近成品的工件,其工艺过程简单,能强化表面,锻件精度高。热锻所需变形功小,毛坯延伸速度快,可加工较大尺寸的锻件,但精度较差,氧化皮不易清除。温锻介于冷锻和热锻之间,通常用于中等屈服强度的材料。

4)按锤头与坯料的转动方式分类

按锤头与坯料的转动方式分为锤头回转式、坯料回转式和非回转式三种。

锤头回转式,主要用于生产圆形截面锻件。锻造时,锤头围绕着坯料做间歇地转动的同时,径向往复锻打坯料,整个过程中,坯料不转动,只做轴向进给。

坯料回转式,也主要用来制造圆形截面工件,锻造过程中,坯料间歇低速旋转,且一边做轴向进给,锤头只做径向进给。

非回转式,其主要用作非圆截面工件成形,锤头和坯料皆不旋转,锻造时,坯料在机械手操纵下轴向进给,锤头径向锻打。

5)按空心锻件加工分类

对于空心锻件,径向锻造可分为无芯轴空心锻造和有芯轴空心锻造两类。无芯轴锻造适用于毛坯壁厚与直径之比较大或对锻件内孔形状、尺寸和壁厚均无要求的锻件;否则应采用有芯轴锻造。

7.3 工件的运动与变形分析

7.3.1 工件的运动形式

径向锻造中工件的运动形式主要有三种:一是边绕轴线转动,边做轴向送进;二是工件做轴向移动;三是工件只转动。工件的运动形式示意图如图7-4所示。

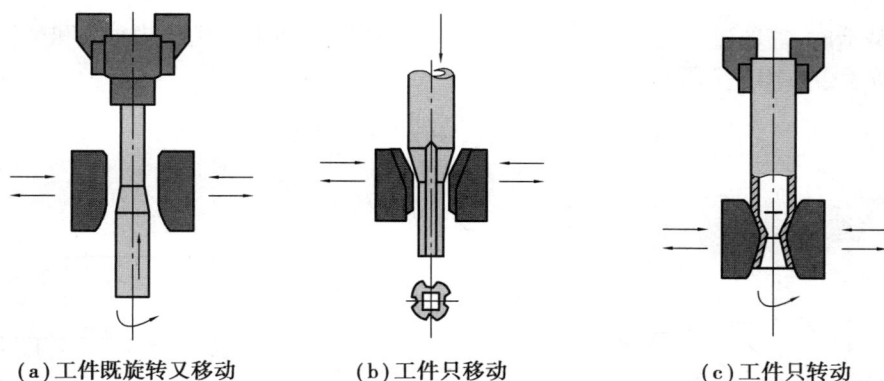

(a)工件既旋转又移动　　　　(b)工件只移动　　　　(c)工件只转动

图7-4　径向锻造中工件的运动形式示意图

径向锻造时,工件的送进方法主要有三种,即沿轴送进、随模送进和镦粗送进。

沿轴送进是指工件从锻机的一侧进入,夹头在锻机的一侧或两侧控制工件的通过锤头的旋转和送进速度。该方法是圆棒和圆坯加工的最常用方法。

随模送进是指工件在一端被夹持,模具特定区域形成所需要的形状。该方法常被用来配合芯模锻打空心件以及闭模锻打。

局部镦粗送进是指棒管料局部加热后施加一个轴向力,将加热处局部镦粗后径向锻打成形。在镦粗过程中或采用芯模来控制内孔的形状和尺寸。

7.3.2 工件的变形分析

径向锻造的坯料在锻造锤头的作用下产生三个方向的应变,即径向应变 ε_1(直径减小)、切向应变 ε_2(坯料沿切向展宽)和轴向应变 ε_3(坯料沿轴向伸长)。变形时,由于锤头的包角作用,$\varepsilon_2 \ll \varepsilon_1$,故 ε_2 可忽略不计,即锻造时坯料主要变形为径向压缩和轴向伸长,根据塑性变形体积不变假设有 $\varepsilon_1 + \varepsilon_3 = 0$。

金属的变形主要是在锻模的圆锥进料区域(即预成形段)进行。以锻造圆柱形锻件为例,第一次锻造后,坯料端部获得与锻模的圆锥进给区锥度相同的形状。随着继续进给,坯料端部的锥形长度与锻模进给区的工作长度相等,如图 7-5(a)、(b)所示。坯料继续进给,坯料前端进入锻模的圆柱区域(即成形段),锻后锻件直径达到 d,如图 7-5(c)所示。

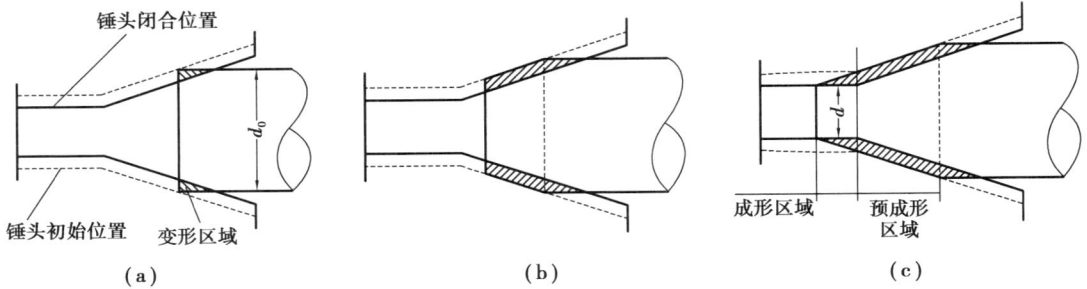

图 7-5 径向锻造圆柱形锻件坯料变形过程

径向锻造棒料时,锻模型腔的典型结构示意图如图 7-6 所示,由进料部分、成形部分和整形部分组成。

径向锻造时,坯料进入圆锥成形区时,锻模与坯料接触面上产生压力(P)和摩擦力(P_f),如图 7-7 所示。由图 7-7 可知:

$$P_2 = P \cos \frac{\theta}{2}, P_1 = P \sin \frac{\theta}{2}$$

$$P_{f2} = P_f \sin \frac{\theta}{2}, P_{f1} = P_f \cos \frac{\theta}{2}$$

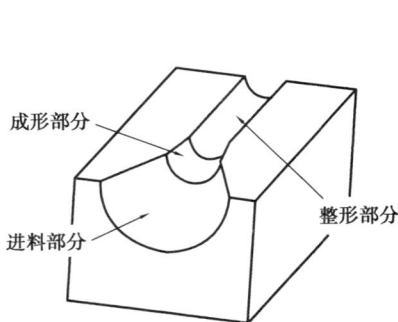

图 7-6 径向锻造细棒料用锻模模腔示意图

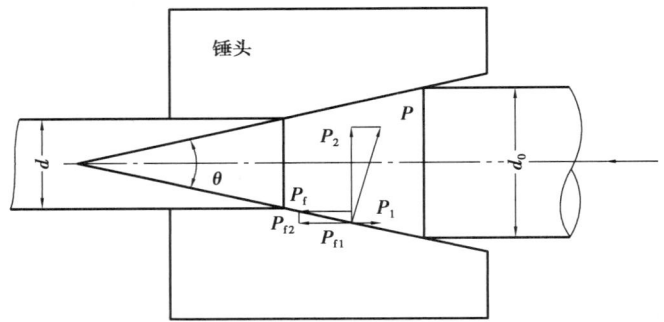

图 7-7 锻造变形区受力分析

d_0—坯料直径;d—锻件直径

P_2 和 P_{f2} 使金属沿径向受压,P_1 和 P_{f1} 使金属沿轴向受拉。当 $P_{f1}<P_1$ 时,坯料向后挤出的力比向前延伸的力大,此时需降低施加的外力 P,进而减少 P_1,使 $P_{f1}>P_1$ 才能使坯料顺利完成径向锻造。因此施加的外力 P 必须满足 $P_{f1}>P_1$ 才能使坯料顺利完成径向锻造。

7.3.3 径向锻造的基本特征

径向锻造成形与其他成形工艺相比,具有四个典型的基本特征。

(1)高频脉冲多锤头同步锻打

径向锻造工艺具有多向锻打和脉冲锻打的特点,多向锻打使金属变形时处于三向压应力状态,有利于锻件塑性的提高。脉冲锻打则是在单位时间内坯料受到多次锻打,每次变形量小,变形速度快,金属变形摩擦力小,容易变形。在单位时间内,坯料受到锻打次数和轴向送进次数多,一般为 240 ~ 1 800 次/min,因而生产率较高。

(2)高精度和高效率

径向锻造采用多个锤头沿零件周向呈 X 形分布,能够同时在锻件上施加均匀分布的锻打力,使材料在高静水压力的应力状态下沿轴向、径向流动,极大提高了锻造效率。径向锻造锤头打击频次可达 240 ~ 1 800 次/min,打击频次的提高不仅可以抵偿金属变形过程的温降,而且还将导致金属变形后温度的升高。例如。采用液压式径向锻造机锻造难变形的高温合金 GH4169,由边长为 220 mm 的方坯锻到直径为 140 mm 的圆截面锻件,从第 3 道次开始,表面温度升高 40 ~ 50 ℃,为了控制终锻温度,需停留一段时间进行最后道次的变形。正因为径向锻造存在温升的现象,始锻温度与终锻温度差很小。

(3)径向锻打

径向锻造的核心特征在于其锤头在垂直于锻件轴线的平面内进行打击。这种打击方式使得金属在径向方向上受到压缩,从而实现锻件的缩径和长度的延伸。径向锻造时,在坯料轴线周围受到多个锤头同步径向打击,坯料受到周期性脉动外力作用,该加载方式下,坯料变形均匀,且坯料被锻部位处于三向压应力状态,有利于提高金属的塑性。一般对低塑性金属脉动加载要比连续加载时金属塑性提高 2.5 ~ 3 倍。

(4)进给和旋转运动

在径向锻造过程中,坯料不仅可以进行轴向的进给运动,还可以根据需要进行旋转运动。这种复合运动方式有助于金属在锻打过程中更加均匀地流动,从而提高锻件的质量和精度。

7.4 工艺特点

径向锻造兼有高频率脉冲锻打和多向锻打的特性,径向锻造工艺具有模具结构简单、模具寿命高、节能、工件质量好、易于实现自动化、锻打振动小、劳动环境好等优点。但该工艺不适合复杂锻件成形,对压机的要求也较高。径向锻造的主要工艺特点如下。

(1)适应性强

径向锻造是多向同时锻打,可以有效限制金属的横向流动,提高轴向的延伸效率;能够减少和消除坯料横断面内的径向拉应力,可以锻造低塑性、高强度的难熔金属,如钨、钼、铌、锆、钛及其合金。

(2)高效率

径向锻造工艺通过多个锤头同时对工件进行锻造,锻打速度快,使得坯料在极短的时间内受到多次锻打,从而提高了生产效率。同时,由于锻件的变形抗力小,可以减小设备的吨位和提高工具的使用寿命。

(3)锻件性能好

径向锻造机的"脉冲加载"频率很高,变形更均匀,更深入内部,有利于改善锻件心部组织,提高性能。径向锻造后的工件内部具有较好的金属纤维流线,晶粒的解离增多,锻件内部组织致密,提高了冲击韧性和抗拉强度。材料内部在变形过程中处于较高的静水压力,从而使材料的延展性提高,这种状态下的变形一般不易产生裂纹,之前存在的裂纹也可能被压合。

（4）锻件表面质量好

径向锻造后的锻件表面粗糙度低,可达 0.40 ~ 0.20。这种低粗糙度不仅提高了锻件的外观质量,还有助于提高锻件的耐磨性和耐腐蚀性。

（5）材料利用率高

径向锻造工艺可以实现材料的均匀流动和填充,减少材料的浪费。

（6）变形温降小

由于锻造速度快,材料在变形过程中的温降较小,有助于保持材料的塑性,减少热处理的需求。

（7）锻打振动小,劳动环境好

锤头工作时做相对运动,因此径向锻造机在工作时产生的振动较小,不需要建立庞大的基础,劳动环境好。

（8）自动化程度高

径向锻造工艺可以与自动化控制系统相结合,实现锻造过程的自动化,提高生产效率和稳定性。

（9）提高材料性能

由于径向锻造可以实现材料的均匀变形,有助于提高材料的力学性能,如强度、韧性和疲劳寿命。

径向锻造存在的不足:

①设备结构复杂、锤头往复运动行程范围被限定在了特定区间。在不更换锤头的情况下,工件的变形空间较小。

②相比自由锻液压机,同吨位的径向锻机锻锤的最大锻打力相对较小。

③对高强度材料,高频的锻打和设备的最大锻打力限制了每次锻打的变形量,变形区域容易限定在靠近零件表面的区域。

④可锻打的零件多为轴类零件,坯料的最佳锻打直径和尺寸都有限定。

⑤对单件小批量生产经济性不佳。

⑥如果坯料冶金品质差,径向锻造锻合坯料心部缺陷的能力较锻锤差。这要求企业在选择坯料时要严格控制其冶金品质,以确保锻件的质量和性能。

综上所述,径向锻造虽然具有许多优点,但在设备复杂性及成本、适应性及局限性、锻件尾部料头处理、锻后变形及热处理要求以及坯料冶金品质要求等方面存在一定的不足。因此,在选择是否采用径向锻造工艺时,需要综合考虑其优缺点以及自身的生产需求和条件。

7.5 主要工艺参数

径向锻造产品的最终质量取决于各种因素的影响,其中包括材料的塑性硬度等内在因素,也包括工件转数、轴向进给速度、锻造温度等外部因素。这些外部因素习惯上被称作径向锻造的工艺参数。径向锻造主要的工艺参数有工件转数、轴向进给速度、径向进给速度、径向压下量和锻造温度。

1）工件转数（锻件转速）

径向锻造时锻件跟随夹头旋转而旋转,工件的转速即夹头转速。工件转数会影响锻件的圆滑度。锻模每锻打一次,锻件随即旋转一个角度,所以终锻件外圈呈多边形。由于现在锻模多采用圆弧面锻模,因此多边形并不十分明显。锻件的多边形边数越多,外表面就越圆滑,表面质量也越高。多边形的边数是由某一截面受锻打的次数决定的,而打击次数则是由工件转数和轴向进给速度共同控制。当采用的夹头转速较低,轴向送进速度的选用就不能太大,否则生产率就显著降低。在工件的外形保证的前提下,夹头转速要尽量高,进而配合较大的轴向送进速度,这样就会提高生产效率。在实际生产中,工件转数与轴向进给速度的选择应协调配合,统一设置,以获得良好的锻件表面质量和较高的生产率。工件转速一般为 25～46 r/min。

2)轴向进给速度

单位时间内锻件随夹头移动的距离称为轴向进给速度。轴向进给速度的大小直接影响生产率和锻件外表质量。轴向进给速度大时,同一锻件表面受到的锻打次数有所减少,锻造生产率高,但锻件的表面质量有所下降。并且当轴向进给速度增大时,单次压下的金属量增加,这也会造成径向锻造的成形力有所增加。在径向锻造设备允许载荷下和保证锻件表面质量的同时,可以选择较大的轴向进给速度,以提高生产率。一般热锻时选用 1.5～2.5 m/min,温锻时选用 0.3～0.5 m/min,冷锻时选用 0.06～0.2 m/min。

3)径向进给速度

径向进给速度又称锤击速度,是指单位时间内锻模在毛坯径向的进给量。进锤速度对锻件表面质量影响不大,但对提高生产率和空心件的"增壁"有影响。在设备载荷允许的情况下,应选用较大的径向进给速度,以提高径向锻造生产效率以及延长模具的使用寿命。在径锻空心件时,也应该选取较大的径向进给速度,因为这样会使毛坯在径向压缩的多些,轴向延伸得少些,从而得到较大的壁厚。但在锻造温度范围较窄的高合金钢材料时,过大的径向进给速度会因热效应而导致锻件被锤击部分温度升高,易超出锻件锻造温度,影响锻件性能。

4)径向压下量

径向压下量是指锤头压下时一次锻造中毛坯径向尺寸的减少量。在机器力量允许的情况下,选用较大的压下量可以提高锻件的锻透性,减少工步提高生产率,并可减小锻件的尾部凹陷。但过大的压下量在轴向进给速度较大时,会导致锻件表面出现螺旋形脊椎纹,这种情况在小直径锻件时表现得更加明显。径向压下量与所锻材料、径向进给速度和轴向进给速度等工艺参数的选取有关系。若材料的变形抗力大,要适当减小径向压下量;若选用较大径向压下量,则要减小轴向进给速度。

5)锻造温度

径向锻造机工作时,由于模具与工件相接触时间非常短,工件被带走的热量也就非常少,工件在径向锻造过程中的温降并不大。因此可将径向锻造的始锻温度定在比一般锻造工艺低 100～150 ℃的范围内,这样终锻温度也会有所降低,有益于锻件机械性能和表面质量的提高。

7.6 径向锻造常见质量缺陷

径向锻造件的缺陷,多数是由于锻模设计不当,工艺参数选取不合理或设备调整有误所造成的,有些是由于材料自身的缺陷而引起的。径向锻造的常见缺陷有以下几种。

1）端部凹坑

多数径向锻造件的尾端心部会产生向里凹陷，称为端部凹坑，如图7-8所示。端部凹坑产生的主要原因是一次压入量小，始锻温度过低或者是锻高合金钢时，由于变形抗力过大而锻不透。消除的方式是相应地增大一次压入量，当变形程度大于50%时，凹坑基本消除。适当增加始锻温度、使用大吨位设备等也可以避免或减少凹坑的产生。

图7-8　端部凹坑

2）螺旋形凹坑

螺旋形凹坑产生的主要原因是锻模型面出现龟裂，粘住氧化皮，形成凸起部分，在锻件边旋转边作轴向进给锻造时，就会在其表面形成螺旋形凹坑。防止方法主要有：更换锻模，清理毛坯表面氧化皮和适当降低始锻温度。

3）螺旋形脊椎纹

在压下量大且轴向进给速度也高时，材料根据最小阻力定理会朝着锻模边缘流动，而此时由于进给太快使得锤头型面压不住溢出的材料而使得材料在坯料表面堆积，当多次锻打累积后就会形成螺旋形的脊椎纹。螺旋形脊椎纹实质上就是锻件外表面会产生螺旋形凸起小块，很像动物脊椎骨的形状。所以，采用较大的径向压下量且适当配以较低的轴向进给速度可以有效防止螺旋形脊椎纹的产生。

4）外圆出现棱角

当工件转数选择不合适，或锻件被锻部分直径与锤头整形锻圆弧直径差多大时，锻件就可能出现明显的多边形。为了减少棱角，设计双圆弧整形表面锤头、适当降低轴向送进速度、合理选择夹头转数等都是比较好的策略。

5）裂纹

锻件的裂纹一般是由于毛坯锻造前就有细裂纹或其他内部缺陷所造成的，只有选用优质材料和无缺陷的材料才能消除这种缺陷。这种裂纹的产生还有可能是热裂纹、冷裂纹、应力开裂等因素引起。如果冷锻的断面缩减率达到了40%时，为了防止由于残余应力累积而引起应力开裂，应进行中温退火处理。

6）锻件弯曲

锻件在锻造过程中和锻后都有可能产生弯曲。锻造相邻台阶直径差较大、长度较长且带凹挡的锻件时,也有可能出现扭弯现象。此时,应减低夹钳转速和一次压下量,或修改锻件尺寸,缩小相邻直径尺寸差。毛坯横断面温度不均,锻后放置方法不当也会造成锻件弯曲。径向锻件应当保持立放,避免一侧风冷。当产生弯曲后,可用校正的方法纠正锻件弯曲,弯曲较小的轴采用冷校正,当弯曲较大的轴时采用热校正。冷校后锻件需要进行消除内应力处理。

7)管壁起皱

无芯棒锻造空心管件时,由于管坯的外径与壁厚的比值不当(超过35倍以上),会造成管壁起皱。如果锻件强行要求这样的尺寸就必须采用芯棒锻造。若管坯外径与壁厚的比值合理时还是发生了管壁起皱现象,就必须检查锻模设计是否正确(如锻模的椭圆度是否过大),或是适当降低进给速度。

8)管件开裂

当冷锻空心管件时,由于锻模张开度过大,锻模的圆锥区与成形区之间过渡不好,锻模型面上有尖角,椭圆度过大等都会造成管件开裂。

此外,径向锻造还可能产生其他质量缺陷,如大晶粒、裂纹、龟裂、缩孔、疏松、夹杂物等。这些缺陷的产生原因和防止方法因具体情况而异,但通常与锻造工艺、原材料质量、模具设计、加热温度等因素密切相关。因此,在径向锻造过程中,需要严格控制各项工艺参数,确保原材料质量,合理设计模具,并加强质量检测和控制,以最大程度地减少和避免质量缺陷的产生。

7.7 径向锻造的发展及应用

Kralowetz 在 1946 年提出了多锤头对称挤压锻造原理,为径向锻造技术的发展奠定了理论基础。基于这一原理,GFM 公司在 1960 年设计并制造了世界上第一台四锤头径向锻造机。20 世纪 70 年代,径向锻造技术得到了巨大的发展,到了 20 世纪 70 年代末期,径向锻机已经发展到全自动数控化的阶段,其应用领域也逐渐拓展,可锻造普通碳钢,也可锻造高合金钢及其他难变形金属材料,在航空、航天、机械、造船等领域得到了广泛应用。进入 21 世纪,径向锻造技术继续向现代化方向发展。锤头打击频次不断提高,已达到 240 次/min 甚至以上,大大超过了自由锻造的打击频次。

径向锻造可加工不同形状的轴类和管类零件,可采用芯棒和无芯棒方式生产空心工件,如台阶轴、实心轴、锥形轴和无缝钢管。

径向锻造适用于难熔、难锻材料的锻造。径向锻造时多个锤头同时对工件进行对称、高频的锻打,使工件材料内部处于静水压力状态,大大提高了材料的塑性。对于高合金钢,其热加工温度区间较窄,采用径向锻造成形,由于高频的均匀捶打而产生塑性热抵消一部分散热,只需一火次即可完成全部变形过程,始锻温度与终锻温度差仅为 40 ~ 50 K。这是自由锻造无法做到的。因此径向锻造变形温降小的特点尤其适合高速工具钢、高合金冷作模具钢、不锈钢及高温合金、钛合金等难变形材料的锻造。

径向锻造可实现全截面细晶锻造。锭料或坯料在高温锻造时,结晶、滑移变形和加工硬化伴随发生,由于应变能增加,产生新的晶粒并长大,这个过程称为动态回复与动态再结晶。动态再结晶晶粒的大小决定于温度、变形程度和变形速度。在一定的锻造温度区间,存在着一个临界变形量,若变形量小于临界变形量,则再结晶后的晶粒比较粗大。径向锻造锤头打击频次高,锤头与被加工材料表面的接触时间大为缩短,表面温降小。另外由于径向锻造锤头打击速度快,促使变形速度加快,从而减小临界变形量,有利于获得细晶组织。

径向锻造适用于开坯和制坯。一般钢锭开坯选择的设备都是液压机或锻锤,但只要控制坯料每次锻打时的旋转角度,径向锻造机也可用于钢锭的开坯。径向锻造机除可锻造轴类零件外,也可为模锻件制坯。

第8章
多向模锻 ·······················○

8.1 多向模锻概述

多向模锻又称多柱塞模锻,是一种特殊的分模锻造技术。多向模锻是在压力机一次行程内,通过特定的模具和冲头布局,对坯料进行多方向的挤压或镦挤成形,从而获得锻件的成形方法,它是在液压机上进行分模模锻的一种精密锻造技术。多向模锻的实质上就是闭式模锻与挤压的复合成形工艺,其塑性变形以挤压变形为主。

多向模锻的工作原理是在多向模锻液压机上,加热的毛坯在压机一次行程作用下,从两个或多个方向对放置在可分合模腔内的坯料施加作用力,让其充满由多块锻模组成的闭合型腔,从而获得无飞边、无模锻斜度或小斜度的复杂形状锻件的一种塑性成形工艺。多向模锻工艺原理示意图如图 8-1 所示。

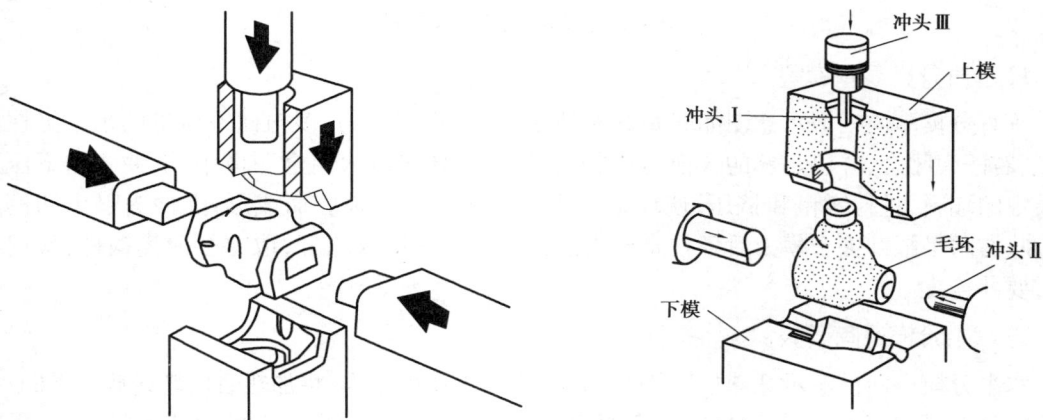

图 8-1　多向模锻工艺示意图

模具采用可分凹模的组合模具,通过冲头从多个方向加压闭合凹模中的坯料,使其充满模膛成为锻件,锻造过程结束后,可分凹模张开,锻件即可从模膛中取出。为使成形后的锻件能够取出模膛,多向模锻的锻模可以根据零件特点进行水平和垂直分模,对于形状特殊的锻件也可以进行多向分模。

多向模锻可以获得无飞边、无模锻斜度、带有多个枝丫、凸台和孔腔的复杂形状锻件。多向模锻时坯料处于强烈三向压应力状态,金属的塑性变形能力较高,适于生产锻造温度区间较窄、塑性较低的金属模锻件。

8.2 多向模锻的分类

多向模锻根据分模方式的不同,可分为三种类型:垂直分模多向模锻、水平分模多向模锻、联合分模(带垂直冲孔的水平分模)多向模锻,其示意图分别如图 8-2 所示。

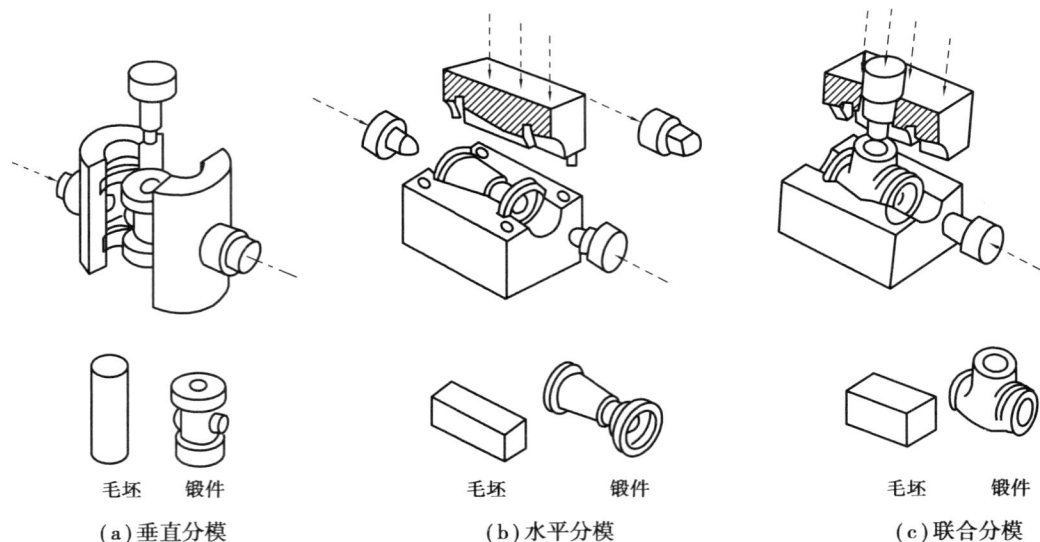

毛坯　　锻件	毛坯　　　锻件	毛坯　　　锻件
(a)垂直分模	(b)水平分模	(c)联合分模

图 8-2 多向模锻的分模方式

1)垂直分模多向模锻

垂直分模多向模锻示意图如图 8-2(a)所示,其工作程序为:多向模锻压机的水平缸柱塞将左、右凹模闭合,并以足够的合模力压紧;将加热后坯料放入闭合凹模中;上冲头向下压入凹模中的坯料,进行镦粗和挤压,使坯料产生塑性流动充填模腔而成形;上冲头退出凹模返回;左、右水平缸卸去合模力后各柱塞分别返回,使左、右凹模张开;取出多向模锻件;根据工艺需要冲连皮。

2)水平分模多向模锻

水平分模多向模锻示意图如图 8-2(b)所示,其工作程序为:将加热后的坯料放入下凹模;上凹模降与下凹模闭合,并以足够的合模力压紧;左、右冲头同步压入模中的坯料,进行镦粗和挤压使坯料产生塑性流动充填模腔而成形;左、右冲头退出凹模;垂直缸卸去合模力后,活动梁带着上凹模回升,使凹模张开;从下凹模中取出锻件;根据工艺需要冲连皮。

3)联合分模

联合分模多向模锻示意图如图 8-2(c)所示,其工作程序为:将加热后的坯料放入下凹模;上凹模下降与下凹模闭合,并以足够的合模力压紧;按照工艺规程的要求,穿孔冲头和左、右水平冲头一起按规定的顺序和位移量压入凹模中的坯料,进行镦粗和挤压,使坯料产生塑性流动而充填模腔成形;各冲头退出凹模;垂直缸卸去合模力后,活动梁带着上凹模回升,使凹模张开;从下凹模中取出锻件;根据工艺需要冲连皮。

在制定锻件多向模锻工艺时,首要任务是正确选择分模方式和确定合理的分模面。通常应在综合考虑锻件的形状、尺寸和结构特征（如锻件外形的复杂程度、垂直与水平方向的投影面积比、有无需要成形的孔腔等），以及企业现有设备的力能参数、柱塞行程和安模空间等条件后才能确定。当锻件较大时应尽量避免垂直分模，因为水平缸的压力小于垂直缸压力。

8.3 多向模锻金属流动分析

多向模锻时，多个冲头从多个方向挤压凹模中的坯料，使其沿着多个方向流动并充满模膛，和普通模锻相比，多向模锻成形过程中的金属流动更复杂。

垂直分模通常是一个冲头在垂直方向对凹模中的坯料挤压，水平分模时有两个冲头沿水平方向对坯料进行相向加压，而联合分模时则有三个冲头分别从一个垂直方向和两个水平方向挤压坯料。它们的共同点都是用冲头挤压闭合凹模中的坯料。

垂直分模多向模锻的金属流动特点是：锻件成形以单个冲头反挤压变形为主，坯料金属主要沿着冲头垂直作用的相反方向流动。此外，在冲头开始压入坯料和最后镦挤阶段，还有扩径、镦粗、侧挤等变形，伴随着有金属沿径向和侧向流动。

水平分模多向模锻的金属流动特点是：锻件成形仍以反挤压变形为主。由于锻件两端成形难度不同，因此坯料两端的塑变与流动则不相同，并且锻件两端成形完成也不同步，有先有后。在用左、右两个水平冲头对模中坯料进行对向反挤压时，坯料两端塑性变形金属主要是沿冲头作用相反方向流动，同时坯料难变形端有部分金属流向易变形端。当锻件一端完全成形后，则另一端单个冲头继续进行反挤压流动，直到锻件完全成形为止。此外，在凹模闭合对坯料镦压定位，左、右冲头对向压入坯料端面以及平整锻件端面和填充三个凸耳模膛的变形过程中，塑性变形金属还产生有压缩流动、径向流动和侧挤流动。

联合分模多向模锻其凹模由多个分模联合组成，可成形三个方向尺寸差别不大，有空腔、凸耳或枝丫等形状复杂的锻件。联合分模多向模锻的典型锻件有三通、阀体、球形接头，燃油泵壳体等。三通零件是石油、化工、核电等重大设备管路系统中用于连接的重要零件，需求量大。三通模锻件可以分为等径和不等径两类。等径三通锻件三个方向的孔径相等，轴颈长度相近；而不等径三通锻件的左右方向孔径相同，轴颈长度等长，但垂直方向孔径较大，轴颈长度也较长。

图 8-3(a)是等径三通锻件的多向模锻示意图，坯料是水平地卧放在模具中。图 8-3(b)是不等径三通锻件的多向模锻示意图，坯料是垂直地卧放在模具中。

从图 8-3 可知，三通类锻件的成形模具结构，是由两片沿水平分模面分开的整体上凹模和下凹模组成。锻件左、右水平轴颈的成形模膛，位于上凹模与下凹模合模后水平模膛的左、右两端，通过左、右水平冲头对向反挤压形成锻件的左、右轴颈。锻件垂直轴颈的模膛，位于上凹模中心，其上方有穿孔冲头的导向孔，引导冲孔冲头准确挤压形成锻件的垂直轴颈。由于上凹模是整体结构，故垂直轴颈的模壁应有模锻斜度。这种用于多向模锻三通类锻件的模具，可以进行垂直和水平两种挤压方式成形三通锻件，模具结构简单，使用方便可靠。

三通锻件的成形过程是不同的，但坯料变形的实质是相同的。其成形过程都是由上凹模下行合模压挤坯料定位、中间成形锻件轴颈并分流坯料、最终反挤压锻件尚未成形的轴颈等三个变形阶段所组成。

①上凹模合模压挤坯料定位阶段利用上凹模下行，使坯料产生局部变形，从而获得准确

定位。上、下凹模合模后模中坯料形状见图 8-3(a)(1)和(b)(1)所示。

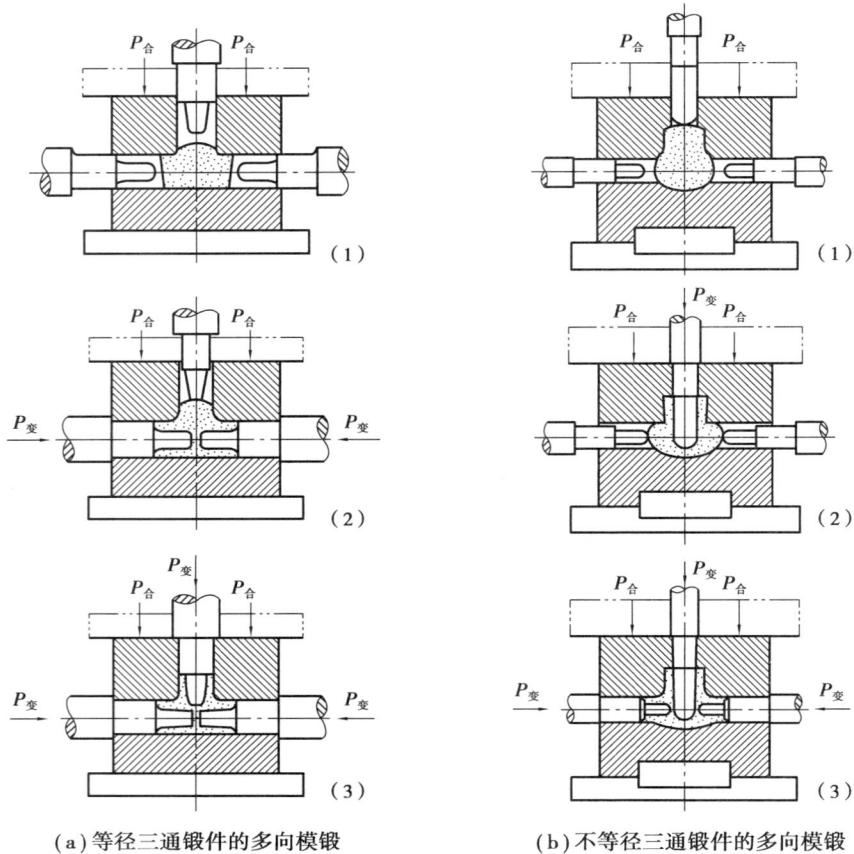

（a）等径三通锻件的多向模锻　　　　　　　（b）不等径三通锻件的多向模锻

图 8-3　多向模锻三通的成形过程

等径三通坯料经径向压扁水平旋转 90°后,左右对称地平放在下凹模上。当上凹模下行合模时,坯料两端局部受到压缩(压肩),使坯料的上、下表面和左、右轴颈模腔模壁得到紧密接触,同时坯料中间部位上表层金属挤入垂直轴颈模腔,于是坯料在模中得到准确牢靠定位。上凹模合模时对坯料的压缩作用,使上、下表层金属的轴向流动不均匀,表现为上表层轴向流动量大,下表层轴向流动很小,由此导致了坯料两端面产生倾斜[图 8-3(a)(1)],这对随后左、右轴颈端部的成形影响很大。

不等径三通锻件的坯料是对准上凹模中心垂直放在下凹模上,当上凹模下行合模时,上段坯料被压挤充满轴颈垂直模腔,而坯料下段两侧表面为水平空模腔,于是使其产生局部镦粗流向左、右水平轴颈模腔,这样便使模中坯料得到牢靠定位[图 8-3(b)(1)]。

②中间成形锻件轴颈并分流坯料阶段。该变形阶段是三通类锻件的中间成形,也是成形三通类锻件的关键阶段。在此变形阶段通过反向挤压或闭式冲孔变形方式,既要成形三通锻件的轴颈,同时还要分流坯料到终锻轴颈的空模腔中,为最终反挤压锻件轴颈提供所需的坯料,如图 8-3 中(a)(2)和(b)(2)所示。

等径三通锻件在中间成形开始时,模中坯料经压扁翻转 90°合模定位后的状态如图 8-3中(a)(1)所示。当左、右两个水平冲头压入坯料时,坯料前、后层的变形为开式冲孔,坯料上、下层的变形为闭式冲孔。当坯料四周表面均和模壁接触后,则坯料转变为反挤压变形,坯料两端塑性变形金属分别流向左、右水平轴颈模膛。同时,位于垂直模膛入口的坯料上表面为自由表面,其金属流动阻力很小,在左、右冲头强大挤压力作用下,中部坯料大量挤入垂直空模膛中,成为最终反挤压锻件垂直轴颈所需的坯料。随着左、右冲头深入对向反挤压,坯料金属流入垂直模膛的阻力增大,挤入量逐渐减少,而向左、右轴颈模膛的流动加强。当左、右冲头的前端达到连皮的位置时即冲头限程台阶压靠凹模时,锻件的左、右水平轴颈成形完成。在该变形阶段可能会出现两种不均匀的金属流动现象,当中部坯料金属大量流入垂直轴颈模膛时,激烈的金属流动会对左、右水平冲头产生弯曲作用,有使冲头发生折断的危险,在冲头头部的上表面会出现锻件和冲头之间因脱离形成的"空穴"现象;在左、右冲头到达规定的连皮位置时,锻件左、右水平轴颈前端下面没有完全充满模膛。

不等径三通锻件在中间成形开始时,模中坯料的状态如图8-3中(b)(1)所示。当垂直穿孔冲头挤入垂直模膛中的坯料时,坯料四周表面已和模壁几乎完全接触,此时坯料变形应属闭式冲孔。当穿孔冲头端部挤到水平模膛位置时,锻件的垂直轴颈则成形完成,同时还有部分坯料金属挤入左、右水平轴颈的空模膛中。随着穿孔冲头向下继续压入坯料,此时坯料金属则产生径向流动,大量挤入左、右水平轴颈的空模膛,成为最终对向反挤压锻件左、右轴颈所需的坯料。在分流坯料金属挤入左、右水平轴颈空模膛时,因先沿上凹模表面挤入水平模膛,并且挤入的量大;而沿下凹模表面挤入水平模膛在后,相对挤入量又少,这就导致模中坯料左、右两端面呈倾斜凸面如图8-3(b)(2)所示。当穿孔冲头一直挤到限程位置时,该变形阶段便终止。

③最终反挤压锻件尚未成形的轴颈阶段。经中间成形阶段对坯料进行分流,在进入最终反挤压变形阶段开始时,锻件尚未成形轴颈模膛中的坯料状况,如图8-3中(a)(2)和(b)(2)所示。由图可见,对于等轴径三通锻件,应采用垂直穿孔冲头单向反挤压成形锻件的垂直轴颈;而对不等轴径三通锻件,则用2个左、右水平冲头对向反挤压成形锻件的左、右两个轴颈。当所用冲头均达到反挤压终点位置时,坯料金属通过反挤压流动充满上述轴颈的模膛,于是最终完成了三通锻件的成形。

三通锻件多向模锻过程的金属流动特点是:坯料主要通过中间成形和最终反挤压两个变形阶段锻成三通锻件。在中间成形变形阶段,既要通过坯料反挤压或闭式冲孔的金属流动成形三通锻件轴颈,同时还将部分坯料镦挤分流到最终要成形的锻件轴颈空模膛中。在最终反挤压阶段,则是通过对模中坯料进行单向或对向反挤压金属流动,充满最后成形的锻件轴颈模膛。此外,在凹模合模压挤坯料定位、冲头压入坯料端面以及锻件轴颈端面镦平等变形过程,金属还产生少量压缩流动、径向流动、闭式冲孔、局部镦粗和端面镦平等。

通过上述对三种多向模锻成形工艺的金属流动分析可以看出,联合分模多向模锻三通锻件的成形过程最为复杂,影响成形三通锻件金属流动的工艺因素很多,如模中坯料定位,坯料分流控制、变形顺序设计,冲头工作行程等。所以,为了获得优质三通多向模锻件,必须掌握三通锻件成形时的金属流动规律,优化与控制上述工艺因素,制定正确的工艺和设计合理的模具。

8.4 多向模锻的工艺特点

多向模锻成形的实质是挤压和模锻的复合,且以挤压为主,其主要特点如下。

①锻件的组织致密,锻件力学性能较好。多向模锻时金属坯料在三向压应力和大应变条件下锻造成形,材料在塑性变形过程中处于三向受压的受力作用,可提高材料热塑性,通常可以一次成形出接近零件形状尺寸的锻件,生产出来的锻件组织较致密,能闭合原料内部的缺陷,锻件的形状精度好,尺寸精度高,锻件的力学性能较好,且提高了模锻生产的适用范围。

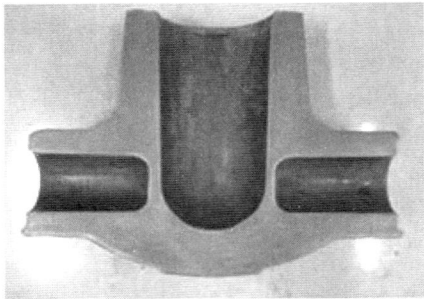

图8-4 某三通阀的流线

②锻件的流线分布合理,保持连续。采用多向模锻成形的锻件,其锻件流线完整、分布合理。某三通阀的流线如图8-4所示。从大量的多向模锻件的纤维流线低倍结果可以看出,多向模锻件的金属流线沿锻件轮廓分布,有利于提高锻件力学性能。多向模锻件流线无切断,疲劳强度高,抗应力腐蚀性能也较好。

③能使结构形状复杂锻件一次成形,显著提高了材料利用率和减少了机械加工工时。通过多向模锻可以获得形状高度复杂、尺寸精确、无飞边、无模锻斜度并带有孔腔、形状尺寸最大限度接近成品零件的锻件,可实现近净成形,显著提高了零件的材料利用率,减少了机加工的工时和降低了锻件成本。

④锻件成形过程火次少,工序少。多向模锻一般只采用一套模具,坯料只经过一次锻造便可成形,因此坯料只需加热一次即可,大大减少了能耗和时耗。另外,有些材料经过多次加热后,材料的性能就会大大降低,使锻件的性能降低,多向模锻就避免了此类情况的发生。下管套、喷管、缸体、球形接头等复杂锻件采用普通模锻和多向模锻成形时,其工序数量、下料质量和机加工工时对比见表8-1。

表8-1 典型锻件成形对比

锻件名称	工序数量/个		下料质量/kg		机加工工时/h	
	普通模锻	多向模锻	普通模锻	多向锻造	普通模锻	多向锻造
下套管	19	8	10	5.12	3.13	2.63
喷管	13	7	8.89	4.32	3.87	3.2
缸体	—	—	15.2	8.7	—	—
球形接头	22	9	5.13	2.05	45	19

⑤坯料的形状简单,制坯成本低。一般的多向模锻坯料均采用圆柱棒料或方坯,坯料形状简单,坯料加工成本低。

多向模锻也需要解决以下问题:首先,由于必须使用专用的多向模锻液压机,故需较大的设备投资;其次,多向模锻液压机要求有较高的整体刚度和导向精度;最后,由于多向模锻属于闭式模锻,对坯料的下料精度要求严格。

8.5　多向模锻的主要参数

多向模锻为中小型复杂锻件的成形提供了有效手段,多向模锻技术在成形过程中涉及的关键技术主要有以下几个方面。

①冲头的几何形状。冲头的几何形状影响着锻件成形质量及压机所需载荷的大小,有球面冲头、锥形冲头、平面冲头等。(球面<锥形<平面)

②模具、冲头的动作顺序。对于同一锻件,不同动作顺序相应于不同的成形结果,是调控材料变形及锻件质量最主要、最有效和最易实现的手段。

③摩擦系数。摩擦系数大小严重影响锻件质量,有时导致锻造无法进行,甚至可能导致零件报废,而且还关系到模具寿命的长短。

④成形速度。成形速度应该控制在一个合理的范围内,既要能达到成形要求又要能保证成形效率,不能过低或过高。

⑤坯料的始锻温度。始锻温度的选择要保证坯料在整个锻造过程中有较高的塑性,同时还要保证坯料内部不发生局部过热等现象。

⑥模具预热温度。模具温度过高,加快其疲劳磨损老化;模具温度过低,加大与坯料之间的温差,影响锻造过程。

8.6　多向模锻发展概况

20 世纪 40 年代后期,美国卡麦隆(Cameron)公司针对采用自由锻方法生产三个方向上都有孔腔的、形状复杂的大型石油机械阀体零件时,存在材料利用率和机械加工效率都很低、生产成本极高的情况,开发出了世界上第一台公称压力为 45 MN/18 MN 的多向模锻专用水压机。该压机除纵向加载外,还可沿水平方向加载,该锻造工艺被命名为“多向模锻”,也称“多柱塞模锻”。

自 20 世纪 50 年代后,各工业发达国家纷纷发展并推广应用多向模锻技术,到 20 世纪 80 年代,诸多企业把中小型的高压阀体、管接头、有色金属零件的成形都转向多向模锻工艺进行加工,除模锻二通、三通、四通管接头外,还能模锻各种阀体、汽车万向接叉、十字轴及多联齿轮等。

到目前为止,国外许多学者对多向模锻技术已经进行了大量研究,生产的零件产品也多样化、复杂化,很多锻件已经广泛而稳定地用于各种高端制造业,包括飞机制造、电力制造、石油化工装备制造等。

随着对机器制造业节能节材及对机器本身性能要求的不断提高,对多向模锻技术的需求将进一步增加,一方面表现在锻件的形状更加复杂,另一方面表现在对锻件的组织性能要求更高。为满足上述需求,需要在多向模锻设备与工艺两方面进行创新与改进。

8.7　多向模锻的工程应用案例

目前,在我国锻造工业生产中,多向模锻制造技术被广泛地应用在航空、石油、化工、汽车拖拉机制造、原子能等工业中,主要涉及的零件产品包括中空架体、活塞、轴类、筒形件、大型阀体、管接头、飞机起落架、发动机机匣、盘轴组合件等,如图 8-5 所示。

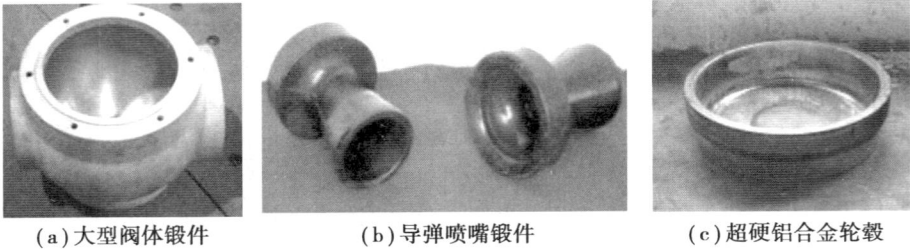

(a)大型阀体锻件　　　(b)导弹喷嘴锻件　　　(c)超硬铝合金轮毂

图 8-5　多向模锻典型锻件产品

多向模锻模具的运动可以利用楔滑块使运动方向传递,从而完成不同方向的锻造成形。为此,可以在普通压机上完成多向模锻。多向模锻技术有着其他技术无法比拟的优势,在许多领域都得到了应用。在航空、军工、能源、化工、电力等工业领域,多向模锻得到了广泛的应用,诸如飞机起落架、航空发动机机匣、大型阀体、导弹喷管、火箭和鱼雷壳体、燃油泵壳体、螺旋桨壳体、核电高温高压阀门、盘轴组合件等,都已采用了多向模锻技术生产。

三通阀体适用于工作条件恶劣的核电、石油、化工中的三通阀体,必须能够承受管道中的高压并具有一定耐腐蚀性,多向模锻成形工艺是目前锻造三通阀的最佳工艺方法。

某等径三通阀体锻件数模如图 8-6(a)所示。该阀体材料的成形工艺窗口窄,变形抗力大;阀体锻件上下不对称,成形过程分料困难;阀体中有不同方位的孔,孔的成形难度大。

采用多向模锻技术成形该三通阀体,其分模面如图 8-6(b)所示。在此分模方案中,先镦粗以成形锻件垂直型腔(即平镦过程);然后,通过多向模锻成形锻件水平侧腔,金属在成形阶段的主要变形方式是镦锻、反挤、侧挤。

阀体成形过程坯料网格分布如图 8-6(c)所示。从坯料的网格分布可以看出,坯料被挤入模腔的过程变形较均匀,最终成形时坯料能很好的贴合模腔,没有出现折叠等缺陷。因为金属在成形阶段的主要变形方式是镦锻、反挤、侧挤,所以坯料内孔底部的网格更细密些。

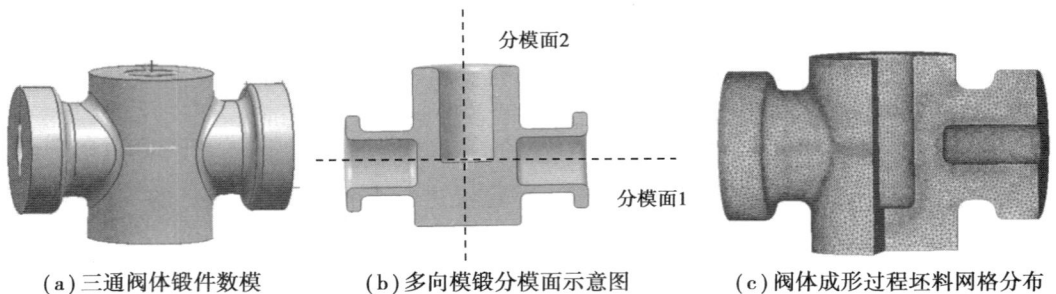

分模面2

分模面1

(a)三通阀体锻件数模　　　(b)多向模锻分模面示意图　　　(c)阀体成形过程坯料网格分布

图 8-6　某等径三通阀体多向模锻方案

第9章
旋压成形 ··· ○

9.1 旋压成形概述

    金属旋压成形技术是一种高效的金属加工方法。金属旋压成形作为现代塑性成形技术的重要组成部分,已经是回转体零件加工中优先考虑的一种成形工艺。金属旋压工艺具有节省原材料、成本低廉、产品质量高等优点,被广泛应用于航空航天、化工、电力设备、车辆、家用电器、乐器,以及军用器械等领域,特别是在火箭、导弹和宇航等有关零件的制造方面更是得到了很好的应用。旋压技术是一种高效、灵活、经济实用的加工技术,因其高效、节能和环保的特点,在制造业中具有广泛的应用前景和发展潜力。

9.1.1 旋压成形定义

    金属旋压成形是将金属筒坯、平板毛坯或预制坯用尾顶顶紧在旋压机芯模上,由主轴带动芯棒和坯料旋转,同时旋轮(或赶棒)对坯料进行加压,使坯料产生逐点连续的局部塑性变形,在旋轮进给运动和坯料旋转运动的共同作用下,使坯料局部的塑性变形逐步地扩展到坯料的全部表面,从而获得各种母线形状的空心旋转体零件。旋压工艺示意图如图 9-1 所示。图 9-1(a)是旋压工艺二维示意图,图 9-1(b)是锥形件旋压三维模型示意图。旋压工艺的主要元素包括:坯料、旋轮、尾顶、芯模和主轴等。

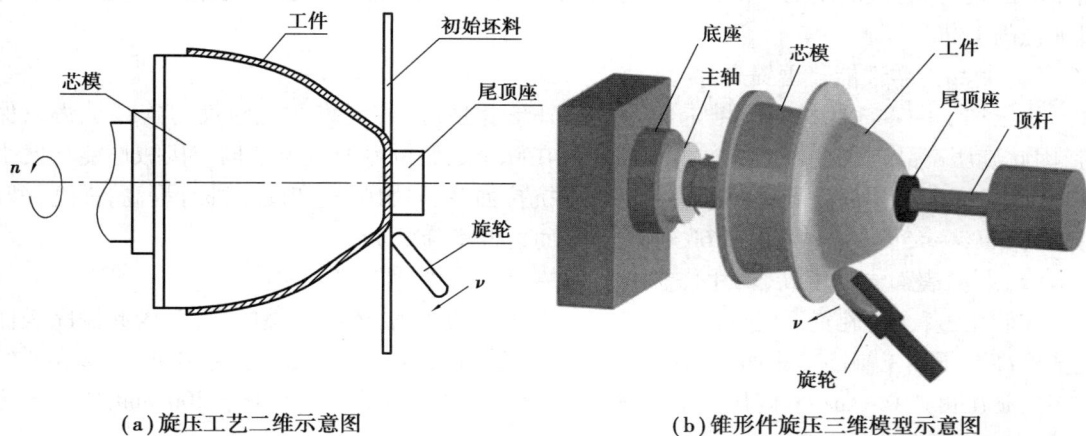

(a)旋压工艺二维示意图   (b)锥形件旋压三维模型示意图

图 9-1 旋压工艺示意图

    金属旋压成形的基本工作原理是将平板或空心坯料固定在旋压机的模具上,在坯料随机床主轴转动的同时,用旋轮或赶棒加压于坯料,使之产生局部的塑性变形,从而获得各种母线形状的空心旋转体零件。

9.1.2 旋压技术发展概况

旋压成形技术具有悠久的历史,早在公元前1 600年的殷商时代起,我国就有采用陶轮制作各种回转体形状陶瓷制品的陶瓷旋压技术,这种制陶工艺技术的逐渐发展,大约10世纪初我国孕育出了金属普通旋压技术的雏形,当时各种回转体容器、器皿和装饰品等工件就是靠金属材料(如银、锡和铜等)薄板旋压而成的。据文献记载,金属旋压最早起源于我国唐代,唐代银碗的表面有旋压痕迹。

古老的旋压技术以其模具简单、易于制备、产品轻巧适用、容易变换等特点,经历了千百年时间的洗练,得以沿袭和保存下来。13—14世纪之交,旋压成形技术传入欧洲,18世纪60年代德国出现了第一个金属旋压专利技术。最古老的旋压设备是靠人工驱动,板料靠棒形工具成形,工业革命的到来以及电动机的出现,使棒形工具改变为旋轮,旋压成形技术突破了先前成形困难的障碍,大大提高了加工能力和应用范围。到20世纪中叶以后,普通旋压技术取得了重大进展,并大规模应用于金属板料成形领域。

近20年来,旋压成形技术突飞猛进,高精度数控和录返旋压机不断出现并迅速推广应用,目前正向着系列化和标准化方向发展。目前,已经生产出标准化程度很高的旋压设备,这些旋压设备已基本定型,旋压工艺稳定,产品多种多样,应用范围日益广泛。随着工业化的进程,国内外旋压技术有了长足的发展,最显著的标志是强力旋压的产生和发展。

9.1.3 旋压成形的特点

旋压成形是一种典型的少无切削加工的先进塑性加工工艺,主要有以下特点。

(1)金属变形条件好,总变形力小

旋压时由于旋轮和坯料是近似于点接触,因此接触的面积小,单位压力高,可达2 500 ~ 3 500 MPa,适合加工高强度难变形的材料。而且,由于所需总的变形力较小,逐点成形单位面积上的压力高,从而使功率消耗大大降低,加工同样大小的制件,旋压机床的吨位只是压力机吨位的1/20。

(2)制品力学性能显著提高

旋压加工的零部件材料纤维走向与产品外形相适应,使纤维的完整性与连续性得以保持,因此旋压产品具有良好的机械力学性能。在旋压之后材料的组织结构与机械性能均发生变化,晶粒度细小并形成具有纤维状的特征。抗拉强度、屈服强度和硬度都有提高,强度一般可提高35% ~ 45%,甚至可提高60% ~ 90%,而延伸率降低。

(3)制品表面光洁度高,尺寸公差小

在旋压过程中,旋轮不仅对被旋压的金属有压延的作用,还有平整的作用,因此制品表面光洁度高。压加工制品的表面粗糙度一般可达3.2 ~ 1.6 μm,质量好的可达0.4 ~ 0.2 μm,经过多次旋压可达0.1 μm。旋压产品可能达到较小的壁厚公差,直径小于300 mm的公差为0.05 mm,直径300 ~ 1 600 mm的公差为0.012 mm。

(4)材料利用率高,生产成本低

旋压与机加工相比,可节约材料20% ~ 50%,最高可达80%,使成本降低30% ~ 70%。旋压可实现少废料,甚至是无废料成形,具有明显的节材效果。

（5）产品种类多，适用范围广

可制作无缝回转体空心件、超宽板材等。根据旋压机的能力可以制作大直径薄壁管材、特殊管材、变断面管材，以及球形、半球形、椭圆形、曲母线形以及带有阶梯和变化壁厚的几乎所有回转体制件。如火箭、导弹和卫星的鼻锥与壳体；潜水艇渗透密封环和鱼雷外壳等。还有一些三维非轴对称零件和非圆截面空心零件等非回转零件都可采用旋压成形。将旋压的筒形件沿母线方向切开展平可制造超宽板材，利用旋压工艺已经制造出宽 7.5 m、长 9 m 的超宽板材。

金属旋压工艺的不足之处在于：受加工机床及加工环境的影响，生产效率较低，操作技术要求高，劳动强度较大，比较适用于试制和小批量生产。除圆筒形、圆锥形、椭圆形等薄壁回转体零件外，其他复杂形状零件用旋压法生产是不经济或难以加工的。而且旋压的坯料厚度不能太大。加工后的零件精确度较低，因此工件的互换性及通用性差，芯模寿命短。

9.1.4 旋压的分类

可根据旋压时坯料壁厚减薄程度、坯料变形特征、工件几何形状等对旋压工艺进行分类。

根据毛坯的变形原理，旋压可分为普通旋压和强力旋压两种。普通旋压过程中，金属毛坯主要产生直径上的收缩或扩张，而壁厚变化较小，主要用于加工筒形件、半球体等简单形状的产品，广泛应用于民用领域，如制作器皿、餐具以及一些精度要求不高的零件。强力旋压过程中，金属毛坯不仅形状发生改变，而且壁厚也显著地发生减薄或增厚的改变。这种旋压工艺适用于加工各种筒形、锥形、异形体壳体等复杂形状的产品，主要满足航空航天、船舶、核工业、化工等行业对大型精密薄壁回转体零件的需求。

按照芯模相对位置分为内旋压和外旋压。外旋压是指旋轮从外部对工件进行旋压，传统的旋压法多属于外旋压，即把芯模置于工件里面，旋轮从工件的外部旋压，使之变形。内旋压是旋轮从内部对工件进行旋压，如扩径旋压、胀形旋压、压筋旋压等。

按金属流动方向分为正旋、反旋、正反旋。正旋是指金属流动方向与旋轮运动方向相同的旋压。反旋是金属流动方向与旋轮运动方向相反的旋压。正反旋是金属在旋压过程中向两个方向流动的旋压。

按主轴位置分类分为卧式旋压和立式旋压。主轴为水平方向的旋压机称为卧式旋压机；主轴为垂直方向的旋压机称为立式旋压机。

按旋轮个数分为单旋、双旋、三旋和多旋等。只有一个旋轮的旋压机称为单轮旋压机；有两个旋轮的旋压机称为双轮旋压机；有三个旋轮的旋压机称为三轮旋压机；有三个以上旋轮的旋压机称为多轮旋压机。

按照旋压时坯料的变形温度，可分为冷旋压和热旋压。冷旋压即在常温下进行的旋压，主要用于塑性较好的、加工硬化指数低的材料旋压，常用的材料有纯铝、金、银、铜等。热旋压是对工件进行加热后再旋压，主要用于旋压一些常温塑性差的难熔金属，如钛、钨、钼等金属及合金。

旋压工艺还可以根据工件和旋轮的运动方式进行分类，通常分为拉深旋压、锥形变薄旋压、筒形变薄旋压、旋压缩径、旋压扩径、旋压收口、旋压切边、旋压卷边、旋压翻边、旋压压纹、压筋以及表面光整和强化等。此外还有其他的旋压方法，如：内旋压法、斜轧式旋压法、张力旋压法、多旋轮的错距旋压法、劈开旋压法、钢球旋压法、加热旋压法等。

9.1.5　旋压的应用领域

旋压工艺可完成成形、缩径、收口、翻边、卷边、压筋等各种工序,其产品适应范围十分广泛。大部分为机械零件,如各种形状的管件、汽车轮辋和轮辐、发动机壳体及进气和排气口等。其他如照明器具、家用器皿、电器产品和仪器仪表的壳体等的用量也很多,各种容器的封头大多也是用旋压技术生产的。

1)导弹、火箭、宇宙航行方面

焊缝形状的不连续、强度低易导致超高强度轻质导弹、火箭的发动机壳体容易产生脆裂以及应力集中等问题,且这些问题随着材料厚度的减薄、质量的轻型化及材料强度水平的提高变得更加严重。随着导弹、火箭技术的发展,人们对材料的比强度提出更高的要求,减少火箭发动机壳体和压力容器的焊缝是非常有益的。

用金属旋压工艺将超高强度钢制成固体火箭发动机壳体是 20 世纪 60 年代以后出现的主要制造方法,如大中型导弹"民兵""北极星"等的发动机壳体制造。同时,旋压成形还用于导弹的喷管、鼻锥以及"北极星"导弹的钟形封头等零件的制造。旋压工艺已经实现了直径为6 m、长度为 3 m 的固体火箭发动机壳体制造,还为"土星"飞船的 S-IC 助推器生产了外径ϕ625 mm、长 30 m 的管材,在"阿特拉斯"洲际导弹上为不变直径的第一舱生产了 ϕ3 000 mm、壁厚 1 mm 的管材和 ϕ3 000 mm、壁厚 0.25 mm 的锥形零件的成形加工。

2)航空工业方面

采用旋压工艺制造的航空零件有:涡轮轴、压气机轴、进气道头锥、喷管的尾椎、燃烧室衬套、轴承支座、压气机机匣以及 75 型喷气发动机燃烧室的管材等。发动机燃烧室的管材其直径 2 030 mm、壁厚 0.38 mm、长 9 144 mm 由旋压制得。在透平发动机喷嘴上用的管材是将内径 2 958 mm、长 1 143 mm、壁厚 6.2 mm 的毛坯旋压而成的薄壁管。对于喷气发动机采用的复合制件,其圆筒部分外径 55 mm、长 541 mm、壁厚 1.14 ~ 0.89 mm,圆锥部分直径 390 mm,零件全长 967 ~ 968 mm。

3)军事兵工领域方面

在兵器生产方面,旋压产品有破甲弹药形罩、炮管等。国外采用金属旋压工艺制造破甲弹的药型罩,用大吨位旋压机旋压外径 101 ~ 305 mm、壁厚 50 mm 的炮管,并能够旋压内径178 mm、壁厚 101 mm 的大型厚壁管材。此外旋压工艺还广泛应用于制造药型罩、风帽、炮弹弹头和药筒等。

4)汽车工业方面

旋压技术不仅能够保证汽车零部件在制造成形中保持较高的强度,同时能够保证成形零部件壁厚均匀,特别适用于性能好、档次高的各类机动车辆的零部件加工制造。目前旋压工艺已经广泛应用于排气管、离合器、变速箱组件、带轮毂传动零件、气瓶及车轮、轮盘和轮辋的制造成形。

5)民用工业方面

旋压技术在民用工业产品领域也有着广泛的应用,诸如灯具罩、灭火器外壳、氮气、氩气等金属气瓶,以及不锈钢水壶容器、火锅容器等产品也都采用旋压工艺生产制造。

金属旋压首次大规模应用是制造奶油分离器的圆盘,第二次世界大战以后采用旋压工艺又生产了电视机显像管,以后又生产了水壶、餐杯、量杯、啤酒桶与漏斗、锥桶、奶罐、圆锅、洗衣机鼓桶、气瓶、卡车轴圆盘、液压气缸、灭火器,另外还用于贮油罐、锅炉封头、压力瓶、乐器以及各种溶液的压力容器的生产。

旋压成形作为一种典型的连续局部塑性成形技术,以其静压成形(无冲击、振动和环境危害)、产品精度高、工艺柔性好、易于实现机械化与自动化、节约材料等诸多优点而成为精密塑性成形技术的重要发展方向,是实现薄壁回转体零件少无切削加工的先进制造技术。因此,现代旋压技术被广泛应用于航空、航天、军工等金属精密加工技术领域。

9.2　普通旋压

普通旋压主要是成形塑性较好、材料较薄的零件,普通旋压的工件通常为轴对称薄壁空心回转体。其旋压产品尺寸准确度不易控制,要求操作者具有较高的技术水平。

9.2.1　普通旋压的基本方式

普通旋压是指以改变坯料形状为主,而厚度持续基本不变或减薄量很少。由于板料在变形过程中产生了收缩和扩张,为了避免由于直径上的变化引起的失稳或局部减薄,故普通旋压成形通常需要通过采用多道次拉深旋压逐步实现变形过程完成。旋压成形过程属于连续局部塑性变形,是一种包括材料非线性、几何非线性和边界条件非线性的复杂塑性成形过程,并且会因旋压道次的增多,加剧其成形过程的复杂性。

普通旋压既可实现整体成形,也可实现局部成形,基本变形方式主要有:拉深旋压(拉旋)、缩径旋压(缩旋)、扩径旋压(扩旋)三种。其工艺示意图如图9-2所示。

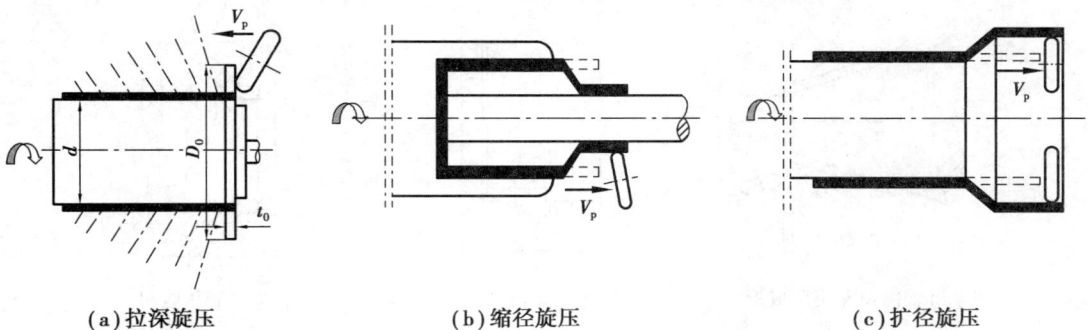

(a)拉深旋压　　　　(b)缩径旋压　　　　(c)扩径旋压

图9-2　普通旋压示意图

拉深旋压示意图如图9-2(a)所示,是以毛坯弯曲塑性变形为主要的变形方式,通过毛坯拉深将其成形为中空零件的旋压成形方法。拉深旋压是以径向拉深为主体而使毛坯直径减小的成形工艺。它是普通旋压中应用最广,也是最主要的成形手段。拉深旋压主要有简单拉深旋压和多道次拉深旋压两种,相关设计要点,本书在后续章节中将进行阐述。

缩径旋压示意图如图9-2(b)所示,是利用旋压工具使回转体空心件或管状毛坯进行径向局部压缩,通过材料局部塑性变形来达到减小其直径的一种成形方法,缩径旋压可实现缩径、缩口、压槽、滚螺纹、封口和校形等。缩旋过程就是将工件毛坯或预制坯装夹在芯模上,需要成型的那部分露在装卡具外面,当主轴带动毛坯零件旋转后,通过控制旋轮按规定的运动轨迹做往复运动,并在往复运动过程中,在横向上给予旋轮一定大小的进给量,随着旋轮的运动而逐步地使毛坯达到缩径的目的。为了避免工件出现起皱和破裂的现象,在制定缩旋工艺时,一方面应根据工件缩旋前后的直径比,将成型过程分成若干道次或工序来进行;另一方面,应根据工件的形状尺寸、质量要求和材料属性等因素,考虑采用不同的缩旋方法进行,同时考虑是否需要在加热条件下进行缩旋。根据工件的形状、材料和质量不同,缩旋主要有无芯模的缩旋、内芯模的缩旋和滚动模的缩旋三类。缩旋所采用的毛坯可以由拉深、挤压、轧制、冷拔、卷焊和旋压等方法获得。

扩径旋压示意图如图9-2(c)所示,扩径旋压与缩径旋压相反,是利用旋轮使管状类毛坯或空心回转体类零件的局部(端部或中部)直径增大的旋压成形方法,扩径旋压可实现胀形、压肋等工艺。该工艺方法受工件材料的性能的制约比较大,工件材料的屈服极限、抗拉强度、断面收缩率和延伸率等对扩旋工艺的制定尤为重要,这些因素也是确定缩旋工艺中道次数和各道次扩径量的主要依据。根据芯模形式不同,有用外芯模的扩旋法和用支撑辊的扩旋法。扩旋所用的预成形坯既可以用拉深旋压、强力旋压等方法提供,也可用冲压拉深、卷焊管材等方法提供。

9.2.2 普通旋压的辅助成形

普通旋压除上述的基本成形方法外,可以完成圆筒或圆锥的拉深成形、压肋、收口、封口、卷边、翻边、剪切等局部成形方法或辅助成形方法。各典型工艺示意图如图9-3所示。图9-3(a)是通过多个道次实现的锥筒形件的拉深旋压,图9-3(b)是采用旋轮在管坯内部施加压力完成的扩旋压肋,图9-3(c)是在管坯外部施力完成的旋压收口。

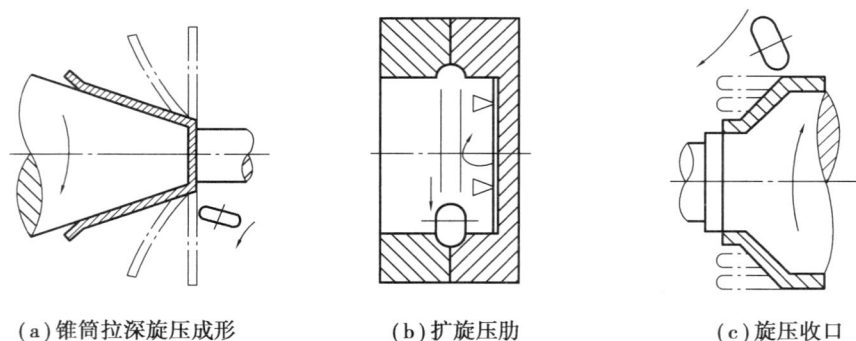

(a)锥筒拉深旋压成形　　　(b)扩旋压肋　　　(c)旋压收口

图9-3　普通旋压的辅助成形工艺示意图

旋压翻边(弯边)成形是根据成形件的形状和尺寸、用旋轮在管端旋出凸缘的方法。如图9-4所示为外翻边,也可按工件要求进行内翻边。翻边旋压采用的旋轮一般是由圆弧形和圆柱形组合的翻边轮,旋制时先通过圆弧段向工件边缘推进,使其翻转成弧形,然后再用圆柱段使其贴模且平整为法兰形凸缘。

旋压卷边示意图如图9-5所示,是将旋压件的端部卷圆以增强工件的刚度,有时也可作为修饰用或美化工件的外形。卷边是用外周有圆弧槽的卷边旋轮推压旋压件的边缘而成形的,依据边缘卷曲的形状不同,可用对应的旋轮进行加工。

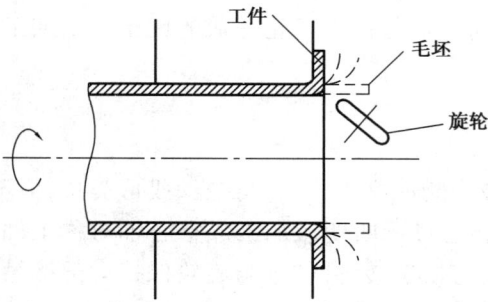

图9-4　外翻边

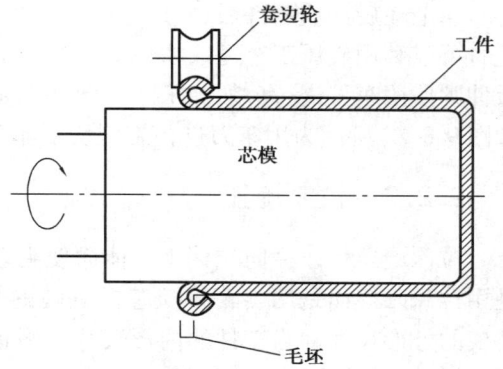

图9-5　卷边

压沟成形和滚筋成形是为制件增加刚度及其他用途的有效方法,其实质是旋轮沿着管类件径向进给的缩径或扩径的过程,其工艺示意图如图9-6和图9-7所示。

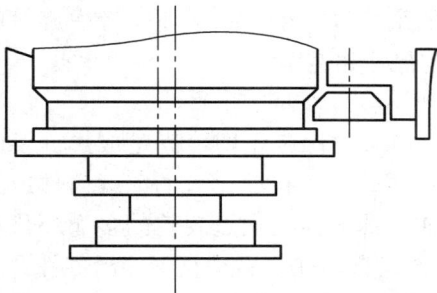

图9-6　压沟成形

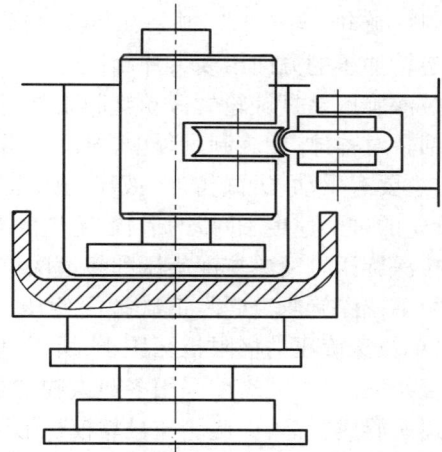

图9-7　滚筋成形

旋压还能完成修剪或剪切等加工,如图9-8是采用旋压工艺实现切割(切边)的示意图。

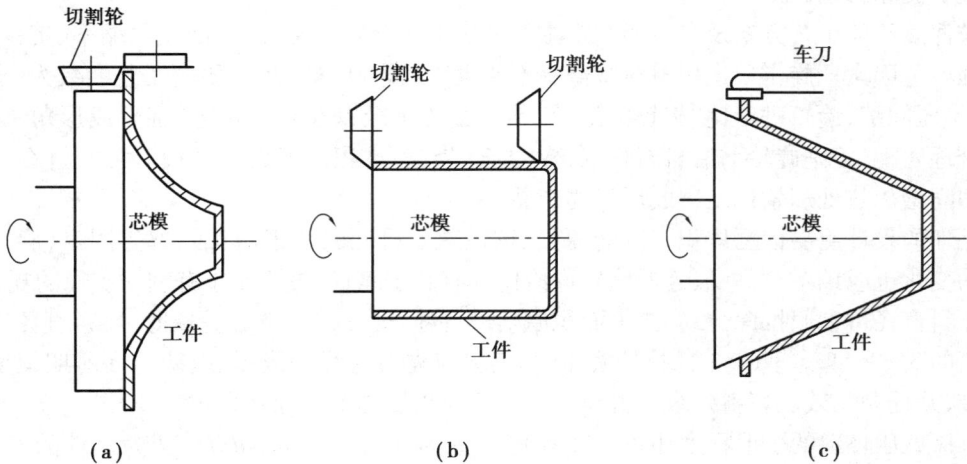

(a)　　　　　　　　　(b)　　　　　　　　　(c)

图9-8　旋压切割

当毛坯旋压成制件后，其边缘处若不平整，则需要进行修边，不必要的底部也需要切除，这时可以利用旋压工艺完成切边等工序。通常，对薄板件使用切边轮进行剪切加工，而对厚板件则使用车刀进行剪切加工。如图9-8(a)、(b)所示的是用切割轮完成的旋压切割加工，如图9-8(c)所示为用车刀进行旋压切割加工。

9.2.3 拉深旋压

拉深旋压是以径向拉深为主体而使毛坯直径减小的成型工艺，它与拉深成形类似，但不是用拉深凸模而是用旋轮将随芯模旋转的平板坯料通过弯曲变形加工成空心轴对称工件。芯模的外形尺寸即为工件的内形尺寸。平板坯料与芯模旋转的同时，与旋轮保持局部接触，成形力较小，单旋轮即可成形，但单旋轮成形时芯模受力无法保证平稳和均衡，目前在生产过程中，多采用双旋轮或三旋轮。

拉深旋压的主要变形方式是毛坯发生弯曲塑性变形，在旋轮与坯料接触点处产生弯曲应力，在旋轮圆角半径工作部分前端坯料略有隆起，在旋轮继续进给后则被压下。其变形特点是：工具(旋轮)与变形坯料是点接触，与旋轮直接接触的材料产生局部凹陷的塑性变形，坯料沿着旋轮加压的方向出现大片倒伏。

拉深旋压是靠旋轮的运动旋制工件，拉深相比其加工条件的自由度要求大，能制出很复杂的回转对称体，在旋制过程中，对旋轮运动轨迹有较高的要求，对于成形中旋轮的运动轨迹控制，主要有手动、机械仿形、液压仿形装置以及数控系统等。在实际中还需考虑旋轮的形状、旋轮的进给速度、芯模的形状、毛坯的转速、毛坯的尺寸和性质等。

拉深旋压有简单拉深旋压和多道次拉深旋压。

简单拉深旋压也叫一道次拉深旋压，是只进行一道次拉深旋压即可满足成形需要的旋压，简单拉深旋压的极限拉深比小，所以其应用范围有限。对于拉深比大的深圆筒件或其他形状复杂的工件，就需要采用多道次拉深旋压，多道次拉深旋压是通过旋轮的多循环移动将毛坯逐次旋成成品，而旋轮通过靠模仿形装置按指定方式自动往复运动直到旋出零件。与简单拉深旋压相比，多道次拉深旋压拉深的加工行程加长了，成形时间也相应地延长了，但是成形过程的重复性好而且成形稳定。多道次拉深旋压成形的关键是旋轮移动行程的构成及与此相关的旋轮移动原则。

拉深旋压的工艺方案及参数的制定主要考虑毛坯材料的延伸率、断面收缩率、抗拉强度、屈服强度等因素。旋压单道次材料减薄率不能大于极限减薄率。主要的工艺参数为：道次减薄率、旋压间隙、旋轮进给比、旋轮成形角、旋轮圆角半径以及错距量等，旋轮成形角、旋压间隙要合理匹配，否则旋轮前沿材料极易产生局部隆起、堆积以至失稳开裂。可通过在多道次旋压中间增加热处理软化工序成形最终产品。

毛坯的设计主要依据体积不变的原则，按道次安排同时考虑旋压效率等因素，旋压前后直径的变化也应该考虑，一般遵循旋轮进给比大有利于缩径，进给比小有利于扩径的规律。

坯料直径可参照拉深公式，按等面积原则进行计算，考虑工件适量减薄，坯料直径应小于计算值的3%~5%。薄壁工件拉伸旋压时，坯料应先将边缘预成形，以防止在前期旋压道次中起皱，并提高工效。坯料外缘光滑整齐有利于防止旋压中边缘开裂。

拉深旋压坯料的变形程度还可采用拉深系数 m 表示，即：$m = d/D_0$，d 为工件的直径；D_0 为坯料的直径。拉深系数 m 的极限值与金属的性能和状态有关，并受工件的壁厚、直径及结构等影响。m 越大,变形越容易。

坯料直径 d 可按等面积法求出,若材料变薄较大时,应将理论计算值减小 $5\% \sim 7\%$。

圆筒形件的极限旋压系数可取为:$m_{\min} = 0.6 \sim 0.8$。

圆锥形件的极限旋压系数可取为:$m_{\min} = 0.2 \sim 0.3$。

当工件需要变形程度较大,即 m 较小时,需采用多道次旋压拉深成形。图 9-9 是多道次拉深旋压示意图。

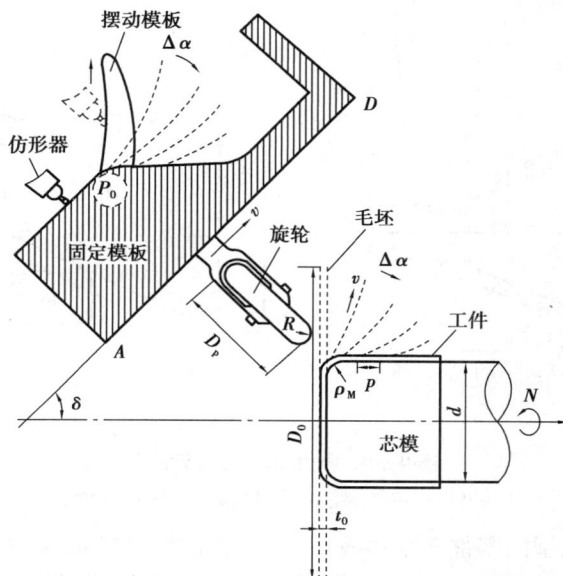

图 9-9　多道次拉深旋压示意图

在图 9-9 中,旋轮的运动是通过放行装置的向下两块靠模板来实现的。前面的固定模板的仿形型面与芯模的形状相同,后面的摆动模板绕支点 P_0 转动。仿形器先沿摆动模板运动,最后沿固定模板运动。仿形器将仿形动作传递给旋轮,使其进行逐次拉深旋压。板坯进行多道次逐次拉深旋压时需考虑毛坯的尺寸和性能、旋轮的形状、模板的形状、模板的移动间距,以及旋轮的进给速度五个方面的因素。

通常,用得最多的材料中铝板最容易旋压成形,其次是钢板、铜板和不锈钢板;而在铝材中铝合金较难成形,铜材中黄铜较难成形。拉深旋压的工艺要点是需要选择合理的转速、合理的过渡形状和合理的旋压变形力等。

9.3　强力旋压

旋压成形过程中,不但改变了毛坯的形状,而且显著地改变了毛坯壁厚(减薄)的旋压成形方法称为强力旋压(简称强旋),也称变薄旋压。强力旋压主要有剪切旋压和流动旋压。强力旋压属于体积成形范畴,旋压工件的内径基本不变,主要依靠减薄坯料厚度来实现零件的形状和尺寸的要求。成品形状完全由芯模尺寸决定,成品尺寸精度取决于工艺参数的合理匹配。剪切旋压主要采用短而厚的直筒型毛坯,以体积不变原理的变形规律来实现材料的厚度减薄和长度增加的变形过程。

9.3.1　强力旋压的基本方式

1）剪切旋压

根据旋压件外形和金属变形机理的差异,强力旋压(变薄旋压)可分为锥形件强力旋压、筒形强力旋压,以及复合型强力旋压。其中,锥形件强力旋压也被称为剪切旋压,其工艺示意图如图9-10所示。

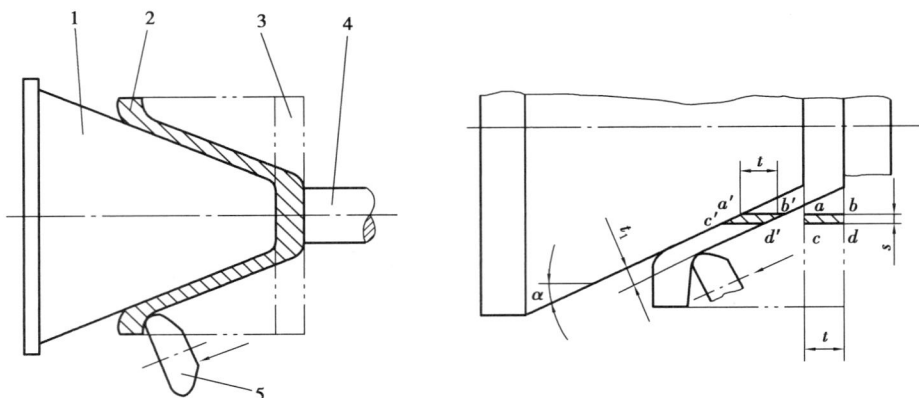

图9-10　强力旋压工艺示意图
1—模具;2—工件;3—坯料;4—顶块;5—旋轮

锥形件强力旋压成型的零件多采用板坯和较浅的预制空心毛坯为原始坯料,通过正弦规律塑性变形来达到零件所需的外形要求。其成形特点是零件只需要旋轮进给一次即可完成,具有加工时间短,表面光洁度好和成型精度高等优点。在进行剪切旋压前,确定旋轮道次和运动轨迹、旋轮与芯模的间隙、主轴转速和旋轮纵向进给速度等参数是十分重要的。剪切旋压是目前成型半球形、抛物线形、锥形等异形件的一种有效方式。

2）流动旋压

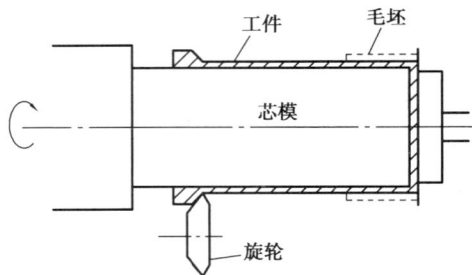

图9-11　筒形件变薄旋压示意图

筒形件强力旋压也被称为流动旋压或挤出旋压,是目前金属类筒形件和管形件加工成型的主要手段之一,其工艺示意图如图9-11所示。筒形件强力旋压将短而厚的筒形毛坯套在芯棒上,在芯模与毛坯旋转过程中,通过旋轮运动施加较大外力并作用在毛坯较小区域上,使之产生塑性变形,由于被旋压的金属圆周方向流动阻力较大,因此沿着阻力最小的轴向流动,累计成形为薄壁长筒件,为此,该成形方法也叫筒形件变薄旋压。板坯在旋压成形过程中按体积不变原理变形。

按照旋压时金属流动方向与旋轮运动方向是否一致,可分为正旋压和反旋压两种。金属流动方向与旋轮运动方向一致,则称之为正旋压。当金属流动方向与旋轮运动方向相反,则称之为反旋压。剪切旋压的正旋、反旋示意图如图9-12(a)所示,流动旋压的正旋、反旋示意图如图9-12(b)所示。

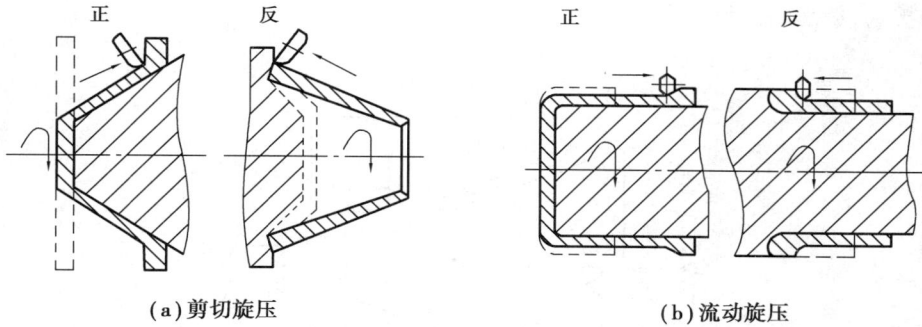

(a)剪切旋压　　　　　　　　　　　　　　　　(b)流动旋压

图9-12　强力旋压的正向旋压与反向旋压示意图

正旋压的主要优点是旋压力能参数小；工件贴模性能好，产生扩径和金属堆积也较小；在相同条件下，正旋压的极限减薄率较反旋压高，因而旋轮接触角和进给量的选择范围就比较大；正旋压不仅可旋制带底的直筒形（管形）件，而且易成形带底（或底部凸台）的凸、凹筋和各种变壁厚的零件。其主要缺点是工件长度受芯模长度和旋轮纵向行程的限制，要旋出多长的成品件就必须有多长的芯模和旋轮行程。正旋时固定毛坯用的夹具也较为复杂。反旋压的优缺点正好与正旋压相反。

强力旋压的变形特点与普通旋压相比具有明确的规律可循，但影响因素很多。在遵循体积不变原则下，锥筒件剪切旋压重要的变形特点是壁厚减薄量满足正弦规律，成形中主要控制的尺寸参数为锥筒段高度、半锥角、壁厚、已知位置的直径、锥筒段母线直线度和圆度等。筒形件强力旋压变形是以挤压变形为主的壁厚变薄旋压，工件形状的改变为旋压前后圆筒壁厚的减薄、直径的变小、长度的增加，同时产品内径会因工艺参数的不同而有不同程度的改变，主要控制的参数为圆筒外径、壁厚、长度、直线度和圆度及相应的公差尺寸等。

强力旋压获得的工件，其表面粗糙度可达到较高级别，与旋压模相接触的表面可与模具表面达到同一级别。变薄旋压可以细化晶粒，提高强度和抗疲劳性能，有助于产品综合性能的提高。

9.3.2　强力旋压的变形过程

锥形件在剪切旋压时的基本过程如图9-13所示。锥形件在旋轮作用下进行旋压成形后，工件2的壁厚由最初的厚度 t_0 变为成形后的厚度 t_f，工件壁厚遵循整形规律，即

$$t_f = t_0 \sin \alpha$$

强力旋压不仅改变了毛坯形状，而且其壁厚明显减薄，如图9-13所示，毛坯的单元矩形面积 $abcd$ 与成形后的平行四边形 $a'b'c'd'$ 面积是相等的，他们在旋转轴线方向和相同径向位置上的厚度尺寸也是相等的，因此锥形件剪切旋压也称为投影旋转旋压法。

对于筒形件强力旋压的典型变形过程如图9-14所示，主要包括起旋阶段、稳定旋压阶段和终旋阶段三个阶段。

起旋阶段从旋轮接触毛坯开始至达到所要求的壁厚减薄率为止。旋压力增大，使得金属的径向流动、周向流动大于轴向流动。

稳定旋压阶段，厚度基本不改变，易产生飞边和局部失稳现象，一定程度导致工件破裂。

终旋阶段从距毛坯末端5倍毛坯厚度处开始至旋压终了。该阶段毛坯刚性显著下降，旋

压件内径扩大,旋压力逐渐下降。

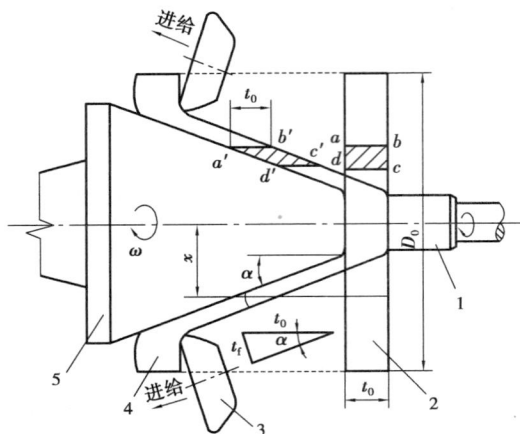

图 9-13　锥形件剪切旋压基本过程
1—顶块;2—初始坯料;3—旋轮;4—工件;5—芯模

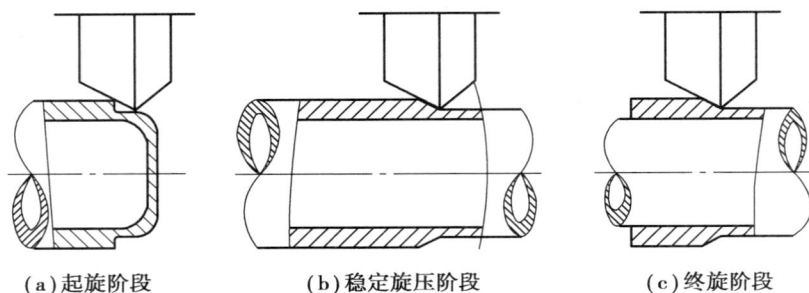

（a）起旋阶段　　　　（b）稳定旋压阶段　　　　（c）终旋阶段

图 9-14　强力旋压的变形过程

强力旋压时,旋压成形件无凸缘起皱,也不受坯料相对厚度的限制,可一次旋压出相对深度较大的零件。一般要求使用功率大、刚度大并有精确靠模机构的专用强力旋压机。坯料局部变形,因此变形力比冷挤压小得多。坯料经强力旋压后,材料晶粒紧密细化,提高了强度,表面质量也比较好,表面粗糙度 Ra 可达 $0.4~\mu m$ 及以上。

9.4　旋压成形的主要参数

旋压的主要工艺参数有:减薄率、旋轮形状、旋轮进给量或进给速度、主轴转速、芯模与旋轮间的间隙、芯模半锥角、旋轮安装角、旋压温度、旋压道次规范、旋轮运动轨迹和旋轮几何形状等。

9.4.1　减薄率

减薄率 φ_t 是变形区的一个主要工艺参数,因为它直接影响旋压力的大小和旋压精度的高低。由平板坯旋压成锥形件时遵循正弦规律,减薄率 φ_t 与半锥角 α 有如下关系:

$$\varphi_t = \frac{t_0 - t}{t_0} = 1 - \sin \alpha$$

筒形件旋压时,减薄率取决于旋压道次、旋轮设计和旋压机功率等因素。在设备与工艺装备允许的情况下,筒形件一次旋压能达到的减薄率比旋压锥形件时要高些。铝合金的减薄率可达 70% ~ 75%,钢的减薄率为 60% ~ 75%,钛合金的减薄率(加热旋压)为 60% ~ 75%。根据美国 Lukens 公司的试验结果,许多材料一次旋压中通常减薄率取 $\varphi_t \leqslant 30\% \sim 40\%$(个别材料的一次减薄率 $\varphi_t = 20\% \sim 30\%$),就可保证零件达到较高的尺寸精度。

9.4.2　旋轮的形状

旋压工艺装备由各种旋轮、芯模、成形模具和成形所需的辅助装置组成。旋轮作为旋压加工的主要工具之一,是旋压件获得良好效果的一个重要影响因素。旋轮在工作时将承受巨大的接触压力、剧烈的摩擦和一定的工作温度,旋轮设计将直接影响工件旋压成形质量的好坏和旋压力的大小。因此,旋轮应具有足够的强度、刚度、硬度和耐热性,以及合理的结构形状、尺寸精度和良好的工作表面。

热旋压时,旋轮选用高耐热材料作模具钢,旋轮工作型面采用整体热处理以保证旋轮硬度为 50 ~ 54 HRC,并在处理后对旋轮工作型面进行抛光处理。

冷旋压时,为保证旋轮具有较高的使用寿命,旋轮材料通常选择冷作模具钢、轴承钢等,经淬火处理后表面硬度通常为 58 ~ 62 HRC。

通常,旋轮直径和厚度对旋压过程的影响不显著,但旋轮的圆角半径对旋压过程的影响却非常明显,旋轮圆角半径 r 越大,毛坯与旋轮行进前方的接触区域越平缓,有利于金属的流动,从而使工件不容易产生起皱、壁厚减薄过快、缩颈等现象,获得的工件表面光洁度较好;但由于接触面积相对较大,旋压力也增大。若 r 过小,则旋轮和坯料接触区域陡峭,不利于金属流动,出现壁厚减薄过大,材料在旋轮行经前方容易堆积,严重时会出现坯料拉裂的现象。对简单拉深旋压而言,在能确保正常成型的情况下,旋轮的圆角半径应尽量选择大些,以求获得较好的表面质量和光洁度。但在多道次拉深旋压中,为了确保后续各道次间坯料不出现起皱、失稳等缺陷,往往希望在成形过程中出现环节,即在旋轮行进的圆角半径前端出现轻微的坯料隆起。隆起的坯料会随着旋轮的继续进给,逐渐消失。

9.4.3　旋轮进给量

旋轮进给量是指工件(芯模)每转动一圈时,旋轮进给的距离。进给量的大小对旋压过程影响很大,其数值的选取与旋压件的表面粗糙度、尺寸精度、旋压力的大小和毛坯的减薄率都有密切的关系。降低进给率,则在成形终了之前毛坯与旋轮的旋转接触次数增多,由于摩擦的存在,频繁的接触可能导致壁部的破裂,还可能降低工件表面的粗糙度,同时也会降低生产效率;提高进给率,有利于旋压件贴模,但工件容易起皱。

9.4.4　主轴转速

单独考虑主轴转速参数对旋压过程的影响不是太显著,但在一定条件下提高转速,可以改变零件表面的粗糙度并提高生产效率。

对于平板类毛坯,高的转速可以提高毛坯的稳定性,可有效地避免坯料边缘起皱现象。目前对于铝、黄铜和锌,最大转速可达 1 500 m/min;对铜和银,最大转速约为 1 200 m/min;对于镁,最大转速约为 900 m/min;对钢,最大转速为 750 m/min;对不锈钢薄板,其转速常取 120~300 m/min。由此可见硬度低、塑性好的材料,其允许的最大转速越高。这是由于材料塑性越好,变形越容易,能够在较快的速度下变形。然而,在平板类毛坯旋压成形过程中,低转速会导致软材料边缘出现严重的起皱现象。对于铝 1070 这类塑性较好的材料,在旋压成型时转速的选取不能过低。表 9-1 给出了常用铝板拉深旋压的转速参考值。

表 9-1　铝板拉深旋压转速选取参考值

参数	取值范围						
坯料直径/mm	<100	100~300		300~600		600~900	
坯料厚度/mm	0.5~1.3	0.5~1.0	1.0~2.0	1.0~2.0	2.0~4.5	1.0~2.0	2.0~4.5
转速/(r·min⁻¹)	1 100~1 800	850~1 200	600~900	550~750	300~450	450~650	250~550

9.4.5　旋轮与芯模的间隙

芯模和旋轮之间的间隙 δ 由正弦规律或旋压道次决定,它直接影响工艺过程的质量和零件精度。在进行锥形件旋压时,间隙 δ 值需调整合适的量值,按正弦规律旋压时应等于零件壁厚 t。但是,由于旋压过程中旋压机的弹性变形,仿形系统的液压退让以及旋轮圆角半径的大小和进给的快慢等都会使工件壁厚产生不同程度的弹性回跳。因此,实际生产过程中 $\delta<t$,其差值量称为退让量。旋压机的结构和毛坯材料的性能对退让量影响很大。在间隙调整时,不仅要考虑退让量和金属的弹性恢复,还应根据旋轮圆角半径和进给量等具体条件来调整。此外,还需要严格控制芯模的偏摆量。锥-筒形零件旋压成形过程中,δ 值选取过大,则毛坯在变形过程中,内表面受拉严重;δ 值选取过小,则会导致旋轮进给方向上的金属堆积,使变形抗力增大,工件变薄严重,甚至被拉裂。因此,在旋压成形锥-筒形件时,须合理地选择 δ 值。

9.4.6　旋轮安装角

芯模轴线和旋轮构成的角称为旋轮安装角。旋轮安装角对于旋轮工作部分与毛坯的接触情况的影响是比较小的,实际情况中,选取安装角是要注意旋轮及旋轮架与毛坯、芯模及顶紧块发生干涉。旋轮安装角不能过大,以免旋轮前沿过深压入毛坯和零件过渡区内,使金属流向旋轮前面、壁厚偏离正弦规律,造成极粗糙的锉齿形表面。为消除这种现象,可增大旋轮圆角半径或减小进给量和减薄率。

9.4.7　旋压温度

为了减少金属旋压的变形抗力,提高其旋压性能,扩大旋压机的加工能力,可采用加热旋压成形,尤其是难熔金属或粉末烧结的坯料,均需加热旋压成形。加热旋压的主要方法有火焰加热,中频大电流加热以及辐射加热等形式。在加热条件下的强力旋压,会使其工艺过程复杂化,但热旋压已作为强力旋压工艺应用范围和解决难成形材料加工的有效措施。强力旋压时的加热温度与普通冲压时采用的加热温度略同。毛坯越厚加热温度越高,但不要高于材料的再结晶温度,以防止发生再结晶。

热旋成形与冷旋成形相比,工件表面易氧化降低外表面质量;受热胀冷缩的影响,工件尺寸精度不易准确控制。因此,两种工艺可以互补。热选是改善坯料铸态组织有效方法之一,对硬化指数较高的合金更为显著。热旋工艺参数要以逐步细化组织为选择原则,防止裂纹出现。常见铝及其合金的热旋温度见表9-2。

表9-2 常见铝及其合金的热旋温度

坯料材质	旋压温度/℃	工件类型	坯料来源
1A85	250~300	桶形件	离心铸造
5A06	300~400	桶形件、锥形件	挤压管材
6A02	350~400	封口与收嘴	旋压管材
5A02	300~380	桶形件	离心铸造

9.5 旋压件缺陷及控制

旋压成形时,旋压工艺参数选择不合理、毛坯坯料质量低劣、旋轮成形角或工作圆角半径确定不合适等,工件容易出现变形失稳等。旋压工件的主要缺陷有起皱、回弹、破裂、底部隆起、压痕、粘结、过度减薄、橘皮、龟裂、局部变形等。

9.5.1 起皱

起皱是旋压成形中最常见的一种失稳形式,出现起皱的旋压产品实物照片如图9-15所示。起皱是由于板坯旋压变薄失稳,旋轮前金属材料堆积隆起造成的,隆起的材料被旋轮压入产生折叠导致起皱。失稳起皱的原因是在旋压成形过程中坯料所受到的切向压应力过大造成的,当外力作用引起的变形区内的切向压应力超过了厚度方向上的失稳极限应力时,材料就会在厚度方向上发生起皱现象。而能导致旋压成形过程中发生失稳起皱的原因有很多,如坯料尺寸、变形速率等。起皱与坯料的初始厚度密切相关,坯料越薄,在厚度方向上的抗弯曲强度越低,越容易起皱。当减薄率过大,进给比增加,以及旋轮工作角较大时易出现塑流失稳,产生堆积起皮现象。要合理匹配工艺参数,才能有效控制塑流失稳。此外,材料硬度较低,坯料表面机械加工粗糙也容易造成堆积起皮。

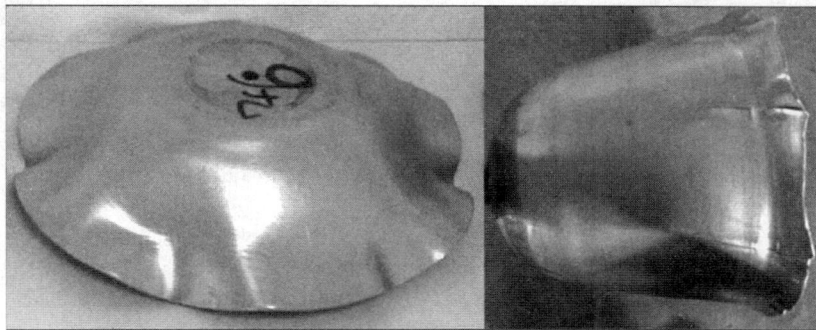

图9-15 零件照普通旋压起皱片实物图

为了避免旋压件产生失稳起皱缺陷,可以采取下列措施:

①在条件允许时,可选用较厚的坯料。

②在旋压过程中采用反推板,通过反推板对坯料施加一个压力,从而提高坯料的抗起皱能力。

③多道次旋压时,首道次仰角的取值不能太小,进给比取值不能太大,否则,普旋的第一道次很容易起皱。在旋压成形过程中,进给比应控制在适当范围,过大则容易起皱。

④在旋压成形前可以对坯料的外缘进行卷边,可提高其抗皱能力。

综上所述,为了防止起皱,进行旋压时应放慢旋轮的进给速度,提高毛坯的转速,在旋轮的反面加反推辊,使其与旋轮一起夹住毛坯,从而减缓每转的弯曲变形。此外,减小旋轮的圆角半径和在可能的情况下采用较厚的板坯也能防止起皱产生。

9.5.2 回弹

在多道次普通旋压成形过程中,通过旋轮对坯料施加外力使其发生塑性变形,从而加工出所需要的零件形状。但是在发生塑性变形之前,坯料首先进行的是弹性变形。在完成旋压成形时,旋轮撤离坯料,即坯料受到的外力被去除,材料的塑性变形部分得以保留,但是弹性变形部分则会发生恢复,也就是说这时材料会发生回弹现象,造成零件的尺寸精度降低。

与冲压成形相比,通过旋压成形的零件回弹是一个反复变形积累的过程,影响旋压件回弹的因素有很多,如进给比、旋轮型面尺寸、旋轮与芯模的间隙、摩擦系数等。回弹主要是影响旋压件的尺寸精度,使零件尺寸达不到图纸要求,由于旋压成形具有很大的加工自由度,根据零件的偏离程度,可以通过最后的整形对零件尺寸进行补偿,从而减小回弹对旋压件的影响。

9.5.3 破裂

破裂是旋压成形中存在的主要缺陷之一,其形貌如图 9-16 所示。图 9-16(a)所示的轴向破裂是材料加工硬化情况严重,并且每一道次中坯料各个部位变形不均导致的。对于这种情况需要合理地设计工艺方案,结合材料加工硬化情况,合理安排旋压道次数,并且使每一道次坯料各部分变形均匀。

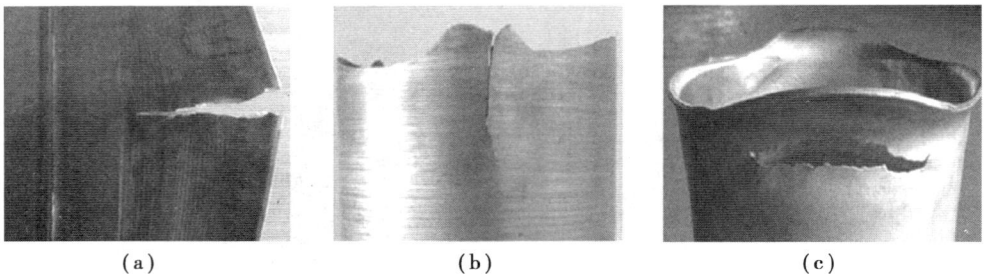

(a)　　　　　　　(b)　　　　　　　(c)

图 9-16　工件旋压破裂实物图

图 9-16(b)所示的轴向破裂是由于在旋压成形过程中坯料凸缘发生了起皱,再继续进行旋压时由于起皱部分材料发生了折叠,从而引发了破裂现象。对于这类破裂预防方法可以参考上一小节预防起皱的措施,通过防止起皱就可以消除这一类破裂现象。

图 9-16（c）所示的径向破裂则是由于工艺参数的不合理导致坯料厚度发生了急剧减薄，从而引发了破裂，这类破裂其实是旋压零件壁厚过度减薄的一种极限情况。当道次间距过大、旋轮圆角半径过小、进给比过小或者旋轮与芯模的间隙过小等原因都有可能引起此类径向破裂。因此在制定旋压成形工艺时，需要结合具体的零件特征和要求，选择合理的成形方案，确定合适的工艺参数如轨迹、道次、间距、旋轮与芯模间隙、进给比、旋轮圆角半径等。

引起破裂的原因有很多，如：材料缺陷、坯料状态、工艺参数以及变形不均匀等因素均可引起旋压件破裂。根据坯料旋压前的状态，有效控制旋压道次和退火间的减薄率是避免裂纹出现的措施之一。

防止破裂的主要措施有：

①多道次拉深旋压时每一道次的间距要取得小。

②拉深旋压时旋轮进给速度不要取得太小，否则旋轮就会在毛坯同一处施旋多次，从而容易拉薄壁部。

③变薄施压时旋轮进给速度取得太大反而容易断裂，所以必须选取合适的进给速度。

④旋轮圆角半径 R 不要过小。

⑤应从材料性能方面分析是否容易开裂。延伸率小的材料不适合拉深旋压。

⑥芯模与旋轮的间隙过大则工件内表面呈现梨皮状，有时还导致壁部断裂，所以芯模与旋轮之间的间隙应留得适当。

9.5.4 底部隆起

如图 9-17 所示，在旋压时，材料由于向前流动受阻，根据最小阻力定律，材料会向着阻力更小的底部流动，造成底部隆起现象。

当旋轮与芯模之间的间隙设置得太小时，就可能会出现这种现象；另外一个原因则是工装设计不合理，当旋压零件成形后，由于旋压件紧贴芯模使得卸料变得很困难，需要借助卸料装置如吹气、卸料杆等，由于卸料装置对零件底部施加一个压力，如果尾顶块不能完全撑住零件底部，当零件被顶出时，没有

图 9-17 旋压零件底部出现隆起现象

尾顶块支撑的部分会凸起，也会出现类似的现象。要避免这种缺陷的产生，则需要在成形之前调整好旋轮与芯模的间隙，并且设计好相应的工装。

锥形件剪切变薄旋压过程中，当变形率过大出现过减薄时，未旋部位预先贴模，金属向前流动的阻力增加，迫使部分已旋金属向后流动反挤。当反挤力很大时，已成形部位未贴模地方将出现鼓包。合理选择减薄率和进给率，准确控制正弦规律，均可以克服锥形件的反挤鼓包现象。

筒形件加热变薄旋压时，如果温度过高，旋轮进给率偏小，可出现不同程度的失稳鼓包现象。控制筒形件收径贴模是避免鼓包现象的有效措施。在一定的变形量时，选择较大进给率，有效控制筒形件缩径，鼓包现象可以消除。

图 9-18　旋压零件表面的压痕现象

9.5.5　压痕

在旋压成形过程中,旋轮是通过与坯料发生点接触、以螺旋式推进的方式使坯料产生塑性变形,随着旋轮的移动,容易在零件表面形成压痕,如图 9-18 所示。

工件表面出现的旋轮压痕与旋轮圆角半径和旋轮进给速度等有关。压痕是旋轮沿坯料表面运动时产生的轨迹,其当旋轮进给比较大时,虽然可以提高成形效率,但是很容易在零件表面留下比较明显的压痕;当旋轮圆角半径过小时,会导致材料流动阻力加大,材料在旋轮前面堆积严重,会出现很明显的压痕,甚至把坯料拉裂。旋轮圆角半径大而进给速度小一般能使旋压表面光滑。

9.5.6　过度减薄

在旋压成形中,由于坯料受到轴向拉应力的作用或者变形量过大等原因而持续变薄,通过积累会使坯料壁厚严重减薄,甚至裂开,严重影响零件成形质量。由于旋压过程中的壁厚减薄是一个逐步累积的过程,且不能通过后续工序来消除,只能在旋压成形的过程中制定合理的工艺参数控制其壁厚,以实现降低壁厚减薄率的目的。

9.5.7　黏结

拉深旋压成形时,旋轮与板坯的接触具有相对滑动,引起接触摩擦升温,在压力作用下,旋轮与坯料接触的切点,产生热扩散焊接的黏结现象。黏结可导致工件出现鱼鳞和刨槽现象,降低产品表面质量。

消除黏结的方法是在机油中加入二硫化钼和氯化石蜡,使其产生耐高温高压的化学膜维持变形区的润滑。调整旋轮的攻入角,减少旋轮与工件的滑动摩擦的面积,可改善黏结现象。

第10章
无模多点成形 ··○

10.1　无模多点成形概述

　　无模多点成形是一种金属板料三维曲面成形的新技术,将板料成形技术和计算机技术结合为一体的先进制造技术,是对三维曲面板类件传统生产方式的重大创新。此处的无模是指无须更换传统的整体模具,借助调控基本单元体在不同时刻的位移就可重新构造曲面,从而实现不同曲面需求的空间板件的成形。

　　我国制造业的飞速发展需要不断研发新型产品,提高更新换代速度,因此,对三维曲面件的需求会越来越大。特别是在航空航天、船舶舰艇、各种车辆及建筑雕塑等许多军用与民用制造领域,都需要使用大量的各种材质的三维曲面板类件。

　　金属板材三维曲面类零件因其重量轻、材料省、受力状态好,往往作为主要零部件,在民用产品、军用产品、飞机蒙皮、船体外板、汽车覆盖件以及现代高技术产品等许多制造领域广为应用。这些三维曲面类零件一般是由轧制的二维平板坯料成形出来的,其传统的成形方法主要有整体模具成形与手工成形。

　　整体模具成形主要用于大批量生产,在传统的板料成形方法中,模具成形方法以其效率高、适合大批量生产等优点,多年来一直占据着主导地位。但随着时代的发展,新产品的更新换代越来越快,板料零件生产的多品种、小批量趋势越来越明显,而模具设计制造周期长,需要反复试模与修模,并且模具材料和加工成本都比较高,因此模具成形方法很难满足此类要求。

　　由于模具费用昂贵,大尺寸、小批量的零件只能采用手工成形方法,如在造船行业,每一块船体外板形状都各不相同,并且都非批量生产,因此,广泛采用的是线加热成形方法。我国第一台国产准高速列车的流线型车头外壳采用的也是手工操作的对击锤成形方法。手工成形方法成形质量差、生产效率低,而且劳动强度极大。

　　现代工业的发展,使传统的单一化、大批量生产钣金件逐渐转向个性化、多样化、小批量生产。传统的三维曲面件成形方法已无法满足现代制造业高速发展的要求,迫切需要一种新型成形方法。以板材三维曲面成形为目的,在压力加工领域相继有人进行了一些有关柔性成形的尝试,多点成形的构想就是在这种需求下提出的。多点成形技术利用了多点成形设备的"柔性"特点,无须换模就可实现各种曲面的成形,为三维曲面板类零件生产提供了新的方法和思路。多点成形中无需传统的整体模具,即实现了无模成形,这样既省下了大量的模具制造费用,又解决了单件、小批量零件的生产问题。

　　无模多点成形(multi-point forming)是将柔性成形技术和计算机技术结合为一体的先进塑

性成形技术。它利用多点成形装备的柔性与数字化制造特点,无须换模就可完成板材不同曲面的成形,从而实现无模、快速、低成本生产。

多点成形工艺目前已在高速列车流线型车头制作、船舶外板成形、建筑物内外饰板成形及医学工程等领域得到广泛应用。

10.2 基本原理

多点成形技术的核心思想是将传统的整体模具离散化成一系列规则排列、高度可调的基本体单元,这些基本体单元在成形过程中共同构成了一个可变的"柔性模具",可用于任意形状的板材成形。多点成形既能省下大量的模具制造费用,又能解决单件、小批量零件的生产问题,是典型的三维曲面柔性成形技术。传统的整体模具成形示意图如图10-1所示。多点成形的示意图如图10-2所示。

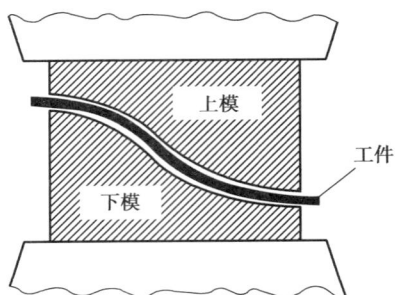

图 10-1 整体模具成形   图 10-2 多点成形

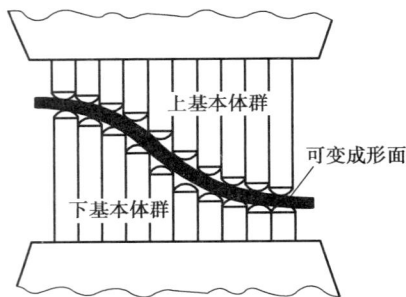

如图10-3所示,多点成形把传统的冲压整体模具分解为很多离散的、规则排列的、高度可调的基本体,通过对各基本体运动的实时控制,可以自由地构造出成形面,用基本体代替传统模具,实现板材三维曲面的快速无模成形。

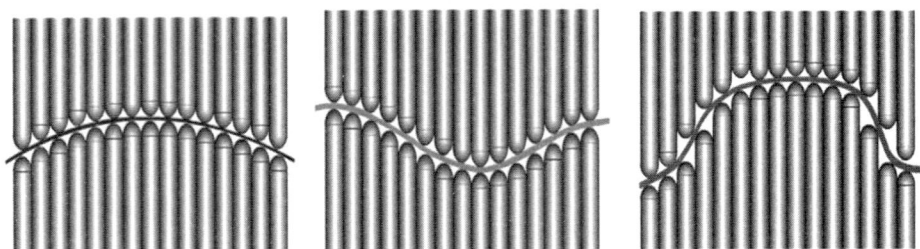

图 10-3 高度可调的基本体构造的曲面

在无模多点成形过程中,通过改变各基本体的行程就可以改变成形曲面,相当于重新构造了成形模具,由此也充分体现了多点成形的柔性特点,可实现板料的无模、快速、柔性化成形。

10.3 无模多点成形的分类

一个基本的无模多点成形系统由三大部分组成,即 CAD/CAM 软件系统、计算机控制系统及多点成形主机。稳定的工艺需要完善的设备来保证。对于多点成形系统,与我们所接触到的数控加工、快速原型等系统在结构上很相似。目前,我国已经开发并广泛应用了多点成形 CAD/CAM 一体化软件,使多点成形技术向着实用化、自动化的方向发展。CAD/CAM 软件系统根据成形件的目标形状进行几何造型、成形工艺计算等,将数据文件传给控制系统,控制系统根据这些数据控制压力机的调整机构,构造基本体群成形面,然后控制加载机构成形出所需的零件产品。利用多点成形的成形面柔性可变的特点,已开发出一次成形、分段成形、反复成形及多道成形等多种成形工艺。多点成形的分类如图 10-4 所示。

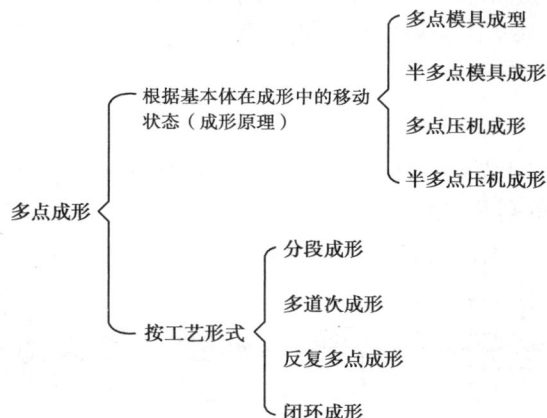

图 10-4　多点成形分类

10.3.1　按成形原理分类

根据基本体单元的控制方式和成形特点不同,无模多点成形包括多点模具成形、半多点模具成形、多点压机成形和半多点压机成形四种方法。其中,多点模具成形与多点压机成形是最基本的两种成形方式。

1)多点模具成形

多点模具成形属于固定型基本体。成形时,首先按所要成形零件的几何形状,调整各基本体的位置坐标构造出无模成形面,然后按固定的多点模具形状成形板材。成形面在板料成形过程中保持不变,相邻基本体之间无相对移动。成形过程中,比较长的凸模和板料接触,承受载荷,随着变形的进行,和板料接触的凸模渐渐增多,最终所有的凸模全部和板料接触,成形结束。多点模具成形过程示意图如图 10-5 所示。

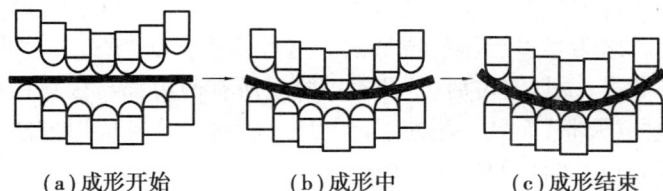

（a）成形开始　　　　（b）成形中　　　　（c）成形结束

图 10-5　多点模具成形过程

多点模具成形的主要特点是设备结构简单,造价较低,不需要复杂的控制系统,而且容易制作成小型设备。其不足之处在于:成形初期约束不足,易发生失稳和应力集中,产生压痕、起皱和破裂。为此,比较适用于对成形质量要求不高的零件。

2）半多点模具成形

半多点模具成形可减少成形模具基本体的调整控制点数,并与多点模具成形模具基本体控制原理相似,但只需调整一半模具基本体高度。采用这种成形方法时,上模基本体的调整方式与多点模具基本体调整方式相同,下模基本体上端面在成形初始时处于水平位置。板料上料后,上模基本体整体下降,并与板料接触,然后对板料缓慢加力,直至全部模具基本体对板料都压紧。在整个成形过程中,上模各基本体间无相对位移,其型面形状保持不变,并始终与板料保持接触,下模各基本体会根据成形需要调整其纵向位置,即下模各基本体间有纵向相对移动。

3）多点压机成形

多点压机成形属于主动型基本体,成形前对基本体不进行预先调整,通过实时控制各基本体的运动,形成随时变化的瞬时成形面。在成形过程中,各基本体之间存在相对运动,成形面不断变化,上、下基本体始终与板材接触,夹持板材进行成形。多点压机成形过程如图 10-6 所示。

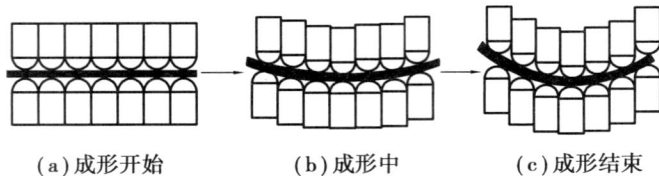

(a)成形开始　　　　(b)成形中　　　　(c)成形结束

图 10-6　多点压机成形过程

多点压机成形是多点成形最理想的一种形式。成形过程中,上、下所有凸模都始终与板料接触,而且,通过调整各凸模的速度、起止状态等,可得到各种变形状态。多点压机成形过程中,上、下各凸模压紧板料,成形开始时一起移动,成形结束时一起停止。多点压机成形时能够充分体现柔性特点,不但可以随意改变板材的变形路径,而且还可以随意改变板材的受力状态,使被成形件与基本体的受力状态最佳,实现最佳变形。

多点压机成形的优点是基本体与板料实时接触,载荷分布均匀,可有效抑制回弹等缺陷;成形路径可控,成形精度高。其不足之处在于:设备结构复杂,控制成本高,通常适用于高精度、难成形的零件。

4）半多点压机成形

半多点压机成形为主动型基本体与被动型基本体组成的成形方式。也就是说在成形过程中,对主动型基本体群根据需要控制其行程,而另一方基本体由于受到主动基本体群的压力而被迫运动,因此称之为半多点压机成形法。这种成形方法与多点压机成形相似,先调节上、下凸模处于平齐状态,毛坯定位后,上凸模下降至所有凸模都与板料接触。该种成形方法只有一侧的凸模可独立调整,而另一侧处于被动压下状态。这种成形方法是用和半多点模相似的方法,以减少控制点数为目的的一种成形方法。

比较各种方法,其各自的优缺点如下:

①多点模成形装置简单,凸模高度的控制结构也简单,所需调整力也小,但是需要压力机。由于有集中载荷作用,所以易产生压痕等缺陷。

②半多点模成形与多点模成形相比,控制点数减半,不需压力机。平齐一侧的载荷过大或过小易产生压痕等缺陷。

③多点冲压成形时,所有凸模始终与板料接触,可以实施对变形最有利的变形路径。因此,可以把压痕的发生控制在最小范围内,这比整体模具能更好地控制皱纹的产生。

④半多点冲压成形,控制点少,没有复杂的控制结构。半多点冲压成形的缺陷少于半多点模成形,但多于多点冲压成形。

10.3.2 按照工艺形式分类

按照工艺形式的不同,无模多点成形还可分为分段成形、多道次成形、反复多点成形和闭环成形等四类。

1)分段成形

通过改变基本体群成形面的形状,对于尺寸大于设备成形尺寸的零件,可以采取逐段、分段连续成形的方式,这种方式称为多点分段成形。其工艺示意图如图10-7所示。在这种成形方式中,板材被分成五个区域:已成形区、有效变形区、过渡变形区、自由变形区和未成形区。这几个区域在变形过程中是相互影响的,过渡变形区中基本体群成形面的几何形状对分段成形效果具有决定性作用,过渡变形区的设计是分段成形最关键的技术问题。

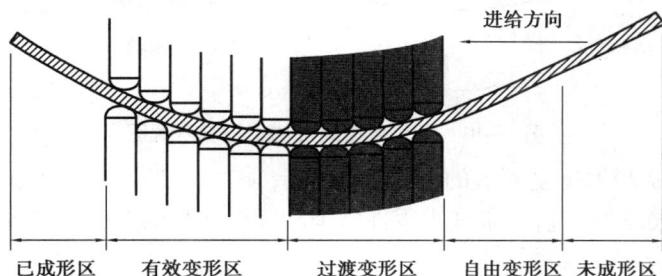

图10-7 大型三维曲面件的分段多点成形

应用多点分段成形技术已成形出零件尺寸大于一次成形尺寸7倍以上的样件,成形出的扭曲面扭曲角超过400°。多点分段成形的大扭曲件如图10-8所示。

2)多道次成形

对于变形量很大的零件,可逐次改变多点成形面的形状,进行多道次成形。多道次成形的本质上是利用多点成形面可变的柔性特点,将大变形分解为多次的小变形,依次改变多点成形面形状(图10-9),从小变形累积到大变形的过程,从而消除起皱等成形缺陷,提高板材成形性能。

图10-8 多点分段成形的大扭曲件

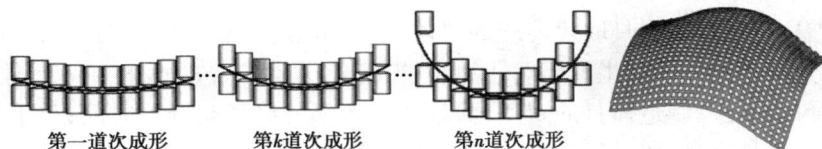

第一道次成形   第k道次成形   第n道次成形

图10-9 钛合金颅骨的多道次多点模具成形

多道次成形也可以看成一种近似的多点压机成形,成形路径设计是多道次成形需要解决的关键技术。多道次成形还可以用于实现变路径成形。采用多道次成形的方法,沿着优化的变形路径进行板料成形,能够明显地抑制成形缺陷,提高材料的成形极限。

3)反复多点成形

反复多点成形时,首先使板料的变形超过目标形状;然后使板料产生反向变形并越过目标形状,再正向变形,以此目标形状为中心循环反复成形,逐渐靠近目标形状。反复多点成形回弹控制示意图如图 10-10 所示。

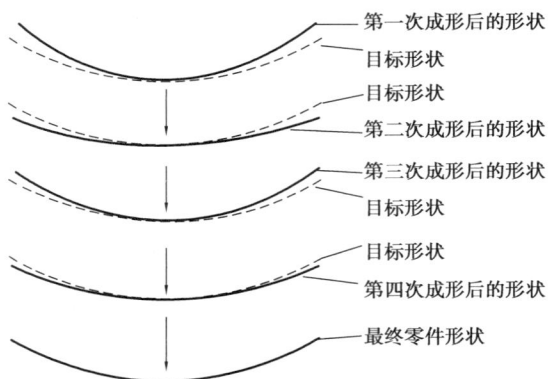

图 10-10 反复多点成形回弹控制示意图

反复多点成形是利用反复成形的方法降低残余应力,消除或减少回弹,其实质上是一种通过"过成形"与"欠成形"过程,来减小零件回弹和降低残余应力的多点成形工艺。

4)闭环成形

利用多点成形的柔性特点,结合现代测量技术和数据处理技术,可以实现闭环成形,从而实现数字化与智能化的完美结合。三维板材的成形是一个复杂的过程,由于其多种不确定性,即使采用数值模拟进行预测,也很难一次得到精确的目标产品。利用成形面任意调整的特点,闭环成形时,零件第一次成形后,测量出曲面几何参数,与目标形状进行比较,根据二者的几何误差通过反馈控制的方法进行运算,将计算结果反馈到 CAD 系统,重新计算出基本体群成形面再次成形,这一过程反复多次,直到得到所需形状的零件。

10.4 无模多点成形的特点

多点成形适用于单件、小批量三维曲面形状零件的加工。采用多点成形技术可以节省模具的设计、制造及修模调试费用。与模具成形和手工成形相比,多点成形技术具有如下特点。

(1)可实现无模成形

采用多点压机或多点模具取代传统的整体模具,节省模具设计、制造、调试和所需人力、物力和财力,显著地缩短产品生产周期,降低生产成本,提高产品的竞争力。与模具成形法相比,不但节省巨额加工、制造模具的费用,而且节省大量的修模与调模时间;与手工成形方法相比,成形的产品精度高、质量好,并且显著提高生产效率。

（2）可优化板料的变形路径

通过基本体调整,实时控制变形曲面,随意改变板材的变形路径和受力状态,提高材料成形极限,实现难加工材料的塑性变形,结合多道成形工艺,扩大加工范围。

（3）可实现少回弹或无回弹成形

可采用反复成形新技术,消除材料内部的残余应力,并实现少、无回弹成形,保证工件的成形精度。反复成形新技术即利用多点成形柔性化的特点,采用反复成形工艺方法,减小工件的回弹及材料内部的残余应力,实现板材小回弹或无回弹成形。

（4）可实现小设备成形大型件

采用分段成形新技术,连续逐次成形超过设备工作台尺寸数倍的大型工件。分段成形技术是指优化过渡区成形模型,进行大变形量、大尺寸零件的成形,实现小设备成形大工件,并使无模成形设备小型化。应用该技术已成形出超过设备工作台面积7倍的样件,扭曲面总扭曲角超过400°。

（5）易于实现自动化

曲面造型、工艺计算;压力机控制、工件测试等整个过程全部采用计算机技术,实现CAD/CAM/CAT一体化生产,工作效率高,劳动强度小,极大地改善了劳动者的作业环境。

10.5　成形质量及影响因素

多点成形工件的主要缺陷是压痕、阶梯效应、起皱、拉裂等。

1）压痕

压痕是多点成形中所特有的成形缺陷。在多点成形中,板材受到的外力来自单元体对板材的接触作用力。凸模一般是球形,二者的接触区域是球面的一部分,接触面积极小,基本上为点接触。在接触处,板材将会受到很大的作用力,必定要在板材上留下压痕,从而影响成形零件的外观和精度。如图10-11所示,这种压痕通常包括表面压痕和包络压痕两种情况。

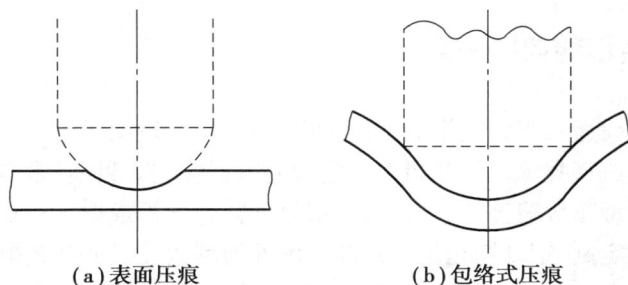

(a)表面压痕　　　　(b)包络式压痕

图10-11　多点成形压痕

压痕产生的原因主要是接触压力高度集中、变形过于局部化以及挠曲变形刚度不合理等。

抑制压痕可采取的解决措施:

①采用大曲率半径的冲头。这种方法可以增大接触面积,减小接触压强,对减轻压痕比较有效。但受所成形零件形状的限制,如对于大曲率的零件,用大半径的冲头则无法成形。

②在冲头与板材之间使用弹性垫。这种方法分散了接触压力,避免了冲头的集中力直接

作用于板材,对于抑制表面压痕特别有效。目前使用的弹性垫主要有普通橡胶垫、聚氨酯橡胶垫、由弹性钢条编织的弹性垫以及聚氨酯橡胶帽等。

③采用多点压机成形或多道次多点成形为路径的成形方式。通过在成形过程中实时调整基本位置,分散接触压力,改变板材的局部变形刚度,使各部分尽量均匀地变形,也可有效抑制压痕的产生。

2)阶梯效应

在成形过程中,各离散单元体和钣金件之间的接触点不连续,单元体与单元体之间呈阶梯状排列。在成形过程中,在成形拉伸力作用下,两接触点之间的金属板材将成为直边,最终成形零件的轴向剖视图将成为多边形,而不是半圆形,这种现象称为阶梯效应。

解决阶梯效应的本质就是解决单元体接触点之间的不连续。主要有以下两种方法:

①减小离散单元尺寸(增加单元数量)。但此方法又会让压痕更明显。

②用磁性材料粉末将单元体间的凹坑填平。使单元体与磁性材料粉末在强磁场的作用下成为一个整体。

3)起皱及控制

失稳主要产生折线和起皱两种缺陷。当局部切向压应力较大,而板面又没有足够约束时,由于面外变形所需能量小,板材的变形路径向面外分叉,由面内变形转为面外变形,出现皱曲。板料与基本体接触面积小板料的约束越少、失稳缺陷越大,且板料越薄、变形程度越大,会使失稳更严重。解决措施:①合适的压边力或变压边力;②弹性垫增加接触面积。

4)拉裂及控制

拉裂是板料成形中的一种常见现象,当工件易断裂处所承受的拉应力超过了材料的强度极限时,工件就会被拉裂。影响拉裂的因素有:毛坯材料的力学性能、毛坯厚度、拉伸系数、下压边圈的圆角半径大小、压边力大小及摩擦系数等。为了防止工件严重变薄与拉裂,在制订拉伸工艺时,应合理匹配各工艺参数。

10.6 无模多点成形的典型应用

多点成形技术不仅适用于大批量的零件生产,而且同样适用于单件、小批量的零件生产,作为一种新颖的冲压成形技术已经开始在一些领域得到应用。目前,多点成形技术已经广泛应用于高速列车流线型车头覆盖件成形、新型潜艇钛合金外板成形、飞机蒙皮拉形制造、医学工程中钛网板个性化定制、钢结构建筑构件及装饰件的制造等多个领域中。

高速列车流线型车头覆盖件成形是多点成形技术实例应用的一个例子。流线型车头的外覆盖件通常要分成 50 ~ 80 块不同曲面,每一块曲面都要分别成形后进行拼焊,如图 10-12、图 10-13 所示。按原工艺生产新车型通常需要 6 ~ 8 个月。采用多点成形装置,只需几天时间就可以完成一台新型车头覆盖件的成形,大大提高了成形效率与质量。同时,显著地降低了工人的劳动强度,改善了工作环境。

多点成形技术在鸟巢建筑工程中的应用是建筑领域中一个较典型的应用实例,如图 10-14 所示。鸟巢建筑工程在施工时遇到多项技术难题,其中一大难题就是鸟巢建筑中大量使用的大型弯扭箱形钢构件需要成形。由于各构件的弯扭形状与尺寸都不一样,所用高强度钢板的厚度从 10 mm 到 60 mm 不等,且形状各异,成形相当困难。如采用模具成形,费用高昂;而采用水火弯板手工成形则不易保证成形精度,且工人劳动强度大。采用多点成形技术圆满解决了上述问题,实现了与传统整体模具成形相同的效果。采用多点成形技术制造鸟巢建筑中的钢结构单元,不仅节约了高额模具费用,提高成形效率数十倍,还大大提高了成型精度,使整块钢板的最终综合精度控制在几毫米内。该技术实现了中厚板类件从设计到成形过程的数字化,圆满解决了鸟巢建筑工程中钢构件加工的世界难题。

图 10-12 高速列车流线型车头   图 10-13 拼接中的流线型车头

(a)鸟巢建筑一角   (b)鸟巢建筑中的钢结构件   (c)鸟巢工程用多点成形设备的冲头

图 10-14 无模多点成形的鸟巢钢结构件

采用多点成形技术成形的钛网板颅骨修复体是数字化制造技术在医学工程中的应用实例。人脑颅骨受伤缺损后,需要植入钛网板修复体。因每个人的头形各异,而且颅骨缺损部位也有区别,在手术前需要按照患者的头形与手术部位成形钛合金网板。采用多点成形技术制造的颅骨修复体已成功用于临床手术中。

无模多点成形技术还解决了利用柔性压边装置实现薄板多点成形的技术难题,成形出了多种曲率大、形状复杂,厚度仅为 0.5 mm 的薄板件,同时实现了大变形量下的无缺陷成形,实现了大曲率马鞍形工件成形,而且加工出总扭曲角度超过 360°的扭曲形样件。

此外,连续多点成形技术也在逐渐成熟,采用柔性卷板装置与高效旋压装置成形出多种效果良好的曲面件,为该技术的广泛应用奠定了基础。

一些新型的基本体结构形式也不断出现。如图 10-15 所示为某基本体利用摆动体冲头实现单道次多点压机成形的工艺过程示意图。

随着航空、航天、海运、高速铁路、化工等行业的发展,对三维曲面板件的需求也在不断地增加,传统的板料成形方法已不能适应这种发展的要求,三维板件的生产需要更加先进的制造技术。目前,多点成形技术正在向大型化、精密化及连续化方向发展。

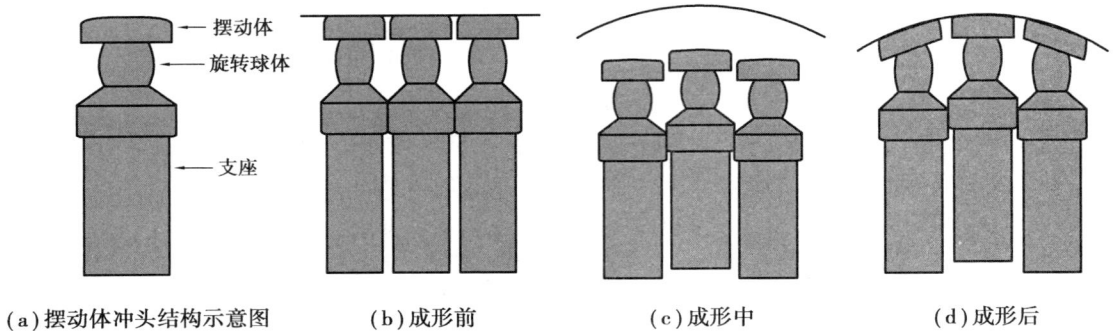

(a)摆动体冲头结构示意图　(b)成形前　(c)成形中　(d)成形后

图 10-15　摆动式无模多点成形

（1）大型化

多点成形作为一种柔性制造新技术，特别适用于三维板件的多品种、小批量生产及新产品的试制，所加工的零件尺寸越大，其优越性越突出。已开发的鸟巢工程用多点成形装备的一次成形尺寸为 1 350 mm×1 350 mm，成形面积接近 2 m²。而分段成形件的长度可达 10 m。随着多点成形技术的推广与普及，设备的一次成形尺寸也在逐渐变大，甚至可达到 10 m 左右。

（2）精密化

在若干年以前，多点成形技术只能用于中厚板料的简单形状曲面成形，很多人都认为多点成形不可能实现薄板成形及复杂形状工件的成形。目前，多点成形技术在薄板成形与复杂工件成形方面取得了明显进展，已经能够用厚度为 0.5 mm 甚至 0.3 mm 的板料成形曲面类工件，而且能够成形像人脸那样比较复杂的曲面。多点成形技术的逐渐成熟，目前正在向精细化方面发展，其成形精度也将得到更大提高。

（3）连续化

多点调形技术与连续成形技术的结合可以实现连续柔性成形。其主要思路如下：在可随意弯曲的成形辊上设置多个控制点构成多点调整式柔性辊，通过调整控制点形成所需要的成形辊形状，再结合柔性辊的旋转实现工件的连续进给与塑性变形，进行工件的无模、高效、连续、柔性成形。基于这种新的成形原理，已经开发出柔性卷板成形装置，并且实现了多种三维曲面的连续柔性成形，获得了良好的效果。在多段成形过程中，主机通过计算机控制，连续变换成形面，并且连续自动送料，最终实现连续化生产。

不同形状、不同尺寸的大型三维曲面板制品在轮船、舰艇、飞机、航天器、陆地车辆、大型容器以及不锈钢雕塑等军工和民用产品上比比皆是。近年来，随着航空、航天、海运、高速铁路、化工以及城市建筑等行业的发展，对其需求也在不断地增加，但落后的钣金弯形方法已不能适应这种发展要求，三维曲面板制品生产迫切地需要先进的制造技术。无模多点成形技术已经成熟，可以直接用于实际生产。它特别适合于曲面板制品的多品种小批量生产及新产品的试制，所加工的零件尺寸越大，其优越性越突出。无模多点成形技术将在轮船和舰艇的外板，飞机和航天器的蒙皮，车辆、大型容器和城市雕塑的覆盖件等三维曲面板制品加工中有着广阔应用前景，并将产生巨大的经济效益和社会效益。总之，随着多点成形技术的逐渐成熟，它将在更多的领域得到广泛应用。

第11章
数字化渐进成形 ·· ◎

金属板材数字化渐进成形技术(incremental sheet forming,ISF)是一种先进的制造技术,是集计算机技术、数控技术和塑性成形技术于一体的板料柔性无模成形工艺,是 20 世纪后期发展起来的一种数字化柔性快速成形方法。

板材数字化渐进成形技术通过将复杂的三维形状分解成一系列二维等高线层,并利用数控设备控制成形工具头进行逐层加工,实现了板材的精确成形。板材数字化渐进成形技术具有无需专用模具,可提高板材成形极限,可成形变形程度大、形状非常复杂的板材零件,可实现柔性加工、数字化控制等特点,在航空航天、汽车工业和民用产品的小批量、多品种难成形的钣金件新品研制具有广泛的应用前景,是一项很有发展前途的先进制造技术。

11.1 工作原理

板材数字化渐进成形技术的工作原理主要基于快速原型制造技术中的"分层制造"思想,它利用 CAD 模型直接驱动,实现设计与制造的一体化。该技术将复杂的三维数字模型沿高度方向离散成断面层,即分解成一系列等高线层,并在各等高线层面上生成成形路径,成形工具头在计算机控制下沿该等高线层面上的成形路径运动,使板材沿路径包络面逐次变形,即以工具的运动所形成的包络面代替模具,逐层对板材进行局部塑性变形,通过变形累积完成整体成形,将板材成形为所需的目标形状。

板材数字化渐进成形原理示意图如图 11-1 所示。该方法与传统的冲压成形的主要区别在于:它不需要专用模具或仅采用简单模具支撑,根据预先编制的加工程序,通过专用数控设备对板材进行逐层辗压,进而完成成形极限较大、形状复杂的钣金零件的成形,非常适合用于新产品试制及小批量生产。

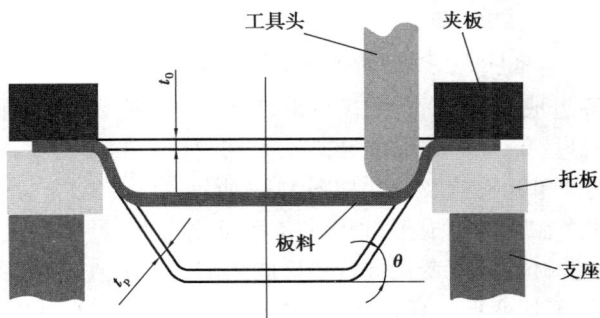

图 11-1 渐进成形工作原理示意图

板材数字化渐进成形的工艺过程主要包括以下步骤：

①建立三维模型：在软件中根据设计需求建立所需工件的三维几何模型。

②生成加工代码：根据设定的工艺参数，在软件中生成用于数控加工的加工代码。

③导入加工轨迹代码：将生成的加工轨迹代码文件导入。

④准备支撑工具：根据成形需求，制作出所需的支撑工具模型。

⑤固定板材并加工：将金属板材固定在机床的夹具上，然后按照加工代码进行增量渐进成形加工。

11.2 成形机理

由于金属板材渐进成形过程与旋压成形具有一定的相似性，在对渐进成形机理的研究中，很多学者借鉴旋压成形的变形机理，得到渐进成形过程的剪切变形机理。该剪切变形机理认为，在成形过程中金属基本上沿工件轴向作剪切流动，而且成形后，板材厚度的变化符合正弦规律，即 $t = t_0 \sin \theta$，其中 t 是成形后板材厚度，t_0 是板材原始厚度，θ 是成形件的侧壁倾角，也称为成形半锥角。从式中可以看到，θ 角越大，板厚 t 越厚，则越不容易破裂。反之，越容易产生破裂。当 θ 角达到某一临界值时，变形区将会发生破裂。基于剪切变形机理绘制的渐进成形过程板料截面变化示意图如图 11-2 所示。

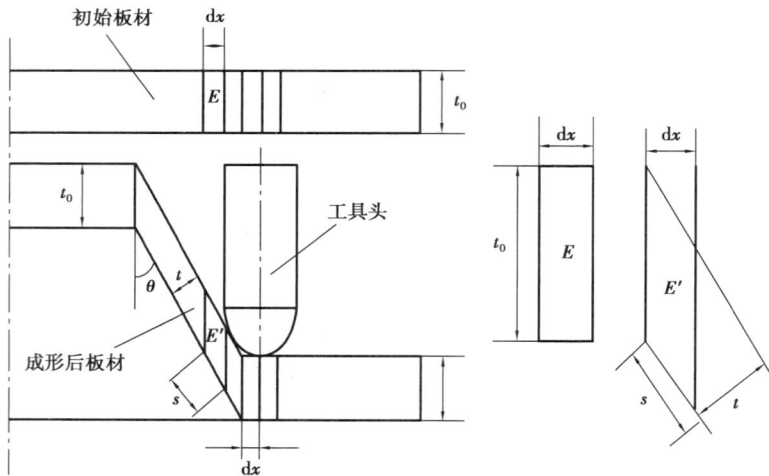

图 11-2　渐进成形过程板料截面变化示意图

在图 11-2 所示的渐进成形截面示意图中，原始板材上宽度为 dx 的单元 E，成形后成为单元 E'。根据剪切变形机理，单元 E' 的形成是单元 E 在纯剪力的作用下，沿成形高度方向发生剪切变形。变形前后两个单元形状及尺寸如图 11-2 所示。

剪切变形机理是建立在对渐进成形过程的高度简化之上，虽然实验研究表明，剪切变形机理能够对渐进成形中板材的厚度变化进行较好的预测，但是，在对成形中应力、应变分布以及破裂等现象解释方面，剪切变形机理存在一定的不足。由于真实的渐进成形过程是由局部小变形的累积而逐渐达到一个较大的变形量，在成形中，同一位置会受到反复的辗压作用，而由于在辗压作用的不同时刻、同一位置处，板材和工具头的接触部位有差异，并且板材具有不同的变形历史,使变形过程中的应力、应变状态复杂。同时,由于局部成形的累积效应,除了会在成形高度方向产生变形外,在每一层中沿工具头运动轨迹的切线方向也会产生金属的流动变形。因此,渐进成形中板材的真实变形过程很复杂,通过简化的剪切机理,虽然可以粗略的描述出渐进成形的主要变形特点,但是并没有揭示渐进成形中板材变形的本质。

渐进成形极限远远高于传统成形方式,其"局部、交替、小增量"的变形特点,使小变形不断积累以获得大变形,"强制性"地实现了变形的均匀分布,从而获得了较高的成形极限。具体体现在整个成形过程中,应力路径跌宕起伏,应力三轴度较小,不利于材料韧性断裂;局部摩擦热及良好的润滑条件也保障了渐进成形件较高的塑性。

11.3 工艺特点

板材数字化渐渐成形的主要优势包括以下几个方面。

(1)无模成形

板材数字化渐进成形技术无需专用模具,对于复杂零件也仅需简单的支撑结构,从而大幅降低了模具制造和加工成本,节省了模具设计、制造和调试的时间,从产品设计到制造的周期大大缩短,能够快速响应市场需求,适合于小批量、多样化产品的生产。

(2)柔性加工

该技术能够加工任意复杂形状的工件,适用于多品种、小批量的产品制造,具有柔性加工的特点,能够加工出曲面更复杂、成形极限更高的成形件,特别适合于航空航天、汽车、船舶等领域零件小批量和新产品试制。

(3)数字化控制

从三维造型、工艺规划、成形过程模拟、成形过程控制等过程全部采用计算机技术,提高了生产效率和灵活性,实现了加工过程的精确控制。

(4)高质量和高效率

通过分层逐点成形的方式,能够充分发挥板料的成形性能,制造出变形程度更大、形状更复杂的零件;理论上可以控制板料每一点的成形,使制件壁厚均匀,提高了产品的整体质量。

板材数字化渐进成形技术具有无需模具或仅需简单模具、柔性制造与广泛应用、高质量与高效率、自动化与数字化生产以及绿色加工等多项显著优点。这些优点使该技术在现代制造业中具有广泛的应用前景和巨大的发展潜力。

当然,该工艺也存在不足之处,主要包括以下几个方面。

(1)生产效率相对较低

由于渐进成形技术是通过逐层对板材进行塑性加工,成形单个零件所需要的时间相对较长,导致生产效率相对较低;对于需要大批量生产的产品,渐进成形技术的生产效率可能无法满足生产需求,从而增加了生产成本和时间成本。

(2)板料规格受限

受成形机床主轴所能承受的成形力限制,用于渐进成形工艺的板料厚度不宜过大。此外,虽然渐进成形技术可以加工多种材料,但对于某些高强度、高硬度或特殊性能的材料,其加工难度和成本可能会显著增加。

（3）成形精度与表面质量挑战

渐进成形技术中的定位精度非常重要,如果定位精度误差达到一定程度,就会导致板料的贴模性不好,从而严重影响成形的质量和精度。在某些情况下,渐进成形技术加工出的零件表面质量可能不如传统模具成形技术。这需要通过优化加工参数、改进成形工具等方式进行改善。

（4）技术成熟度有待提高,设备投资大

为了实现板材数字化渐进成形技术的自动化和数字化生产,需要投入大量的资金用于购买先进的数控设备和软件系统。这对于一些中小企业来说可能是一个较大的负担。

板材数字化渐进成形技术虽然具有诸多优点,但在生产效率、板料规格、成形精度与表面质量以及技术成熟度与设备投资等方面仍存在一些挑战和限制。因此,在选择该技术时需要根据具体的应用场景和需求进行综合考虑。

11.4 数字化渐进成形的分类

按照有无支撑,金属板材渐进成形可分为有支撑（无模）渐进成形技术和无支撑渐进成形技术,图11-3(a)是无支撑渐进成形,图11-3(b)是简单支撑渐进成形,图11-3(c)是全支撑渐进成形。它们的主要区别在于:成形过程中除工具头之外,工件是否还受到其他辅助工具（如垫板或模具）的支撑,以及支撑的形状。

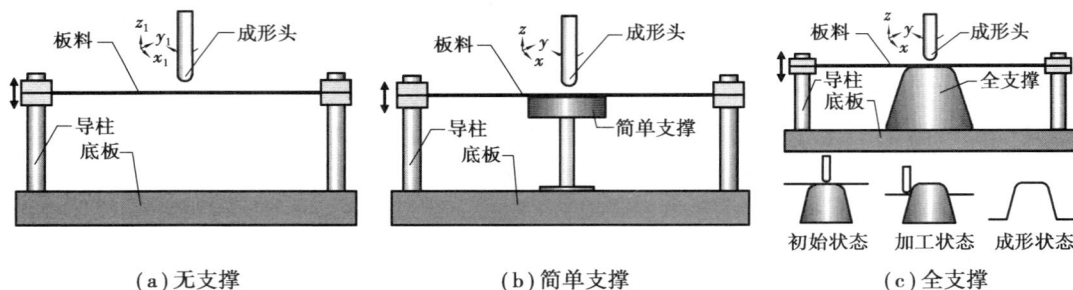

图 11-3　板材数字化渐进成形的支撑方式

按照成形工具头数量的不同,数字化渐进成形还可分为单点（无模）渐进成形技术和双点渐进成形技术。

渐进成形还可分为正向成形和反向成形,其原理示意图如图11-4所示。

如图11-4(a)所示,正向成形时,工具头沿着模型的外表面成形,板料的边缘随着工具头的下降而下降,直至成形完成,这种方式通常需要有模具作为支撑。支撑模型的轮廓形状与成形件相同,工具头每走完一层,压头下降时,压边装置也会随之下降相同距离,即正成形时板料的边缘随着工具头的下降而下降。

如图11-4(b)所示,反向成形时,通常不需要模具支撑。成形过程中,板料的边缘固定不下降,工具头由边缘向心部逐层辗压板料,直至成形完成。反向成形主要是成形一些形状比较简单的零件,他不需支撑模型,只需要简单夹具,工具头按预先设定好的程序分层加工,每加工一层,压头就下降一定距离,直至结束。

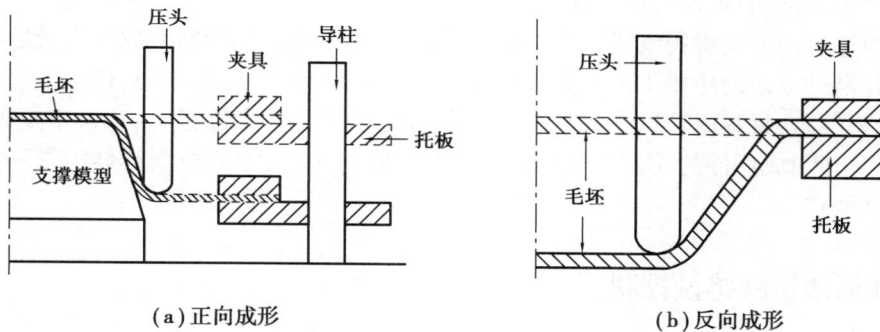

（a）正向成形　　　　　　　　　　（b）反向成形

图 11-4　渐进成形的正反成形原理图

11.5　主要工艺参数

工艺参数决定了工具头轨迹形状,会对制件表面质量和板材成形性能等产生影响,是工艺路线设计和工艺优化中必须考虑的因素。数字化渐进成形的工艺参数包括工具头相关参数、成形过程的控制参数、材料相关参数和其他的成形力、成形温度等参数。其中,基本的工艺参数主要有:板料厚度及其各向异性指标、成形角度 α (制件半顶角)、层间距 ΔZ (逐层加工层间间距,即每层压下量)、工具头直径 D、工具头的进给速度和成型轨迹的走向等。各参数的示意图如图 11-5 所示。

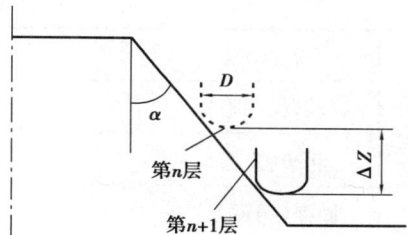

图 11-5　数字化渐进成形工艺参数示意图

板材厚度是影响成形件尺寸精度和成形性能的重要因素之一。不同厚度的板材需要采用不同的成形参数和工艺策略。材料的硬度、强度、塑性和韧性等属性都会影响成形过程。这些属性决定了材料在成形过程中的变形能力和成形后的性能。

成形角 α 是指工具头与板材之间的夹角。这个角度的大小会影响成形过程中材料的受力情况和变形程度,从而影响成形件的形状和精度。成形角越大,制件最小壁厚越大,板材变形越均匀;相反,成形角越小,制件最小壁厚越小,板材变形也不均匀。

层间距 ΔZ 是指相邻两层成形轨迹之间的距离。层间距的大小会影响成形件的壁厚均匀性和表面质量。层间距取小值时,板材变形均匀,制件尺寸精度高,制件表面质量提高,最后得到的最大变形量增加。一般来说,层间距越小,成形件的壁厚越均匀,但过小的层间距会增加加工时间和成本。若层间距加大,即每层下压量越大,上述情况则反之。

工具头直径 D 是影响成形件尺寸精度和表面质量的关键因素之一。直径的变化会影响成形过程中材料的受力情况和变形程度。在制件几何形状(如最小凹向圆角等)允许的情况下,应尽量使用较大直径的球形工具头加工,以获得应变分布均匀、表面质量较好的制件。通常,增加成形头直径会提高制件质量,但随着直径增加,受复杂型面或圆角较小区域影响,其灵活性降低。

成形头进给速度是指工具头在成形过程中相对于板材的移动速度。进给速度的快慢直接影响成形件的表面质量和生产效率。速度较高,表面质量好;速度低,增加摩擦时间,造成板料失稳和表面损伤;但速度过快易撞刀。

成形轨迹走向采用螺旋线成形轨迹走向时,厚度值最大,变形均匀,成形质量最好。

数字化渐进成形的主要工艺参数包括刀具形状和材料、工具头直径、进给速度、成形角、层间距、板材厚度、材料属性以及成形力和成形温度等。这些参数相互关联、相互影响,共同决定了成形过程、成形件的质量和生产效率。在实际应用中,需要根据具体需求和条件进行合理选择和调整。

11.6 成形质量缺陷及控制

数字化渐进成形技术基于分层制造的思想、对板材实施局部连续辗压变形的本质决定了其成形效率很低。渐进成形产品可能存在破裂、压痕、回弹、厚度分布不均、底部凸起、形状尺寸超差等不足。这些成形缺陷有些是不可避免的,如回弹、压痕等,只有通过相应控制措施予以降低其幅度;而其他大部分则可以通过一定方法消除掉。造成这些缺陷的因素很多,其主要改进措施见表 11-1。

表 11-1 成形常见缺陷及改进措施

常见缺陷	改进措施
破裂(凹陷)	起刀点均布
起皱(失稳)	采用顺逆相间的加工方式
回弹(精度差)	建立预测模型,对回弹进行补偿
表面质量差	合理选择技术参数(转速、移速、压头大小、润滑等)
厚度分布不均	从零件设计和增加压头圆角直径方向上考虑
底部凸起	适当增加压头直径和进给量

(1)破裂及控制

破裂与板料成形性能相关,破裂产生的原因主要有:板料本身可能存在裂纹、夹杂物或微观组织不均匀等问题;工艺参数选择不当,如成形速度过快、轴向进给量过大等。单点渐进成形具有分层局部辗压成形的特点,研究发现,采用厚度较薄的板料,零件容易发生破裂。

预防零件破裂的主要措施有:选用质量良好的板料,避免存在裂纹、夹杂物等问题;优化工艺参数,如降低成形速度、减小轴向进给量等;选用合适的成形工具尺寸和形状。

(2)回弹及控制

回弹的表现形式是成形后的零件尺寸与预期尺寸存在偏差。回弹量的大小与材料的力学性能和成形工艺参数有关。单点渐进成形工艺中的回弹,一方面是变形区域中固有的弹性变形的恢复,另一方面是板料局部塑性变形时周边未变形区域所带来的。回弹和成形过程是逐点、逐段、逐层发生的,工件的最后形状是其整个成形和回弹历史的累积。

单点渐进成形工艺中控制回弹的措施有:用变形补偿技术,根据材料的回弹特性调整成形工具的形状和尺寸;提高成形工具的刚度,以减少在成形过程中的变形;优化工艺参数,如增加成形压力、延长保压时间等,以减少回弹。

（3）表面损伤及控制

表面损伤主要包括表面的压痕、划痕、凹坑等。成形工具在每一层轴向进给位置的集中作用，以及工具头与板材之间的摩擦，都可能导致板料表面出现划痕、压痕等损伤。

减少表面损伤的措施主要有：采用轴向进退刀的方式，避免在同一位置长时间停留；使用圆弧进退刀的方式，减少刀具对板料的划伤；选用合适的工具材料和润滑剂，以减少表面磨损和划伤。

（4）厚度分布不均

在成形过程中，若工具头的运动轨迹、进给速度、切削深度等参数设置不当，或板材本身的变形，可能导致成形件的壁厚分布不均匀。壁厚不均会影响产品的性能和使用寿命，特别是在承受压力或载荷时，可能导致局部失效。

11.7　工程应用

国际市场上每年都有大批新型的交通工具问世，必须快速、低成本和高质量地开发出新车型。在汽车行业，将板材渐进成形技术用于覆盖件的制造，省去了产品开发过程中因模具设计、制造、试验修改等复杂过程所耗费的时间和资金，降低了新产品开发的周期和成本。单点渐进成形的汽车产品如图 11-6 所示。

(a) 客车前脸成形件　　　　(b) 后围出风口　　　　(c) 后保险杠

图 11-6　采用渐进成形制造的汽车用产品

在医疗行业，比如由于人体颅骨形状各不相同，在颅骨修补手术中，与患者缺损部位形状相吻合的修复体的快速成形，一直是难以解决的问题，而利用钛合金板通过单点渐进成形技术可以实施快速的颅骨修复，如图 11-7 所示。

(a) 头骨三维图　　　　(b) 成形过程　　　　(c) 修复区成品

图 11-7　单点渐进成形在头骨修复中的应用

在航空航天领域，火箭、卫星等的整流罩、外壳等由于不是大规模生产，单点渐进成形柔性制造的特点满足了这些零件的制造需求，具有更大的经济性与应用性，如图 11-8、图 11-9 所示。

图 11-8　飞机上的钣金件

图 11-9　大型球面蒙皮结构件

在艺术方面,利用渐进成形技术可对头像等进行雕塑加工制作,也能对板料浮雕进行成形。渐进成形技术在工艺品加工方面的产品如图 11-10、图 11-11 所示。

图 11-10　佛像浮雕

图 11-11　爱因斯坦头像浮雕

在其他领域,单点渐进成形技术已经被应用到钣金浮雕等工艺品的成形上;还应用到废旧板材的加工成形,实现再利用;对于电子和 IT 产业,可以通过单点成形,制作微成形件。

管类零件具有强度和刚度高、节省材料、外形美观等特点,其成形加工性也很好,在航天航空、工程机械、管道管路、交通运输、轻工、石油化工及日常生活用品等工业领域都有广泛应用,在当代工业生产中占有极其重要的地位。渐进成形技术在管件成形方面也得到了广泛应用,通过渐进成形,可以实现管端扩口、缩口、卷边以及翻孔等工艺。

(1)管端无模渐进扩口成形

管材扩口是将管坯口部直径扩大的一种成形工艺,渐进成形扩口得到的产品如图 11-12 所示。在管端无模渐进扩口工艺中,工具头的加工路线主要有等高度扩口和等角度扩口两种。

利用无模渐进成形方法进行管端扩口,只需改变工艺路线即可得到不同扩口角度及高度的扩口件,加工灵活,管材的变形能力还可得到一定的提高。通常,在实际成形中,越靠近管端、管壁的厚度越薄,扩口角度越大、管壁的减薄越严重;在母管与成形部分管壁之间的区域,壁厚受到工具头的作用,材料在此堆积,管壁有厚度增大的趋势。但与冲压扩口相比,渐进扩口的管壁表面有加工痕迹,加工效率较低,主要适用于小批量试制。

（2）管端无模渐进缩口成形

管材缩口是将管坯口部直径缩小的成形方法。根据管件的使用要求，缩孔加工可制作出管端为锥形、球形或者其他形状的零件。在管端无模渐进缩口工艺中，工具头同样主要有两种加工路线，即等高度扩口和等角度扩口。管壁相对壁厚较大且管材塑性较好时，管端无模渐进缩口成形可以顺利实现，且缩口管壁从底部到端部壁厚接近线性增加，如图11-13所示。但当管坯相对壁厚较小时，管壁会因回弹过大而出现起皱现象，使成形失效。无模渐进成形技术在管端扩口工艺中表现出极大的灵活性，相比冲压扩口有较大的优势。

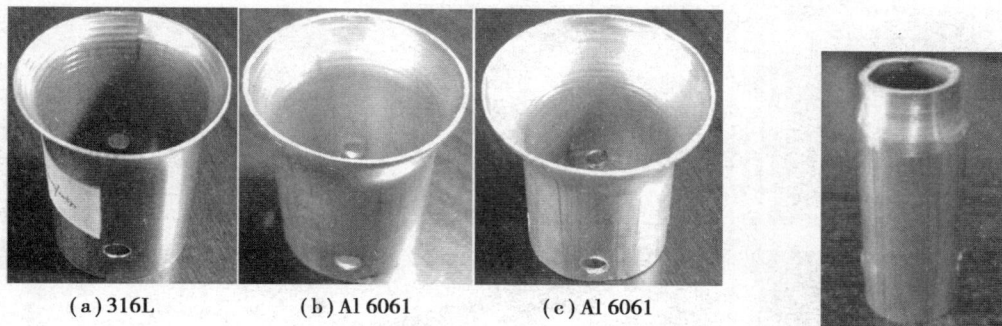

（a）316L　　　　（b）Al 6061　　　　（c）Al 6061

图11-12　316L不锈钢和6061铝合金管端无模渐进扩口实验结果　图11-13　管端无模渐进缩口成形

（3）管端无模渐进翻卷成形

管端无模渐进翻卷成形的制件如图11-14所示。管端翻卷工艺所生产的双层管件可用于吸能装置、管接头和其他机器零件的制造。

（a）管口处外卷边　　　　　　　　　（b）管口处内卷边

图11-14　管端无模渐进成形

无模渐进成形技术可以用于管端翻卷工艺，但是需要严格控制好加工过程中的各个工艺参数，否则会出现许多缺陷，比如管壁畸形、管端开裂、管壁失稳等。其中，工具头成形区域的锥度和过渡圆角对管端翻卷的过程和结果都有重要影响。

（4）管端无模渐进翻孔成形

在管材塑性加工中，将管壁上预制孔的边缘弯曲成一定角度的直壁的加工工艺，称为翻孔加工。预制孔的管坯翻边后，主要用于连接支管。例如三通管，在许多领域应用广泛，传统三通管零件主要通过挤压、胀形或铸造等方法制造。翻孔加工可制出向内翻孔或向外翻孔的管件。管壁无模渐进翻孔成形工艺示意图如图11-15所示。

渐进成形典型产品图片如图11-16所示。

数字化渐进成形目前存在的主要问题有：

①对成形机理的研究不够充分，对回弹、起皱的一些复杂缺陷还未找到本质原因。研究成形机理，可以有效控制精度以及预防缺陷。

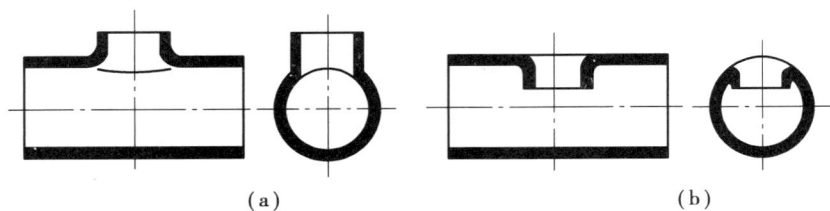

(a)   (b)

图 11-15　管壁无模渐进翻孔成形

图 11-16　渐进成形典型的产品图片

②专用软件的开发。需要开发适用于该技术的专用软件,将 CAD/CAE/CAM 一体化。

③支撑方面的精简化与可靠化。需要开发经济、快速、自动化程度高的支撑模型(或支撑方式)。

④成形运动方式。绝大多数基于等高线运动的三轴数控成形,有必要研究其他运动方式和多轴数控加工。

第12章
软模成形

传统的用刚性冲模拉深曲面形状零件时,坯料上存在不与凸模接触的自由表面区,应力状态为一拉一压,容易起皱。汽车轻量化是世界汽车工业发展的趋势,选用高强度材料是汽车轻量化的主要途径之一,汽车上已普遍采用高强钢板。但高强度钢板在成形时比普通冷轧板更容易开裂或起皱,且随着材料强度的提高,回弹量也相应增大。因此,这类高强度钢板零件的成形对传统的板料成形方法提出了严峻的挑战。为此,研究者们提出了软模成形技术,力求通过改善变形工件与工具之间的接触摩擦状态和加载状态,提升板材的成形能力,为难变形材料和复杂形状产品的成形创造条件。

12.1 软模成形概述

软模成形是指采用某种材料代替刚性凸模或凹模作为成形的传力介质,再用一刚性模具作为凹模或者凸模,在传力介质的作用下使板材或管材按刚性模具形状完成成形的工艺。

软模成形的主要传力介质多种多样,根据其物理状态不同,主要分为固态传力介质(橡胶、固体颗粒等)、半固态传力介质、液态传力介质(水、油等)、气态传力介质。

(1)固态传力介质

橡胶是一种常见的固态传力介质,具有良好的弹性和可塑性。在软模成形过程中,橡胶可以替代传统的刚性模具,通过其变形来传递压力,使板材形成所需的形状。

固体颗粒也是一种常用的固态传力介质,具有非均匀传压特性,合理控制加载,可以实现对坯料不同部位施加不同的压力,控制不同部位的变形和受力状态,从而提高成形极限。

固态传力介质在成形过程中能够保持一定的形状和稳定性,有利于保证成形件的精度和一致性。固态介质能够承受较大的成形压力,适用于大型或重型零件的成形。固态传力介质在成形后可以重复使用,降低了生产成本。但是,相对于液态和气态介质,固态传力介质的变形能力有限,可能无法完全适应复杂形状的成形需求。

(2)半固态传力介质

某些高分子聚合物在特定条件下可以呈现半固态,具有一定的黏性和可塑性。这种介质在软模成形中可以作为传力介质,通过其变形和流动来传递压力。

(3)液态传力介质

水是液态传力介质中最常用的一种,它具有无毒、无害、环保、低成本等优点。在软模成形过程中,水可以被注入模具和板材之间,通过压力作用使板材形成所需的形状。

油也是一种常用的液态传力介质。与水相比,油具有更好的润滑性和流动性,可以在成形过程中减少摩擦和阻力,提高成形效率和质量。

液态传力介质具有良好的流动性，能够均匀分布在模具和板材之间，有利于保证成形件的均匀性和一致性。液态介质能够很好地适应复杂形状的成形需求，特别适合用于曲面或变曲率零件的成形。液态介质在成形过程中可以起到润滑作用，减少模具与板材之间的摩擦阻力，降低成形力。但是，液态传力介质需要良好的密封性能，以防止介质泄漏影响成形效果，某些液态介质（如特殊润滑油）的成本较高，可能增加生产成本。

（4）气态传力介质

压缩空气是一种常用的气态传力介质，在软模成形过程中，压缩空气可以被注入模具和板材之间，通过气压的传递来使板材形成所需的形状。

气态传力介质通常通过气压控制来实现成形，操作简便且易于控制。气态介质（如压缩空气）无污染、环保且易于获取。气态介质能够快速响应压力变化，适用于需要快速成形的场合。但是，相对于固态和液态介质，气态传力介质的承载能力有限，可能无法承受较大的成形压力。在成形过程中难以保持稳定的形状和压力分布，可能影响成形件的精度和一致性。在选择传力介质时，需要根据具体的成形需求、零件形状、材料特性以及生产成本等因素进行综合考虑。

图 12-1 是以橡胶作为软模的成形工艺，图 12-2 是以液体作为软模的成形工艺。

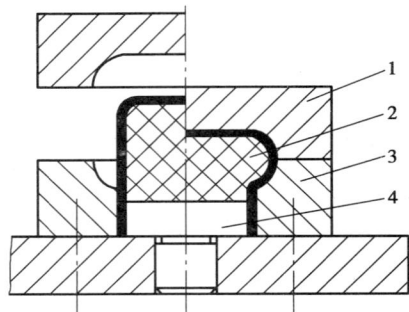

图 12-1　橡胶软模成形示意图
1—上凹模；2—橡胶凸模；3—下凹模；4—顶柱

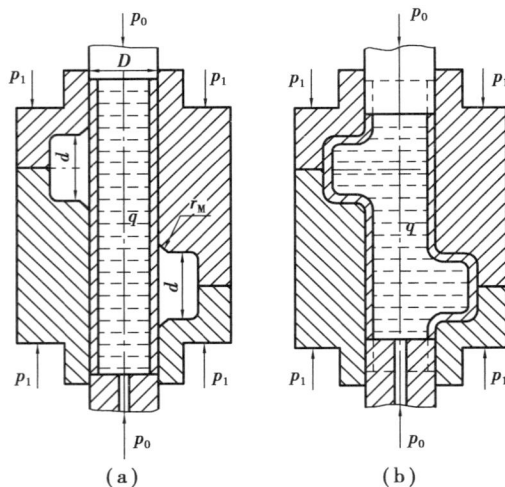

图 12-2　液压软模成形示意图

软模成形的主要特点有：

①模具制造简单且成本低。软模成形采用的材料（如橡胶、聚氨酯等）相对于传统刚性模具的制造更为简单，且成本更低。模具结构简单，制造周期短，特别适用于新产品试制或单件、小批量生产。

②成形工件表面质量好。由于软模在成形过程中与工件之间的相对滑动和刮擦较小，因此工件表面不易擦伤，表面质量较高。聚氨酯橡胶等材料制成的软模，可以在成形过程中保持与工件的良好接触，进一步提高工件表面的成形质量。

③零件形状复杂、回弹小。由于软模具有良好的弹性和可塑性，因此能够成形形状复杂、深度较大的工件，这是传统刚性模具难以做到的，并且由于软模的包裹性，成形后的零件回弹小。

④模具通用性大,结构简单。软模成形的模具通用性较大,结构设计相对简单,提升了工艺的灵活性和效率。

⑤软模成形分为软凸模和软凹模。软凸模用于成形大平面且深度小的工件,主要缺点是坯料中间部分容易变薄。当用液体凸模时,由于液体与坯料之间无摩擦力,坯料的稳定性不好,容易偏斜。软凹模可用于成形形状复杂深度较大的工件,由于受高压力的作用,坯料被紧紧地包覆于凸模,不仅坯料定位准确,而且有辅助成形的作用,扩大了零件一次成形的可能性。

软模成形具有模具制造的灵活性与简便性、工件成形的质量优势、成形工艺的灵活性以及经济效益显著等特点。这些特点使软模成形在汽车零部件、航空航天、医疗器械等领域具有广泛的应用前景。

12.2 液压成形

12.2.1 概述

液压成形(hydraulic forming)以水或油等液体作为传力介质,通过高压泵将液体注入密闭的模具中,使材料在高压下发生塑性变形,最终成形为所需形状的一种先进的塑性成形方法。液压成形特别适合传统冲压方法难以成形的复杂形状或高强度材料。

液压成形的工作原理主要是利用液体的不可压缩性和均匀传递压力的特性。在成形过程中,液体被高压泵注入模具与工件之间,随着液体压力的不断增加,工件材料在高压作用下发生塑性流动和变形,逐渐贴合成模具的内腔形状,从而实现工件的精确成形。

液压成形工艺起源于采用液体来代替凸模成形零件,该工艺的名称也由此而来。经过了若干年的发展,该工艺在各种成形工艺中所占的比重已有很大的提高,受到了国内、外研究学者的广泛关注,开展了许多该技术的基础及应用研究。

液压成形方法约在19世纪末被提出,两次世界大战对机械制品的急剧需求促进了该工艺发展。液压成形技术在国外受到高度重视,德国、美国、日本纷纷投入大量的人力、经费在这方面开展基础及应用研究,而尤以德国在这方面的研究最为突出,自1999年以来到2006年,德国研究基金会规划开支900多万马克,用于资助科技项目"基于介质的板料成形制造技术"的研究。我国研究该技术的时间还不是很长,文献记载比较成功地应用于生产的是教科书中所述的"江淮50"拖拉机油底壳的生产。20世纪80年代,我国有一批高等院所对液压成形技术进行了一些研究。如哈尔滨工业大学、浙江大学、西安交通大学、太原重机学院、上海交通大学、华中理工大学等。研究的方面主要为液压胀形工艺和充液拉深工艺。充液拉深的实验研究始于20世纪50年代,日本专家用经典理论演算了该成形过程,通过实验验证了充液拉深中摩擦保持效果在成形中的作用。

液压成形按成形坯料的不同,可分为板料的液压成形、管材的液压成形和壳体的液压成形。根据液压的施加和控制方法的不同可分为:充液成形、液压胀形、机械拉深与胀形相结合的复合成形等。

12.2.2 充液拉深

1）定义

充液拉深技术是在凹模中充满液体,利用凸模(带动板料)进入凹模时建立反向液压的成形方法。在成形过程中,反向液压使板料与凸模紧紧贴合,产生摩擦保持效果,从而缓和了板料在凸模圆角处的径向应力,提高了传力区的承载能力。同时,在板料与凹模表面间形成的流体润滑减小了摩擦,保护了成形零件的表面免受划伤。充液拉深的实验始于 20 世纪 50 年代,传统的充液拉深工艺原理如图 12-3 所示。

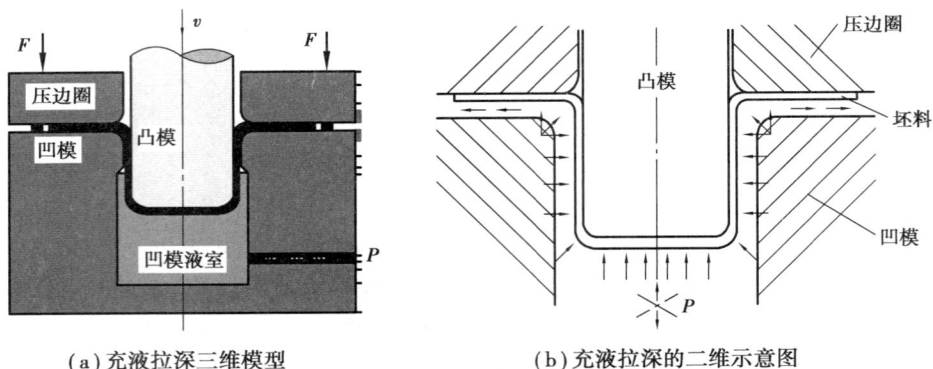

(a) 充液拉深三维模型　　(b) 充液拉深的二维示意图

图 12-3　充液拉深原理示意图

2）基本原理

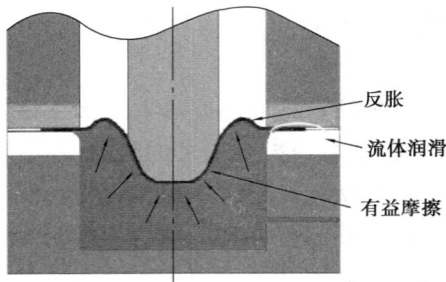

图 12-4　充液拉深中的有益摩擦模型

充液拉深的基本原理是:在传统拉深成形的凹模腔中充满油、水或乳化液等液体;当凸模向下运动时,凹模中的液体受到压缩而产生反压力,将板料紧紧地压在凸模表面上,形成摩擦保持效果,即板材在液压作用下贴靠在凸模上,凸模与压边圈之间的板料形成反胀效果,使板料的悬空区面积减小,板料的法向压力增大,凸模与板料接触的摩擦力增大,并在凸模与板材之间形成"有益摩擦",如图 12-4 所示,板材所受的径向拉应力减小,降低了危险截面的破裂趋势。同时,油液也从凹模上表面和板料下表面之间流出,减少了有害摩擦力,形成溢流润滑效果,即在液压的作用下,板料法兰处和凹模之间形成溢流润滑的效果,减小了凹模圆角处板料和凹模圆角的摩擦,进一步降低了板料的径向拉应力,减缓了破裂趋势,有效提升了板料的成形能力。

3）工艺过程

充液拉深的基本过程如图 12-5 所示。在准备阶段,启动液室液压系统,让流体介质(如液态的水、油或其他黏性物体)充斥整个液室,直到与凹模工作面相平,将板料毛坯平放在凹模工作面上,如图 12-5(a)所示,启动压边控制系统,压边圈下行,使模具合模,边圈会向板料毛坯法兰区施加一定的压边力,如图 12-5(b)所示。凸模下行压入凹模,带动板材毛坯进入凹模,凸模对坯料施加载荷的同时对凹模型腔内的液体形成挤压作用,并将板料紧紧贴在凸模上,如图12-5(c)所示。随着凸模的继续下行,板材毛坯在液压的作用下逐渐贴紧凸模,并发生塑性变形。液体从板材与凹模表面间溢出,形成流体润滑,有利于板材进入凹模,并减少零件表面的划伤。在此过程中,模具凸模与板材毛坯相互接触,建立起摩擦保持效果,降低了板材毛坯所受的径向拉应力,提升了传力区的承载能力。当充液拉深的深度到达预设值时,零件成形完成,如图12-5(d)所示。

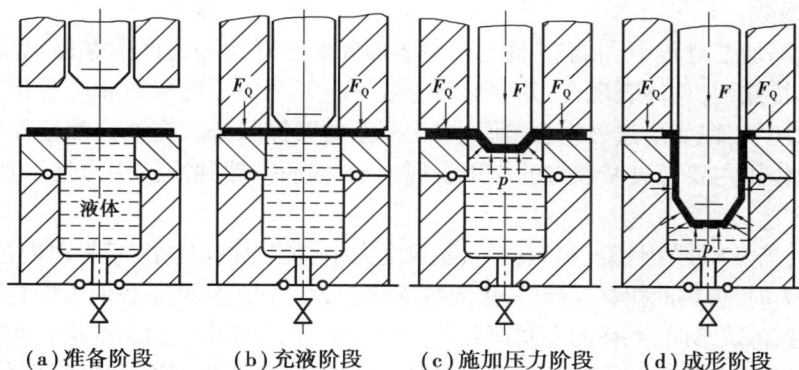

(a)准备阶段　　　(b)充液阶段　　　(c)施加压力阶段　　　(d)成形阶段

图12-5　充液拉深成形过程示意图

充液拉深的工艺过程可以简要地描述为:

①板料下料,将液压油泵入凹模型腔。

②将板料放置在凹模上。

③压边圈下行,将坯料压紧。

④凸模下行,对坯料施加载荷的同时对凹模型腔内的液体形成挤压作用,在密封型腔内压力达到溢流压力时,排出液压油,直到成形结束。

法兰部分在如图12-4所示没有密封的情况下将形成流体润滑状态,即液压室液体强行从凹模面与板料间流出,从而大幅度地减小了法兰与凹模间的摩擦。

4)成形的主要影响因素

影响充液拉深成形质量的主要因素有以下几个。

(1)液压力

在充液拉深过程中,除产生摩擦保持效果以外,另外一个显著特点是在自由变形区产生类似于拉深筋的液压凸包。

(2)压边力

压边力影响着成形过程中金属的流动。拉深成形中,当单位压边力增大时,凸缘区阻力增加,成形极限就降低。因压边力的作用主要是为了防止凸缘处产生皱纹,只要施加必要的压边力就可以了。一般来说,压边力的载荷用单位压边力来计算,单位压边力自始至终保持在不起皱的最小值以上,以保证不被拉裂。

(3)拉深筋

拉深筋用来调节拉深阻力,从而调节径向拉应力和切向压应力,以消除板料在拉深过程中的拉裂或起皱等缺陷。在液压拉深成形过程中,由于液压室液体的反胀作用,凹模入口圆角处的板料向上凸起,形成了类似传统拉深筋的形式,虽然这种凸起和传统拉深筋的作用原理不同,但功能相似。由于这种拉深筋是液体胀形而形成的,因此也称其为软拉深筋。

(4)圆角半径

通常认为凹模圆角半径取值较大时较易拉深,原因在于圆角半径部分受到的弯曲变形力变小,从而减小拉深力,但易引起起皱,凹模圆角半径取值小时弯曲变形力增大,拉深难度增大。

(5)摩擦系数

在充液拉深加工过程中,由于工件与模具表面间的相对运动而产生摩擦现象。成形过程中的摩擦有其特殊性,具体表现在:其变形部分处于较复杂的三向应力和应变状态,尤其是处于压边圈下的坯料,在变形过程中会增厚,属于复杂的摩擦状态。充液拉深过程中,液体对拉深成形的有益作用主要通过摩擦力的作用表现出来,因而摩擦和液体压力是相互促进的一对因素。

一般认为,当材料的塑性好、组织均匀、晶粒度大小适当、屈强比小、板料面内各向异性小而厚向各向异性大时,板料的拉深性能好,极限拉深比较大。各向异性系数值大的材料,在复杂形状的曲面零件拉深成形时,毛坯的中间部分在拉应力作用下,厚度方向上变形比较困难,变薄量小,而在板料平面内与拉应力垂直的方向上的压缩变形比较容易,使毛坯中间部分起皱的趋势降低,有利于冲压的进行和产品质量的提高。板材的各种机械性能参数对拉深零件的成形具有非常重要的作用,如何合理确定合适的板材机械性能参数,对研究板材是很重要的。

充液拉深工艺适用的板料有低碳钢、不锈钢、高强钢、铝合金、镁合金等。目前,充液拉深技术在汽车覆盖件和航空航天用复杂曲面零件成形方面都取得了广泛的应用。如平面尺寸约950 mm×1 300 mm、重量达7 kg的大型覆盖件汽车翼子板,以及铝合金外罩盖等均是采用液压成形工艺制造的。

12.2.3 液压胀形

液压胀形是指利用液体作为传力介质或模具使工件成形的一种塑性加工技术。液压胀形典型的成形工艺及原理示意图如图12-6所示。按使用的液体介质不同,液压胀形分为水压成形和油压成形;按使用的坯料不同,液压胀形分为壳体液压胀形、板料液压胀形及管材液压胀形。板料和壳体液压胀形使用的成形压力较低,而管材液压胀形适用的压力较高。

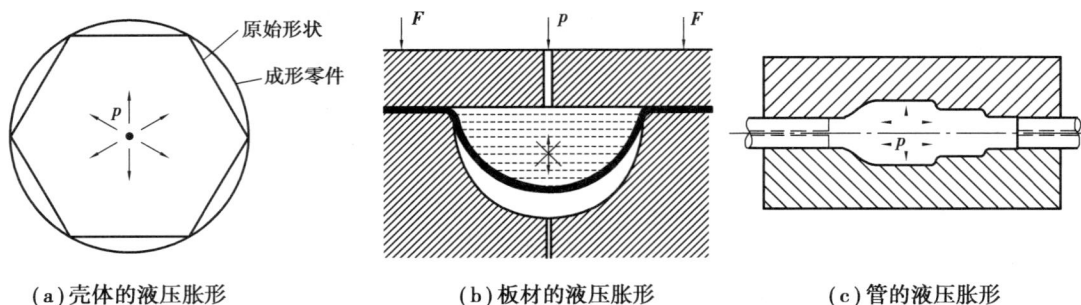

(a)壳体的液压胀形　　　　(b)板材的液压胀形　　　　(c)管的液压胀形

图12-6　液压胀形的三种典型形式

1)壳体液压胀形

壳体液压胀形采用一定形状的封闭多面壳体作为预成形坯,在封闭多面壳体充满液体后,通过液体介质在封闭多面壳体加压,在内压作用下壳体产生塑性变形而逐渐趋向于最终的壳体形状。最终壳体形状可以是球形、椭圆形和环形等形状。

壳体液压胀形技术的优点是:不需要大型的模具和压力机,设备投资少;容易变更壳体壁厚和直径,生产周期短;经过超载胀形,有效地降低了焊接产生的残余应力,产品性能好;但对于大型壳体,成形过程的支撑基础难度大、费用高。以球形容器为例,其基本成形过程如图12-7 所示。

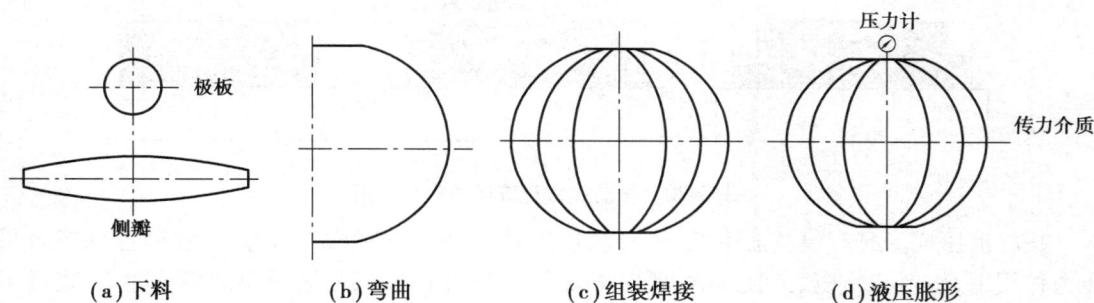

(a)下料　　　　　(b)弯曲　　　　　(c)组装焊接　　　　　(d)液压胀形

图 12-7　球形容器液压胀形工艺流程

2)板材液压胀形

板材液压成形是一种以液体为传压介质,利用液体产生的高压使金属材料变形成为具有一定形状的零件的现代塑性加工技术。

板材液压成形有主动式板材液压成形和被动式板材液压成形两类。

主动式板材液压胀形的成形过程如图12-8 所示。主动式板材液压胀形是将板料置于下模的上表面,滑块带动上模下行,将平板毛坯压紧在下模上,然后将高压液体通入板坯使其产生拉-胀塑性变形,当板坯变形至紧贴下模型腔表面时并保压一段时间,然后卸掉液体压力,通过滑块带动上模回程,便可获得所需制件。主动式板材液压成形方法非常适合铝合金、高强钢等形状复杂(特别是局部带有小圆角)、深度较浅的零件成形,图12-9 所示的铝合金顶盖即为液压成形而得。

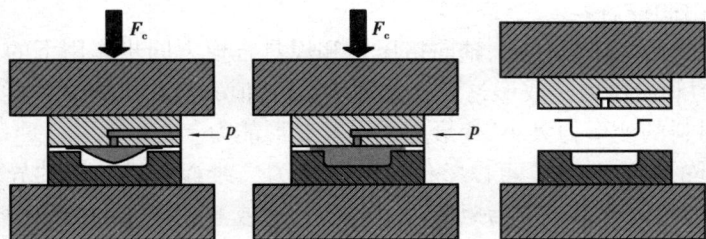

图 12-8　主动式板材液压胀形示意图

图 12-9　液压胀形的汽车顶盖

被动式板材液压成形示意图如图12-10 所示。成形时,将板料置于液室上方,压边圈下行压边,然后凸模下行拉深,同时液室施加压力,促使板料贴靠凸模外形轮廓而最终成形。被动式板材液压胀形中的液压作用形成了坯料与凹模之间的摩擦保持效果,提高了凹模圆角区板料的承载能力,抑制了坯料减薄和开裂,可有效提高成形极限、减少成形道次;同时,成形过程润滑条件好,成形零件精度高、表面质量好,比较适合复杂深腔零件的成形。

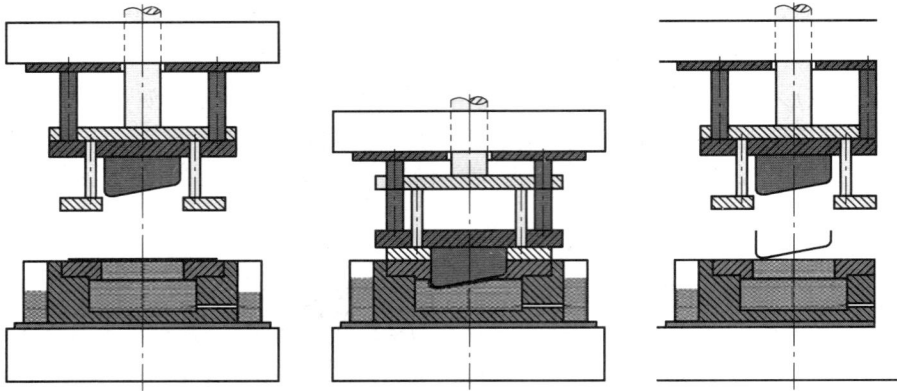

图 12-10　被动式板材液压成形示意图

板材液压成形具有模具成本低、模具制造周期短、成形极限高等特点。在摩擦保持效果压力作用下,板料与凸模之间形成摩擦保持效果,增强了凸模圆角区板料的承载能力,提高了成形极限,减少了成形次数。流体润滑效果使得板料紧贴在凸模上,减少了零件表面划伤,零件表面质量好、尺寸精度高、壁厚分布均匀。抑制曲面零件起皱,有效控制了材料内皱等缺陷的发生,可以在减少模具和无模具的情况下,加工出复杂曲面的工件,提高成形件的表面精度和内在强度。板材液压成形适用于航空航天领域中变形程度高、需要多道次拉深才能完成的零件,如整流罩等带有复杂型面的筒形件、锥形件等;也适用于汽车领域带有复杂型面、局部需要凹模与凸模压靠才能成形的零件,如汽车灯反光罩等。

3)管材液压胀形

管材内高压成形是向密封金属管件毛坯内注入高压液体介质,同时借助专用设备在管件两端施加轴向挤压力,使毛坯管件在预先设计好的模具型腔内不断发生塑性变形,直到模具内表面与管件外壁贴合,进而得到满足设计技术要求的产品。

管材液压成形又称为内高压成形,其成形的工艺过程示意图如图 12-11 所示。首先,将管坯进行定位,密封后进行液体的充入,随着管内液体压力的升高,管坯开始胀形,成形到所需形状后卸除液体压力,打开模具取出制件。

管件高压液力成形的基本原理是毛坯管内压力、轴向挤压力和模具合模力同步作用下的成形过程,如图 12-12 所示。挤压力和内压力是成形过程的关键,两者数值大小和比例关系直接决定着管件的应变状态和管件材料的变形力大小、变形方式以及变形能力。

管材液压成形是目前比较先进的制造技术。可以整体成形轴线为二维或三维曲线的异形截面空心零件,如从管材的初始圆截面可以成形为矩形、梯形、椭圆形或其他异形的封闭截面。它可成形空心变截面轻体构件,实现结构轻量化。管件内高压成形广泛用于制造航空、航天和汽车领域的各种异形的空心构件如沿构件轴线变化的圆形、矩形截面或异形截面的空心构件,其典型零件主要有汽车的排气系统异形管件、非圆截面空心框架如副车架、仪表盘支架、车身框架和空心轴类件等。但管材液压成形时因内压高,需要大吨位液压机作为合模压力机;高压源及闭环实时控制系统复杂,造价高;零件研发试制费用高。

（a）管坯定位　　　　　　　　　　　　（b）密封充液

（c）胀大成形　　　　　　　　　　　　（d）开模取件

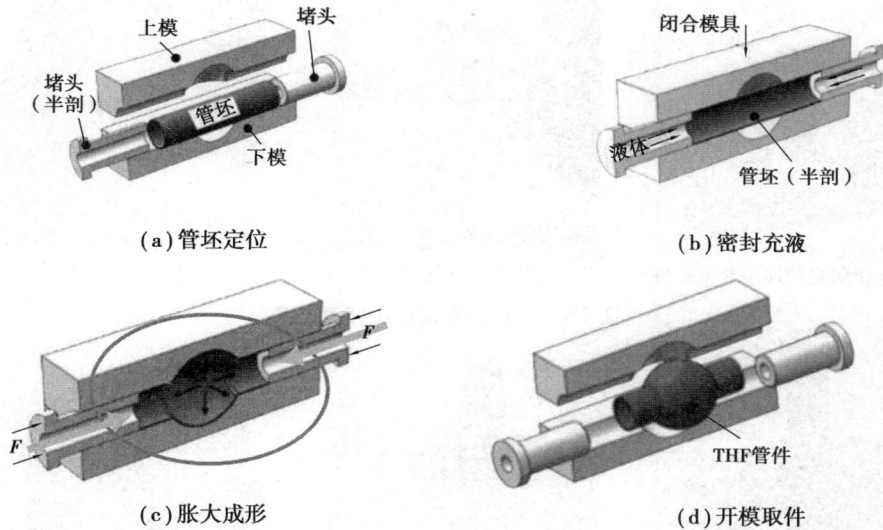

图 12-11　管材内高压成形的示意图

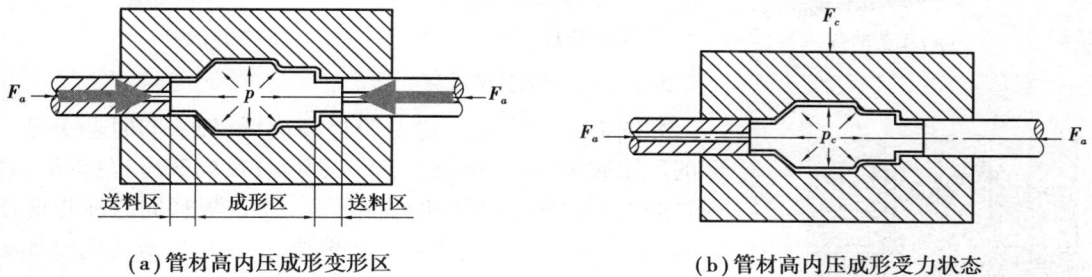

（a）管材高内压成形变形区　　　　　　　（b）管材高内压成形受力状态

图 12-12　管材高内压成形变形状态

12.2.4　液压成形的新工艺

板材液压成形的新工艺主要有径向主动加压充液拉深、预胀充液拉深、正反向加压充液拉深、双板成对液压成形和热态充液拉深等。

1）径向主动加压充液拉深

径向主动加压充液拉深是在成形坯料的法兰外缘施加径向压力,辅助板料进行拉深成形。其加压方式有如图 12-13 所示的直接加压法和间接加压法两类。径向间接加压时,液压不受液室压力的限制,可根据变形材料、成形极限优化控制,增加了工艺可控性,适用于极限拉深比达到 2.5 以上的铝合金、低碳钢、不锈钢等深筒形件的成形。

2）预胀充液拉深

预胀充液拉深是在拉深变形前通过预胀变形提高板材的应变硬化量,再进行充液拉深成形,使零件成形后获得足够的刚度、强度、抗弯、抗凹等性能。预充液拉深工艺过程示意图如图 12-14 所示。

首先将板料放置在凹模上,压边圈压紧板料,然后向凹模内充液加压进行预变形,接着凸模下行,预胀形后的板坯在凸模和凹模内液体压力的双向压力状态下完成拉深成形。

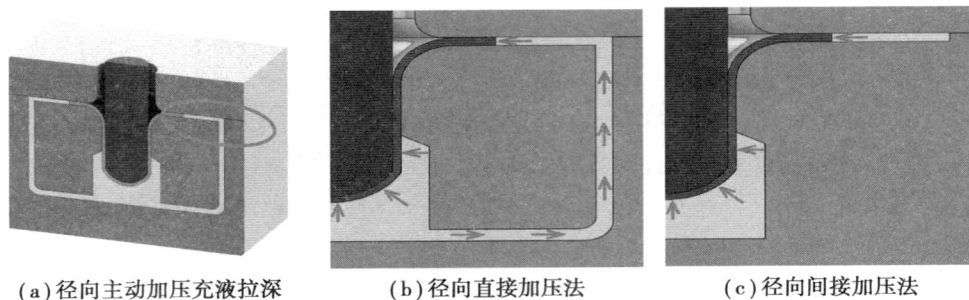

(a)径向主动加压充液拉深　　　(b)径向直接加压法　　　　(c)径向间接加压法

图 12-13　径向主动加压充液拉深

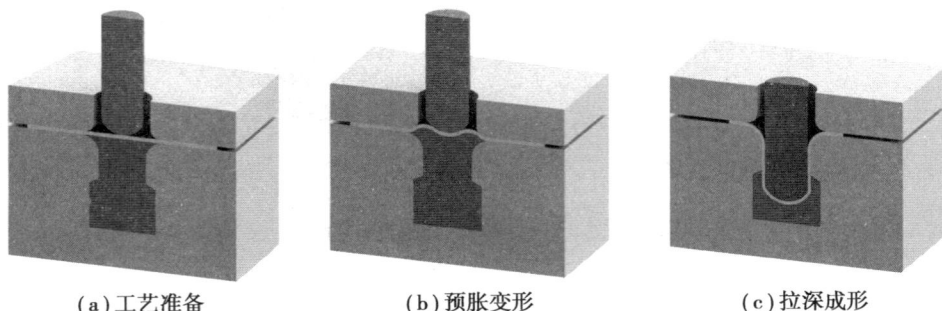

(a)工艺准备　　　　　　　(b)预胀变形　　　　　　　(c)拉深成形

图 12-14　预胀充液拉深

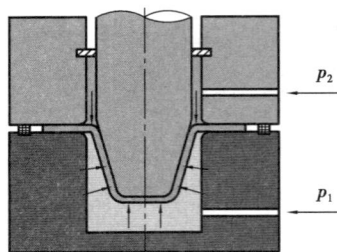

图 12-15　预胀充液拉深受力状态

如图 12-15 所示,为进一步提高成形极限,同时避免悬空区的反胀破裂问题,在施加液室压力 p_1(反向液压)的同时,在板材的上表面同时施加正向液压 p_2,使得板料同时在正向压力 p_2 和反向压力 p_1 的作用下实现拉深,正反向液压同时加载时,板材处于明显的三向应力状态,静水压效果增强,传力区板材承载能力提高,拉深比进一步提高。

3)双板成对液压成形

双板成对液压成形主要过程如下:首先,将两块预成形的板料压紧在一起;其次,通过切边将两块板料切到设计的边缘尺寸;再次,通过激光焊接两块板料;最后,通过液压胀形来成形零件的局部形状,直到成形完毕。在成形初期采用较小的合模力,通过预留的充液孔充入液体,使上下板材在液压的作用下分别贴模到上下模腔内,成形后期采用较高的合模力和液体压力,成形出小圆角等局部特征。双板成对液压成形的工艺流程如图 12-16 所示。

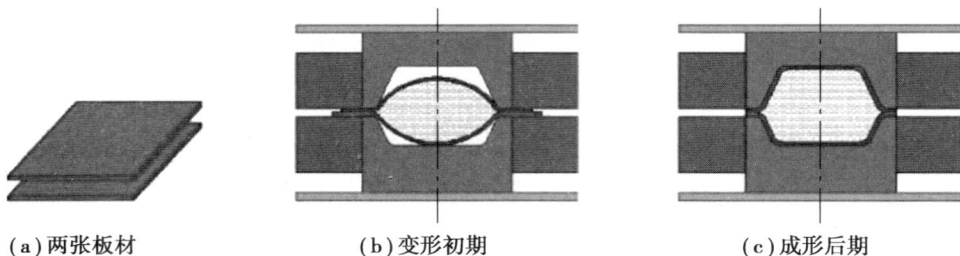

(a)两张板材　　　　　　　(b)变形初期　　　　　　　(c)成形后期

图 12-16　双板成对液压成形

双板成对液压成形属于纯胀形技术,其优点在于液压力各向相等,而且由于零件有预成形,留有材料进一步变形的空间,因而需要的合模力相应较小。成对液压成形的研究主要是受汽车工业的推动。由于结构件的主要功能在于对静态和动态载荷的传动,它们要求具有足够的韧性和强度。在遇到碰撞时,这些结构件必须在失效之前吸收掉碰撞产生的多余能量。但是在汽车结构设计时,基于减轻汽车重量和其他结构性的要求,零件之间并没有过多的空间留给零件的变形。这样就对中空型结构件产生了强烈的需求,从而促进了成对成形技术的发展。采用液压成对成形的工艺既达到减轻零件重量又提高零件强度的效果,特别对一些高强度材料和合金材料有更加经济的效果。

4)热态充液拉深

热态充液拉深是结合差温拉深与充液拉深工艺开发的新工艺,其原理示意图如图 12-17所示。通过加热装置,采用耐热油等高温压力介质,使板材不同区域(法兰与凸模圆角)的温度不同,解决室温下部分材料塑性较低、成形性差等问题。通常,法兰区温度较高,易产生塑性变形,凸模圆角区温度较低,以降低拉裂趋势。

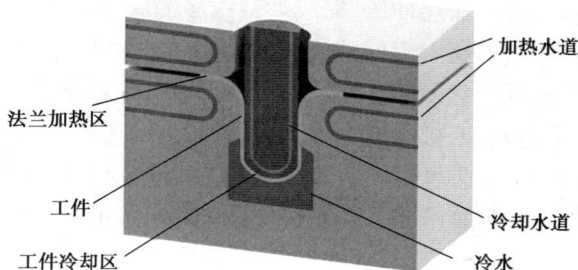

图 12-17 热态充液拉深示意图

12.3 橡胶软模成形

12.3.1 橡胶软模成形的定义

软模成形中的橡胶成形是指使用橡胶作为模具,使板材或管材发生塑性变形的成形方法。具体来说,橡胶成形是指利用橡胶弹性体作为传力介质代替传统刚性模中的凸模(或凹模),使金属板料或管材产生塑性变形的一种塑性加工方法。橡胶成形应用最广泛的一类软模成形技术,将橡胶作为拉深凸模或凹模的示意图如图 12-18 所示。

12.3.2 橡胶软模成形的典型工艺

聚氨酯橡胶是聚氨基甲酸酯橡胶的简称,它是一种性能介于橡胶与塑料之间的弹性体,它不仅可以代替天然橡胶做冲模的弹性元件,使其寿命提高 10 倍以上,而且还可以代替钢模。聚氨酯橡胶可制造冲裁模、弯曲模、拉深模、翻边模和胀形模等多种冲压模具。

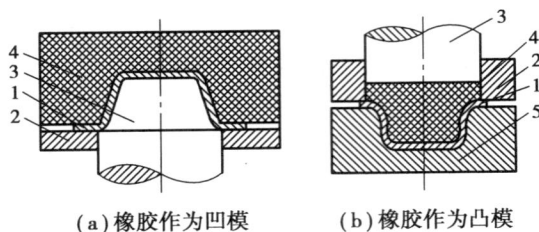

图 12-18　橡胶成形模具示意图

（a）橡胶作为凹模　　　（b）橡胶作为凸模

1—板料；2—压边圈；3—刚性凸模；4—橡胶；5—刚性凹模

1）橡胶胀形模具

聚氨酯橡胶胀形模如图 12-19 所示。成形时，橡胶受到顶柱或下压柱的压力作用发生变形，其变形力传递给金属坯料，使其因胀形而产生塑性变形。

2）聚氨酯橡胶冲裁模

对于 0.2 mm 以下厚度的极薄材料冲裁，应用传统的钢模是依靠钢质凸模和凹模的精密配合和锋利的刃口，对薄板进行快速冲压，完成冲裁工序的，效果很不好，废品率高质量差，制模难，周期长，模具寿命短，成本高。零件越薄，外形越复杂，效果越不好。应用聚氨酯橡胶冲裁模效果却非常好，零件精度能达到 IT9-5 级，断面无毛刺，平面平整，零件质量好而稳定，生产效率高，零件越薄，外形越复杂，效果越好。而且模具结构简单、寿命长，制模和修模都很容易，工时能减少 1/3 ~ 1/2，模具成本约降低 50% 。现在已广泛应用于电器装备、精密仪器仪表，小型家电等零配件加工。聚氨酯橡胶冲裁模如图 12-20 所示。

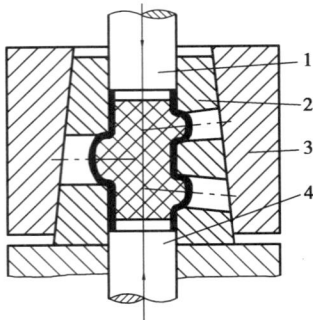

图 12-19　聚氨酯橡胶胀形模

1—上压柱；2—凹模；3—锥套；4—下压柱

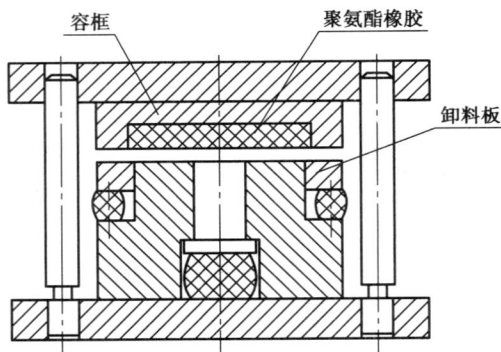

图 12-20　聚氨酯橡胶冲裁模

聚氨酯橡胶冲裁模是一种半模结构，其结构与常规的钢质冲裁模不同。所以冲裁机理以及模具的工作尺寸也与常规的钢质冲裁模不同。要使装在容框内的聚氨酯橡胶在冲裁过程中能够与板料分离，应满足下列条件：橡胶模模垫应能产生足够的压力，以克服板料的抗冲剪强度；钢质凸、凹模应具有锋利的刃口；模具应具有完善的压料与顶件装置，以防止冲裁加工时，坯料侧滑；由于每次冲裁时，钢质凸、凹模都要切入橡胶模垫，并达到一定的深度后才能分离板料，故橡胶模垫表面应具有一定的耐磨和抗撕裂能力。

聚氨酯橡胶冲裁模较一般钢模及天然橡胶冲裁模的优点：

①冲裁模结构简单。冲裁简化了模具结构,因此可以减少制造模具的工时与成本。

②冲裁模结构稳定可靠不易损坏,且模具寿命较长。一般情况下聚氨酯橡胶的寿命可达 5 000 次以上,适用于生产少量或批量不大的产品。

③适用于薄板件冲裁所冲裁的零件表面质量好,基本无毛刺或略带毛刺尺寸精度较高。

④使用范围较广,包括金属(黑色金属、有色金属和部分合金材料)和非金属可冲裁模厚度≤1 mm 的零件。

聚氨酯橡胶冲裁模较一般钢模及天然橡胶冲裁模的缺点:

①高温时橡胶的压力会降低,当温度>38 ℃时橡胶的强度会明显降低;

②低温时橡胶的弹性会降低。

3)聚氨酯橡胶弯曲模

聚氨酯橡胶弯曲模具分为敞开式弯曲模和闭式弯曲模两种。敞开式聚氨酯橡胶弯曲模结构简单,通用性强,尤其适合用于变形区不大的弯曲件。封闭式弯曲模的凸模与容框之间采用 0.3～0.5 mm 的小间隙配合,弯曲过程中橡胶处于封闭受压状态,能够产生较大的三向应力,因而弯曲件精度高、回弹小。当弯曲变形区较大或材料较厚时,最好采用封闭。选用聚氨酯橡胶时应考虑弯曲件的形状与变形区的大小,弯曲变形区比较集中时,需要的变形力也较大,应选用邵氏硬度 70 A 以上的橡胶;对于变形区较大或较深的弯曲件,可用邵氏硬度 60 A 左右的橡胶,也可以不同硬度橡胶混合应用。这样不但可以降低模具造价,有时还会使变形更符合弯曲工艺的要求。

4)聚氨酯橡胶拉深模具

聚氨酯橡胶拉深模具有橡胶用凹模拉深法、橡胶凸模拉深法和无凸模拉深法等三种。

聚氨酯橡胶凹模拉深模工作示意图如图 12-21 所示。由金属凸模把毛坯挤入橡胶凹模内,在此过程中聚氨酯橡胶模自始至终把毛坯紧紧压在凸模上,同时拉深毛坯内表面与凸模间、毛坯外表面与橡胶凹模间均存在有益摩擦,这就减少了拉深件筒部危险断面被拉裂的可能性。

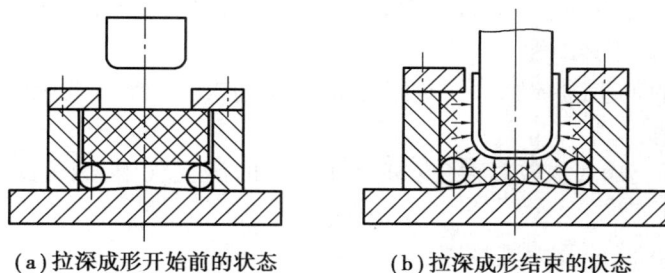

(a)拉深成形开始前的状态　　　(b)拉深成形结束的状态

图 12-21　聚氨酯橡胶凹模拉深模工作示意图

橡胶凹模拉深法有型腔式和容框式两种,图 12-22(a)为型腔式,凹模应采用硬度较高的聚氨酯橡胶,其邵氏硬度值约为 90 A,最大压缩量为 35%。图 12-22(b)为容框式,为提高压边力,容框内成形部分采用较软的聚氨酯橡胶,硬度以 80 A 为宜。

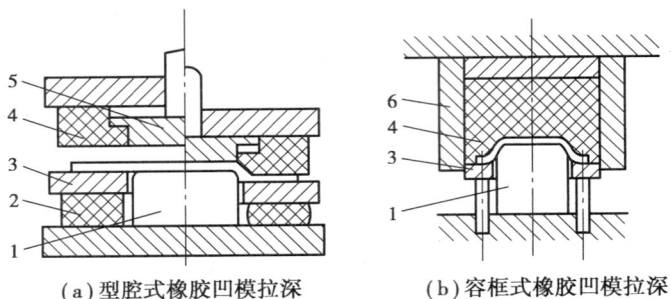

(a) 型腔式橡胶凹模拉深　　　　　(b) 容框式橡胶凹模拉深

图 12-22　橡胶凹模拉深法

1—凸模;2—橡胶;3—压边圈;4—聚氨酯凹模;5—顶件器;6—容框

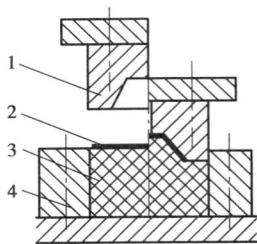

图 12-23　橡胶凸模拉深法

1—凹模;2—毛坯;3—橡胶;4—容框

橡胶用凸模拉深法是在拉深过程中,装入容框内的聚氨酯橡胶起到了凸模的作用,将毛坯挤入钢制凹模的型腔内,其工艺示意图如图 12-23 所示。聚氨酯橡胶与凹模端面对毛坯法兰部分施加压力,自然形成压边作用,起到防皱的目的。拉深件较深时,采用邵氏硬度 90 A 的聚氨酯橡胶,最大压缩量约为 25% ,可获得轮廓清晰的拉深件。拉深件较深时,采用邵氏硬度 80 A 的聚氨酯橡胶,最大的压缩量可达 35% ,其抗磨损与抗撕裂性能好。

12.3.3　橡胶软模成形的特点

采用聚氨酯橡胶代替刚性模具的优势:

①简化模具结构,降低模具费用。

②橡胶不存在流动性,不需要考虑密封问题,操作方便。

③制件成形质量好。橡胶的柔性作用可避免刚性模中模具划伤零件表面和形成压痕等缺陷。

④橡胶模成形可提高变形坯料成形性能。坯料在橡胶的高压和摩擦力作用下,可提高板料的成形性能,充分发挥其塑性。

⑤聚氨酯橡胶的工艺适应性广,可进行冲裁、弯曲、拉深、胀形等冲压成形工艺。

不足之处主要有:

①聚氨酯橡胶易水解,在较高温度(38 ℃以上)的湿空气中,聚氨酯会发生水解,强度下降。

②在反复变形条件下,聚氨酯橡胶会滞后生热。

③橡胶不能耐高温,无法进行热成形。

④与刚性模相比橡胶的寿命较短,在疲劳和高压应力作用下,易于损坏。

⑤由于橡胶是连续的弹性体,故在形状复杂的零件成形时贴模性差,尤其是在小圆角部位,其差的贴模性显得尤为突出。

不同的聚氨酯橡胶的各种性能是不一样的,从冲压、钣金工艺的应用而言,有实用价值的是邵氏硬度 70 ~ 95 A 的聚氨酯橡胶。邵氏硬度较高(90 A、95 A)的聚氨酯橡胶,只要很小的变形就能产生很高的单位压力与剪切力,而且还有良好的流动性,这类橡胶主要应用于冲裁模、落锤模以及局部成形模等。邵氏硬度为 70～80 A 的橡胶具有非常好的流动性,在压缩量较大的情况下只能引起很小的永久变形,但却能产生相当大的单位压力,这类橡胶主要应用于各种成形模与弹性元件(顶件器、卸料器或压边圈等)。

12.4　黏性介质成形

黏性介质成形(viscous pressure forming,VPF)是一种新型的板料柔性成形技术,主要用于高强度、低塑性难加工材料的复杂形状零件成形。其基本原理是利用半固态、可流动并具有一定黏度的黏性介质作为传力介质或软模,通过控制黏性介质的注入和压力分布,板材在成形过程中可实现均匀变形,从而获得高尺寸精度和良好表面质量的零件。这种成形方法采用黏性介质作为软凸模,使板材能够自适应于黏性介质压力场的变化,从而实现复杂形状的成形。

硅油是一种常用的黏性介质,它具有高黏度、良好的流动性和稳定性。在黏性介质成形中,硅油可以作为传力介质,通过注入和排放来控制板材表面的压力和变形。除硅油之外,还可以选择聚甲基乙烯基聚合物、水玻璃等其他半固态、可流动并具有一定黏度的介质作为黏性介质。需要注意的是,黏性介质的性能对板材变形有很大影响。因此,在选择黏性介质时,需要根据具体的成形需求和板材材料特性进行综合考虑。同时,还需要对黏性介质的流变性能、挤压性能等进行深入研究,以确保成形过程的稳定性和可控性。具体来说,选择黏性介质时需要考虑的主要因素如下:

①黏度。黏度是黏性介质的重要物理特性,它决定了介质的流动性和变形能力。在选择黏性介质时,需要根据成形零件的复杂程度和所需成形力的大小来确定合适的黏度范围。一般来说,零件的复杂程度越高,所需的黏性介质黏度也越大。

②应变速率敏感性。黏性介质应具有一定的应变速率敏感性,以便在成形过程中能够根据板材的变形速率迅速调整自身的压力分布,从而实现对板材的有效成形。

③材料的化学稳定性。黏性介质在成形过程中应保持稳定,不与板材或其他成形介质发生化学反应,以免产生污染或影响成形质量。

④温度稳定性。黏性介质的性能应能在一定的温度范围内保持稳定,以适应不同的成形环境和工艺要求。

⑤成本。黏性介质的成本也是选择时需要考虑的因素之一。在保证成形质量的前提下,应尽量选择成本较低、易于获取的黏性介质。

⑥环境影响。黏性介质的使用和处置应符合环保要求,避免对环境造成污染。因此,在选择黏性介质时,需要考虑其是否易于回收和处理。

⑦材料的相容性。黏性介质应与板材和其他成形介质(如模具、压边装置等)具有良好的相容性,以避免在成形过程中产生黏附、磨损或腐蚀等问题。

黏性介质成形的主要特点有:

①有利于成形复杂零件。由于黏性介质具有应变速率敏感性,能随板材的变形迅速建立起高压,并且可以通过调节黏性介质的注入与排放来控制板材表面的压力分布,因此黏性介质成形特别有利于成形复杂形状的零件。

②提高板材成形性。黏性介质与板材之间的黏性附着力可以延缓和避免板材局部减薄,

提高板材的流动性,从而使板材在成形过程中处于较好的应力状态,有利于控制板材零件的弹复和提高板材成形性。

③半固态介质。黏性介质在弹性体(固态)→黏性介质(半固态)→流体(液态)的连续物态中具有较宽的性能选择范围,使软模成形在传力介质物态的选择上系统化。

④压力可控。通过控制黏性介质的注入速度和压力,以及反向黏性介质压力控制缸的黏性介质注入或排放速度和压力,可以实现对板材表面压力和压边力的精确控制。

黏性介质成形在飞行器制造、异形截面管成形以及其他需要复杂形状成形的领域具有广泛的应用前景。它可以克服传统成形方法中的一些难题,如回弹控制、局部减薄等,从而提高产品的质量和性能。

与其他软模成形方法相比具有以下优势:

①适应性强。黏性介质在弹性体(固态)→黏性介质(半固态)→流体(液态)的连续物态中具有了较宽的性能选择范围,使软模成形在传力介质物态的选择上系统化,其适应性强,黏性介质成形特别适合于高强度、低塑性、难变形材料复杂形状零件的成形,如航空、航天等领域的应用。

②尺寸精度高,表面质量好。黏性介质成形能够提高零件的尺寸精度,优化壁厚分布。由于是软模成形且黏性介质对板料表面无任何腐蚀作用,因此成形零件表面质量好,且成形后的零件不需专门的清洁处理工序。

③克服局部失稳。黏性介质成形有利于克服局部失稳,提高成形性能。

④压力分布控制。板材表面黏性介质压力分布非均匀性是黏性介质压力成形区别于其他成形方法的重要特点之一,能够实现压力的梯度分布。通过控制黏性介质的注入速度和压力,以及反向黏性介质压力控制缸的黏性介质注入或排放速度和压力,可以实现对板材表面压力和压边力的精确控制。

⑤流动性和填充性好。黏性介质能够承受较高的压力、流动性和填充性好、易于密封和注入与排放的控制,可以较好地使坯料流入模腔,避免壁厚局部严重减薄。

黏性介质成形的不足之处:

①密封仍然是需要考虑。

②黏性介质不像液体介质那样可通过液压泵等设备直接提供压力,只能用柱塞或活塞的注射来提供所需的压力,因而工作效率低。

黏性介质成形技术因其独特的优势,在难变形材料的复杂形状零件成形中展现出了明显的优势,在航空航天等高端制造领域中,特别适用于飞行器制造和异形截面管成形等。

12.5 固体颗粒介质成形

固体颗粒介质成形(solid granule medium forming, SGMF)是一种先进的材料成形工艺,它采用可流动、散粒状的颗粒作为传力介质,代替传统的刚性模具或液体、气体等介质,对板材或管材进行拉深、胀形或弯曲等成形操作。

固体颗粒介质成形的基本原理是通过固体颗粒介质的填充性和良好的流动性,将压力均匀传递到工件表面,从而实现对板材或管材的拉深、胀形或其他成形操作。成形过程中,固体颗粒介质不仅起到了传力的作用,还通过其非均匀分布的内压和与工件之间的有益摩擦,提高了工件的成形质量。这种工艺利用了固体颗粒介质的离散性和摩擦特性,能够在成形过程中有效控制工件的应力分布和变形模式,避免传统成形工艺中常见的起皱、破裂等问题。

在固体颗粒介质成形过程中,固体颗粒介质通过填充工件的型腔,形成一个软模,替代传统的刚性模具。颗粒介质在压力作用下发生形变,传递压力至工件表面,使工件发生塑性变形。由于颗粒介质的非均匀压力分布特性,可以有效控制成形过程中的应力集中现象,从而提高成形件的质量和成形极限。

固体颗粒介质成形的主要特点:

①SGMF技术具有内压非均匀分布的特点,便于控制成形过程,提高材料成形极限。

②固体颗粒介质易于密封、压力建立简便,与坯料接触产生有益摩擦作用。

③该技术可以降低投资成本,提高零件表面质量,成品率高。

④固体颗粒介质无工业污染,可重复使用,具有环保优势。

固体颗粒介质成形工艺是一种高效、灵活且成本较低的先进成形技术,其独特的传力特性和成形机制使其在现代制造业中具有广阔的应用前景。

第13章
高能率成形

13.1 高能率成形概述

高能率成形(high energy rate forming,HERF)是一种利用极短时间内释放的高能量(如动能、化学能、电能或电磁能)通过介质传递,产生高压冲击波对金属材料进行塑性成形的技术。该技术具有显著的生产效率和成形能力,特别适合用于难变形材料和复杂形状零件的制造。高能率成形是从20世纪50年代发展起来的塑性成形新技术。

高能率成形过程在极短的时间里转化周围介质中的高压冲击波,并以脉冲波的形式作用于金属板料,使其发生塑性变形,因此具有能量释放时间短,变形功率高,板料变形速度快等特点。高速率成形的金属板料变形速率为准静态条件下的100~1 000倍,高成形速率使得很多金属工件的成形性得到提高,使某些难加工的金属也能变得容易成形,如果正确选择工艺参数及边界条件,可以使材料得到远超出传统准静态成形所能达到的变形程度。

按照高能率的产生方式不同,金属塑性成形领域的高能率成形,其主要方法有以下几种:

①利用火药爆炸产生化学能转化成力使金属产生塑性变形的爆炸成形。

②利用电极击穿瞬间产生冲击作用在金属板管上使其产生塑性变形的电液成形。

③利用磁场力作用在金属板管上使其产生塑性变形的电磁成形。

④利用高速运动的弹丸将动能转化变形力为使金属板料产生塑性变形的喷丸成形。

⑤利用激光冲击或激光热应力作用在金属板上使其产生塑性变形的激光成形。

高能率成形的主要应用有如下几个方面:

①板(管)材的成形。高能率成形可完成板材的多种冲压加工工序,如拉深、胀形、校形、压印、翻边、弯曲、冲裁等。电液成形及电磁成形尤其适于管类零件的成形,如缩口、扩口、胀形、翻边及异形管成形等。

②联接及装配。高能率成形方法常用于管-管联接、管-杆联接、管-板联接等,联接件可满足很高的强度要求,电磁成形还可完成零件的铆接工艺等。高能率成形,尤其是爆炸成形可使两种金属间形成牢固的联接,用以制造多层金属板或金属管。如在碳素钢上蒙以不锈钢、铝钛、锆、铜及其合金的表层。

③其他方面。高能率成形方法还可用于粉末压实、振动剥离和表面强化等。

13.2　爆炸成形

13.2.1　定义

爆炸成形(explosive forming)是利用爆炸物质在爆炸瞬间释放出巨大的化学能使金属坯料发生塑性变形的一种高能率成形方法。

金属爆炸成形的工艺范围广泛,主要包括成形、校形、胀形、翻边、雕刻、压绞、粉末压制成形、焊接、表面强化、管件的装配、粉末压制和切割等。金属爆炸成形在纳米级材料、高温超导材料、精细陶瓷和其他复合材料,以及许多新兴的高新技术产业中也有着广泛的应用。

13.2.2　爆炸成形原理

基本原理是通过炸药爆炸产生的高温高压气体,转化为冲击波,并以脉冲波的形式通过介质作用于坯料,使其产生塑性变形并贴模完成成形。爆炸成形时,爆炸物质的化学能在极短时间内转化为周围介质(空气或水)中的高压冲击波,冲击波对坯料的作用时间为微秒级,仅占坯料变形时间的一小部分。这种异乎寻常的高速变形条件,使爆炸成形的变形机理及过程与常规冲压加工有着根本性的差别。

爆炸成形时,当一定数量的炸药在一个有限的空间或介质中被引爆并转化为大量的气体时,大量气体产生的极高压力通常在 20 GPa 左右,可以使工件变形成所需的形状和尺寸,尺寸公差很小。除了获得所需的产品形状和尺寸之外,爆炸成形技术还可用于固态焊接,即爆炸焊接成形。

在金属塑性加工领域中应用的爆炸成形是一种在一定条件下的受控爆炸,它具有独特的理论和工程条件。爆炸拉深成形示意图如图 13-1 所示。爆炸胀形成形示意图如图 13-2 所示。

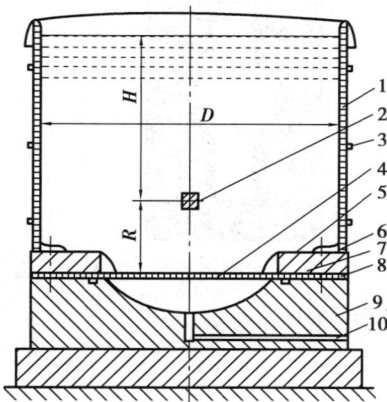

图 13-1　爆炸拉深成形示意图
1—纤维板;2—炸药;3—绳索;4—坯料;5—密封袋;
6—压边圈;7—密封圈;8—定位圈;9—凹模;10—抽真空孔

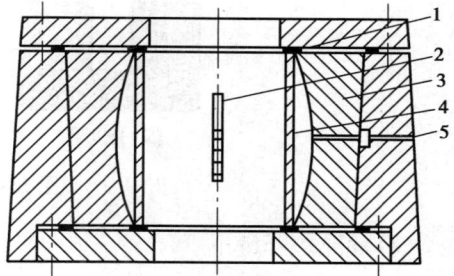

图 13-2　爆炸胀形成形示意图
1—密封圈;2—炸药;
3—凹模;4—坯料;5—抽真空孔

爆炸成形的基本过程是:将毛坯板放置在凹模上并压紧压边圈,将炸药包起爆后,爆炸物质以极高的传爆速度在极短时间内完成爆炸过程。位于爆炸中心周围的介质,在爆炸过程中产生的高温和高压气体的骤然作用下,形成了向四周急速扩散的高压冲击波。当冲击波与成形毛坯接触时,由于冲击波压力大大超过毛坯塑性变形抗力,毛坯开始运动并以很大的加速度积累自己的运动速度。冲击波压力很快地降低,当其降低到等于毛坯变形抗力时,毛坯位移速度达到最大值,这时毛坯所获得的能量,是它在冲击波压力低于毛坯变形抗力和在冲击波停止作用以后仍然继续变形,并以一定的速度贴模,从而完成成形过程。

爆炸成形的基本过程为:炸药起爆、介质产生冲击力、毛坯受到力的作用变形、毛坯贴近凹模完成成形。

13.2.3 爆炸成形的分类

根据爆炸装药与成形对象的相对位置不同,爆炸成形分为接触爆炸成形和隔离爆炸成形。

1)接触爆炸成形

接触爆炸成形是指成形时装药与被成形的对象直接接触。当成形过程中需要有很高的速度或压力时,通常采用接触爆炸成形技术,如图 13-3 所示。在这一过程中使用的是药筒炸药或罐装炸药的形式。在起爆时,它与工件直接接触,或在工件上放置一层薄的保护层(橡胶片)。爆炸后,工件表面可产生高达 30 GPa 的极高压力,炸药的全部能量直接输送到工件上,而不需要任何液体或固体介质,在工件中产生非常高的瞬态应力可能会导致不寻常的硬化和结构变化。

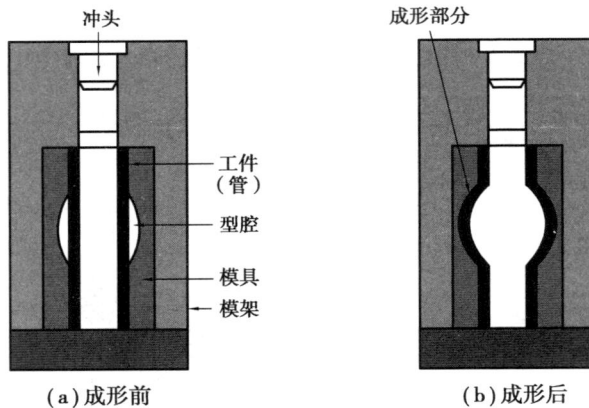

图 13-3 接触爆炸成形示意图

2)隔离爆炸成形

隔离爆炸成形时装药与被成形的对象相隔一定的距离,此间隔距离内的介质可能是空气、水、油和砂等,装药爆炸产生的能量通过这些中间介质传递到被成形的对象上。隔离爆炸成形原理如图 13-4 所示。

爆炸成形时,高威力炸药被淹没并在流体介质中引爆,炸药的能量在介质中产生冲击波,向四面八方传播,能量冲击到被成形工件表面,使工件产生变形。通常使用的介质是水,因此,这种技术也被称为水下爆炸成形。介质使用水比空气更受欢迎,因为它的可压缩性低于空气,可以确保能量的均匀传递,并减弱爆炸的声音。此外,还可以使用其他能量传输介质,如沙、液体盐、明胶和油等。模具和放置在模具表面的金属片之间应抽真空,是为了最大限度地减少因快速压缩空气或气体引起的零件回弹而造成的产品形状的不均匀性或不准确性,并避免压缩空气或气体可能导致模具和工件后表面的氧化或燃烧。工件的成形速度通常是 $30 \sim 200$ m/s。如果速度太快,可能导致工件回弹,则零件的尺寸精度也可能受损。

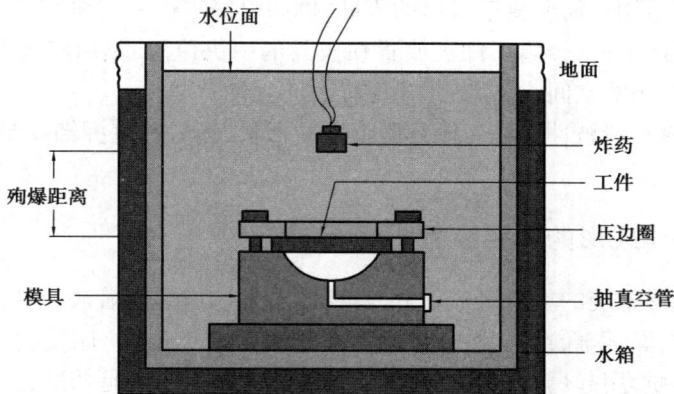

图 13-4 隔离爆炸成形原理示意图

13.2.4 爆炸成形装置

爆炸成形装置主要包括爆炸物、能量传递介质、模具和工件四个部分。

1)爆炸物

爆炸物通常是具有化学性质的固体、液体或气体物质。例如,固体炸药是三硝基甲苯(TNT),RDX(环三亚甲基三硝胺),液态炸药是硝化甘油,气体炸药是氧气和乙炔的混合物。炸药在燃烧或爆轰时,通过快速的化学反应产生热量和大量的气体产物。炸药有两类:一是低功率炸药;二是高功率炸药。为了达到金属成形的目的,需要大功率炸药。

2)能量传递介质

在隔离爆炸成形中,炸药产生的爆炸波需要在介质中传播,介质的选择对于成形效果和金属材料的质量起着至关重要的作用。根据被成形产品的条件以及生产设备、生产环境的综合考虑,隔离爆炸成形介质可以选择以下几种:水、沙土、填充物等。

水是一种常用的介质,主要用于较小的金属件的成形。水作为介质具有良好的冷却效果,可以减小成形后金属件的残留应力和变形量。

沙土是一种粗粒度的介质,通常用于大型金属件的成形。沙土的密度较高,能够有效地吸收和传播爆炸波,同时可以提供足够的支撑力,防止金属件发生变形或破裂。

填充物通常是一些高密度的材料,如钢球、铅球、石墨等。填充物可以提供足够的支撑力,并能够吸收和传播爆炸波,对于成形后的金属件质量也有一定的影响。

3)模具

在爆炸成形过程中,模具起着至关重要的作用。爆炸成形模具需要具备高强度、高硬度、高耐磨性等特性。爆炸成形的模具主要是凹模,根据模具的形状,可以把模具分成开放式模具和闭合式模具。

开放式模具主要用于成形较为简单的零件,其形状与最终成形零件的轮廓相似。这种模具通常由两个平板构成,上下部分通过螺栓或其他连接方式固定。成形前,金属工件被放置在下半部分模具的表面上,然后在模具的顶部放置爆炸物质。在爆炸后,金属材料被冲击成为模具所定义的形状。

闭合式模具则适用于需要复杂成形的零件,例如引擎零件或飞机零件。这种模具由两个或多个部分组成。成形前,金属工件被放置在模具的中央位置,然后将模具的各个部分固定在一起,形成一个密闭的空间。

在爆炸后,金属材料被冲击成为模具所定义的形状,然后通过拆卸模具来取出成形零件,得到所需工件。

13.2.5　爆炸成形的主要参数

炸药是爆炸成形系统的重要组成部分,其参数对爆炸成形起着决定性的影响。爆炸成形常用的炸药有 TNT、黑索金、泰安、特屈儿等。药包可以是铸成的、压实的或粉末状的。常用电雷管作为起爆物质,用起爆器起爆。爆炸成形的工艺参数主要是药形、药位、药量等。

1)药形

装药形状与水中冲击波形状紧密相关,而波形在某种程度上又决定了冲击载荷在板料上的分布。为了有效地控制工件的形状,必须正确地选择符合零件外形要求的装药形状。

生产中常用的药包形状主要有球形、柱形、锥形及环形等,常用的药包形状如图 13-5 所示。

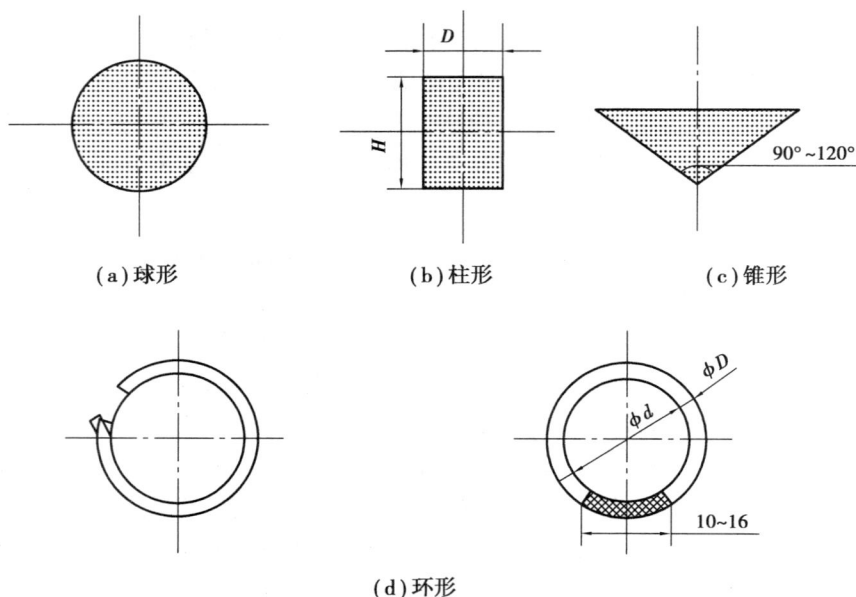

(a)球形　　　　(b)柱形　　　　(c)锥形

(d)环形

图 13-5　几种常用的药包形状

球形装药爆炸后产生的球面冲击波,球形药包在低药位情况下,对毛坯作用载荷不均匀,中央部分载荷大,边缘部分载荷小,因此零件顶部变薄严重。所以,球形装药适用于成形深度不大或厚度均匀性要求较低的零件。

柱形药包一般可分为长柱药包和短柱药包两种。长柱药包由于端面冲击和侧面冲击波相差较大,故不宜在爆炸拉深中使用,而多用于爆炸胀形。短柱形装药与球形装药产生的效果类似,出于方便,常用来代替球形装药。

锥形装药爆炸后,其顶部冲击波较弱,而两侧较强,因而利于拉深时法兰部分毛坯的流入,所以它常用于变薄量要求较严的椭球底封头零件成形。药包的锥角通常是20°~90°。

环形装药常用大型椭圆形封头进行爆炸成形。使用环形药包时,应在引爆端的对侧空出10~16 mm不装药。空隙内可填纸或木塞,并在该处毛坯上垫一层或铺上橡胶,以防止该处因冲击波的汇合、局部载荷过大而引起毛坯过度变薄甚至破裂。这种装药起爆时,为了防止装药位置因冲击波的作用偏离设定的位置,常常在一端处的两个端点引爆,沿着环形药包的两个相反的方向传播。此外,对于尺寸较大、形状复杂的零件,可采用多药包布药。

药包形状决定其产生的冲击波波形,是保证爆炸成形顺利进行的重要因素之一,应根据成形零件变形过程所需求的冲击波阵面形状来决定。例如,一般拉深件可用球形或短柱形药包;大型拉深件或大尺寸球面的校形可用环形药包;长度大的圆柱体零件或管类零件的胀形或校形,可用长度与之相适应的长柱形药包或导爆索;大中型平面零件的校形或成形,可用平板形、网格形或环形药包等。图13-6为几种胀形零件采用的药包形状。

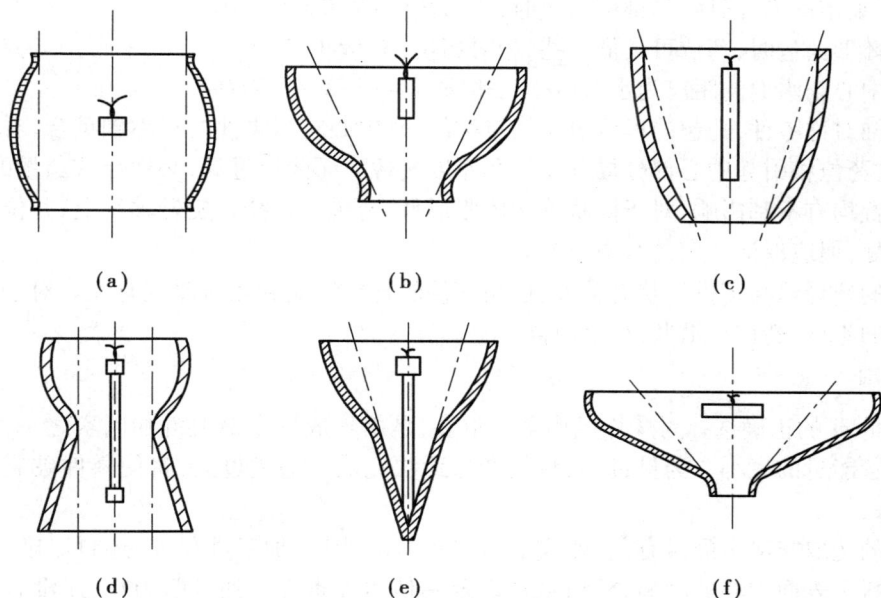

图13-6 几种胀形零件的药包形状

对同一零件,选择不同药包形状也会对模具寿命产生不同的影响。如图13-7所示零件,当采用图13-7(a)中等径形式药包装药时,为保证球面部分的成形,模具的直段部分将承受较大的应力。而采用图13-7(b)中所示药包形式装药成形时,因药包在球面部分加大了,模具直段部分无需太多炸药就可满足成形,使直段部分承受的应力减少,从而延长模具寿命。

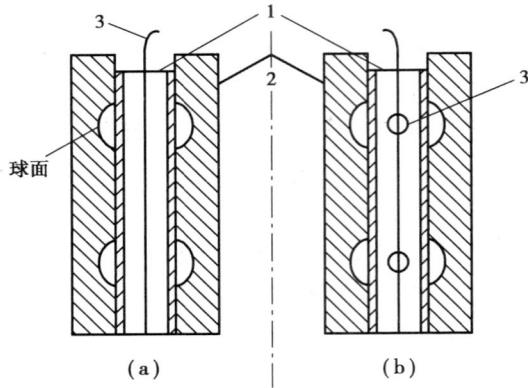

图 13-7　管件胀形
1—管坯;2—模具;3—炸药

2)药位

药位是指药包中心至坯料表面的距离(R)。它是爆炸成形的重要参数之一,对工件成形质量影响极大。它与药形的正确配合,是获得所需冲击波阵面形状的保证。药位过低导致坯料中心部分变形大、变薄严重;过高的药位,必须靠增加药量弥补成形能力的不足。生产中常用相对药位 R/D(D 是凹模口的直径)的概念。

通常,采用球形、圆柱形、锥形药包时,相对药位:$R/D = 0.2 \sim 0.5$

采用环形药包时,药位可稍低一些,相对药位:$R/D = 0.2 \sim 0.3$

药包中心至水面的距离为水头(H),一般取 $H = (1/2 \sim 1/3)D$

对于轴对称零件,药包的形状也是轴对称的,其中心应与零件的对称轴重合,对于球面零件,过低的药位将引起中心部分局部变形和厚度变薄。而药位过高,必然导致药量的增加,对模具和装置均有不利影响,对于筒状旋转体胀形件,药包总是挂在旋转轴线上,并位于毛坯最大变形量处,但应保证一定的水头。

药位的选择除与零件形状有关外,还与零件的材料性能和相对厚度有关。对于强度高而厚度又大的零件,药位可低些,反之应高一些。

3)药量

装药量 m 的正确选择对爆炸成形至关重要,是爆炸成形中最关键的因素之一,装药量的多少决定着能量的大小。药量过小,将使变形无法完成。药量过大,将使零件破裂甚至损坏模具。

药量的选取与诸多因素有关,如成形材料本身的特性、加工件尺寸,还料厚度、炸高装药中心到还料上表面中心的距离、模口直径以及其他边界条件。到目前为止,还没有足够的资料对各种金属板材爆炸成形的装药量给出精确的计算方法。通常根据经验公式或依据爆炸成形相似试验进行初步估算,然后用逐步加大药量的方法,最后决定合适的药量。

13.2.6　爆炸成形特点及应用

与其他传统冲压成形工艺相比,板或管的爆炸成形具有以下特点:

①适用于小批量、大型且形状复杂的产品的生产,如导弹及飞机的某些部件;特别是零件

尺寸及所需压力超过现有压力机的能力时,采用爆炸成形优势显著。

②适用于难变形材料所制造的零件,如高强度耐热金属等零件的成形制造。

③大型零件可以保证严格的制造公差,可获得较高的表面光洁度。

④爆炸成形可充分利用金属的延伸性,省略了机械成形时所要求的中间退火工序。

⑤可调整工件整个表面上的爆炸压力分布,避免机械成形时可能产生的局部应力集中现象。

⑥实现某些机械方法难以达到的加工手段,如复杂大型零件、粉末压制成形、硬化加工、可控切割等。

⑦爆炸成形存在爆炸噪声等安全问题。爆炸成形危险性高、操作条件高,需建立爆炸场地、需要专业的爆破技术人员和安全设施。

爆炸成形主要用于板材的拉深、胀形、校形等工艺,还常用于爆炸焊接、表面强化、管件结构的装配、粉末压制等。目前,爆炸成形主要用于制造弹丸、飞机和火箭等零件,可成形大型零件,尤其是小批量和试制特大型冲压件。爆炸成形在纳米级材料、高温超导材料、精细陶瓷和其他复合材料,以及许多新兴的高新技术产业中有着广泛的应用。

除此之外,爆炸成形还被广泛应用于航空、航天、国防、高铁、能源等领域。

爆炸成形由于具有高能率和高效益的特点,未来有很广阔的应用前景。

13.3　电液成形

13.3.1　定义

电液成形是一种将存储在电容器中的电能瞬间释放在电极间隙之间,通过液体中等离子体爆炸过程获得强烈的冲击波载荷,液体介质传递载荷作用给坯料,使其发生塑性变形的成形制造方法。

13.3.2　电液成形的原理

电液成形可分为开式和闭式两大类。开式电液成形装置示意图如图 13-8 所示。

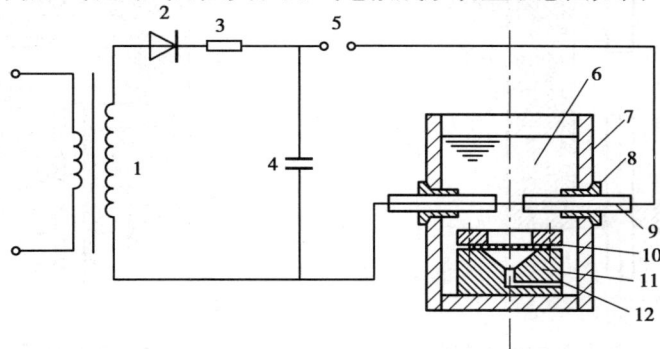

图 13-8　开式电液成形装置原理图

1—升压变压器;2—整流器;3—充电电阻;4—电容器;5—辅助间隙;
6—水;7—水箱;8—绝缘;9—电极;10—毛坯;11—抽气孔;12—凹模

电液成形装置由充电回路和放电回路两部分组成。在图示的开式电液成形中,充电回路主要由升压变压器 1、整流器 2 及充电电阻 3 组成。放电回路主要由电容器 4、辅助开关 5 及电极 9 组成。在充电回路中,电网中的能量经升压变压器、整流器、限流电阻等部分储存在电容器中,充电完成后,充电回路变为开路状态;触发放电回路间隙后形成闭合回路,电能瞬间释放在模具中的金属丝两端,形成 RLC 振荡电路,电路原理图如图 13-9 所示。

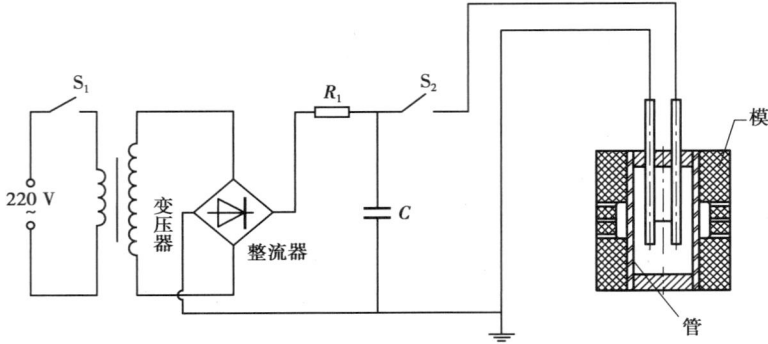

图 13-9　电路原理图

开式电液成形的工作过程为:升压、充电、点燃辅助间隙、电极通电、高压放电、冲击电流、冲击波、坯料成形。

电液成形的原理为:交流电经过变压器及整流器后,变为高压直流并向电容器 4 充电;当充电电压达到所需值之后,导通辅助间隙 5,高压瞬时加到两放电电极 9 所形成的主放电间隙上,并使间隙击穿,在其间产生高压放电,在放电回路中形成强大的冲击电流,使电极周围介质中形成冲击波及液流冲击而使金属毛坯成形。

闭式电液成形根据电极放置方式不同,分为对向式电极的闭式电液成形和同轴电极的闭式电液成形,其装置示意图分别如图 13-10、图 13-11 所示。

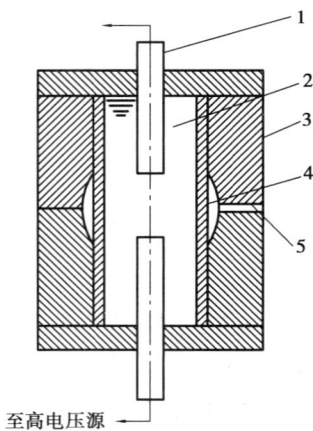

图 13-10　对向式电极的闭式电液成形装置
1—电极;2—水;3—凹模;4—毛坯;5—抽气孔

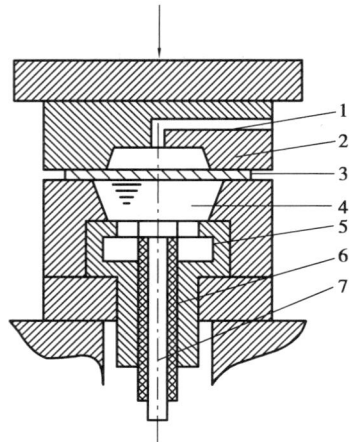

图 13-11　同轴电极的闭式电液成形装置
1—抽气孔;2—凹模;3—毛坯;4—水;
5—外电极;6—绝缘;7—内电极

闭式电液成形可提高能量利用率。一般情况下,开式电液成形能量利用率为 10% ~

20%,而闭式成形可达30%。

电液成形中冲击波源的产生有两种方式,一种是液体介质击穿放电,一种是电极间金属丝或粉末爆炸。

在电液成形中,金属丝使放电回路发生短路,在金属导体上瞬间产生很大电流,在大电流的作用下,金属丝及周围液体迅速气化并形成高温高压等离子体气团,在有限空间内体积迅速膨胀并引起爆炸,由于液体不可压缩或者压缩量很小,压力在极短时间内达到峰值而形成冲击波。冲击波以冲量或者冲击压力的方式通过液体介质作用于工件,使材料发生塑性变形,完成制件的成形。

13.3.3　电液成形的特点

①与电磁成形和爆炸成形相比,电液成形具有独特的优势。与爆炸成形相比,电液成形时能量易于控制,成形过程稳定,操作方便,生产率高,便于组织生产,受设备容量限制,电液成形一般只限于中小型零件的加工。

②成形速度高。电液成形会产生超声速的冲击波,因而电液成形的成形速度很高,一般在每秒几百米,而机械成形加工的成形速度约为每秒几米至几十米。

③成形精度高,工件回弹小,能够提高材料成形性。电液成形可以获得较高的成形精度,一般认为可达 0.02~0.05 mm,国外曾经报道,电液成形在成形长 3 660~4 880 mm 的整块工件时,精度可达 0.13 mm,成形后不需再加工。

④工序简单、工装少。电液成形无需凸模,简化了模具结构,消除了凸模、凹模配合问题,能够缩短生产周期,降低成本。因此,电液成形在加工一些形状复杂的零件时,可以简化工序,减少工装,但是要考虑密封及排气问题。

⑤电液成形特别适用于加工管件胀形零件。用一般机械方法加工管材胀形件的工序比较复杂,而当零件形状不对称或型面较复杂时则更为困难甚至无法加工,然而,用电液成形就可以比较容易地解决,而且能量利用率高,用这种方法也可以加工波纹管及不对称的零件。

⑥电液成形对材料电导率无要求,可用于高强度高硬度的金属材料的冲压加工,如胀形、翻边、冲孔、拉伸等多种工序,应用范围广。

⑦易实现机械化,能量的控制与调整简单,成形过程稳定,操作方便,生产效率高,重复性强且安全性高,组织生产比较容易,适用于较大批量生产。

⑧放电过程稳定,重复性强且安全性高。

电液成形主要用于板材的拉深、胀形、翻边、压印等。电液成形也适合用于加工管件胀形零件,且可用于加工波纹管及不对称的零件。

13.3.4　电液成形的工艺参数

电液成形的主要工艺参数包括成形效率、能量分布和能量转化。

成形效率是指工件变形功与电容器放电能量之比。放电过程中,电容器放电能量有一部分消耗于主间隙击穿前的泄漏(即泄漏能量)、辅助间隙及线路之中,而大部分能量将集中于主间隙之中。主间隙放电能量主要有辐射能、热能、化学能、冲击波能量等。其中,冲击波能量是我们所关心的机械能。通常,电液成形效率的上限值,一般认为在20%~30%。

提高电液成形效率的措施主要有两个方面:一是要提高主间隙放电能量,为此,必须合理选择回路中各元件结构布置、接线方式及参数的配合,以便减少辅助间隙、线路损耗及泄漏能量;二是要提高冲击波能量及其利用率。冲击波作用于工件上做功的大小与工件形状、吊高(电极至工件距离)等有关。对于圆筒形零件,直径越小,效率越高;对于平圆盘零件,吊高对效率的影响极为显著,吊高越大,效率越低。

电液成形的能量分布即电容总能量,包括击穿前泄漏、辅助间隙及线路中损失的能量和主间隙(辐射能、热能、化学能、冲击波)的能量。

能量转化主要体现为电容器能量、主间隙放电能量、冲击波能量、变形功。

13.4 电磁成形

13.4.1 定义

电磁成形(electro-magnetic forming,EMF)是一种高能率成形技术,利用电磁力驱动金属材料发生高速变形的先进制造技术。

电磁成形是电容器放电产生的脉冲电流通入工作线圈产生脉冲磁场,变化的磁场在待成形金属材料中产生感应涡流,涡流与磁场共同作用产生电磁力驱动金属材料发生高速变形。在成形过程中,电能在极短时间里转化为高压冲击波,并以脉冲波的形式作用于毛坯,使毛坯产生塑性变形,故此,该成形方法又称为磁脉冲成形。

电磁成形排除了爆炸成形的危险性,较之电液成形更方便。电液成形的放电元件为水介质中的电极;电磁成形的放电元件为空气中的线圈。电磁成形与其他加工方法的主要区别是:磁场力在瞬间作用于毛坯上,且无机械接触,是一种高速度、高质量的加工方法,是一种新兴的高能率成形技术。

13.4.2 电磁成形的原理

电磁成形的装置示意图如图 13-12 所示,包括充电回路和放电回路两部分。升压变压器1、整流元件2、限流电阻3和脉冲电容组4构成了电磁成形的充电回路。图 13-12 中,脉冲电容组4、辅助间隙5、成形线圈6和变形工件构成了电磁成形的放电回路。

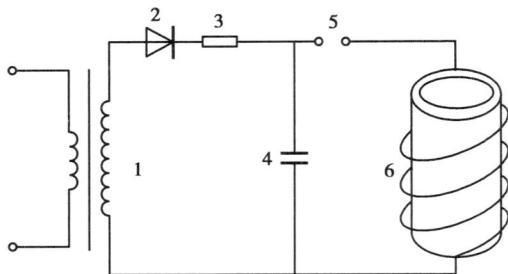

图 13-12　电磁成形装置示意图
1—升压变压器;2—整流元件;3—限流电阻;4—脉冲电容组;5—辅助间隙;6—成形线圈

电磁成形的基本原理是物理学中的电磁感应定律和楞次定律,当脉冲电源给电容充电后电容瞬间放电,线圈内部便产生瞬时电流,该电流在线圈周围产生变化的脉冲磁场,脉冲磁场穿过工件而在工件上感生出涡流,瞬时磁场和涡流相互作用产生与工件互斥的电磁力,当电磁力超过材料的屈服应力时,金属产生塑性变形。

下面通过在线圈中放置绝缘体和金属体的对比,探讨电磁成形的原理。

在线圈中放置绝缘体时的脉冲磁场分布示意图如图 13-13 所示。当升压变压器 0 对电容器 1 充电,辅助间隙 2 闭合,电容器 1 通过线圈 3 放电,螺旋管线圈 3 通过强脉冲电流时,在电感线圈中产生强大的脉冲电流,使线圈 3 中建立起强大的脉冲磁场,磁力线方向为图 13-13 中磁力线 4 上所示的箭头方向。

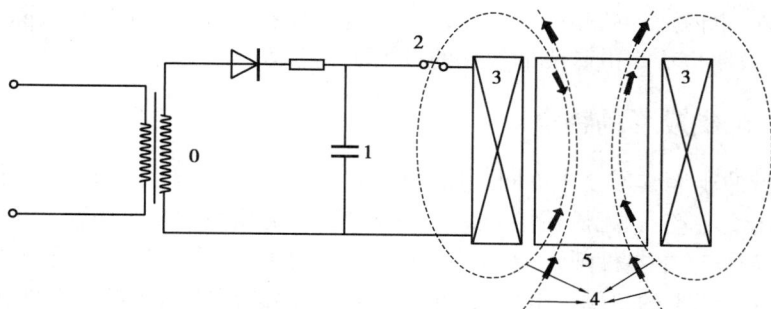

图 13-13　线圈中放置绝缘体时脉冲磁场示意图

0—升压变压器;1—电容器;2—辅助间隙;3—螺旋管线圈;4—磁力线;5—绝缘体

若将图 13-13 线圈中的绝缘体替换为导电的金属体工件 6,其脉冲磁场分布示意图如图 13-14 所示。当升压变压器 0 对电容器 1 充电,辅助间隙 2 闭合,根据电磁感应定律,金属体工件 6 外表面会产生一个阻碍脉冲磁场变化的感应电流,该电流的方向与线圈中的电流方向相反,并产生一个反向磁通阻止原磁场穿过工件 6。放电瞬间,在管坯内部空间,放电磁场与感应磁场方向相反而相互抵消;在管坯与线圈之间,因磁力线密集于线圈和工件之间的间隙内,放电磁场与感应磁场方向相同而得到加强,密集的磁力线具有膨胀作用,因而工件受到一个沿半径方向向内的磁场压力,如果管坯受力达到屈服点,就会引起缩径变形。也就是说,当螺旋管线圈通过电流时,由于电磁感应,金属体 6 会产生感应电流(涡流),其方向与螺旋管线圈通过电流方向相反。感应电流产生反向磁场,迫使磁力线密集在螺旋管线圈和金属体之间,密集的磁场线具有扩张的性质,因此坯料外表面受到沿径向向内的冲击压力,当冲击压力达到材料屈服应力时,金属体就会压缩变形。

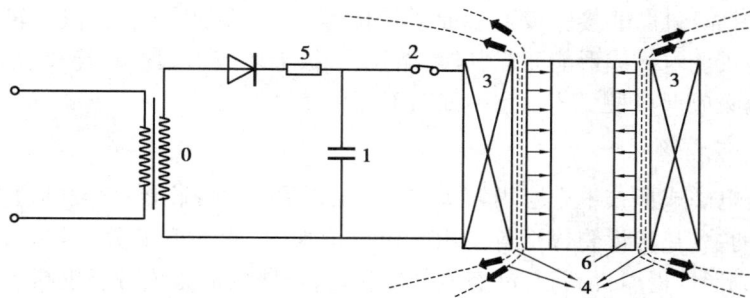

图 13-14　线圈中放置金属体时脉冲磁场示意图

0—升压变压器;1—电容器;2—辅助间隙;3—螺旋管线圈;4—磁力线;5—电阻;6—金属体

若将螺旋管线圈置于金属管坯内部,放电时,管坯内表面的感应电流与线圈内的放电电流方向相反,这两种电流产生的磁力线,在线圈内部空间方向相反而互相抵消,在线圈与管坯之间方向相同而加强,其结果是使管坯内表面受到沿径向向外的强大的磁场压力,驱动管坯发生胀形变形。

通常,磁场变化越快,感应涡流越大;磁场强度越高,电磁力也越大。磁场力是电磁成形的重要参数,直接关系到产品的质量控制。电磁成形时,工件成形所需能量几乎都是由首次波给出的,后续波传递给工件能量不断衰减。线圈放电时的脉冲磁力与电容器储能成正比,与工件及线圈的阻抗成反比,与电磁穿透工件的体积以及线圈与工件表面间体积成反比。

由于电磁成形过程中存在电效应、磁效应、热效应和应变率效应,因而对材料性能具有明显的影响。此外,电磁成形的相关工艺始终存在能量转换效率低下的问题,除了成形精度的改善,能量转换效率也成为电磁成形发展的重点研究方面。

13.4.3 电磁成形的特点

与传统机械冲压等成形技术不同,电磁成形是利用磁场力,电磁成形过程中,载荷是以脉冲方式瞬间作用于毛坯,且无机械接触,是一种高速度、高质量的加工方法。电磁成形排除了爆炸成形的危险性,较之电液成形更方便。电液成形的放电元件为水介质中的电极;电磁成形的放电元件为空气中的线圈。电磁成形除了具有前述的高能率成形特点外,还具有无需传压介质,可以在真空或高温条件下成形。

电磁成形的主要特点:

①高应变速率。磁场力能使变形材料的成形极限提高,变形材料晶内多系滑移,并易于形成原位亚晶。

②非接触成形。电磁成形时没有刚性接触,成形件的表面质量提高,变形均匀提高,成形件残余应力小,回弹小。

③电磁成形产品具有趋肤效应,有利于强化与校形。电磁成形时压应力大小可调,作用层厚度可调,有利于工艺参数控制。

④电磁成形产品表面完整性好,疲劳寿命高。

⑤电磁成形装备简单,工艺适应性强。

13.4.4 电磁成形的典型工艺

电磁成形既可加工管材,又可加工板材,对管材加工优越性更为突出,具有设备简单、回弹小、可提高材料成形性、非接触成形表面质量优等优势,在航空航天、汽车轻量化等领域具有广阔的应用前景。电磁成形能完成胀形、缩径、平板毛坯成形、翻边、连接、压印、粉末压实、连接等工艺。电磁成形典型工艺示意图如图13-15所示。

1)管材的电磁成形

管材成形是电磁成形技术中应用较多的方法,主要有管坯胀形、管段翻边、扩口及管坯的局部缩径、管段的缩口、异形管成形等。由于电磁成形时,管坯变形分布均匀,变形硬化不显著,因此材料的成形性得以提高,与静态的冲压相比,电磁成形方法可以提高胀形系数30% ~ 70%,壁厚变薄甚至破裂是管坯胀形的主要问题。

管材的电磁成形还可以细分为外向胀形成形加工和内向压缩成形加工。

线圈置于管件外部,工件将在电磁力的作用下向内压缩贴模,可实现管坯缩径变形,此法常用于缩径、收口或连接工艺。管坯电磁缩径成形磁场分布示意图如图13-16所示。

当工作线圈1通入强脉冲电流i时,线圈空间就产生一均匀的强脉冲磁场2,如图13-16(a)(2)所示。如果将管状金属坯料3放在线圈内,则在管坯外表面将产生感应脉冲电流i',该电流在管坯空间产生如图 13-16(b)中所示的感应脉冲磁场 2。放电瞬间,在管坯内部的空间,放电磁场与感应磁场方向相反而相互抵消。管坯与线圈之间,因放电磁场与感应磁场方向相同而得到加强,其结果是使管坯外表面受到很大的磁场压力 p 的作用如图 13-16(c)所示。如果管坯受力达到屈服点,将会引起缩径变形。

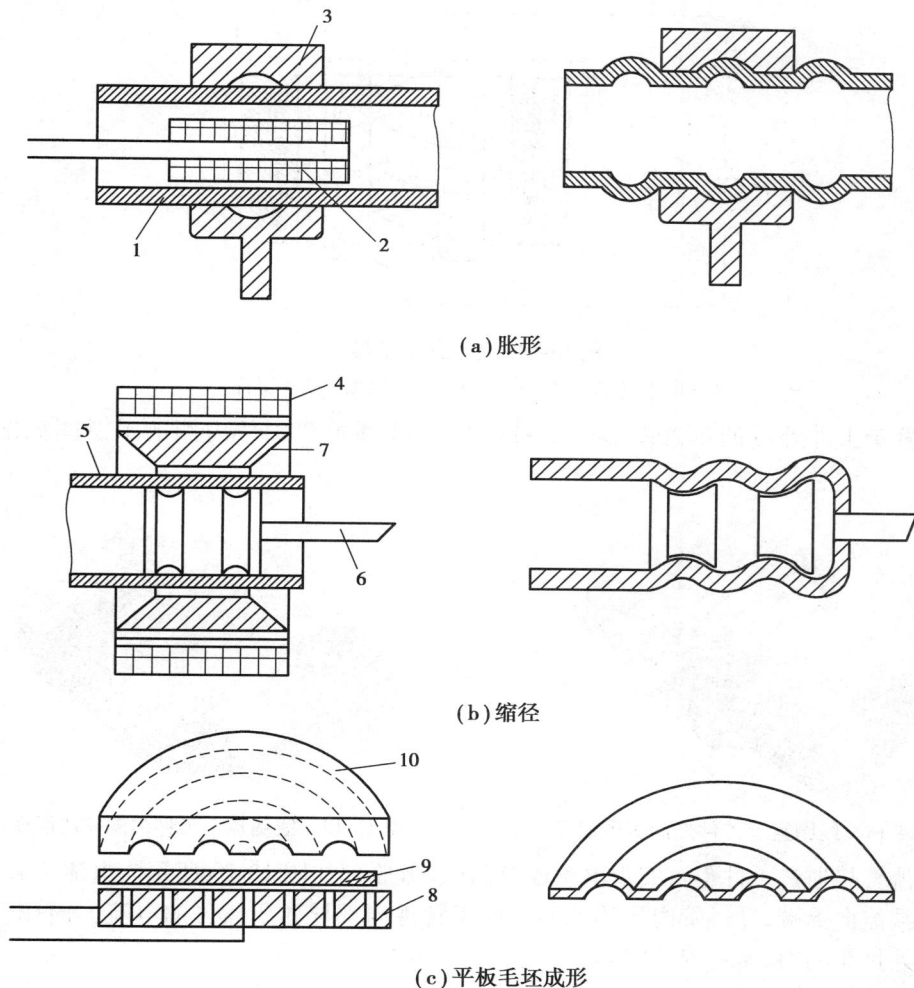

(a)胀形

(b)缩径

(c)平板毛坯成形

图 13-15　电磁成形典型工艺示意图

1,5—管坯;2—胀形线圈;3—模具;4—缩径线圈;6—杆件;7—集磁器;8—平板线圈;9—毛坯;10—模具

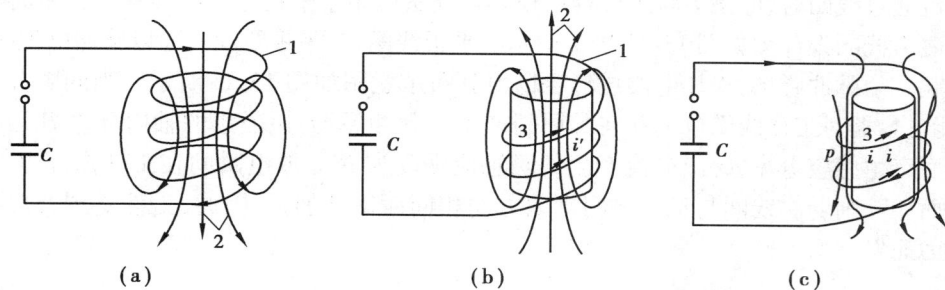

(a)　　　　　(b)　　　　　(c)

图 13-16　管坯电磁缩径磁场分布示意图

若将线圈放到管坯内部(图 13-17)放电时,管坯内表面的感应电流 i' 与线圈内的放电电流 i 方向相反而相互抵消,在线圈与管坯之间方向相同而加强。其结果是使管坯内表面受到强大磁场力,驱动管坯发生胀形变形。可通过胀形,可使管坯实现成形凸筋、翻边、扩口、压花等。

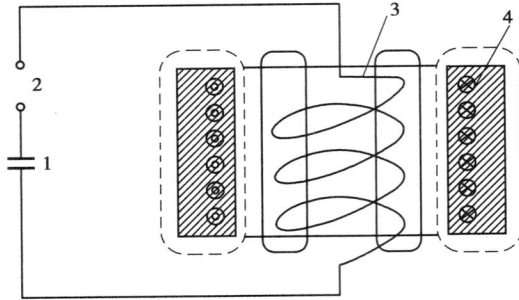

图 13-17　管坯胀形变形
1—电容器;2—辅助间隙;3—工作线圈;4—工件

线圈置于工件外侧的示意图如图 13-18 所示,线圈置于工件内侧的示意图如图 13-19 所示。

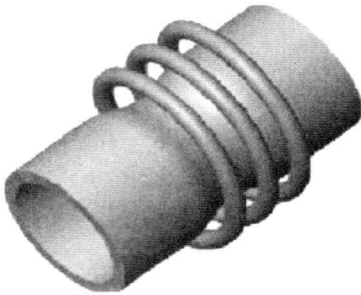

图 13-18　线圈置于工件外侧实现缩径

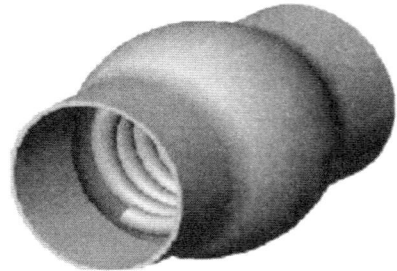

图 13-19　线圈置于工件内侧完成胀形

将电流直接通过工件也可实现电磁成形,其成形原理如图 13-20 所示。电流由管状导电工件的下端流向上端,经过管内导体流回。由于管件内部导体所通过的电流方向相反,使工件受到向外扩张的力,实现管件胀形。

2)板的电磁成形

板坯电磁成形装置示意图如图 13-21 所示。将一螺旋形扁平线圈对着平板毛坯放置,当脉冲电流通过线圈时,电磁力将工件推向模具。此法可用于平板毛坯成形、精整、冲裁等。

将磁力线圈设计为如图 13-21 中 1 所示的平板线圈,当平板线圈内通以脉冲电流时,同样能建立起一个脉冲磁场,板坯电磁成形磁场力分布示意图如图 13-22 所示。当间隙开关闭合时,储能电容器对工作线圈放电并在其周围产生一脉冲磁场,该磁场的轴向分量 B 因穿过工作平面而产生感应电流,感应电流产生的磁感应强度为 B'。放电瞬间在工件内部 B 与 B' 方向相反而相互削弱。线圈与工件之间则因方向相同而得到加强,因此,工件受到背离线圈的磁脉冲力而发生变形。

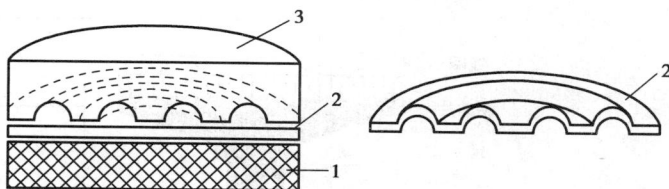

图 13-21 平板件电磁成形装置示意图
1—平板线圈;2—工件;3—模具

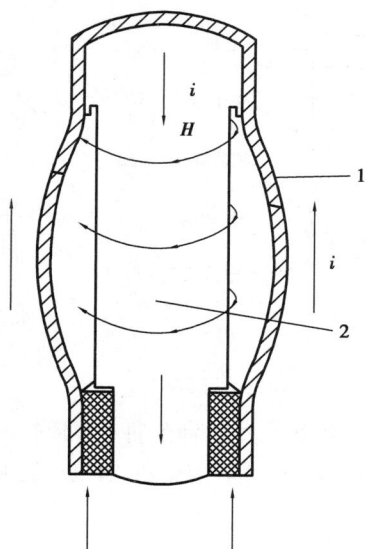

图 13-20 直接通电加工法
1—工件;2—导体

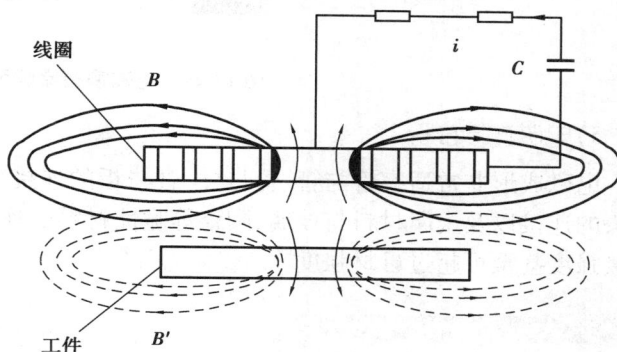

图 13-22 板坯电磁成形磁场力分布示意图

平板电磁成形可以分为自由成形和有模成形两种。

自由成形时:在放电瞬间,工作线圈和板件之间的空间,放电磁场与感应磁场方向相同而得到加强,金属板件受到磁场力,当磁场力足够大,超过金属板件屈服极限时,即发生塑性变形。

有模成形时:在平板线圈内通以脉冲电流,建立起一个脉冲磁场,该脉冲磁场与导体工件上的感应磁场相互排斥,于是使工件向下运动,从而使工件贴合凹模成形。

3)电磁成形用于校正成形

电磁校形在汽车覆盖件上的应用较多,比如说对于有尖角的零件,用传统的工艺拉深时,凸模凸缘半径太大无法成形出工件,凸缘半径太小容易切断板料,但电磁成形可以很好地解决这一问题。

4)电磁铆接成形

电磁铆接是基于电磁成形技术基础上发展起来的一种铆接方法。电磁铆接通过将电磁能转化为机械能使铆钉发生塑性变形,实现结构连接。电磁铆接成形的原理示意图如图 13-23 所示。

当放电开关闭合瞬间,储存在电容器的电能通过线圈释放,产生快速变化的电流,并在其周围产生强脉冲磁场,强磁场使与线圈相连的驱动片产生感应电流,进而产生涡流磁场。两磁场相互作用,使驱动片产生的涡流斥力经过冲头作用于铆钉,使之在短时间内完成塑性变形,实现被铆接材料的机械连接。

与传统铆接相比,电磁铆接质量稳定,铆钉钉杆变形均匀,可用于屈强比高、应变速率敏感材料的铆接,可有效防止复合材料损伤,为钛合金和复合材料结构连接及大直径铆钉和难成形材料铆钉成形提供一种先进的连接技术。

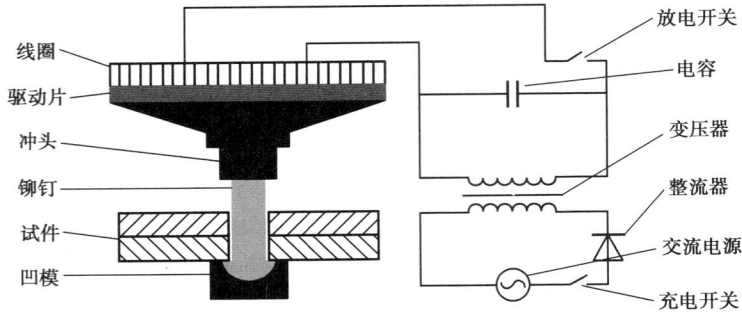

图 13-23 电磁铆接原理示意图

5)电磁连接成形

电磁成形非常适宜管与管、管与杆、管与板的连接工艺,可实现管与芯轴的连接、软管与接头的连接以及金属材料与玻璃、陶瓷等脆性材料的连接,管件连接产品如图 13-24 所示,其连接强度甚至可超过母材强度。

图 13-24 管件电磁连接

电磁连接工装简单,不损伤零件表面,加工能量可以精确控制,能实现零件的精密连接或装配。对于一些特殊零件,电磁连接是优先选用甚至是唯一可以采用的工艺方法。

6)电磁粉末压制成形

电磁成形技术还可完成粉末压实。用强冲击压制粉末材料是获取高密度粉末冶金制品的有效方法,在能量控制与成形效率方面,电磁粉末压制优于其他粉末成形方法,磁脉冲粉末压制技术无须加热,成形后既能使粉末达到良好致密,又可保持它原有的晶粒度大小和特性。

电磁粉末压制成形原理示意图如图 13-25 所示。储电器放电后,在驱动片上产生一个强大的电磁力,经过放大器放大后推动冲头实现粉末的压制。电磁压制所制备的压坯密度分布更加均匀。此外,由于电磁压制的压制速度要远高于传统的静压制,可明显提高压坯的密度和强度。用电磁成形方法完成的粉末压实工序,粉末密实度可达 60% ~80% 。

电磁成形过程稳定,再现性强,生产效率高,易于实现机械自动化,现已广泛应用于航空、航天、兵器、汽车制造、电子及国防等领域。在汽车制造业,应用电磁成形技术制造的传动轴和汽车覆盖件,提高了效率降低了成本。在电子领域中,可以使用电磁成形一次放电完成小

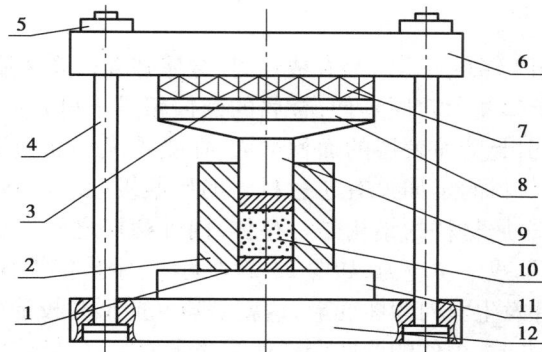

图 13-25 电磁粉末压实成形装置示意图

1—上模垫块；2—凹模；3—驱动片；4—导柱；5—螺母；
6—上模底板；7—线圈；8—放大器；9—冲头；10—粉末；11—下模垫板；12—下模底板

电机外壳和骨架的固定装配。电磁成形在国防领域也应用较多，如大型构件(弹体，机翼)的精密校形、航天航空异型管加工、复杂外形管件加工、核废料容器密封等。除此之外，电磁成形还可以用在一些微成形的工件，比如随着军事力量的发展，一些侦察设备需要做得很小。比如仿真蜜蜂，蜜蜂本来就小，那么他体内的零件就更加小了，这些微小的零件如果用传统成形的话，成形力很难控制，但是电磁成形可以精准的控制成形力以达到较好的成形效果，随着未来制造业的发展，一些精密的零件更加需要用电磁成形来做。

13.5 喷丸成形

13.5.1 概述

1)定义

喷丸成形是利用高速金属弹丸流撞击金属板件的表面，使受撞击的表面及其下层金属材料产生塑性变形而延伸，从而逐步使板材发生向受喷面凸起的弯曲变形而达到所需外形的一种成形方法。

喷丸成形利用高速弹流撞击金属板件表面，使受喷表面的表层材料产生塑性变形，形成一定厚度的强化层，强化层内形成较高的残余应力，逐步使整体达到外形曲率要求。弹丸流撞击受喷工件时，每一个弹丸颗粒都按一定方向撞上工件表面，然后从另一个方向弹出，它的一部分动能为工件所吸收。工件表层产生弹性、塑性变形。其结果，除在外表留下凹穴外，受喷材料的组织结构和残余应力场的分布也将发生变化。

随着现代飞机性能的不断提高，具有优异结构效率、减重效益和密封效果的带筋整体壁板在新一代大型飞机上的应用越来越广。喷丸成形技术在大型飞机机翼的制造上更具有优势，在国内外被广泛应用于金属机翼等航空航天器整体壁板的成形。随着大型运输机机翼设计技术的发展，喷丸成形技术经历了带纵筋机翼整体壁板蒙皮类零件到不带筋条机翼整体厚蒙皮类零件和带曲筋机翼整体壁板类零件的喷丸成形等发展阶段。

2）成形原理

喷丸成形的原理如图 13-26 所示。喷丸成形时，金属弹丸以高速撞击金属板件的表面，使受喷表面的金属围绕每个弹丸向四周延伸，金属的延伸超过了材料的屈服极限时，将产生塑性变形而形成压抗，从而引起受喷表层的面积增大，在受喷表层面积增大的同时又带动内层的材料产生拉伸，但内层材料的延伸没有超过材料的屈服极限。当弹丸脱离板件的表面后，材料发生弹性回复，由于金属材料的结构是一整体，内外两层之间的相互强制作用使受喷表层产生压应力，而内层产生残余拉应力，如图 13-27 所示。对于板厚小于 15 mm 的薄板件，内应力平衡的结果是使板件发生双向弯曲变形，这就是喷丸成形和校形的基本原理。对于等厚板件，在进行单面均匀喷丸时，板件的弯曲变形使受喷表面突起，呈球面外形。

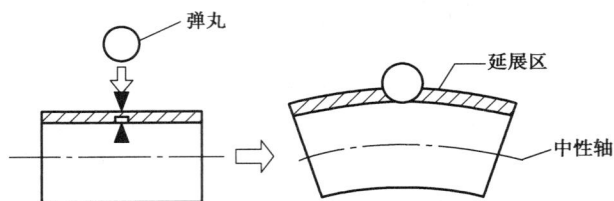

图 13-26 喷丸成形原理图

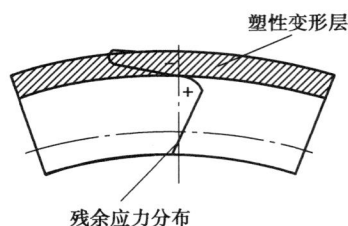

图 13-27 残余应力分布

3）主要工艺参数

喷丸成形的主要工艺参数有弹丸规格、喷射时间、弹流速度（弹丸流量、喷丸气压）、覆盖率（弹丸流量、进给速度）、喷射角、喷射距等。

弹丸规格与受喷板料的残余应力分布和弯曲半径直接相关，随着弹丸尺寸的增加，喷丸形成的压应力层深度增加，成形后板料的曲率半径变大。

喷丸成形过程中多个弹丸是随机进行喷射的，由于喷丸管路的限制，弹丸在管路中相互影响，每个弹丸的速度有所差异，但弹丸的平均速度与喷丸气压的关系比较稳定，可以将其作为弹丸速度的度量值。通常，随着喷丸气压增大，弹丸喷射速度增大；随着弹丸流量增大，弹丸喷射速度减小，而且气压对喷射速度的影响远大于弹丸流量。在弹丸尺寸及弹丸流量不变的条件下，喷射速度主要与气压值相关，喷丸气压值越大，喷射速度越大。

覆盖率是指在喷丸处理后零件表面上弹坑面积占总面积的百分比，是影响喷丸成形效果的主要工艺参数之一。覆盖率越高，所成形板料的曲率半径越小。覆盖率与弹丸流量、喷嘴与工件的相对速度相关，一般不大于80%。在弹丸流量不变的情况下，覆盖率主要和机床的进给速度相关，进给速度越快，覆盖率越小，故所成形板料的曲率半径越大。

喷射角的正弦值与成形曲率成正比，喷射距离加大将使成形曲率减小。

综上所述，喷丸成形开始时，成形曲率随着喷射时间的增加急剧加大，然后增长的速率逐渐减小甚至不变。弹丸尺寸越大，成形的曲率也越大，喷射时间就越短，生产效率越高。弹流速度增加，弹流的打击力量加大，喷打板件得到的成形曲率也增加。

4）分类

喷丸成形技术的种类特别多，通常会有以下三种分类方法：

①按照驱动弹丸运动的方式，喷丸成形分为叶轮式喷丸成形和气动式喷丸成形，两者没有本质区别，都属于机械喷丸成形。

②按照喷打方式,喷丸成形分为单面喷丸成形和双面喷丸成形,双面喷丸成形主要用于复杂型面构件的成形。

③根据喷丸成形时构件是否承受弹性外力,喷丸成形分为自由状态喷丸成形和预应力喷丸成形,预应力喷丸成形可以获得更大的喷丸变形量和更复杂的构件外形。

除上述较传统的喷丸成形技术分类外,经过长期以来国内外喷丸成形技术的研发,新技术、新方法相继出现,如以增大变形量为目的的不同大小弹丸同时双面喷丸方法、以控制喷丸区域和变形为目的的超声喷丸、以增加残余压应力层深度与残余应力大小为目的的激光冲击喷丸、以开辟喷丸成形新途径为目的的高压水喷丸、以显著提高材料利用率为目的的激光焊接与摩擦焊接带筋整体壁板喷丸成形等。接下来,本书主要介绍预应力喷丸、激光喷丸和超声波喷丸的成形原理及应用。

5)成形特点

喷丸成形的技术特点主要有:

①喷丸后,表层材料在再结晶温度以下发生弹、塑性变形,属于冷加工性质,表面有加工硬化现象。

②受控表层内塑性变形程度并不一致,这种不均匀塑性变形将引起弹性应变,使表层形成残余应力,而表面常为压应力。

③喷丸后,表面是由半球形凹穴包络面形成的新加工面。

机械喷丸成形的产品质量主要受喷射时间、弹丸尺寸、喷射距离、喷射角(成形曲率应与喷射角的正弦成正比)、板料厚度等影响。

喷丸成形的主要优点有:

①工艺装备简单,不需要成形模具,制造成本低,对零件尺寸大小的适应性强。

②可提高零件的疲劳强度和抗应力腐蚀的能力。由于喷丸成形后,沿零件厚度方向在上、下两个表面均形成残余压应力,因此在零件成形的同时,还可以改善零件的抗疲劳性能。

③喷丸成形可以成形单曲率零件,也可以成形复杂双曲率零件。

④零件的长度不受喷丸成形方法的限制。

⑤生产准备周期短,成本低。

喷丸成形也具有明显的局限性,如球面变形趋势、变形有限、限制条件苛刻、影响因素繁多等。然而,喷丸成形优异的特点使人们不断寻求突破其局限性的新途径和新方法,不断挖掘喷丸成形技术内在潜力,持续满足以大中型客机复杂金属机翼整体壁板为代表、要求不断提高的构件成形与特殊使用性能要求。

6)发展趋势

近年来,随着现代先进飞机对整体气动性能的要求越来越高,大大促进了喷丸成形技术的研究和开发,出现了预应力喷丸成形技术、超声波喷丸成形技术、高压水喷丸成形技术、数字化喷丸成形技术等新型喷丸成形技术,大大扩展了喷丸成形技术的加工能力和应用范围。目前,喷丸成形在大型飞机整体壁板大曲率成形,导弹、火箭及核反应堆金属罐容器等零部件加工成形,船舶外板成形等方面取得了应用成果。

未来的发展趋势为:

①喷丸成形对象及设备大型化:如大型复杂外形整体壁板、大型整体结构等喷丸成形,它

们需要大型喷丸成形设备及相应喷丸成形技术。

②喷丸外形结构复杂化:在现有可喷丸成形构件外形、结构和形状的基础上更加复杂,要求更大的喷丸变形量。

③喷丸成形过程智能化:最大限度地把人力从繁杂的喷丸成形工艺过程中解放出来,提高喷丸成形质量和效率。

④喷丸成形手段多样化:如激光喷丸成形等已经出现,相信今后一定会涌现出其他喷丸成形新方法,满足对喷丸成形多样化的需求。

13.5.2 预应力喷丸成形

预应力喷丸成形是指在喷丸成形前,借助预应力夹具等,预先在板坯上施加变形力,形成弹性应变,然后对其进行成形的一种喷丸成形方法。预应力喷丸成形可以获得更大的喷丸变形量和更复杂的构件外形,主要应用于飞机超临界机翼整体壁板成形。

大型壁板的预应力喷丸成形一般可分为弦向(横向)和展向(纵向)两种方式。接受喷丸时,相当于两种应力应变状态的叠加,使得板材表层横向拉应变增大,约等于预弯应变与喷丸应变之和,内表层压应变也增大,从而达到增加弦向变形的目的,在弦向预弯状态下,展向只相当于自由喷丸状态,所以预应力喷丸成形也能很好克服球面变形倾向。大部分情况下,壁板在弦向已达到或超过外形要求时,才进行展向预应力喷丸,展向外形是在预弯状态下通过对特定区域对喷放料获得。展向预弯同样加大了展向应变,减少了对弹丸打击动能的要求。因此,预应力喷丸成形使许多无法采用自由状态喷丸达到要求外形的壁板成形出了预期外形,有效扩大了喷丸成形工艺的适用范围。

与自由喷丸成形相比,预应力喷丸成形具有以下显著特点:

①可以控制材料的塑性变形方向,在一定程度上减小球面变形趋势。

②显著提高喷丸成形的变形量。

③提高零件的喷丸工艺性,扩大喷丸成形应用范围。

预应力喷丸成形技术是大中型、长寿命、高性能带筋整体壁板尤其是复杂双曲外型带筋整体壁板(包含不带筋整体壁板)的一种不可多得的有效成形手段。

A380飞机超临界外翼下翼面整体壁板长度30余米、厚度30余毫米,是迄今采用喷丸成形技术所获得的长度最长、厚度最大的构件,代表了国际喷丸成形工艺技术的最新成果。

ARJ21支线飞机超临界外翼下翼面整体壁板长度10余米、厚度10余毫米,是国内采用预应力喷丸成形工艺技术所获得的长度最长、厚度最大、外形最复杂的构件,被公认为国内喷丸成形技术最高成就。

预应力喷丸成形技术的应用,避免了采用机械弯曲的方法成形该类零件所带来的对疲劳寿命的不利影响。当然,要对零件施加预应力需要设计制造专门的预应力夹具,预应力夹具设计时要确保简单、轻便、易于操作,并要与所采用的喷丸设备相协调。因此,进一步研究简单易行的预应力加载方式以及采用有限元分析和精确确定所施加预应力的大小,以确保零件在预应力下完全处于弹性变形范围内,将是预应力喷丸成形技术的发展趋势。

13.5.3 激光喷丸成形

激光喷丸技术主要分为激光喷丸强化技术和激光喷丸成形技术,二者都是利用高幅激光冲击波作用于材料表面,类似于传统喷丸技术在材料表层产生残余应力对材料进行加工,二者的区别在于前者是利用冲击波产生的残余应力改变材料表面性能,后者是利用激光冲击波代替传统喷丸照射材料表面使材料发生弯曲变形的技术。

激光喷丸成形技术大约在 1965 年被首次提出,利用高能激光束在金属表面产生 GPa 量级的冲击波压向金属表面,使材料内部形成塑性变形与结构位错,可改变金属内原有的应力分布状态,形成可控的残余应力分布。与传统喷丸工艺相比,激光喷丸所产生的残余压应力值更大,残余压应力分布区距喷丸表面更深,为传统喷丸的 3~5 倍。

激光喷丸成形技术是通过激光器产生脉冲激光束穿过透明的约束层作用到金属表面的吸收层上,吸收层吸收激光能量后发生气化,气化后的蒸气继续吸收激光的能量形成等离子体,产生平面冲击波,作用到工件表面并向内传播,冲击压力大于材料动态屈服强度而使材料发生塑性变形。

激光喷丸成形示意图如图 13-28 所示,成形的基本原理是:采用高频、高功率、短脉冲激光束冲击放于层流水中的表面涂有半透明烧蚀材料的工件表面,激光脉冲穿过层流水而被烧蚀层吸收,并在层流水上产生等离子云,在 10~100 ns 内等离子快速膨胀在工件表面上产生 1~10 GPa 的压力,并形成平面激波,从而使工件表层产生塑性变形。

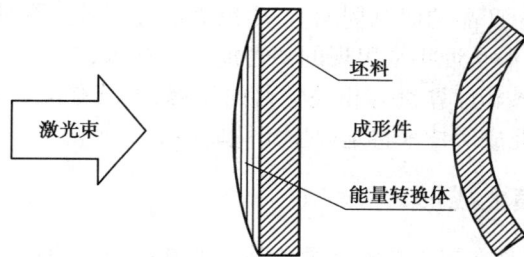

图 13-28 激光喷丸成形示意图

激光喷丸成形时,在材料表面覆盖一层由约束层(对激光透明)和吸收层(吸收激光能量)组成的能量转换体,当激光器发射出的高功率密度短脉冲激光束照射向材料表面时,由于约束层对激光透明,所以激光束可以直接通过约束层照射到吸收层,吸收层吸收激光的能量发生汽化并伴随着等离子体产生,由于等离子体无法穿透约束层释放到材料外部,因此被约束在约束层和材料表面之间,对工件产生一个向金属内部传播的冲击波,当冲击波峰值压力超过材料动态屈服极限时,材料会发生塑性变形,冲击波向材料心部传播的过程中,其冲击压力会逐渐衰减,压力的减小使得材料受力变小;当冲击压力衰减到材料的动态屈服极限以下时,弹性变形取代塑性变形,由此在冲击波传播的过程中,其所经过的区域的材料会产生不均匀的弹塑性变形,这种不均匀的变形会导致残余应力的产生,使材料内部纤维结构拉伸发生塑性应变,进而在金属表面及内部产生深层分布的残余压应力场。当残余应力积累到一定程度后释放便会使材料发生变形,改变激光束的参数控制冲击波对材料表面产生的应力分布可以控制材料成形的形状等。

与传统喷丸工艺相比,激光喷丸所产生的残余压应力值更大,残余压应力分布区距喷丸表面更深,激光喷丸成形的金属板料成形曲率是机械喷丸成形的 3~8 倍,激光喷丸成形后金属板料产生的残余应力深度是机械喷丸成形的 5~10 倍。因此,激光喷丸用于金属零件的表面强化(激光冲击强化)可以大大提高零件抗疲劳及应力腐蚀的能力,用于薄壁零件的成形则可获得比传统喷丸更大的变形能力。激光喷丸成形产品的质量主要受激光能量、激光斑点大小、板料表面涂层厚度、约束层、入射角、板料厚度等影响。

大型飞机中厚板的大曲率成形在不降低其力学性能的前提下,采用机械喷丸方法是很难成形。由于激光喷丸技术能产生超过 1 mm 深的残余压缩压力层,使中厚板的成形容易实现,并能有效保证零件的使用性能。由于能进行大型板件的精密成形,因而能减少焊接件和连接件的数量,从而能实现飞机零部件等的轻量化设计,承载更多的燃料等有效载荷,因而将对航空制造业产生重大影响。

导弹、火箭及核反应堆中核反应金属罐容器等零部件的成形加工,由于这些零部件的特殊应用场合,除要有精确的外形外,其表面要求很高的机械力学性能和质量,由于加工通路难于到达,有些成形表面的处理用传统加工方法十分困难,而激光喷丸由于光路导向容易实现,且能实现成形与强化复合加工,减少了零件的加工工序,因而在国防产品的加工中具有潜在的优势。

船舶外板目前主要用水火弯曲成形工艺,在变形过程中经常检查和修正,生产效率低,曲板成形质量差,影响船舶的装配质量和使用寿命。激光喷丸成形由于能实现大型中厚板材的精确成形,且在成形表层产生高硬度和很高幅度的残余压应力,有效提高船舶的装配质量和使用寿命,同时能大幅缩短产品的研制周期,产生巨大的经济效益和社会效益。

金属板料激光喷丸成形是近年来出现的塑性加工新技术,是一种绿色制造技术。可以预见,随着该技术研究的深入和计算机等相关学科的发展,尤其是高功率和高重复频率脉冲激光器问题的解决,激光喷丸成形技术将走向实用化阶段。

13.5.4　超声波喷丸成形

超声波喷丸成形技术是在超声波喷丸强化技术的基础上提出的,主要是利用超声波使弹丸产生机械振动,从而驱动弹丸对工件进行成形的工艺,超声波喷丸采用的喷丸介质除采用钢丸外,还可以使用端头具有不同曲率半径的喷针,其设备示意图分别如图 13-29 和图 13-30 所示。

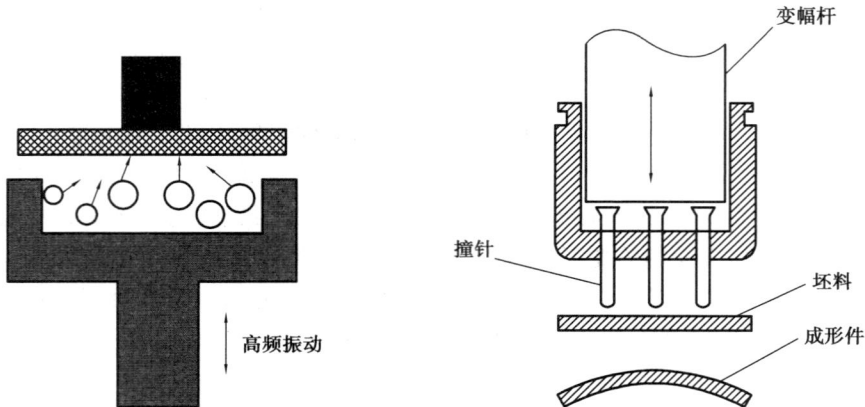

图 13-29　钢丸式超声波喷丸设备示意图　　图 13-30　喷针式超声波喷丸设备示意图

超声波喷丸的优点在于可以获得比传统喷丸更深的残余压应力层,且残余压应力的数值也更大,同时表面粗糙度也好于传统喷丸工艺。

超声波喷丸既可用来喷丸强化,又可实现板材的成形和校形,且成形后零件的综合性能优异,应用范围十分广泛,因而在航空航天制造业、国防工业、船舶工业、汽车等诸多领域的发展和应用前景光明。

目前,超声波喷丸工艺参数的控制主要通过人工来控制,自动控制技术在超声波喷丸技术中的应用将是进一步发展的趋势。

13.5.5　其他喷丸成形

双面喷丸成形技术是 2002 年首次提出,其基本原理是采用不同尺寸的弹丸以不同的速度同时喷射到零件的上、下两个表面,从而提高喷丸成形能力和成形效率。采用该方法能达到的曲率半径可以小至 1 000 mm。

双面喷丸成形技术对喷丸设备的要求较高,不仅要具备同时喷射不同尺寸弹丸的功能,而且两种尺寸弹丸的速度和流量均要很好地匹配和控制,才能达到预期的结果。

高压水喷丸或气穴无弹丸喷丸技术最早于 2000 年提出,它是利用在水中的高压水射流所产生的气穴效应打击金属零件表面,使表层材料产生塑性变形,并形成残余压应力层。最初的气穴(核)产生于高速区,并随着速度的降低而逐渐变大形成气泡,这种气泡撞击到金属表面时发生破裂所产生的冲击波使表层金属发生塑性变形,从而达到强化或成形零件的目的。该技术具有环境污染小、费用低、喷丸覆盖率高和处理效果明显等优点。

13.6　激光成形

13.6.1　定义

板或管材在激光作用下,因力效应或热效应的作用,发生塑性变形获得所需形状的成形方法,称为激光成形。激光成形主要有:激光冲击成形、激光喷丸成形和激光弯曲成形。激光喷丸成形已在喷丸成形章节进行了介绍,此节主要介绍激光冲击成形和激光弯曲成形。

激光热应力成形主要是利用激光产生的热效应,而激光冲击成形是利用激光诱导的等离子体产生的冲击波,尽管在这个过程会有一定热量传导至工件中,但是由于激光冲击时间极短,工件受热效应影响很小,其表面温度也较低,因此可以忽略热效应造成的影响。本质上来说,激光冲击成形主要还是利用了高压效应,为冷加工工艺。

13.6.2　激光冲击成形

激光冲击成形(laser shock forming,LSF)是利用激光诱导高幅冲击波的力效应使板料产生塑性变形的一种集板料成形与强化于一体的复合工艺,是把激光束产生的热能变成机械能的塑性成形方法。激光冲击成形是在激光冲击强化基础上发展而来的,是主要用于金属板料塑性成形的一种新技术。

激光冲击成形的基本原理是利用高功率、短脉冲的强激光作用于覆盖在板材表面上的能量转化体(该转化体由透明的约束层和不透明的吸收层组成),使其中的吸收层部分气化电离并形成冲击波,利用冲击波的压力使板材发生冷塑性变形,通过逐点冲击和有序的击点分布实现复杂形状工件的成形。激光冲击成形装置如图 13-31 所示。

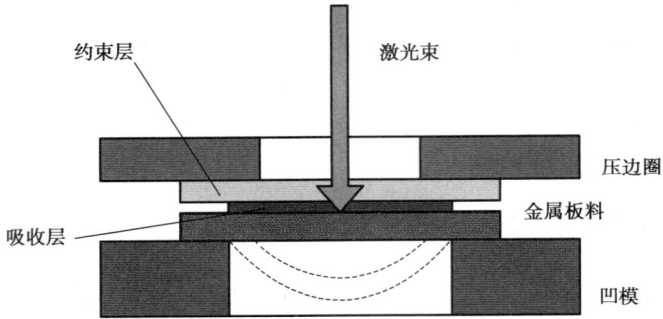

图 13-31　激光冲击成形装置示意图

激光冲击成形时,首先,在金属薄板的表面涂抹一层不透明的吸收层(黑漆、铝箔等),然后,在吸收层的表面覆盖一层透明的约束层(水、K9 玻璃等)。当高能激光透过约束层辐照到吸收层上时,吸收层的材料瞬间气化,并电离产生等离子体,等离子体吸收激光能量后发生爆炸,在金属薄板表面产生 GPa 量级的冲击波,对薄板表面施加压力脉冲,并相继在薄板和约束层内部诱导应力,当应力波的压力超过薄板的动态屈服极限时,薄板就会产生塑性变形。

激光冲击成形的过程主要包括粗冲击成形和精冲击成形两个阶段。变形过程示意图如图 13-32 所示。

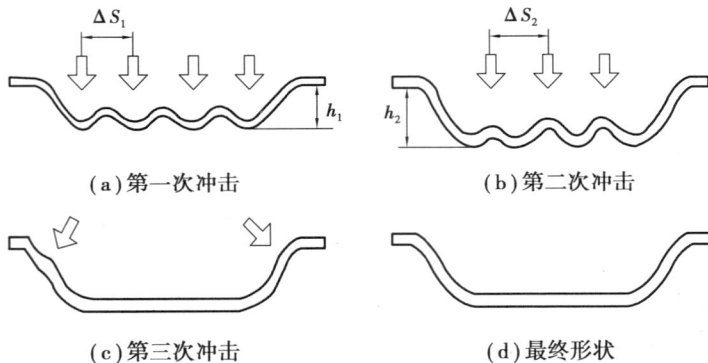

(a)第一次冲击　　　　　　　　(b)第二次冲击

(c)第三次冲击　　　　　　　　(d)最终形状

图 13-32　激光冲击成形的过程

强激光束辐照表面产生的冲击波不仅能改变材料结构,而且可提高材料的强度、硬度、耐应力腐蚀和抗疲劳断裂性能。由于激光的脉冲能量、光斑尺寸及脉冲间隔宽度等参数精确可控,通过数控系统控制激光冲击头和板料的相对运动轨迹,可实现单次冲击板料局部成形,也可实现对板料的逐点或逐次冲击,使其逐步变形,实现逐点冲击大面积成形,因而能成形出复杂的工件形状。

激光冲击成形的影响因素主要有激光参数、板料几何参数、能量转换体和边界条件等。激光的能量越大,板料变形量越大。板料的屈服强度越大,光斑尺寸越小。板料越厚,变形量越小,相同工艺参数下,圆形板变形量较方形板大。吸收层太薄,烧蚀材料;吸收层太厚,降低激光冲击效果。激光脉冲能量一定时,成形深度随基座孔径的增大而增加。

激光冲击成形适用于形状复杂、精度和尺寸稳定性要求较高、具有抗疲劳性能的产品,特别适用于难变形材料的成形。

激光冲击成形是一种快速敏捷的塑性精确成形的先进制造技术,将在金属板料的塑性精确成形领域显示出巨大的生命力。激光冲击精确成形技术初现端倪便在宇航工业得到应用,并对某些关键部件产生不可替代的作用。激光冲击成形技术的开发不仅可以带来全新的成形理论,而且一旦转化为生产力,可以为国家创造出巨大的经济效益及社会效益,其应用前景非常广阔。图13-33所示的是采用激光冲击成形获得的7050铝合金机翼壁板,该壁板厚度为12 mm,长度方向尺寸约300 mm,成形后的半径约230 mm。

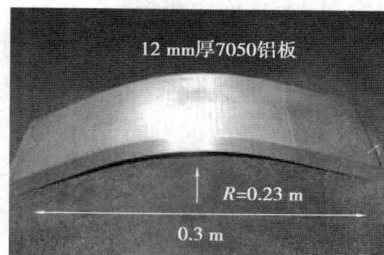

图13-33 激光冲击成形的
7050铝合金机翼壁板

13.6.3 激光弯曲成形

激光弯曲成形技术是一种利用高能激光束扫描板料表面产生不均匀温度场,诱发热应力,使板料产生塑性变形的新型加工工艺。

激光弯曲成形是基于材料的热胀冷缩特性,利用高能激光束扫描板料表面,金属板料受到不均匀的加热时将会在材料内部产生热应力,在厚度方向上会产生强烈的温度梯度,从而引起非均匀分布的热应力,如果产生的热应力超过材料相应温度下的屈服强度,则会在材料内部产生塑性变形。因此,板材的激光弯曲成形的实质是基于材料热胀冷缩特性,以高能激光束作为热源的一种热应力塑性成形方法,激光弯曲成形也称为激光弯曲成形。

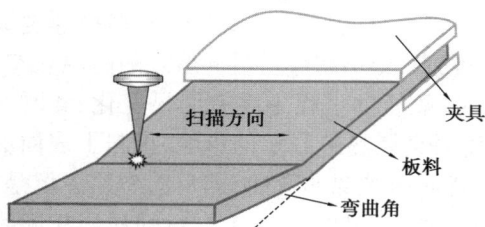

图13-34 激光弯曲成形示意图

激光弯曲成形示意图如图13-34所示。

利用激光扫描金属薄板时,通过调整激光加工参数和选择合适的扫描轨迹,能够成形任意的弯曲件和锥形件等三维曲面零件,激光弯曲成形是真正意义上的无模成形。

板料被照射的各部位依次经历加热和冷却两个阶段,如图13-35所示,当板料被激光束照射后,加热阶段产生反向弯曲,冷却阶段将产生正向弯曲,正反向弯曲变形的角度差即为激光束一次扫描所形成的角度。

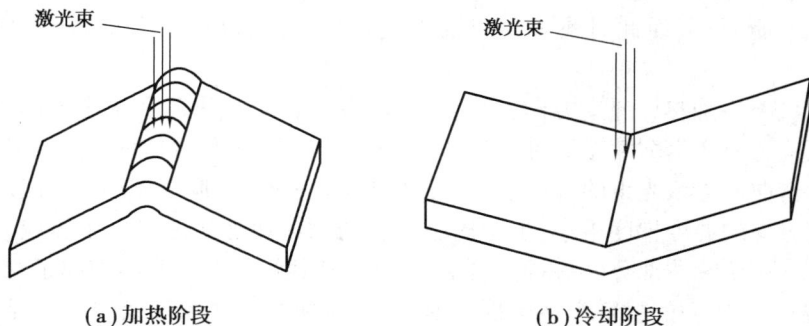

(a)加热阶段 　　　　　　　　(b)冷却阶段

图13-35 激光弯曲成形时正反向弯曲变形

激光弯曲成形是通过激光加热金属板料,使其产生的弯曲应变(平面外应变)、平面内应变或两者的联合作用来实现的。弯曲应变使金属板料产生角变形,而平面内应变则使金属板

料实现 XY 平面内成形。

　　板材激光成形是因瞬态的加热所诱发的热应力而产生的变形,是一种复杂的热力耦合行为,瞬间的变形机制是非常复杂的。在板材激光成形过程中,材料热物理性能的差异以及所采用的工艺参数的不同,均会导致不同的变形机理。目前,可以较好地解释板材激光成形过程的变形机理,如温度梯度机理、屈曲机理和镦粗机理(增厚机理)等。

　　典型的板材激光弯曲成形过程的变形机理示意图如图 13-36 所示。

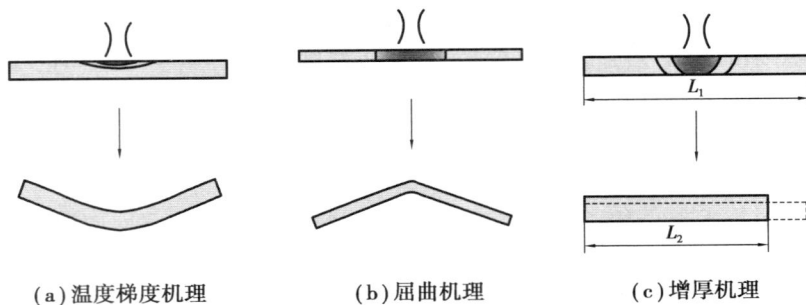

| (a)温度梯度机理 | (b)屈曲机理 | (c)增厚机理 |

图 13-36　板材激光弯曲成形过程的变形机理示意图

　　温度梯度机理(TGM):温度梯度机理是文献报道最多的激光弯曲成形机理。板料受到激光束作用后,其加热区将产生较大的温度梯度,板材膨胀产生反向弯曲;加热区因热应力产生堆积,加热区冷却回缩变硬,堆积材料难以复原,坯料产生正向弯曲。正反向弯曲变形的角度差,即为激光束一次扫描所形成的弯曲角。具体而言:当光束的能量密度较大而扫描速度又较快时,板料照射区域上表面通常在小于 $0.1\ \mathrm{s}$ 的瞬间加热至不超过材料的熔点的高温状态;而下表面由于没有直接受到激光的照射,其温度在这一短暂的过程中没有明显变化,此时在加热区的板厚方向上产生很大的温度梯度。根据温度对金属热膨胀量的影响,板料上表面的膨胀量远远大于下表面,从而使板料产生沿扫描轨迹背向激光源的弯曲,即反向弯曲。但是,由于未被加热区域抑制了反向弯曲的进行,使加热区域受到压迫,而金属材料的屈服极限降低,因而在此热应力的作用下,上表面处的材料产生较大的塑性变形,出现材料堆积。在冷却时,由于热传导的作用,被加热区域大部分热量流向周围区域,上表面附近的温度很快降低而下表面的温度逐渐升高,厚向温度梯度减小,光照区域金属的屈服极限升高,使加热过程中产生的材料堆积不能复原,而此时下表面附近的金属膨胀,使板料又产生面向激光源的正向弯曲。

　　屈曲机理(BM):加热区厚度方向上温度梯度较小,整个加热区受压应力作用,当压应力超过材料屈服应力时产生塑性变形,扫描区域相继产生塑性变形,到达板材边缘处约束减小,板料产生反向弯曲。当激光束的直径较大、板料的热导率较高、板厚较小时,在较大的加热区域内板料厚度方向的温度梯度很小,由于周围材料的约束使加热区产生了压应力,致使板料产生局部翘曲。由于翘曲部分的材料仍然受激光束的照射,其温度升高引起了材料屈服应力的降低,于是翘曲区中心的材料产生塑性变形,而此时翘曲区两侧以及扫描路径上的其他区域依然是弹性变形。随着光束与板料的相对移动,扫描路线上的其他区域相继产生塑性变形,当光束到达板料的另一侧时,由于相邻材料的约束降低,翘曲区两侧的弹性反向约束减小,从而使板料产生一定的弯曲变形。

　　增厚机理(UM):加热区在平板方向上存在温度梯度,加热区膨胀受阻,产生较高的内部压应力,加热区被压缩,板材厚度增加,即当激光束的能量密度和扫描速度都较小时,材料在加热区的温度梯度主要表现在板平面方向上。由于加热区域材料的热膨胀使材料产生堆积,所以在冷却过程中,这部分材料不能完全复原而产生板厚方向的正应变,即板料的增厚效应。通常,光斑直径接近于材料厚度,竖向温度梯度小,横向温度梯度大,材料发生堆积镦粗。

金属板材的激光弯曲成形是一个非常复杂的热力耦合弹塑性变形过程,激光成形过程受许多因素影响,主要可归类为激光能量因素、板材结合参数和材料性质三个方面。

当材料和板材几何参数确定之后,激光参数的选择对板料成形的效果起着决定性的作用。激光成形工艺参数主要包括激光功率、扫描次数、光斑直径、扫描速度、扫描轨迹、冷却方式等,本书主要介绍前四种。

(1)激光功率

激光功率是激光弯曲成形的关键性影响因素之一,当其他各参数不变,在试验功率参数范围内,随激光功率的增加,弯曲角度增加,但不呈线性规律。

(2)扫描次数

板料激光热应力弯曲成形角度随着扫描次数的增加近似呈线性增大。每次扫描过程中,板料产生的热应力与厚度方向的温度梯度成比例关系,并且每次扫描过程中弯曲变形区之外金属发生流动,导致后续扫描区域材料减少。而随着激光扫描次数的增加,弯曲角度近似呈线性增加趋势。

(3)光斑直径

当其他各参数不变时,弯曲角度随激光光斑直径的增大而下降,且变化规律近似呈线性。当光斑直径较小时,板料厚度方向产生较大的温度梯度,热应力较大,因此弯曲角度较大;随着光斑直径的增大,使得板料厚度方向的温度梯度减小,且诱发的热应力减小,导致弯曲角度减小。因此,优化激光束工艺参数时,需确定合理的光斑直径以达到较好的成形效果。

(4)扫描速度

激光功率、光斑直径、扫描次数一定时,随着扫描速度的增加,激光热应力弯曲角度近似呈线性减小趋势。其原因在于,随着扫描速度的增加,引起了板料表面能量密度降低,厚度方向的温度梯度减小,诱发的热应力减小,因此,弯曲角度减小。但当扫描速度较小时,板料表面会产生烧蚀。

激光弯曲成形是一种新的金属板材成形工艺方法,它通过利用高能激光束对板材局部进行扫描时在板材内部形成的非均匀热应力来实现板材的塑性变形,是激光非熔凝加工新的应用领域。相对于火焰和高频感应加热,由于激光具有高单色性、强相干性、高方向性、能量集中及控制方便等优点,且激光加工的热影响区小,可用于尺寸较大和较小的工件。因此,激光是进行金属板材弯曲成形技术比较理想的热源。

激光弯曲成形技术不借助于模具和外力,无回弹,成形精度高,因此特别适合用于冷加工难以成形的硬且脆或刚性大的陶瓷、钛合金等材料,在航空航天、汽车、造船和微电子等领域具有广阔的应用前景。

与常规成形方法相比,激光成形具有许多独特的特点,其主要优点有:

①属于无外力成形。采用激光作为成形工具,因其仅靠板材内部的热应力使板材产生变形,所以无需任何形式的外力。

②属于无模成形。因此大大减少了生产成本、生产周期,且柔性大,仅需对程序做相应的

更改便可实现相应形状零件的成形,特别适合于单件小批量、多品种工件的生产。

③为非接触成形。不存在模具制作、磨损和润滑等问题,也不存在贴模、回弹现象,成形精度高;可用于结构受限、传统工具无法靠近或无工作空间等特殊环境下的工件成形。

④属于热态累积成形。能够成形在常温下难变形的材料,如铸铁件、陶瓷、钛合金等。

⑤在成形过程中,因每次扫描后变形量相对较小,故成形时不易产生皱曲。

⑥对激光束模式无特殊要求。易于实现激光切割、激光焊接等激光加工工艺的同工位复合化。

⑦通过用直线或曲线的组合扫描方式,可以实现复合弯曲成形,以制作各类异形件。

⑧成形过程洁净无污染,具有加工材料消耗少、参数精确控制和自动化程度高等特性,顺应了绿色制造、敏捷制造、柔性制造的发展趋势。

与其他激光加工技术相比,板料激光弯曲成形的研究尚处于起步阶段,加之激光加工成本高,还没有大量使用该技术的应用报道。激光热应力弯曲成形大量用于工业生产仍然有许多问题亟待解决。如:

①工件原始的几何形状和加工过程中的几何形状对最后成形的影响还了解不多。

②激光诱发热应力成形会给材料的微观组织及力学性能带来影响。

③材料对激光的吸收现象还不太清楚。

④激光成形三维加工自动化还很难实现。

⑤激光器的功率一般较小,使它用于厚度尺寸较大的钢板成形有很大的局限性。

第14章
高强钢板热成形

14.1 高强钢材料概述

随着中国制造业的不断发展,中国的制造能力也迈入了世界前列,成为全球制造大国。为提高中国制造能力,实现制造大国向制造强国的转变,中国提出了《中国制造2025》制造强国战略,坚持"创新驱动、质量为先、绿色发展、结构优化、人才为本"的基本方针,大力发展中国制造业。根据2018年国民经济和社会发展统计公报,汽车制造行业已成为中国国民经济的支柱产业。但汽车工业的发展面临着三大挑战:安全、节能、环保,如何设计制造既节能又安全的汽车,是未来汽车工业追求的永恒目标。为实现汽车节能的目的,除大力推广新能源汽车外,发展汽车车身轻量化也是一种行之有效的方法。同时目前汽车车身轻量化的发展方向也是在保持车身安全性的基础上尽可能地减轻质量。汽车轻量化技术的实施涉及材料、设计、制造工艺等多方面的考量。材料的轻量化就促使了高强钢的广泛使用,高强度钢是一种优良的汽车轻量化材料,但是在实际应用中存在回弹大、塑性变形能力差、焊接性能差等缺陷,为此要将高强度钢与另一种轻量化制造技术即热成形技术配套使用。

高强度钢板的分类方法有很多,目前并无统一的分类方法,世界不同地区、不同组织的分类方法各有不同。早在1994年国际钢铁协会就牵头组织成立了超轻钢车体计划(ULSAB),该计划提出:开发新型轻型钢车体,该车型比现有车型更安全、更节能、更有利于环境保护、售价不增加。根据超轻钢车体计划(ULSAB),高强度钢板按屈服强度不同分为普通高强度钢板(HSS)和超高强度钢板(UHSS)两类。若钢板的屈服强度为210~550 MPa,则该钢板为普通高强度钢板;若钢板屈服强度大于550 MPa,则为超高强度钢板。按抗拉强度的不同,把抗拉强度270~700 MPa的钢板称为普通高强度钢;把抗拉强度大于700 MPa的钢板称为超高强度钢。在高强钢板中,通常又将以相变强化为主的高强度钢板统称为先进高强度钢板(AHSS),其抗拉强度范围为500~1 500 MPa。

先进高强度钢板是需要运用先进的工艺方案和先进的生产设备才能制造出来的高强度钢板。先进高强度钢通常都是通过相变进行强化所得到的钢种,其组织中存在两种情况:一种是包含有马氏体、贝氏体和残余奥氏体三相的组织;另一种是包含有马氏体和残余奥氏体的组织,先进高强度钢主要包括双相钢(DP钢板)、相变诱发塑性钢(TRIP钢板)、复相钢(CP钢板)和马氏体级钢(Mart钢板)等。

热冲压成形钢板主要是一种含有硼元素的先进高强度钢,属于低合金高强度钢,这类钢的成分特点是在C-Mn钢的基础上添加了一定质量分数的硼;钢板中的B元素可以延缓铁素体及贝氏体等软组织的形核,促进马氏体的生成,确保成形后的零件中具有马氏体组织,从而增加钢板的强度,提高钢的淬透性。目前,国际上常用的热冲压成形钢有:20MnB5、22MnB5、8MnCrB3、27MnCrBS、37MnB4。其中目前应用最为广泛的热冲压成形钢为22MnB5。22MnB5基于不同厂商名字有所不同,又称Usibor 1500或B1500HS,但化学成分基本一致。

先进高强度钢具有高强度、高硬度、高韧性的特点,产品抗冲击性好、耐磨性高,材料具有成形性较好、可回收性好等优势。

但是,高强度钢板在室温下塑性变形范围窄,在普通冷冲压工艺成形下塑性变形能力差,所需冲压力大,冲压件容易开裂,工艺对模具的性能要求较高。此外,传统冷冲压工艺冲压成形后零件的回弹增加,导致零件尺寸和形状稳定性变差,用于制造汽车零部件的超高强度钢板在传统的冷冲压方法下制造困难。为了解决高强钢板冷成形时出现的问题,利用金属板料在高温下塑性及延展性增加、流动应力下降的特点,发展了一种结合传统冲压工艺和淬火工艺的新技术,即高强钢板热成形技术,又称热冲压成形。

14.2 热冲压成形的基本原理

高强度钢板热冲压成形技术是一种将高强度钢板加热至奥氏体化温度以上,然后快速转移到模具中进行冲压成形,并在保压阶段淬火的板料塑性成形方法。该技术能够使钢板的微观组织由奥氏体转变为马氏体,从而显著提高材料的强度和硬度,通常用于生产抗拉强度在1 000 MPa至1 500 MPa甚至更高的超高强度零件。

高强度钢板热冲压成形的工艺原理:将初始状态微观组织为铁素体-珠光体、抗拉强度为600 MPa的热冲压钢板加热到900 ℃左右获得奥氏体组织,保温一段时间待钢板完全奥氏体化后,将其转移至模具中进行成形、保压和淬火,并在淬火时使其冷却速率大于该钢板的临界冷却速率,使钢板的微观组织转化为马氏体组织,最后得到所需高强度的成形件。因此,板材热成形也被称为冲压硬化技术。热冲压成形的基本工艺流程如图14-1所示。

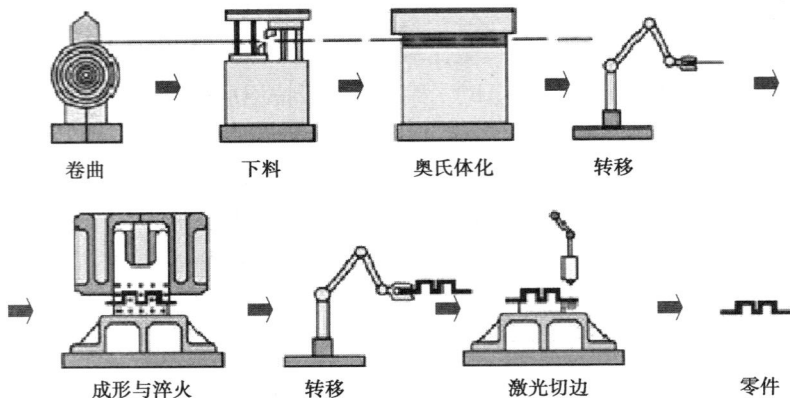

卷曲　下料　奥氏体化　转移

成形与淬火　转移　激光切边　零件

图14-1　热冲压成形的基本工艺流程

热冲压成形的基本工艺流程是板料开卷后下料、加热、转移、成形与淬火、转移、激光切边、得到所需零件。

①下料:这是热冲压成形的第一道工序,即把板材冲压成所需外轮廓坯料。一般采用落料模快速完成,部分试制零件也可采用激光切割的方式。

②奥氏体化:包括加热和保温两个阶段。首先将坯料放入加热炉中,加热至 800～950 ℃,使其完全奥氏体化,然后保温一段时间,保温时间通常为 2～3 min,以确保材料完全奥氏体化。这一工序的目的在于使钢板完全奥氏体化,并且具有良好的塑性。

③快速转移:将加热后的钢板从加热炉中迅速转移到压力机上的热成形模具中去。此工序必须保证钢板被尽可能快地转移到模具中,一方面是为了防止高温下钢板氧化,另一方面是为了确保钢板在成形时仍然具有较高的温度,以确保其具有良好的塑性。

④冲压成形和淬火:工件在带有冷却系统的模具中进行高速冲压成形,并保压冷却到 100～200 ℃,保压时间一般为 6～12 s,生产节拍约 15～25 s。

⑤冷却:热冲压成形的关键工艺之一是冷却,包括模内冷却和室温冷却。在模具中进行快速冷却以形成马氏体组织,其抗拉强度可达 1 400～1 600 MPa。成形后的零件从模具中取出零件后,进一步冷却至室温。

⑥后续处理:包括切边、冲孔(或激光切割)和表面清理等工序,以提高零件的尺寸精度和耐腐蚀性能。

热冲压过程中钢板发生的相变如图 14-2 所示。图中 A 为奥氏体组织,B 为贝氏体组织,F 为铁素体组织,M 为马氏体组织,P 为珠光体组织。A+B 为奥氏体和贝氏体的双相组织,A+P 为奥氏体和珠光体的双相组织,A+F 为奥氏体和铁素体的双相组织,A+M 为奥氏体和马氏体的双相组织。出厂状态的硼钢板主要为奥氏体和珠光体的双相组织,强度较低,但延伸率能达到 40%～50%,加热后使其完全奥氏体化,最后淬火完成后得到的马氏体的极限抗拉强度能够达到 2 000 MPa。

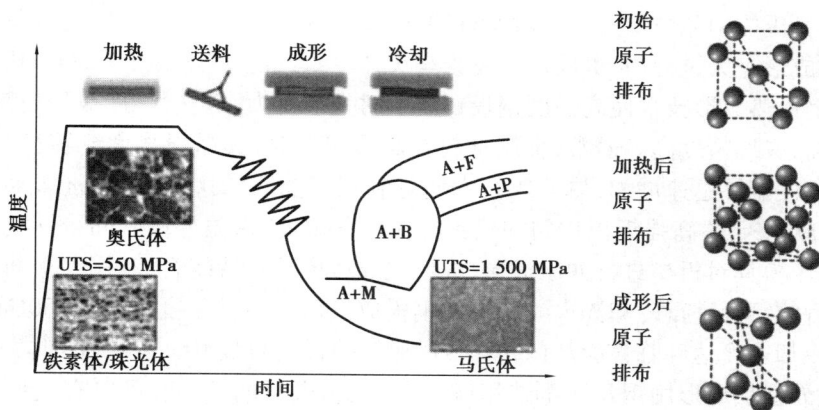

图 14-2 热冲压成形过程中的组织变化

热冲压成形用钢的最初材料的微观组织为铁素体+珠光体,抗拉强度约为 600 MPa,加热、冲压成形并淬火处理后,其最终组织变为马氏体组织,抗拉强度约为 1 500 MPa。

加热阶段,板材热成形应合理控制奥氏体化的加热温度和加热时间。板料加热的目的是获得均匀、细小的奥氏体组织。研究表明,热成形板料奥氏体化阶段中的加热温度和加热时间等工艺参数对成形板料的性能有重要影响。通常,加热温度应高于材料的奥氏体化温度,保温时间应根据材料的固有性质和热成形生产节拍的要求来确定。现有研究表明,热冲压专用板料在 950 ℃加热炉中保温 3 min,可满足热成形的需要。

坯料转移阶段,合理控制坯料传递时间和温度下降范围。坯料传递时间即板料从加热炉到模具之间的传递时间,在这段时间内板料的温度会有一定的下降,不利于成形,因此应在条件许可的情况下尽可能缩短传递时间。

  冲压成形过程中需选用合理的成形力、压边力和冲压速度。成形阶段的工艺参数需要通过对成形零件进行工艺分析和数值模拟来进行优化,以避免出现起皱、开裂。通常来说,零件热成形时所需的压边力比常规冲压时要小,合理的冲压速度应使板料有充分的变形时间和变形温度范围。在热成形工艺中,成形模具内置有冷却系统,为防止高温板料被迅速降温影响板料高温状态优异的成形性能,板料必须在马氏体转变开始前完成成形。

  保压淬火冷却阶段需要选择合理的保压时间、保压力和冷却速率。热成形板料在高温状态成形后,在模具内保压淬火冷却直到整个马氏体转变完成。热成形零件成形后需在模具完成淬火,这是一个保压和冷却并行的过程。保压的目的是避免和消除零件由于冷却而发生的回弹和翘曲,保压时间和保压力主要根据零件形状确定。冷却的目的是使材料发生马氏体转变,直接决定热成形零件的组织和性能,要求零件在模具内的冷却速率必须大于材料的临界冷却速率。若热成形模内置有冷却系统,为防止高温板料被迅速降温而影响板料高温状态下优异的成形性能,板料必须在马氏体转变开始前完成成形。冷却阶段不仅影响整个工艺过程的经济性(冷却速率小,冷却所需时间增加;相反冷却速率大,水泵所需功率大),还决定了热成形板料最后的组织性能。研究表明,对于22MnB5钢,不低于27 ℃/s的冷却速率是获得全马氏体组织的必要保证。

  以BR1500HS钢热成形为例,最初材料的微观组织主要是铁素体-珠光体的微观结构,其抗拉强度约为600 MPa;当加热温度到达Ac_1以上保温时,BR1500HS将全部转变为奥氏体,这一过程包括4个阶段:奥氏体组织形核,奥氏体组织长大,剩余渗碳体熔解以及奥氏体组织成分均匀化;奥氏体的晶粒尺寸大小对BR1500HS冷却淬火后最终成形件的组织和性能都有重要的影响;成形淬火过程中,奥氏体转变为马氏体组织,抗拉强度约为1 500 MPa。

  高强度钢板热成形技术使高强度钢板在成形时变形抗力小、塑性好、成形极限高,成形后的零件强度高、成形精度高。通常,金属材料在高温状态时,其屈服强度能够显著降低,同时其延展性和塑性能够迅速增加,热冲压技术便是利用了金属的这一特性,该技术先将初始强度为500~600 MPa的高强钢板均匀加热到奥氏体化温度,保温一段时间待钢板完全奥氏体化后,利用冲压模具对板材进行冲压成形,成形完成后模具保持闭合,利用钢板与模具间的热传导对成形后的钢板进行冷却淬火。为了使钢板成形后的零件强度达到1 500 MPa左右,在冷却淬火时冷却速度达到临界冷却(27 ℃/s),促使钢板的微观组织全是马氏体。

  目前,世界上热成形用钢几乎都选用硼钢种,因为微量的硼(B)可以有效地提高钢的淬透性,可以使得零件在模具中以适宜的冷却速度获得所需的马氏体组织,从而保证零件的高强度水平。在选择钢板原料时,为了避免钢板表面氧化和脱碳,大多数的金属坯料都采用了防氧化的保护层。

14.3 高强钢板热成形工艺分类

  对于高强钢板热冲压工艺,根据预处理的情况的不同,可将热冲压成形分为直接热冲压成形和间接热冲压成形两类。

  高强钢板直接热成形工艺:首先,将高强度钢板置于加热炉中加热至完全奥氏体化,获得均匀的奥氏体组织;然后,将高温板料迅速转移到带有冷却系统的模具中快速冲压成形并进行冷却淬火;最后获得高强度的成形件。直接热冲压成形的基本工艺流程主要有:加热、送料、成形、淬火和后续处理等步骤。成形过程中需要注意:在加热时温度不宜过高、保温时间也不宜过长,否则会导致板料晶粒粗大和表面过烧,影响板料最终性能;在转运过程中应尽量加快转移,避免氧化,影响板料与模具表面的热传递;在成形阶段需要使用高速液压机快速成形。直接热冲压成形的工艺流程示意图如图 14-3 所示。

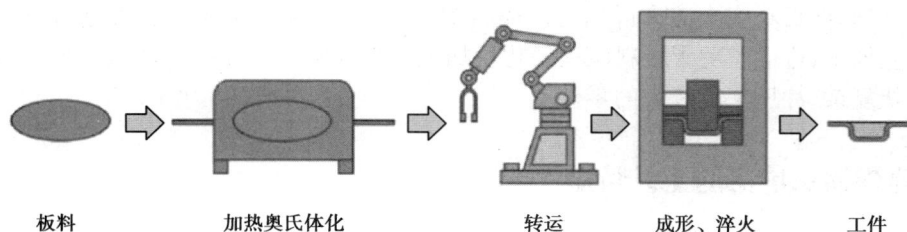

图 14-3　直接热冲压成形的工艺流程

在高强钢板直接热成形过程中,钢板下料后送至加热炉中,加热至奥氏体化以上温度并保温几分钟以获得均匀的奥氏体组织,然后迅速转移到带有冷却系统的模具中快速冲压成形,并在模具内冷却数秒,最终获得具有完全马氏体组织和良好几何精度的成形件。此过程中需要注意在加热时温度不宜过高,保温时间也不宜过长,否则会导致板料晶粒粗大和表面过烧,影响板料最终性能;在转运过程中应尽量加快转移,避免氧化,影响板料与模具表面的热传递;在成形阶段需要使用高速液压机快速成形。

直接热冲压中材料在加热前为平板状,该形状的板料易于加热并节约能源,所占加热空间小,加热方式多样化;板料在冲压冷却一体化模具中一次性成形,无需预冲压成形模具,节省成本且加快了生产节奏。但是,直接热冲压成形工艺中,模具冷却系统的设计复杂,复杂形状的车身结构件冲压成形困难,需要增加激光切割设备等。直接热冲压成形技术主要用于生产形状比较简单,变形程度不大的零件,在实际中应用更为广泛。当出现拉延程度较大且形状不规则的情况时,通常采用间接成形。

间接热冲压成形是指在奥氏体化之前要进行拉深工艺预成形,即先通过冷成形的方式将待加工零件冲压成形至约 90% ~ 95%,随后再将其放入加热炉中进行加热保温使之完全奥氏体化,然后再进行冲压、淬火及后续的处理等。间接热冲压成形工艺的特点是:预先使用冷冲压成形近乎完整的零件,该零件在奥氏体化之后再转移到冲压设备上进行校正后淬火,材料在淬火过程中发生全部的马氏体转变,其抗拉强度可达 1 500 MPa 左右。

间接热冲压成形技术中的预成形可减小高温板料与模具间的相对位移,减少了成形阶段板料的热量损失,避免了成形过程中板料发生不必要的相变,且缓解了模具接触表面的热磨损。间接热冲压成形的基本工艺流程如图 14-4 所示。

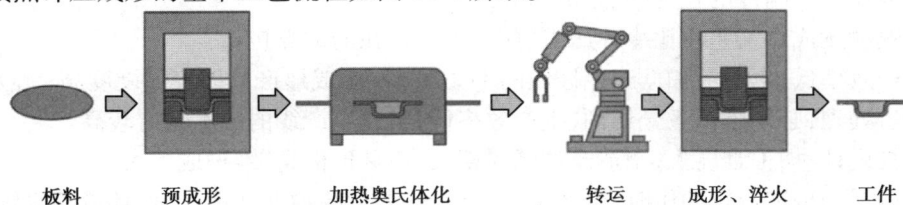

图 14-4　间接热冲压成形的工艺流程

间接热冲压成形与直接热冲压成形的主要区别在于：钢板在热冲压成形前需要预成形，即间接热冲压成形需使用传统冲压成形方法将板料成形至零件最终形状的90%~95%。间接热冲压成形过程中，钢板在预成形后再进行加热、冲压成形及淬火等处理。间接热冲压技术相比直接热冲压具备以下优势：一是可成形复杂型面的零部件，采用间接热成形可以获得几乎所有的汽车承载结构件；二是板料预冲压成形后，后续成形工艺不必过多考虑高温板料冲压性能，可确保板料完全淬火得到马氏体组织；三是板料预冲压成形后可进行修边、冲孔、翻边等工艺加工，进而避免了板料淬火硬化后加工困难等问题。间接热冲压成形技术主要用于成形形状复杂、冲压深度较大的零件。

14.4　高强钢热成形的工艺特点

热冲压成形工艺作为一种新型的冲压工艺，与冷冲压对比：高温下板料塑性有很大的提高，变形抗力较小，延伸率高，容易成形，一次可成形得到传统冷冲压无法成形的复杂零件，减少模具和加工工序，缩短生产周期，降低生产成本。热冲压成形零件基本没有回弹，成形质量好，精度高，机械性能大幅度提高，板料强度可达到1 500~2 000 MPa，为普通钢板的3~4倍。热成形所需的压力机吨位一般在800 t内，零件的质量可大大地减小。

高强钢板热成形技术作为金属板料成形领域的一项前沿技术，其在成形原理和成形步骤上都较传统的冷冲压方法有着很大程度上的改变。其优点主要有以下几点：

①钢板采用热成形技术进行成形，可以得到超高强度的车身零件。通常，热冲压成形产品的抗拉强度1 600 MPa以上，组焊成高强度驾乘单元，可承受6 t以上的静压而不损坏，有效提高碰撞安全性，就汽车领域而言，通过热冲压成形技术制造的车身零件具备了相当高的强度，从而有效地提高了汽车在碰撞过程中的安全系数，切实地保证了驾驶员的行车安全。与此同时，热成形零件的高抗拉强度，可以满足用较少的材料达到同等的车身强度，有效减少材料的用量以及车身加强板的数量，更大程度实现车身轻量化。

②板料在高温下成形，材料塑性好，变形阻力小，成形能力强，可以成形具有复杂形状的制件。随着温度的升高，高强度钢板材料的变形抗力逐渐减小，使钢板材料的成形极限得以提高；高温条件下成形可减小成形过程中钢板产生的内应力，有利于提高钢板材料的成形性能以及成形零件最终的性能。

③钢板在高温下变形抗力降低，冲压所需的设备吨位较小。相比冷冲压所需的2 500 t压力机，热冲压800 t压力机已经可以满足生产大多数车身零件的需要。

④零件回弹小，成形制件的尺寸精度高。直接成形可大幅减少模具数量和冲压次数，所需要的压机数量及吨位也降低。

⑤热冲压成形制件的强度高、耐磨性好。

但是热冲压成形工艺相比冷冲压更复杂，主要存在的缺点包括：

①生产效率低，生产节拍低于冷冲压的1/2。热冲压成形产品因表面硬度高，无法使用修边模进行后处理，必须采用激光切割，生产效率低，组建生产线的成本相对较高。

②模具设计、加工难度大，制造及调试周期长，模具价格高，维护成本大。

③非镀层钢板进行热冲压时，会产生氧化皮，需要后续喷丸处理，工作环境相对较差。

14.5 高强钢热成形的关键设备及工装

高强度钢板热成形技术与常规冲压成形相比,对设备和模具方面都有特殊要求,相关的设备及其核心技术有:热成形连续加热设备、自动传送装置及智能机械手、具有冷却系统的热成形模具、热成形专用压力机设备等。

14.5.1 热冲压用钢板连续加热设备

在热冲压生产当中,加热设备要保证将板料快速、均匀地加热。热冲压加工始于毛坯的加热以获得均匀的奥氏体组织,高强钢板料的加热方式主要有辐射加热、电磁感应加热和热传导加热,如图 14-5 所示。

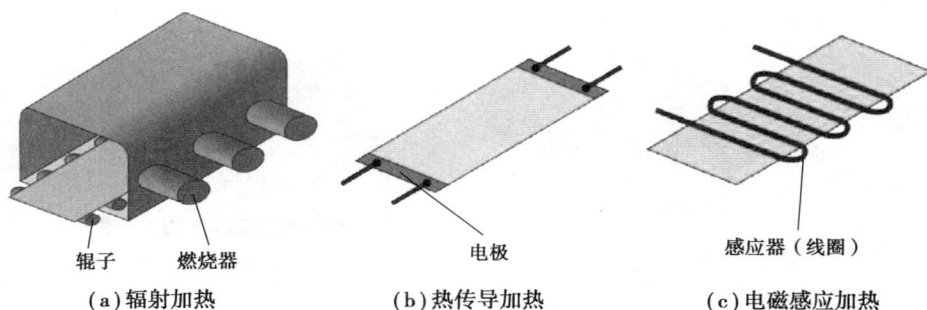

(a)辐射加热   (b)热传导加热   (c)电磁感应加热

图 14-5 板料的三种加热方式

实际生产中应用最为广泛的辐射加热设备是加热炉。加热炉主要有连续辊式加热炉(图 14-6)和步进式加热炉(图 14-7)两大类,其工作原理是通过将电能转化为热能利用辐射传热对坯料进行加热。加热炉依靠燃气燃烧加热或电阻丝加热,板料的加热速率由滚轮的速度来控制,加热炉的热发散系数对加热过程和有效的板材温度有很大的影响。现有的热冲压炉生产线的长度已经达到 30~40 m,较大的空间需求和较高的成本刺激了变换毛坯加热方式的需求。

图 14-6 连续辊式加热炉

图 14-7 步进式加热炉

电阻传导加热是将板料夹在两对电极之间(图 14-8),电流通过板料时,由于电阻的热效应而自行加热。采用传导加热方式可更好地控制板料的加热速度、受热程度以及受热范围等。但不足之处是,电极附近区域的板料温度由于电极自身的低温特性而难以升高,温度沿

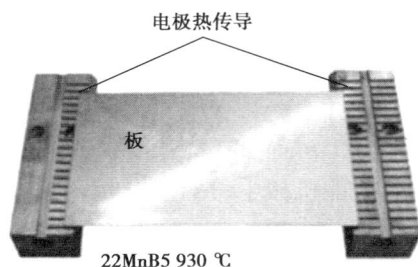

图 14-8 利用电极的传导加热

着零件的长度方向上具有不均匀性,同时加热复杂几何形状的毛坯有一定困难。为此,电阻传导加热主要用于具有较大的长径比的零件,如管材、棒材,线材和带状材料。

感应加热(图 14-9)是一种快速加热方法,其加热组件主要是高频率发电机和电感应线圈,通常用于锻造和热处理领域,现在在板料热成形中也有应用。与辊式加热炉相比,由于没有废气及辊子造成的热量损失,感应加热的能源利用率能提高到 2 倍及以上,将其应用于热冲压生产线中,不仅可以缩短加热时间,还能减小加热设备的空间。感应加热的能量效率较高,但由于感应线圈的几何形状决定了磁场相对于工件的位置和加热效率,因此对于不同形状坯料需要设计不同形状的感应线圈。

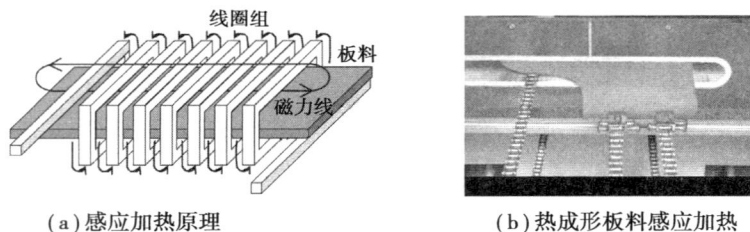

(a)感应加热原理   (b)热成形板料感应加热

图 14-9 感应加热

14.5.2 热成形板料自动传送装置及智能机械手

为了保证高温奥氏体化的钢板能够快速、准确地传送并放入热成形模具,将成形淬火后的零件取出模具,包括自动控制、传感技术以及零件专用机械手的设计等。

传统冷冲压生产采用吸盘的方式抓取钢板,并将钢板放置于模具上。然而,对于热冲压而言,由于出炉后的钢板处于高温状态,无法采用吸盘,其上料装置只能采用针对特定毛坯形状设计的夹持器,并依靠智能机械手的传送,将高温状态的钢板送到模具上。夹持器的设计不仅需要考虑钢板在高温状态下的膨胀效应,还要实现对钢板的平稳抓取,以及尽可能地减少夹持点处钢板的局部降温。为了尽量减少钢板表面的氧化铁皮,并减小板料在热成形之前的降温,传送时间必须尽可能短,因此采用高速的智能机械手是最佳的选择。

14.5.3 具有冷却系统的热成形模具

高强钢板热成形的关键技术还包括冷却装置的设计,以实现零部件在成形的同时均匀冷却淬火。冷却系统一般包括模具内部冷却回路、外部水循环动力系统以及连接用的冷却管道。其中模具内部冷却回路的设计是热冲压模具设计的重点和难点。合理的冷却系统是获得均匀马氏体组织的关键,这就需要对模具中的水流道进行优化,设计合适的水流道直径,水流速度,水流道之间的合适距离以及水流道和模面之间的距离等,以保证在一定冷却速度下获得均匀的马氏体组织。此外,模具在高低温下连续工作,会受到由于温度不断变化带来的热应力冲击,这就要求模具具有较好的抗疲劳性能和一定的膨胀性,需使用合理的模具材料。最后,由于模具有了冷却水流道之后强度会有所降低,所以模具在加工冷却管道时,要考虑模具的强度,避免在使用一段时间后模具发生变形甚至损坏等问题。

板料转移到模具上之后,热成形压机要以一定的冲压速率使坯料成形,成形完成后要保压一段时间,这样可以使成形件形状稳定。在保压成形的同时,利用模具中的冷却系统装置带走模具中的热量,使成形件温度降低,从而达到冷却淬火的目的。高强度钢加热奥氏体向冷却后的马氏体转变的临界冷却速率一般为 27 ℃/s,故在冷却的过程中,材料的冷却速率要大于 27 ℃/s,才能使材料的马氏体转化比较充分。冷却系统既要使零件的冷却速度足够快,使奥氏体组织尽快完全转化成马氏体组织,保证零件的强度;还要迅速带走每次热成形后模具储存的热量,降低模具型腔表面温差的同时,保证每次成形前模具初始条件相同,稳定产品质量。

模具材料必须首先具有良好的导热能力,以确保钢板与模具之间的快速传热,实现良好的冷却功能。其次,由于模具在冷热交替的工况下服役,因此模具材料必须具有良好的热机械性能、高的耐磨性,以保证在工作时模具尺寸精度稳定,表面硬度良好,能够承受强烈热摩擦和坚硬氧化皮带来的磨损。此外,由于需要在模具开设冷却水流道,模具材料还需要具有良好的耐锈蚀性,保证冷却管道不被冷却介质锈蚀堵塞。适合高温并快速冷却的热成形模具的设计,包括材料的设计、加热、冷却系统的设计等,合理的工艺参数匹配是获得良好成形质量的重要保障。

14.5.4　热冲压成形专用压力机设备

热成形专业压力机需满足热冲压节拍、氧化处理及自动送料卸料的设计、制造。热冲压成形用压力机的基本要求是能够实现快速合模冲压并保压。换言之,热成形压力机应兼具传统冲压设备和注塑机的功能,实现成形过程中压力的可调节,以控制热成形各阶段所需的压力,如成形力、压边力和保压力等,对模具冷却系统实现自动控制和调节,此外,还必须满足热成形生产节拍、氧化处理及自动送料、取件的要求。

14.6　工程应用案例

随着高强度钢热冲压成形技术的不断推广,汽车制造厂商开始意识到不能一味地只追求汽车车身零部件强度的提高,零部件的机械性能与其功能作用的相互匹配才能更好地兼顾汽车轻量化与安全性。因此,现在基于性能定制化的热冲压工艺是现今热冲压工艺研究的重点。

汽车车身上的 B 柱加强件是典型的性能定制化热冲压零件。汽车车身上的 B 柱加强件的主要作用是在汽车发生碰撞时保护车内驾乘人员的安全,根据欧盟法规,在碰撞测试中侧碰速度要大于 50 km/h,汽车的 B 柱不但要保证不会发生断裂,还要求尽可能地吸收碰撞过程中的冲击能量,以保护驾乘人员。如图 14-10 所示,由于汽车发生侧碰时其主要撞击部位在下部,所以 B 柱加强件的下部在保证具有一定强度的同时还有高的塑性,用于碰撞过程中发生塑性

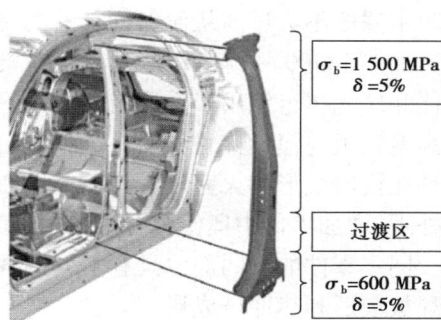

$\sigma_b=1\ 500\ \text{MPa}$
$\delta=5\%$

过渡区

$\sigma_b=600\ \text{MPa}$
$\delta=5\%$

图 14-10　性能定制化的 B 柱加强件

变形以吸收碰撞能量。B柱加强件的上部则需要高的强度、硬度,以防止车身发生较大的变形,保证车身的完整性。得益于其他技术的发展,能够实现性能定制化的热冲压工艺也是多种多样。

在热冲压成形过程,由于其涉及的变量较多,因此定制化性能热冲压成形工艺主要可以分为两大类:定制化板料技术和定制化工艺技术。对于定制化板料技术,其要点主要在于利用板料间的不同属性以得到不同的性能;而定制化工艺技术的核心思路则在于采用不同的热处理方法对板料不同区域进行热处理,从而达到性能的不同。

定制化板料技术主要有拼焊板技术、轧制板技术和补丁板技术三类。拼焊板技术最早由Thyssen钢铁公司于1986年申请专利用于冷冲压成形工艺。拼焊板技术是将两块及以上的板料通过激光焊接成为一块板料,然后进行热冲压成形。焊缝既有线性的,也有非线性的,而拼焊起来的几块板料由于厚度、化学成分的不同,热冲压完成后对应区域的性能也不同。拼焊板热冲压技术的第一次商用是出现在2007年的Audi A4的车身B柱上,如图14-10所示,该B柱加强件上部主要为马氏体组织,具有高的强度与硬度,下部为铁素体和马氏体的双相组织。拼焊板技术比较简单,因此在热冲压工艺中应用也比较成熟,可用于直接热冲压成形工艺和间接热冲压成形工艺。定制化轧制板技术同样比较成熟,但是由于定制化轧制板技术的封锁,所以其实际商用范围较小。定制化轧制板技术主要是运用轧制技术使轧制出的钢板厚度区域分布,在零件需要大的刚度和屈服强度的区域配置较厚的板料防止碰撞变形;在需要较低的刚度和用于碰撞吸能的区域配置较薄的板料。定制化轧制板技术由于板料厚度无突变产生,因此最终的力学性能也无突变,零件整体性能好。补丁板技术是由拼焊板技术演变而来,在零件需要力学性能强化的区域利用激光焊接技术补焊一块小的板料,以强化该区域的力学性能。

定制化工艺技术是通过改变零件成形完成后的热处理过程以达到零件性能定制化的目的。定制化工艺技术同样有三类,包括定制化加热技术、定制化淬火技术和定制化回火技术。定制化加热技术,加热时主要加热零件需要淬火的区域,加热到AC3线以上使其完全奥氏体化,而非淬火区域保持其温度低于AC1线。板料加热完成后进行成形淬火,高温区域发生马氏体转变,而低温区域则维持板料的出厂状态,无相变发生。在定制化加热技术中如何保证板料低温区域温度是关键。

普通热冲压技术是将成形完成后的零件整个进行淬火,而定制化淬火技术则是通过控制模具温度来控制零件的淬火。定制化淬火技术通常是将成形淬火模具分为两部分,其中一部分与普通热冲压技术所用的模具一样,模具内部设置有冷却管道,能够保证模具在连续生产过程中温度不会过高从而保持足够的冷却效果;另一部分模具中则设置有加热装置,通常将模具加热至400~600 ℃,降低钢板在模具保压过程中的冷却速率,使该区域板料转化生成铁素体和珠光体组织用于变形吸能。另一种特别的定制化淬火工艺则是利用带沟槽的模具,减小高温钢板与模具接触传热,从而使局部区域获得高韧性。最后是定制化回火技术,热冲压零件在模内成形淬火完成后使用火焰加热、感应加热或激光加热等方法对零件加热后进行回火处理,增加零件中奥氏体含量,从而增加韧性。

同一零件的不同部位具有不同的强度、硬度。变强度零件工艺方案主要有差厚板成形、拼焊板成形和热冲压成形。

汽车B柱变强度成形方案示意图如图14-11所示。

(a)差厚板   (b)拼焊板   (c)热冲压变强度

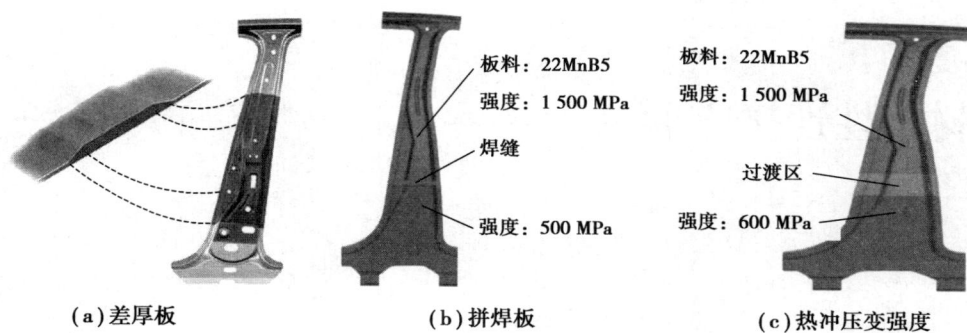

图 14-11 汽车 B 柱变强度成形方案示意图

变强度零件热冲压的实现途径:通过控制零件不同位置的温度及冷却速度,使冲压零件在不同的位置获得不同的强度,即实现同一厚度零件材料性能的梯度变化。

第15章
板材塑性连接成形 ·······················○

15.1 板材塑性连接成形概述

板材塑性连接成形技术是一种通过材料自身的塑性变形实现连接的先进制造技术,具有生产高效、环境友好和连接稳固等特点。近年来,随着轻量化设计需求的增加,塑性连接技术在航空、汽车等领域得到了广泛关注和研究。

根据塑性变形产生的方式及作用的不同,塑性连接可以分为以下五类。

(1)轧制连接

通过轧制工艺使材料在压力作用下发生塑性变形,从而实现连接。这种方法常用于金属板材或管材的连接,具有较高的生产效率和良好的力学性能。根据轧制温度的不同,轧制连接分为冷轧连接、温轧连接和热轧连接。国内外学者采用轧制连接方法实现了铝/铜、铝/镁、铝/钢、铝/钛、钢/铜、镍/钢等多种合金两层或多层板材的连接,并成功用于制造铝制飞机壁板、汽车保险杠、集成电路用引线框架及化学与核工业用零件等。

(2)挤压连接

通过在材料端部施加压力,使其发生塑性变形并填充模具孔,从而实现连接。这种方法适用于大截面材料的连接,能够获得均匀的变形和良好的结合强度。挤压连接主要包括等通道转角挤压、螺旋挤压以及高压扭转等。与轧制连接方法类似,挤压连接可以实现多层板材的连接。另外,挤压连接还可以制造异种合金复合棒材及空心型材。由于铝合金良好的塑性,国内外学者采用挤压连接方法将铝合金与铜、铁、钛、镁等金属及其合金进行复合连接,制备出具有优良综合性能的异种金属复合构件。

(3)扩散连接

扩散连接是利用高温和压力使材料界面处发生原子扩散,从而实现冶金结合。这种方法适用于高精度和高强度要求的连接。扩散连接方法可以连接熔焊及其他连接方法难以连接的材料,可实现大截面面积与复杂截面结构件的连接,接头的微观组织性能与基体接近。实际应用中,扩散连接与超塑性成形工艺结合,形成超塑性成形/扩散连接(superplastic forming/diffusion bonding,SPF/DB)组合工艺,主要用于制造航空发动机用空心叶片、钛合金隔热板等高性能轻量化构件。扩散连接存在连接压力小、连接温度高、连接时间长的工艺特点,其成形效率低,钛合金等组织敏感性金属在连接时容易发生组织粗化,导致性能下降。

(4)压力连接

压力连接是通过热力耦合作用在连接界面处产生显著塑性变形而形成高可靠冶金结合的连接方法。如,利用材料热胀冷缩进行装配连接,使用冷棒料作为凸模,冲裁加热后的板料,实现二者的连接;或者利用液压力实现管材之间的连接。压力连接方法发挥了塑性变形改善材料微观组织性能和扩散连接截面不受限制的特点,具有接头性能优、连接效率高、制造周期短等优势,可以满足轻量化构件高性能、高可靠的成形要求,具有广阔的应用前景。目前,国内外学者在同种钛合金压力连接方面已经开展了相关研究。

(5)机械塑性连接

机械塑性连接主要通过施加外力使多层板材的材料发生塑性流动,在被连接的板材之间形成 S 形等的机械互锁,从而实现室温下的可靠连接,这种连接技术又称锁铆连接技术(简称"铆接")或冲压铆接。根据是否使用铆钉,机械连接分为有铆钉的塑性连接技术和无铆钉塑性连接技术,具体可以细分为传统无铆钉冲压连接、平底无铆钉冲压连接、预制孔冲压连接、空心铆钉自冲铆接等。对于汽车、轮船、家电等连接部位开放、连接点规律性强的薄壳结构,冲压连接技术更具优势,自动化程度较高,可多点同时连接,全过程自动检测,严格保障了连接质量,极大地提高了生成效率,降低了成本。在汽车领域中,车门、转向装置、顶窗等均会涉及对该技术的运用。在家电、机械设备等领域中,该技术也得到了较多地使用,如冰箱门、洗衣机壳等。

冲压铆接技术衍生于早期木制铆接工艺,也是通过铆头在垂直方向上作上下运动,利用其产生的巨大压力使材料产生塑性变形将铆件铆合在一起。20 世纪 70 年代出现了摆辗铆接技术,这种技术避免了工件被冲击而产生的变形,但铆头轴承工作条件恶劣,无法大批量生产,生产效率低,控制精度不高。针对原有铆接技术控制精度不高问题,还出现了滚压铆接技术,该技术中滚轮对被连接逐点滚压,近似点接触,单位作用力大,适合难变形材料的连接和控制。20 世纪 90 年代,无铆连接技术诞生,该技术就是利用气压/液压冲压设备和独特的模具,通过一个冲压过程形成无铆连接接头。这种技术可以将厚度不同的两层或者多层板材连接起来,对板材表面情况无要求,自动化程度高。

随着冲压塑性连接技术的日渐成熟和科技的发展,一些新型塑性连接技术逐渐兴起并得到发展,例如美国和俄罗斯率先研发了电磁铆接技术并投入使用等。

本书主要介绍无铆塑性连接和自冲铆塑性连接的工作原理、变形过程、主要工艺参数及其在工程中的应用等。

15.2 无铆塑性连接成形

15.2.1 无铆塑性连接的工作原理

无铆塑性连接成形是一种利用板材的挤压塑性变形能力,使板件在模具作用下形成互相镶嵌的自锁结构而实现板材连接的工艺。无铆塑性连接成形又称冲压塑性连接,它是凭借施加在冲头的冲压力和特制的凹模,利用冲头拉伸并挤压板料使其产生塑性变形,在被连接板料间形成具有一定力学性能的互相镶嵌的自锁结构,从而实现板材连接的一种先进塑性成形工艺。无铆塑性连接技术也是一种冷挤压成形技术,是一种不使用连接元件和附加材料的、不可拆卸式的点连接技术。

无铆塑性连接的工艺原理示意图如图 15-1 所示。在无铆塑性连接过程中,双层或多层板材在上冲头的压力作用下发生塑性变形,板料在上冲头与凹模形成的模腔中发生以挤压变形为主的塑性流动,在成形过程中,凸模将板材挤入凹模中,材料在凹模中发生一系列流动并形成机械互锁结构,从而达到连接的目的。

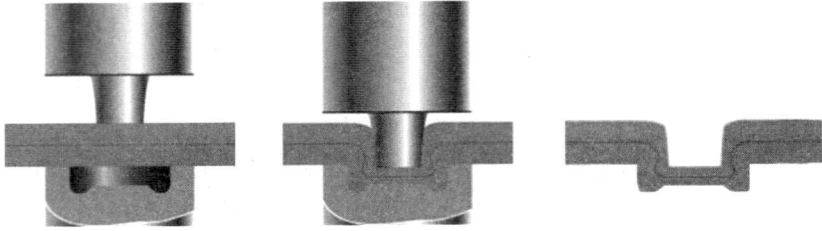

图 15-1　无铆塑性连接工艺原理示意图

15.2.2　无铆塑性连接分类及接头形式

无铆塑性连接是一种机械连接技术,其利用板材自身的塑性变形,使上下层材料互相内嵌,形成"机械锁",进而实现板材的连接。

1)无铆塑性连接的成形方式

无铆塑性连接主要有三种成形方式,即预制孔式无铆塑性连接、传统整体式无铆塑性连接和平底无铆钉塑性连接,无铆塑性连接方式示意图如图 15-2 所示。

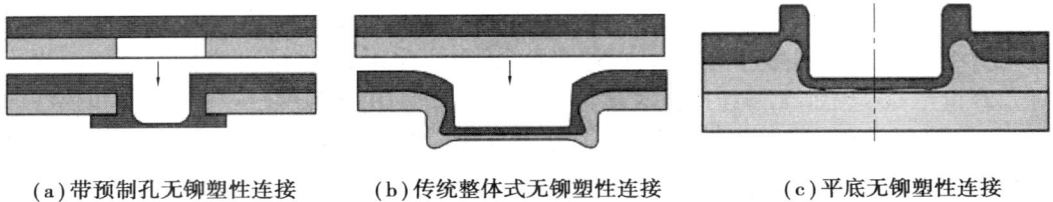

(a)带预制孔无铆塑性连接　　(b)传统整体式无铆塑性连接　　(c)平底无铆塑性连接

图 15-2　无铆塑性连接常见的成形方式

图 15-2(a)是带预制孔无铆塑性连接,该方法首先在其中下板料上预制一个孔,然后使上板料通过下板孔,并在底部形成互锁结构,这种方法主要用来连接塑性较低的金属,例如硬铝合金以及不锈钢等,或者两层板料的厚度差、塑性相差较大的情况。图 15-2(b)是传统整体式无铆塑性连接方法,该方法直接通过板材的塑性变形在接头底部形成互锁结构,这种连接方法由于没有破坏材料,在实际中使用得更加广泛。图 15-3(c)是平底无铆钉塑性连接,该方法的连接过程与图 15-2(b)的传统无铆连接工艺极为相似,相比于传统无铆连接,平底无铆工艺所获得接头的缺陷全部集中在冲头侧,由于它的下模侧表面完全是平的,这使得它的模具不需要严格对中,并且突破了传统无铆连接的应用局限,可以应用于要求滑动的功能性表面和对外观有要求的可视化区域。

2)无铆塑性连接的接头形式

根据所使用凹模模具结构的不同,无铆塑性连接的接头也存在多种形式,其中,圆形接头和方形接头是最为常见的接头形式,如图 15-3 所示。在冲压成形过程中,方形接头的被连接材料在变形的同时受到了剪切作用,因此材料被穿透;而成形圆形接头的板料仅发生变形而未被破坏,轴对称的接头结构外形美观,内应力均布,能承受沿切向任意方向及轴向的载荷。圆形接头因具有良好的密封性而被广泛应用。

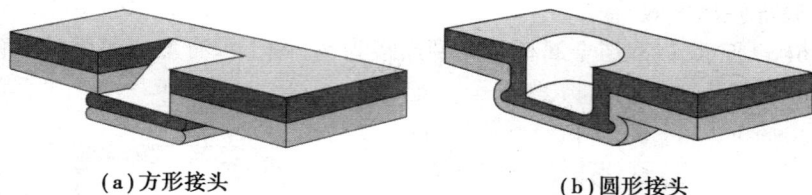

(a) 方形接头　　　　　　　　　(b) 圆形接头

图 15-3　常见的无铆塑性连接接头形式

3) 无铆塑性连接成形接头的失效形式

无铆塑性连接成形接头的剖面形状如图 15-4 所示。在外观方面,理想的接头形状需符合以下要求:①连接板件无相对间隙,且贴合曲线呈 S 形;②连接点区域材料无弯曲、无上翘现象;③上板件延展率不能过大,颈部无过度减薄;④凹模模腔完全被充满。在力学性能方面,无铆钉连接接头必须满足一定的机械性能要求才能予以使用,如静态力学性能、动态疲劳性能和抗腐蚀性能等,而实际生产中,往往采用接头的静力学强度评估接头质量,即抗拉强度和抗剪强度。由于铆接接头的抗拉强度与抗剪强度与颈部厚度 T_n、互锁量 T_u 有关联,因此通常以这两个特征参数作为铆接接头成形质量的评价指标。

图 15-4　无铆连接理想剖面形状

无铆连接接头在服役过程中主要承受拉伸载荷和剪切载荷,在不同载荷的作用下,接头的失效模式大致分为以下三类。

(1) 接头颈部剪切断裂失效

横向剪切载荷下的接头失效模式如图 15-5 所示,当接头受到横向剪切载荷时,容易在内侧板料的最薄处(即颈部)出现断裂。

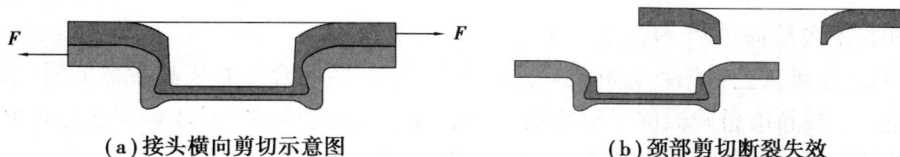

(a) 接头横向剪切示意图　　　　　　　(b) 颈部剪切断裂失效

图 15-5　剪切载荷下的接头失效模式

当接头承受轴向拉伸载荷作用时,在图 15-6(a) 的受力条件下,接头有颈部拉伸断裂失效和轴向剥离失效两种模式。

(2) 接头颈部拉伸断裂失效

如图 15-6(b) 所示,当接头受到轴向拉伸载荷时,由于内侧板料颈部被过度拉伸,材料强度不足而导致断裂失效。

（3）接头底部脱离失效

如图 15-6（c）所示，以双层金属板料无铆连接为例，由于没有形成足够的镶嵌量，在轴向作用下，接头的上板从底部脱离。

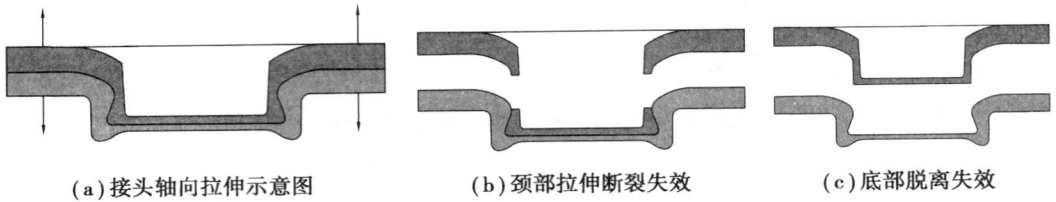

（a）接头轴向拉伸示意图　　　（b）颈部拉伸断裂失效　　　（c）底部脱离失效

图 15-6　轴向拉伸载荷下的接头失效形式

15.2.3　无铆塑性连接的变形过程

无铆塑性连接时，板材在凸模的作用下发生冷挤压变形，依靠模具和冲头共同作用实现板材的连接。

1）传统无铆塑性连接的变形过程

传统整体式无铆塑性连接变形过程示意图如图 15-7 所示，其变形过程主要包括准备阶段、定位阶段、初始变形阶段、铆接成形阶段、镦锻保压阶段和退模阶段。

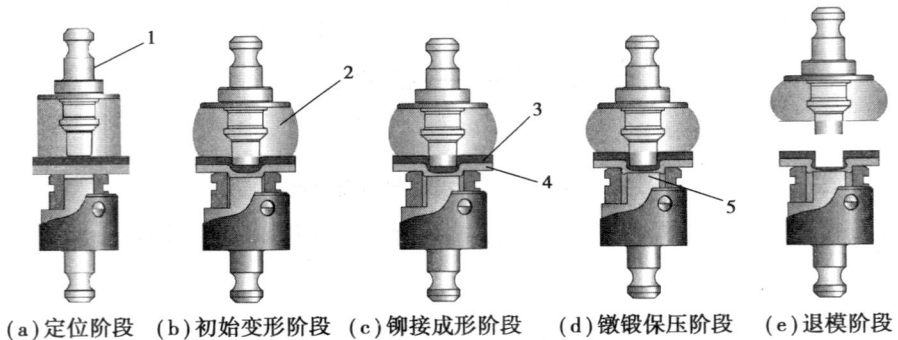

（a）定位阶段　（b）初始变形阶段　（c）铆接成形阶段　（d）镦锻保压阶段　（e）退模阶段

图 15-7　无铆连接成形的变形过程
1—凸模；2—压边圈；3—上板；4—下板；5—凹模

（1）铆接准备阶段

由于无铆连接工艺采用冲头和模具进行铆接成形，因此合适的模具参数能极大地影响铆接接头性能，在板料准备阶段除了对板料表面进行一定的表面处理，改善板料摩擦状态外，更重要的是根据连接的板材性能、厚度选择合适的无铆连接模具。

（2）定位阶段

如图 15-7（a）所示，在此时需将所要连接的板料放置在冲头与凹模之间的特定位置，保证凸模、凹模的中心与铆接点的中心在同一条线上。然后需要对压边圈施加一定的压力，使压边圈对铆接件产生一定的预压力，防止板件在铆接过程中发生翘曲，影响铆接质量。

（3）初始变形阶段

初始变形阶段是无铆塑性连接的正式开始阶段，如图 15-7（b）中所示。在凸模向下运动过程中，凸模与被连接件上层板件接触，与凹模的距离也不断缩短，上层板料受到来自凸模的压力逐渐增大。由于上层板料与下层板料接触,上层板料会将受到的压力传递给下层板料,此时,下层板料受到上层板料与凹模的共同作用。在压力的作用下上下板料同时发生塑性变形,且在凸模的作用下继续向凹模内移动。当上下板料发生塑性变形后,变形后的材料向凹模内流动,而金属的流动会导致材料附近的金属材料发生塑性拉伸,流动部分的金属晶格产生错位,硬度会明显增加,产生了金属硬化的现象。

(4)铆接成形阶段

铆接成形阶段是在板材开始有了塑性变形之后,金属材料在压力的作用下继续流动,如图 15-7(c)所示。上下板件的金属材料在模具加压件的压力作用下向凹模里面流动,下层板料与凹模底部接触,材料开始在凹槽内流动。此时,在凹模和凸模的共同作用下,上下板料初步形成了自锁结构。在下层材料不断填满凹模凹槽的过程中,上层板料的流动方向发生改变,与下层板料逐渐形成 S 形自锁结构,与此同时,上下板间的摩擦力不断增大,板材之间的连接基本完成,从而达到塑性连接的目的。

(5)镦锻保压阶段

镦锻保压阶段对接头是否良好十分重要,如图 15-7(d)所示。此时无铆连接接头已经初步形成,但因为铆接成形过程时间很短,且材料发生了塑性变形,立即撤走凸模会导致金属材料发生回弹现象,从而使铆接接头的质量大幅度降低。所以需要使凸模停留一段时间,保持对板件的压力恒定,保证不再发生回弹现象。

(6)退模阶段

退模是无铆连接处理工艺的最后一个阶段,如图 15-7(e)所示。在保压阶段完成后,需要将凸模撤走以便铆接件的取出。这个过程对铆接接头的成形质量影响最小。退模阶段完成以后,无铆钉铆接的整个连接过程结束。

2)平底无铆塑性连接的变形过程

平底无铆塑性连接成形的工艺过程也被分为五个阶段,其成形过程示意图如图 15-8 所示。

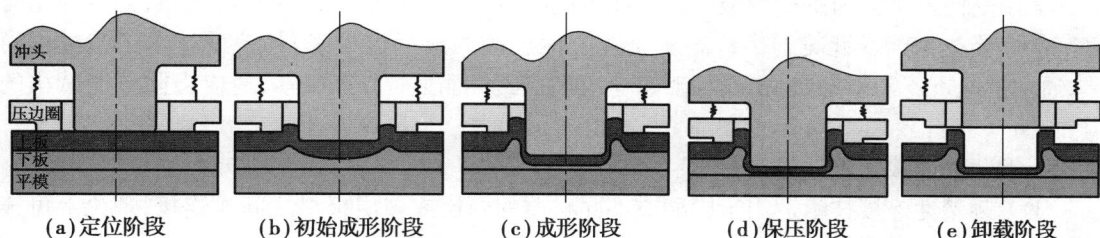

(a)定位阶段　　(b)初始成形阶段　　(c)成形阶段　　(d)保压阶段　　(e)卸载阶段

图 15-8 平底无铆塑性连接成形的工艺过程

平底无铆连接的工艺过程与传统无铆连接极为相似,其区别集中体现在图 15-8(b)所示的初始成形阶段和图 15-8(c)所示的成形阶段。平底无铆的初始成形阶段从冲头接触上板材开始到板材互锁即将形成结束。随着冲头向下移动,冲头对上板材的冲压力逐渐增加,上板材变形以后凸出的部分会挤压下板的材料继续向下移动。上板材冲头圆角处的材料沿着阻力最小的方向流动,即材料向压边圈与冲头的间隙流动。平底无铆的成形阶段从板材之间的互锁即将形成开始到成形力或位移达到预设值结束。与传统无铆不同的是,平底无铆连接的压边力更大,在成形阶段限制了连接区域材料的径向流动性,使材料不容易流出连接区域。

随着冲头的下行,上下板材不得不向着冲头和压边圈的间隙流动,从而使板材之间相互嵌入,形成了一个机械锁。平底无铆连接工艺最突出的特点为连接接头的一侧为平面,接头美观,可连接同种厚度或不同厚度的板材,同时冲头和底模无需对中,简化了工艺过程。由于这些优异的特性,该工艺在汽车车身连接等对外观美观性要求较高的领域具有广泛应用。

无铆塑性连接工艺利用材料的塑性变形完成铆接,因此它适用于同种材料和异种材料的连接;铆接过程中能够有效保护金属表面的涂层,一般不会对板材造成损伤;无铆塑性连接工艺适用于自动化生产,材料利用率高,绿色无污染;无铆塑性连接同其他连接工艺相比,接头的强度较低;无铆塑性连接无法用于脆性材料的连接。

15.2.4　无铆塑性连接的主要参数

无铆连接工艺的本质是采用冲头和凹模对板料进行塑性变形,从而达到连接的目的。影响无铆钉铆接接头质量的因素有很多,比如模具参数、冲压力、板件厚度等。

模具参数是决定铆接接头质量好坏的决定性因素。模具参数主要有点径 D(凹模直径),凹模深度,凹模圆角半径,凸模直径 d 和凸模圆角半径 r。在点径 D 确定的情况下,改变凸模直径 d,凸凹模的间隙也会随之改变,当凸凹模之间的间隙值过小时会导致接头颈部厚度太小或冲断,而间隙值过大时也可能使接头嵌入量过小,导致铆接失败,因此需合理选择凸模直径以得到最好接头质量。另外,对于冲压行程 s,则是由上板厚度、下板厚度、凹模深度和接头底厚 C 共同决定的。凹模深度对接头质量的影响也很大,凹模深度太大容易造成颈厚值过小甚至冲断,太小则影响上下板的材料流动,使嵌合失败。凹模圆角半径和凸模圆角半径则会影响铆接过程中材料的流动,进而影响接头的质量。上下板材的力学性能也会影响铆接接头的质量,一般情况下,材料塑性越好的材料形成的铆接接头质量越好,但塑性增大时,接头强度就会有所下降。

15.2.5　无铆塑性连接的特点及应用

无铆塑性连接作为一种新型的连接技术能够被广泛应用到汽车航空等领域,是因为它有着其他连接技术难以媲美的优势。从无铆塑性连接的成形过程来看,该项技术工艺过程简单,通常情况下不需要加热,操作相对安全,能在很大程度上节省成本,适应当前节能减排的需要。

无铆塑性连接工艺的优势在于:

①无铆塑性连接技术适用于同种或不同材质的两层或多层板材之间的连接,理论上可连接所有具有塑性能力的材料,板材厚度组合相对来说比较灵活。

②无铆塑性连接过程不需要输入铆钉或螺栓等介质即可实现连接。

③无铆塑性连接对板料表面无特殊要求,可以保证连接点处板料表面原有的镀层、漆层不受损伤,因此不会影响板件的耐腐蚀性能,甚至可以在接头中间夹杂中间材料来辅助接头成形。

④连接质量可靠,连接过程中材料在连接点处的金属组织被强化,其力学性能得到提高,连接点处的材料不会被撕裂,更没有材料成分的变化;另外,无铆连接接头有着良好的抗疲劳强度,研究表明无铆连接接头的抗疲劳强度是点焊的 2～3 倍。

⑤无铆连接的接头形貌参数相对固定且容易测量,接头颈厚值、底厚值以及接头大小都

比较容易获得,从而接头强度性能容易得到检测,有利于实现自动化过程。

⑥无铆连接的接头体积较小,通常只有几毫米,空间占有率小,可以为其他部件的安装节省空间,并且圆形的接头形貌美观,通常无铆连接的成形设备为电子铆接枪和液压铆接枪,可以同时进行多个接头的连接,连接成本低,在相同条件下无铆连接的费用要比传统的点焊连接方式节约30%~60%。

无铆塑性连接的局限性在于:

①无铆塑性连接技术适用于薄板材料,对比较厚的材料进行连接时,由于材料的流动性差,很难形成自锁结构,易造成接头质量不佳。

②与其他连接技术相比,连接强度较低,为了达到实际应用所需,可将铆接点个数适当变多,但这无异于让连接工作量增加。

③无铆塑性连接不适合塑性差或脆性的材料。

15.3 自冲铆塑性连接成形

15.3.1 定义

自冲铆塑性连接(Self-piercing Riveting,SPR)是利用冲头的压力使铆钉刺穿上层板材,然后铆钉发生扩张塑性变形但并不穿透下层板料,铆钉与上下两层板间通过塑性变形形成机械自锁结构,从而实现板材连接的一种塑性成形技术。

自冲铆塑性连接技术能够连接同种、异种金属材料和非金属复合材料,是一种用于连接两层及多层板材的冷成形技术。根据铆钉结构的不同可以将铆钉分为实心铆钉连接、半空心铆钉连接和铆压圆点连接。其中,由于车身结构材料具有较高的强度和韧性,多采用半空心自冲铆钉进行塑性连接。

15.3.2 自冲铆塑性连接的成形过程

自冲铆塑性连接采用特制的铆钉与模具进行成形,特制的铆钉在冲头的作用下刺穿上层板材,同时在模具凹模的作用下铆钉尾部中空部分扩口但不刺入下层板材,在板材间形成一个牢固的机械互锁从而实现板材的连接,半空心自冲铆接基本成形过程如图15-9所示。

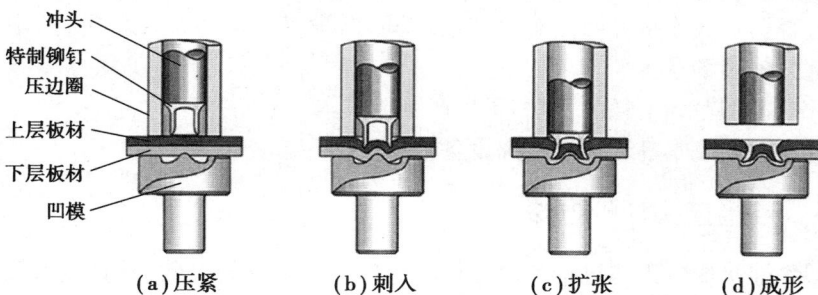

冲头
特制铆钉
压边圈
上层板材
下层板材
凹模

(a)压紧   (b)刺入   (c)扩张   (d)成形

图15-9 半空心自冲铆塑性连接的成形过程

如图15-9所示,半空心自冲铆塑性连接过程分为以下4个阶段:

①第一阶段:压紧阶段。此阶段下压边圈在冲压设备作用下压紧固定搭接好的板材,防

止自冲铆接成形时板材发生移动,同时铆钉、冲头等就位,为接下来的铆接成形做好准备。

②第二阶段:刺入阶段。此阶段下冲头向下运动,并将力传递给特制铆钉,使铆钉不断刺入上层板材并刺穿上层板材,同时下层板材受到上层板与铆钉的作用力向凹模一侧逐渐弯曲并成形。

③第三阶段:扩张阶段。此阶段特制铆钉已经完全刺穿上层板材,并在模具凹模与板材的共同作用下铆钉尾部中空部分逐渐扩张但不刺入下层板材,下层板材也进一步弯曲并逐渐填充凹模型腔部分。

④第四阶段:成形阶段。此阶段冲头进一步下压,在模具作用下铆钉尾部扩口后与板材间逐渐形成一个良好且牢固的机械互锁,从而实现板材的连接,获得连接质量良好的自冲铆接接头。

15.3.3 自冲铆塑性连接的工艺特点

相对于传统的铆接、螺栓连接等方式而言,自冲铆塑性连接的优势在于具有高度自动化与灵活性,避免了传统铆接、螺栓连接等需要对板材进行提前预开孔的问题,充分利用了板材与特制铆钉的塑性变形,并且其工艺过程简单便于实现自动化操作。它可以连接其他异种材质,解决了点焊困难的材料之间的连接问题,并且还可以进行较厚或者多层材料连接。在铝合金板材连接中有非常广泛的应用。自冲铆塑性连接工艺作为应用广泛的新型连接工艺,具有以下优点:

①铆接效果更加牢固,自冲铆连接的整体牢固度高于常规电焊连接。

②对连接件材质要求不高,自冲铆塑性连接不仅可以实现相同金属连接,还可对异质金属展开连接,甚至可以实现复合材料与金属的连接。

③相对于传统铆接,尽管整个铆接过程会发生穿刺破坏,但不会破坏铆接件金属表面涂层,并且铆接接头结构美观。

④无须预先开孔,定位简单,操作简便,连接速度快,便于车身装配生产线的应用。

⑤能够对不同厚度、不同强度的板材进行有效的连接。

⑥自冲铆件的抗疲劳性与抗腐蚀性极好。

⑦整个铆接过程中不产生废料和有害气体,环保无污染。

自冲铆连接工艺也存在如下缺点:

①铆接过程要求被连接件两侧有足够的空间,即满足双面可达性要求,这限制了自冲铆连接技术的部分使用场景。

②使用的自冲铆钉为消耗品,提高了生产制造成本。

③自冲铆设备的成本高于传统点焊设备。

15.3.4 连接接头评价方法

自冲铆塑性连接成形工艺过程涉及母材的塑性变形和开裂失效,并且成形质量的好坏直接关系到接头的连接强度,进一步影响车身结构碰撞安全。为了控制成形工艺质量、保证接头连接强度、提高生产效率,需要合理匹配自冲铆成形的相关参数。

影响自冲铆塑性连接接头质量的相关参数包括铆钉参数、模具参数、板料性能和铆接设备等。铆钉参数主要包括铆钉材料及强度、管腿长度、管腿内径与外径、管腿形状等,铆钉结构示意图如图 15-10 所示。模具参数主要是凹模直径、凸台高度及形状,以及压边圈的内外径、压边力的大小等。板料参数包括待连接板材及其强塑性性能、板材厚度,以及上下板材的叠放顺序等。铆接用模具包括凹模和压边圈,其中,凹模的结构形状如图 15-11 所示。

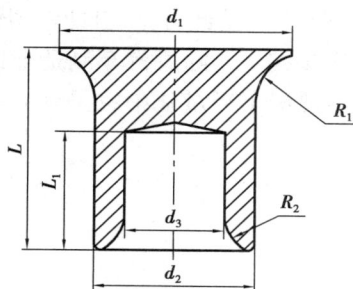

图 15-10　铆钉结构示意图

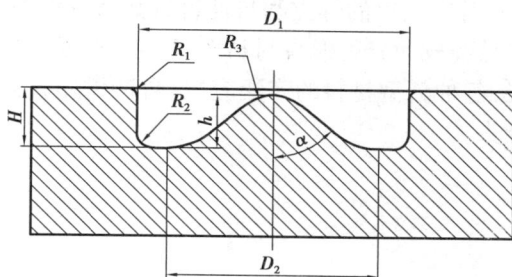

图 15-11　铆模结构示意图

铆钉材质通常为合金碳钢,表面经过达克罗防锈处理,铆钉形式选用半中空式。铆钉厚度是母材厚度总和加 1~1.5 mm,这样可以确保铆钉很好地穿透母材,形成良好的铆接接头,实现连接强度,而铆钉的腿部直径要比板材总厚度大 1.5~2.5 mm。

质量评价是确保自冲铆塑性连接接头连接强度和可靠性的重要手段,主要从表面质量、成型工艺质量以及接头连接强度三个方面进行质量评价。

表面质量的评价主要是通过直接观察自冲铆塑性连接接头的表面,要求接头表面没有出现明显的裂纹,以此进行评价。这种方法虽然简单,但是可靠性相对较低。

成型工艺质量的评价包含截面观测法与强度测试法。自冲铆塑性连接接头截面参数关系示意图如图 15-12 所示。

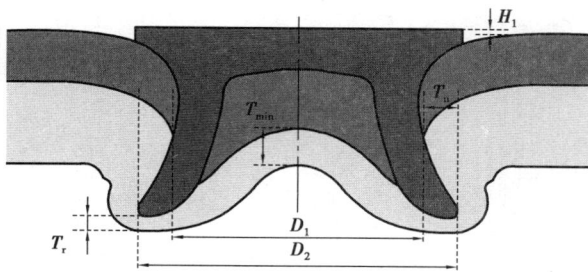

图 15-12　自冲铆塑性连接接头截面参数关系示意图

截面观测法主要是以接头截面的一些特征值为标准评价接头连接的效果,其中,接头互锁值 T_u、底部厚度 T_r 和下板残余厚度 T_{min} 是衡量自冲铆塑性连接效果的重要指标。互锁值 T_u 越大意味着机械连接得越紧密,接头强度也会越高;底部厚度 T_r 和下板残余厚度 T_{min} 是衡量接头是否良好的两个特征值,其值过小会导致底板过早破坏或无法形成良好的接头,其值均不小于 0.2 mm。而强度测试法相对于截面观测法则更直观且无需对自冲铆塑性连接接头进行剖切处理,这种方法是直接对接头进行强度测试,通过判断接头的载荷峰值判断连接的效果,但这种方法无法判断接头内部的互锁情况。

接头连接强度是通过对自冲铆塑性连接接头进行拉伸测试,判断接头连接强度是否满足设计要求。在设计过程中,通常希望自冲铆塑性连接接头的承载强度和吸能能力越高越好。这种评价方法比较可靠,但是测试过程相对复杂且成本较高。

　　由于车身材料朝着多元材料组合的趋势发展,自冲铆塑性连接技术作为一种用于同种或异种材料连接的冷连接技术逐渐得到应用和推广,并成为国内外中、高端车型的关键制造技术之一。例如,在奥迪 Q7 车身中应用的焊点和自冲铆钉数量分别为 2 911 和 2 855 个,在捷豹 XF 车身中应用的焊点和自冲铆钉数量分别为 1 043 和 2 794 个。由此可见,自冲铆塑性连接技术已经成为异种混合材料车身中不可或缺的异种材料连接技术。随着汽车制造业的不断发展,各种新型材料的广泛应用,自冲铆塑性连接工艺在实现汽车轻量化中将呈现异军突起的势头。

参考文献

[1] 张德荣. 超塑性力学[M]. 北京:航空工业出版社,1990.

[2] 文九巴,等. 超塑性应用技术[M]. 北京:机械工业出版社,2005.

[3] 林兆荣. 金属超塑性成形原理及应用[M]. 北京:航空工业出版社,1990.

[4] 刘勤. 金属的超塑性[M]. 上海:上海交通大学出版社,1989.

[5] A. C. 季霍诺夫. 金属与合金的超塑性效应[M]. 刘春林,译. 北京:科学出版社,1983.

[6] 曹富荣. 金属超塑性[M]. 北京:冶金工业出版社,2014.

[7] 吴诗惇. 金属超塑性变形理论[M]. 北京:国防工业出版社,1997.

[8] 何景素,王燕文. 金属的超塑性[M]. 北京:科学出版社,1986.

[9] 骆俊廷. GH4169高温合金塑性变形工艺与控制[M]. 秦皇岛:燕山大学出版社,2021.

[10] 王仲仁. 特种塑性成形[M]. 北京:机械工业出版社,1995.

[11] 李云江. 特种塑性成形[M]. 北京:机械工业出版社,2008.

[12] 王仲仁,何祝斌. 塑性成型理论与实践中的创新:王仲仁文选[M]. 北京:科学出版社,2007.

[13] 李峰. 特种塑性成形理论及技术[M]. 北京:北京大学出版社,2011.

[14] 张凯锋,王国峰. 先进材料超塑成形技术[M]. 北京:科学出版社,2012.

[15] 李志强. 钛合金超塑成形/扩散连接技术及应用[M]. 北京:国防工业出版社,2022.

[16] PADMANABHAN K A,PRABU S B,MULYUKOV R R,et al. Superplasticity[M]. Berlin: Springer Berlin Heidelberg,2018.

[17] ALEXANDER P. Z,ANATOLY I. P,FARID Z. U,etal. Superplasticity and grain boundaries in ultrafine-grained materials[M]. Cambridge:Cambridge International Science Publishing Limited,2011 .

[18] BERBOM P B,BERBON M Z,SAKUMA T,et al. Superplasticity-current status and future potential[M]. Cambridge:Cambridge University Press,2000.

[19] ZHILYAEV A P,UTYASHEV F Z,RAAB G I,et al. Superplasticity and grain boundaries in ultrafine-grained materials[M]. 2nd ed. Cambridge:Woodhead Publishing,2020.

[25] JOHNSON R H. Superplasticity[J]. Metallurgical Reviews,1970,15(1):115-134.

[26] SRINIVASA RAGHAVAN K. Superplasticity[J]. Bulletin of Materials Science,1984,6(4): 689-698.

[20] SORGENTE D. Superplasticity and superplastic forming[J]. Metals,2021,11(6):946.

[21] KIM W J,PARK J D,YOON U S. Superplasticity and superplastic forming of Mg-Al-Zn alloy sheets fabricated by strip casting method[J]. Journal of Alloys and Compounds,2008,464(1/ 2):197-204.

[22] 格辛格. 粉末高温合金[M]. 张义文,等译. 北京:冶金工业出版社,2017.

[23] 孙绍周,王启明. 粉末锻造[J]. 机械设计与制造,1996,(3):38-39.

[24] 梁华. 粉末锻造的现状[J]. 粉末冶金技术,1992,10(2):142-145.

[25] 郭彪,葛昌纯,张随财,等. 粉末锻造技术与应用进展[J]. 粉末冶金工业,2011,21(3):45-52.

[26] 张冰清,王琪,王邃,等. 粉末锻造齿轮材料的组织与性能研究[J]. 粉末冶金技术,2020,38(2):113-120.

[27] 包雪鹏,单长伟,吴勇,等. 粉末锻造连杆在汽车发动机上的应用[J]. 轻型汽车技术,2007(11):31-34.

[28] 洪慎章. 粉末锻造在国外轿车生产中的应用[J]. 精密成形工程,2011,3(4):47-49,60.

[29] 杨俊彬,王文彦. 钢铁粉末锻造制程开发研究[J]. 锻造,2005,14(3):14-27.

[30] 温伟祥. 粉末锻造技术及其展望[J]. 山东工业技术,2015(22):18.

[31] 洪慎章,曾振鹏. 国内外粉末锻造工艺的应用与展望[J]. 机械制造,2001,39(7):30-31.

[32] 华林,赵仲治,王华昌. 粉末锻造工艺和应用[J]. 中国机械工程,1993,4(6):34-36.

[33] 王云坤,彭茂公. 粉末锻造工艺技术的发展概况[J]. 金属材料与冶金工程,2007,35(5):57-60.

[34] 洪慎章,曾振鹏. 粉末锻造工艺在汽车锻件生产上的应用及发展[J]. 汽车工艺与材料,2000(11):15-17.

[35] DOROFEEV V Y,DOROFEEV Y G. Powder forging:Today and tomorrow[J]. Powder Metallurgy and Metal Ceramics,2013,52(7):386-392.

[36] 黄培云. 粉末冶金原理[M]. 2 版. 北京:冶金工业出版社,1997.

[37] 张驰,徐春,等. 金属粉末注射成形技术[M]. 北京:化学工业出版社,2008.

[38] HEANEY D F. 金属注射成型手册[M]. 王长瑞,田威,李鹏程,译. 2 版. 哈尔滨:哈尔滨工业大学出版社,2022.

[39] 李益民,李云平. 金属注射成形原理与应用[M]. 长沙:中南大学出版社,2004.

[40] 韩凤麟. 金属注射成形精密零件生产与应用[M]. 北京:化学工业出版社,2016.

[41] HEANEY D F. Handbook of metal injection molding[M]. Cambridge:Woodhead Publishing Limited,2012.

[42] 温耀贤. 塑料注射成型技术[M]. 北京:机械工业出版社,2007.

[43] CAO P,HAYAT M D. Feedstock technology for reactive metal injection molding[M]. Amsterdam:Elsevier,2020.

[44] 孔祥吉,郝权,曹勇家. 金属粉末微注射成形技术的发展[J]. 粉末冶金工业,2012(5):53-62.

[45] 李益民,刘剑敏,何浩. 中国金属注射成形产业和技术现状:机遇与挑战[J]. 有色金属科学与工程,2013,4(2):1-7.

[46] 高建祥,曲选辉,赵赛. 金属粉末注射成形技术的最新研究动态与发展趋势[J]. 硬质合金,2003,20(1):56-60.

[47] 韩凤麟. 金属注射成形:21 世纪的金属零件成形工艺[J]. 粉末冶金工业,2012,22(2):1-9.

[48] 乔斌,姬祖春,李映平,等.金属注射成形技术的研究[J].材料导报,2006,20(S2):249-251.

[49] 刘超,孔祥吉,吴胜文,等.钛及钛合金金属粉末注射成形技术的研究进展[J].粉末冶金技术,2017,35(2):150-158.

[50] GERMAN R M. Progress in titanium metal powder injection molding[J]. Materials,2013,6(8):3641-3662.

[51] 上海交通大学锻压教研组.液态模锻[M].北京:国防工业出版社,1981.

[52] FICKER T,HARDTMANN A,HOUSKA M. Ring rolling research at the Dresden University of technology-its history from the beginning in the 70s to the present[J]. Steel Research International,2005,76(2/3):121-124.

[53] 罗守靖,陈炳光,齐丕骧.液态模锻与挤压铸造技术[M].北京:化学工业出版社,2007.

[54] 邢书明,鲍培玮.金属液态模锻[M].北京:国防工业出版社,2011.

[55] 陈炳光.液态金属模锻模具设计[M].武汉:华中理工大学出版社,1989.

[56] 罗守靖,姜巨福,孙锐.液态模锻与分层制造技术[J].中国机械工程,2005,16(7):634-636.

[57] 赵恒义,周天西,袁燕.液态模锻工艺及发展应用现状[J].热加工工艺,2000,29(2):45-46,57.

[58] 韦丽君,马凤雷,李任江.液态模锻在铸铝合金中的应用研究[J].材料工程,2003,31(7):40-42.

[59] 邢书明,高文静,闫光远,等.液态模锻材料及其研究进展[J].精密成形工程,2022,14(10):1-11.

[60] 张新,陈刚,李宏伟,等.应用于装备轻量化铝合金构件液态模锻成形技术的研究进展[J].机械工程材料,2020,44(10):6-11.

[61] 邢书明,邢若兰.液态模锻(挤压铸造)技术研究与应用进展[J].常州大学学报(自然科学版),2021,33(5):1-7.

[62] 胡中潮,高忠玉,陈湖演,等.铝合金液态模锻发展现状及未来展望[J].金属世界,2021(6):27-31.

[63] 王自启,杨艳,张杰,等.铝合金精密锻造技术研究及发展趋势[J].热加工工艺,2019,48(15):18-21.

[64] MURTHY G R K. Liquid forging-process development and applications for strategic materials/components[J]. Journal of the Institution of Engineers (India):Mechanical Engineering Division,1988,68:101-107.

[65] TOMOTA Y,OHNUKI T,HUANG M,et al. Application of powder liquid forging technique to fabrication of Al_2O_3 or SiC particle/6061 Aluminum alloy metal matrix composites and their mechanical properties[J]. Journal of Japan Institute of Light Metals,1993,43(4):213-218.

[66] 韩大华,赵立.摆动碾压技术[J].江苏机械制造与自动化,2000,29(4):13-15.

[67] 贺凌华,邓正扬,肖耘亚.摆动碾压技术的研究现状与发展趋势[J].机电工程技术,2019,48(11):56-59,160.

[68] 李建伟,朱鹏伟.摆动碾压运动和变形分析[J].中国机械,2015(2):173-174..

［69］刘俊,胡远陆. 冷碾铆接技术及其应用［J］. 汽车与配件,1999(23):14-15.

［70］王婷翌,李宣琛,吕博铭,等. 摆动辗压工艺及发展趋势［J］. 绿色科技,2020,22(16):197-201.

［71］周存龙,王天翔,秦建平,等. 特种轧制设备［M］. 北京:冶金工业出版社,2020.

［72］张猛,崔光杰. 摆碾工艺及其应用［J］. 机械工人(热加工),1995(9):7-8.

［73］耿佩,党杰,杨建东,等. 摆动辗压技术的应用现状及发展趋势［J］. 锻压装备与制造技术,2018,53(3):83-86.

［74］黄志超,张永超,彭熙琳,等. 铝板与复合材料板碾铆连接质量的影响因素［J］. 中国机械工程,2015,26(23):3221-3227,3259.

［75］罗征志,曹建国,胡亚民. 摆动辗压成形工艺研究现状及发展［J］. 锻压技术,2010,35(2):13-16.

［76］胡亚民. 摆动辗压工艺及模具设计［M］. 重庆:重庆大学出版社,2001.

［77］ZHAO Y M,HAN X H. Rotary forging with double symmetry rolls［J］. Ironmaking & Steelmaking,2010,37(8):624-632.

［78］中国锻压协会. 特种锻造［M］. 北京:国防工业出版社,2011.

［79］华林,黄兴高,朱春东. 环件轧制理论和技术［M］. 北京:机械工业出版社,2001.

［80］束学道,孙宝寿,彭文飞. 异形截面环形件轧制技术及应用［M］. 北京:科学出版社,2016.

［81］楚志兵,帅美荣. 特种轧制与精密成形技术［M］. 北京:冶金工业出版社,2023.

［82］束学道,SHCHUKIN V Y,KOZHEVNIKOVA G,等. 楔横轧理论与成形技术［M］. 北京:科学出版社,2014.

［83］胡正寰,张康生,王宝雨,等. 楔横轧理论与应用［M］. 北京:冶金工业出版社,1996.

［84］胡正寰,许协和,沙德元. 斜轧与楔横轧:原理、工艺及设备［M］. 北京:冶金工业出版社,1985.

［85］束学道. 大型轴类件楔横轧成形理论及实践［M］. 北京:科学出版社,2012.

［86］胡正寰,张康生,王宝雨,等. 楔横轧零件成形技术与模拟仿真［M］. 北京:冶金工业出版社,2004.

［87］束学道. 空心列车轴楔横轧多楔同步轧制技术与装备［M］. 北京:科学出版社,2021.

［88］束学道. 楔横轧多楔同步轧制理论与应用［M］. 北京:科学出版社,2011.

［89］洪慎章. 辊锻及横轧成形实用技术［M］. 北京:化学工业出版社,2013.

［90］吕炎. 锻模设计手册［M］. 2版. 北京:机械工业出版社,2006.

［91］龚小涛. 辊锻工艺过程及模具设计［M］. 西安:西北大学出版社,2016.

［92］张涛. 旋压成形工艺［M］. 北京:化学工业出版社,2009.

［93］王成和,刘克璋,周路. 旋压技术［M］. 福州:福建科学技术出版社,2017.

［94］OUDJENE M,BEN-AYED L. On the parametrical study of clinch joining of metallic sheets using the Taguchi method［J］. Engineering Structures,2008,30(6):1782-1788.

［95］PATER Z,TOMCZAK J,BULZAK T. Numerical analysis of the skew rolling process for rail axles［J］. Archives of Metallurgy and Materials,2015,60(1):415-418.

［96］BARTNICKI J,TOMCZAK J,PATER Z. Numerical analysis of the cross-wedge rolling process by means of three tools of stepped shafts from aluminum alloy 7075[J]. Archives of Metallurgy and Materials,2015,60(1):433-435.

[97] PATER Z. Finite element analysis of cross wedge rolling[J]. Journal of Materials Processing Technology,2006,173(2):201-208.

[98] 周志明,黄伟九,涂坚.汽车空心轴径向锻造工艺开发与应用[M].北京:化学工业出版社,2024.

[99] 闫鹏.智能锻压机械发展展望(三)[J].锻压装备与制造技术,2020,55(5):7-14.

[100] 杨震,王炳正,宋道春,等.径向锻造设备与工艺综述[J].锻压装备与制造技术,2018, 53(6):27-30.

[101] 姜翠红,程俊.金属塑性成形的应用现状及发展趋势[J].现代制造技术与装备,2016, 52(3):125-127.

[102] 邹景锋,马立峰,朱艳春,等.径向锻造成形技术及其在镁合金锻造中的应用[J].轻金属,2018(5):48-52.

[103] 郭华.重型轴类锻件径向锻造工艺研究[J].百科论坛电子杂志,2018(7):731.

[104] MARTIN W,FREDERIK K.锻造工艺软件套装:基于新颖工艺模型的先进径向锻造道次设计技术[J].锻造与冲压,2023(3):31-36.

[105] 孙令强.精锻成形技术的现状及其发展[J].模具制造,2002,2(3):7-8.

[106] 杨程,路星星,孙跃,等.空心轴成形技术研究现状[J].锻压技术,2018,43(1):1-8.

[107] 马鹏举,兰小龙,王文杰,等.精锻机关键技术研究进展[J].锻压技术,2022,47(11): 1-15.

[108] 袁海兵,杨益,陈博文,等.浅谈中空轴锻件的径向锻造[J].锻造与冲压,2025(1): 35-38.

[109] AFRASIAB H,MOVAHHEDY M R. Numerical study of the effects of process parameters on tool life in a cold radial forging process[J]. Scientia Iranica,2014,21(2):339-346.

[110] DJAVANROOD F,SABEGHI M,ABRINIA K. Analysis of the parameters affecting warping in radial forging process [J]. American Journal of Applied Sciences, 2008, 5 (8): 1013-1018.

[111] ARREOLA-HERRERA R,CRUZ-RAMÍREZ A,SUÁREZ-ROSALES M A,et al. The effect of cold forming on structure and properties of 32 CDV 13 Steel by radial forging process[J]. Materials Research,2014,17:445-450.

[112] 韩世煊.多向模锻[M].上海:上海人民出版社,1977.

[113] 高新,任运来,彭加耕.多向模锻技术[M].北京:机械工业出版社,2019.

[114] 程俊伟.复杂铝合金零件精密模锻技术[M].武汉:华中科技大学出版社,2008.

[115] 林峰,张磊,孙富,等.多向模锻制造技术及其装备研制[J].机械工程学报,2012,48 (18):13-20.

[116] 华林,赵仲治.多向模锻合模分析和参数设计[J].汽车科技,1997(1):6-7.

[117] 任运来,牛龙江,任杰,等.多向模锻技术的研究与应用[J].锻造与冲压,2021(23):20, 22,24,25.

[118] 李之海,李建.国外分模模锻和多向模锻技术的发展概况[J].锻造与冲压,2013(5):

74-80.

[119] 喻兴娟,陈文勋,冯会来.国内外多向模锻工艺及设备的发展现状[J].锻造与冲压,2015(9):28,30,32.

[120] SHAKHOVA I,BELYAKOV A,KAIBYSHEV R. Effect of multidirectional forging and equal channel angular pressing on ultrafine grain formation in a Cu-Cr-Zr alloy[J]. IOP Conference Series:Materials Science and Engineering,2014,63:012097.

[121] ODNOBOKOVA M,KIPELOVA A,BELYAKOV A,et al. Microstructure evolution in a 316L stainless steel subjected to multidirectional forging and unidirectional bar rolling[J]. IOP Conference Series:Materials Science and Engineering,2014,63:012060.

[122] 日本塑性加工学会.旋压成形技术[M].陈敬之,译 北京:机械工业出版社,1988.

[123] 张涛.旋压成形技术[M].北京:化学工业出版社,2019.

[124] 夏琴香.特种旋压成形技术[M].北京:科学出版社,2017.

[125] 束学道,李子轩,张松,等.高温合金旋压塑性成形理论与应用[M].北京:冶金工业出版社,2024.

[126] 黄亮,杨合,詹梅.分形旋压成形技术研究进展[J].材料科学与工艺,2008,16(4):476-480.

[127] 胡志清,李明哲,隋振,等.基于连续多点成形原理的旋压成形技术[J].农业机械学报,2009,40(12):247-250.

[128] 李继贞,刘德贵,王健飞.强力旋压成形技术在航空领域的新进展[J].航空制造技术,2014,57(10):40-44.

[129] 杨俊,马世成,王东坡,等.航天科工集团第三研究院旋压成形技术中心在创新中飞速发展[J].国防制造技术,2009(1):65-68.

[130] 夏琴香.特种旋压成形技术[J].精密成形工程,2017,9(3):120.

[131] 韩秀全,杜立华,邵杰.先进金属成形技术在民用工业领域的应用现状和发展潜力[J].航空制造技术,2013,56(18):74-77.

[132] 王鹏程,川井谦一,岳志勇.日本的镁合金旋压技术[J].锻压技术,2008,33(6):6-12.

[133] 陆子川,张绪虎,微石,等.航天用钛合金及其精密成形技术研究进展[J].宇航材料工艺,2020,50(4):1-7.

[134] ANDERSON M C. The material benefits of multiaxis rotary forging[J]. Manufacturing Engineering,2014,153(3):73-75.

[135] MA R F,ZHU C D,GAO Y F,et al. Research on forming technology of rotary forging with double symmetry rolls of large diameter:thickness ratio discs[J]. Mechanical Sciences,2021,12(1):625-638.

[136] BEHRENS B A,KRIMM R,NITSCHKE T. Economic drive concept for flexible forming presses[J]. Key Engineering Materials,2013,549:255-261.

[137] 韩奇钢.多点柔性复合成形制造原理、工艺与装备[M].北京:科学出版社,2024.

[138] 裴永生,彭加耕,李明哲.多点成形过程中基本体群调形技术[J].机械工程学报,2008,44(1):150-154.

[139] 龚学鹏,李明哲,卢启鹏,等.连续多点成形中的成形载荷分析[J].光学精密工程,

2012,20(6):1288-1295.

[140] 裴永生,王连东,阮世捷. 逆向工程在轿车顶盖多点成形中的应用[J]. 中国机械工程,2008,19(6):748-750.

[141] 李东平,隋振,蔡中义,等. 板材多点成形技术研究综述[J]. 塑性工程学报,2001,8(2):46-48.

[142] 付文智,李明哲,严庆光,等. 多点成形压力机的反复成形技术研究[J]. 农业机械学报,2004,35(2):126-128.

[143] 裴永生,李明哲,蔡中义,等. 板材变路径多点成形的理论分析与实现[J]. 农业机械学报,2003,34(2):114-116.

[144] 李卉,刘峰,龚锐. 多点成形技术及其发展[J]. 模具制造,2012,12(5):48-51.

[145] 李明哲,崔相吉,邓玉山,等. 多点成形技术的现状与发展趋势[J]. 锻压装备与制造技术,2007,42(5):15-18.

[146] 黄宜坤,陈欣,王凯,等. 多点成形技术的发展和应用[J]. 模具技术,2011(5):55-58,63.

[147] PARK J W,KU T W,KIM J,et al. Tool fabrication for composite forming of aircraft winglet using multi-point dieless forming[J]. Journal of Mechanical Science and Technology,2016,30(5):2203-2210.

[148] PARK J W,KIM M S. Fabrication of fiber metal laminates using multi-point dieless forming technology with local heating effect[J]. Transactions of Materials Processing,2025,34(1):8-14.

[149] LI M Z,LIU Y H,SU S Z,et al. Multi-point forming:a flexible manufacturing method for a 3-d surface sheet[J]. Journal of Materials Processing Technology,1999,87(1/2/3):277-280.

[150] 高锦张. 板料数控渐进成形技术[M]. 北京:机械工业出版社,2012.

[151] 李小强,李燕乐,刘兆冰,等. 柔性板材渐进成形技术与装备[M]. 北京:机械工业出版社,2020.

[152] 喻海良,崔晓辉,王快社. 金属板带塑性成形有限元分析[M]. 北京:科学出版社,2018.

[153] 莫健华,韩飞. 金属板材数字化渐进成形技术研究现状[J]. 中国机械工程,2008,19(4):491-497.

[154] 王会廷,史加文,潘洪波,等. 液体介质传热渐进温成形研究[J]. 锻压技术,2016,41(2):21-24.

[155] 冯苏乐,陆彬,曹婷婷,等. 渐进成形技术在复杂薄壁结构件制造中的运用[J]. 模具技术,2015(4):9-13.

[156] 李燕乐,陈晓晓,李方义,等. 金属板材数控渐进成形工艺的研究进展[J]. 精密成形工程,2017,9(1):1-9.

[157] 李彩玲,赵长喜,李继霞. 数控渐进成形技术航天应用前景分析[J]. 科技创新导报,2010,7(21):95-96.

[158] 肖冰,曹红锦,张志明,等. 国外金属板材单点渐进成形技术研究的新进展[J]. 精密成形工程,2010,2(5):38-40.

[159] 张伟,朱虎,杨忠凤. 金属板材单点渐进成形技术的研究进展[J]. 工具技术,2009,43

（5）:8-12.

[160] PANDIVELAN C,JEEVANANTHAM A K. Formability evaluation of AA 6061 alloy sheets on single point incremental forming using CNC vertical milling machine[J]. Journal of Materials and Environmental Science,2015,6(5):1343-1353.

[161] COMAN C. Some considerations concerning the methods and technologies of incremental forming[J]. International Journal of Modern Manufacturing Technologies, 2015, 7 (2): 38-42.

[162] POHLAK M,MAJAK J,KÜTTNER R. Manufacturability and limitations in incremental sheet forming[J]. Estonian Journal of Engineering,2007,13(2):129-139.

[163] BOLOGA O. Incremental forming:an alternative to traditional manufacturing methods[J]. Proceedings in Manufacturing Systems,2014,9(3):131-136.

[164] 赵长财. 管、板材软模成形新技术:固体颗粒介质成形[J]. 锻造与冲压,2007(11): 74-76.

[165] 王霄,张迪,顾春兴,等. 激光冲击软模大面积微弯曲成形方法[J]. 光学精密工程, 2014,22(9):2292-2298.

[166] 王永军,刘瑞,武伟超,等. 板料与型材成形柔性模具的关键技术及发展现状与趋势 [J]. 航空制造技术,2011,54(13):42-46.

[167] 谭育新,张丽英,吴成义. 超细粉末的高压软模成形方法[J]. 粉末冶金技术,2003,21 (6):347-350.

[168] 王海洋,谢晨,陈刚,等. TA1 纯钛微型杯件软模微拉深成形工艺研究[J]. 精密成形工程,2023,15(7):40-47.

[169] 王新云,夏巨谌,胡国安,等. 板件粘性介质压力成形新工艺[J]. 新技术新工艺,2004 (1):37-38.

[170] 王朋义,王育聪,万戈辉,等. 分区域软模调控对 Al1060 板材胀形过程变形行为的影响 [J]. 塑性工程学报,2024,31(7):15-20.

[171] 邹强,彭成允,田平,等. 固体颗粒介质成形技术[J]. 四川兵工学报,2010,31(4): 64-68.

[172] 何宏安. 软质凸模成形薄壁筒形件的工艺及模具设计[J]. 制造技术与机床,2008(10): 170-171.

[173] DONG G J,ZHAO C C,CAO M Y. Flexible-die forming process with solid granule medium on sheet metal[J]. Transactions of Nonferrous Metals Society of China,2013,23(9): 2666-2677.

[174] GURPUDE R,MULAY A,SHARMA P. Selection of tool-hole size and development of cranial implants for Ti Gr. 2 perforated sheet during the flexible die-less forming process [J]. Journal of the Brazilian Society of Mechanical Sciences and Engineering,2024,47 (1):37.

[175] 李春峰. 高能率成形技术[M]. 北京:国防工业出版社,2001.

[176] 赵升吨,等. 先进成形技术及应用[M]. 西安:西安交通大学出版社,2023.

[177] 李春峰,等. 电磁成形[M]. 北京:科学出版社,2016.

[178] 李春峰,赵志衡,李建辉,等.电磁成形磁场力的研究[J].塑性工程学报,2001,8(2):70-72.

[179] 韩飞,莫健华,黄树槐.电磁成形技术理论与应用的研究进展[J].锻压技术,2006,31(6):4-8,32.

[180] 江洪伟,李春峰,赵志衡,等.电磁成形技术的最新进展[J].材料科学与工艺,2004,12(3):327-331.

[181] 赵士达.爆炸成形对金属材料性能的影响[J].科学通报,1964,9(7):596-606.

[182] 徐勇,张士宏,马彦,等.新型液压成形技术的研究进展[J].精密成形工程,2016,8(5):7-14.

[183] LUCA D,DIACONESCU R M. On the possibility of agile manufacturing of religious objects by electromagnetic forming method[J]. European Journal of Science and Theology,2013,9(3):197-205.

[184] BAY F,JEANSON A C,ZAPATA J A. Electromagnetic forming processes:material behaviour and computational modelling[J]. Procedia Engineering,2014,81:793-800.

[185] GHIZDAVU V,MARIN N. Explosive forming – economical technology for aerospace structures[J]. INCAS Bulletin,2010,2(4):107-117.

[186] 斉章国.先进高强度汽车用钢板研究进展与技术应用现状[J].河北冶金,2016(1):1-7.

[187] 任晓琪.超强钢热冲压成形生产线的应用[J].锻造与冲压,2015(18):32-35.

[188] 许秀飞,等.高档钢板生产工艺与控制[M].北京:化学工业出版社,2018.

[189] 康永林.现代汽车板工艺及成形理论与技术[M].北京:冶金工业出版社,2009.

[190] 林忠钦,李淑慧,于忠奇,等.汽车板精益成形技术[M].北京:机械工业出版社,2009.

[191] 肖学文,许秀飞,赵征志,等.现代薄板处理线工艺设计与运行[M].北京:冶金工业出版社,2023.

[192] 林建平,王立影,田浩彬,等.超高强度钢板热冲压成形研究与进展[J].热加工工艺,2008,37(21):140-144.

[193] 马宁,申国哲,张宗华,等.高强度钢板热冲压材料性能研究及在车身设计中的应用[J].机械工程学报,2011,47(8):60-65.

[194] 马宁,胡平,闫康康,等.高强度硼钢热成形技术研究及其应用[J].机械工程学报,2010,46(14):68-72.

[195] 马宁.高强度钢板热成形技术若干研究[D].大连:大连理工大学,2011.

[196] 金学军,龚煜,韩先洪,等.先进热成形汽车钢制造与使用的研究现状与展望[J].金属学报,2020,56(4):411-428.

[197] 张宜生,王子健,王梁.高强钢热冲压成形工艺及装备进展[J].塑性工程学报,2018,25(5):11-23.

[198] 刘如红,符月虹.超高强钢板热冲压成形工艺及装备的研究[J].液压气动与密封,2015,35(6):54-56.

[199] 华林,魏鹏飞,胡志力.高强轻质材料绿色智能成形技术与应用[J].中国机械工程,2020,31(22):2753-2762,2771.

[200] 宋燕利,刘煜键,方志凌,等.超高强钢构件热冲压成形技术与应用[J].机械工程学报,
2023,59(20):154-178.

[201] 陈素平,田坤.高强钢热成形技术应用分析[J].现代零部件,2013(8):32-36.

[202] WRÓBEL I,SKOWRONEK A,GRAJCAR A. A review on hot stamping of advanced high-
strength steels:technological-metallurgical aspects and numerical simulation[J]. Symmetry,
2022,14(5):969.

[203] HU P,YING L,HE B. Hot stamping advanced manufacturing technology of lightweight car
body[M]. Singapore:Springer Singapore,2017.

[204] 蒋少松,卢振,王斌,等.轻合金中空结构超塑成形与扩散连接技术[M].北京:国防工
业出版社,2023.

[205] 王朋义,金加庚,万戈辉,等.轻量化板材、管材塑性连接技术研究进展[J].航空制造技
术,2020,63(21):22-33.

[206] 陈超,赵升吨,韩晓兰,等.轻质合金无铆塑性连接方式及其关键技术的探讨[J].锻压
技术,2016,41(1):1-6.

[207] 陈超,赵升吨,韩晓兰,等.现代汽车板材的有铆钉塑性连接及其核心技术探讨[J].锻
压装备与制造技术,2016,51(2):74-76.

[208] 刘欣,杨景超,李恒,等.管路构件塑性变形连接技术研究进展及挑战[J].航空学报,
2022,43(4):525-258.

[209] 于卫新,李淼泉,胡一曲.材料超塑性和超塑成形/扩散连接技术及应用[J].材料导报,
2009,23(11):8-14.

[210] 姚庆泰,韩秋生,王子国,等.无铆连接工艺在商用车油箱箍带的应用研究[J].汽车工
艺师,2025(3):27-30,34.

[211] 杨照军.无铆连接技术在金属防火门行业的应用可行性研究[J].机电信息,2020(11):
78-79.

[212] 赵旭哲.多层板材有铆与无铆的锁铆连接方式探讨[J].重型机械,2021(3):39-44.

[213] 岁波,都东,常保华,等.轻型车身自冲铆连接技术的发展[J].汽车工程,2006,28(1):
85-89.

[214] 潘庆军,李丽春,邱然锋,等.镁合金自冲铆连接技术研究现状[J].电焊机,2015,45
(2):27-30.

[215] 仝辉,邵金金,张逸,等.浅谈自冲铆技术应用[J].汽车工艺师,2022(12):24-27.

[216] 底朝龙,庞月涛,李保安.自冲铆连接工艺浅析[J].汽车制造业,2020(8):30-32.

[217] JÄCKEL M,FALK T,LANDGREBE D. Concept for further development of self-pierce
riveting by using cyber physical systems[J]. Procedia CIRP,2016,44:293-297.

[218] FRIEDLEIN J,MERGHEIM J,STEINMANN P. Modelling of stress-state-dependent ductile
damage with gradient-enhancement exemplified for clinch joining[J]. Journal of the Mechan-
ics and Physics of Solids,2025,196:106026.